全国高等教育自学考试指定教材

建筑工程专业（独立本科段）

钢 结 构

（2005 年版）

（附：钢结构自学考试大纲）

全国高等教育自学考试指导委员会　组编

主编　钟善桐

U0250349

武汉大学出版社

图书在版编目(CIP)数据

钢结构:2005年版/全国高等教育自学考试指导委员会组编;钟善桐主编.—武汉:武汉大学出版社,2005.4(2022.12重印)
全国高等教育自学考试指定教材　建筑工程专业(独立本科段)
ISBN 978-7-307-04459-3

Ⅰ.钢…　Ⅱ.①全…　②钟…　Ⅲ.钢结构—高等学校—教材　Ⅳ.TU391

中国版本图书馆 CIP 数据核字(2005)第 010597 号

责任编辑:瞿扬清　　　责任校对:王　建　　　版式设计:支　笛

出版发行:**武汉大学出版社**　(430072　武昌　珞珈山)
(电子邮箱:cbs22@whu.edu.cn　网址:www.wdp.com.cn)
印刷:湖北恒泰印务有限公司
开本:787×1092　1/16　印张:24.75　字数:615千字　插图:1
版次:2005年4月第1版　2022年12月第20次印刷
ISBN 978-7-307-04459-3/TU·55　定价:58.00元

组　编　前　言

当您开始阅读本书时,人类已经迈入了 21 世纪。

这是一个变幻难测的世纪,这是一个催人奋进的时代。科学技术飞速发展,知识更替日新月异。希望、困惑、机遇、挑战,随时随地都有可能出现在每一个社会成员的生活之中。抓住机遇,寻求发展,迎接挑战,适应变化的制胜法宝就是学习——依靠自己学习、终生学习。

作为我国高等教育组成部分的自学考试,其职责就是在高等教育这个水平上倡导自学、鼓励自学、帮助自学、推动自学,为每一个自学者铺就成才之路。组织编写供读者学习的教材就是履行这个职责的重要环节。毫无疑问,这种教材应当适合自学,应当有利于学习者掌握、了解新知识、新信息,有利于学习者增强创新意识、培养实践能力、形成自学能力,也有利于学习者学以致用、解决实际工作中所遇到的问题。具有如此特点的书,我们虽然沿用了"教材"这个概念,但它与那种仅供教师讲、学生听,教师不讲、学生不懂,以"教"为中心的教科书相比,已经在内容安排、形式体例、行文风格等方面都大不相同了。希望读者对此有所了解,以便从一开始就树立起依靠自己学习的坚定信念,不断探索适合自己的学习方法,充分利用已有的知识基础和实际工作经验,最大限度地发挥自己的潜能,以达到学习的目标。

欢迎读者提出意见和建议。

祝每一位读者自学成功。

全国高等教育自学考试指导委员会

1999 年 10 月

编 者 的 话

　　钢结构课程是全国高等教育自学考试土木建筑类建筑工程专业（独立本科段）的专业课，是为培养和检测自学应考者在建筑钢结构方面的基本理论知识和应用设计能力而设置的一门课程。

　　本书是按照《钢结构设计规范》GBJ—17—88 编写的，但钢材牌号则根据《碳素结构钢》GB700—88 和《低合金高强度结构钢》GB/T 1591—94 等国家标准作了改动。

　　全书共分七章。第一、二、四章由哈尔滨工业大学钟善桐教授执笔，第三章由哈尔滨工业大学张连一副教授执笔，第五、六章由华南理工大学王仕统教授执笔，第七章由沈阳建筑工程学院周广师副教授执笔。钟善桐主编。清华大学王国周教授主审，浙江大学夏志斌教授和东南大学张寿庠教授参审，谨此表示感谢。

　　为了配合 2003 年 12 月 1 日颁布实施的《钢结构设计规范》GB 50017—2003，本书由钟善桐教授和张连一副教授对 1999 年版本的有关章节进行了修改，并经哈尔滨工业大学张耀春教授主审，清华大学石永久教授和苏州科技学院顾强教授参审，谨此表示感谢。

　　由于水平所限，有不当之处，望读者指正。

作者谨识

2004.8

目 录

第一章　概　　述

第一节　钢结构在我国的发展概况

当我们开始学习钢结构课程时,应该对这种结构在我国的发展历史,当前在社会主义建设进程中所起的作用和地位,以及今后的发展方向有一个概要的了解。

在钢结构的应用和发展方面,我们的祖先曾经拥有光辉的历史。我国东面临海,惟有西面经陆路可与外界相通。据历史记载,在公元 1 世纪 50—60 年代,为了与西方国家通商和进行文化及宗教上的交流,在我国西南地区通往南亚诸国的通道上,跨越激流深谷,成功地建造了一些铁索桥。例如,我国云南省景东地区澜沧江上的兰津桥,建于公元 58—75 年,是世界上最早的一座铁索桥,它比欧洲最早出现的铁索桥要早 70 年。随后陆续建造的有云南省的沅江桥(建于 400 多年前)、贵州省的盘江桥(建于 300 多年前)以及四川的大渡河桥等,无论在工程规模上还是建造技术上,当时都处于世界领先水平。

我国著名的四川省泸定县大渡河铁链桥建于 1696 年,比英国 1779 年用铸铁建造的第一座 31m 跨度的拱桥早 83 年,比美洲 1801 年建造的 70 英尺(21.34m)跨度的第一座铁索桥早 105 年。大渡河桥由九根桥面铁链、四根桥栏铁链构成,净长 100m,桥宽 2.8m,可同时通行两辆马车。桥下是奔腾的激流,两岸是陡峭的山崖,铁链锚定在直径为 20cm、长 4m 的锚桩上。每根铁链重达 1.5t。很难想象,在当时没有现代化起重设备的技术条件下,该桥是如何架成的。

此外,我国古代在各地还建造了不少铁塔。如湖北省当阳的玉泉寺铁塔,计 13 层,高17.5m,建于 1061 年;江苏省镇江的甘露寺铁塔,原为 9 层,现存 4 层,建于 1078 年;山东省济宁的铁塔寺铁塔,建于 1105 年等。有的一直保存到现在。

人类采用钢铁材料建造各类结构工程的历史,显然和冶金技术的发展有着密切的关系。我国古代采用钢铁结构的光辉史绩,充分说明了我国古代在冶金技术方面是领先的。但是,到了 18 世纪欧洲兴起工业革命以后,由于钢铁冶炼技术的迅速发展,钢结构在欧美一些国家的应用较广泛,不断地出现采用钢结构的工业与民用建筑物。不但在数量上日渐增多,而且应用范围也不断扩大。可是,在那一时期,我国则长期处于封建落后状态,特别是 1840 年鸦片战争以后,沦为半封建半殖民地,备受帝国主义、封建主义和官僚资本主义的压迫和剥削,生产十分落后。那一时期,在全国只建造了少量的民用与工业建筑(如上海 18 层的国际饭店)和一些公路和铁路钢桥,远远落后于一些工业国。

值得一提的是:1937 年建成的杭州钱塘江大桥,这是我国自行设计和建造的第一座公路铁路两用钢桥,安全使用到现在。

新中国成立后,生产力获得解放,各项建设事业都有了飞速的发展,包括冶金工业的发展和钢铁产量的增长,为我国钢结构的发展创造了条件。

第一个"五年计划"期间,我国建设了各类工业企业,包括冶金,重型机械制造,航空,汽车制造,动力设备制造,造船和一些轻、化工业等。在这一伟大的社会主义建设事业中,钢结构的采用起了很大的作用。在短短的几年时间内,建造了大批钢结构厂房和矿场,其中主要的有:新建的太原和富拉尔基重型机器制造厂,哈尔滨三大动力厂,长春第一汽车制造厂,洛阳拖拉机厂,沈阳和哈尔滨的一些飞机制造厂等;扩建和恢复的有鞍山钢铁公司,武汉钢铁公司和大连造船厂等。此外,还新建了汉阳铁路桥和武汉长江大桥等。这一时期,可称为我国钢结构的发展时期。

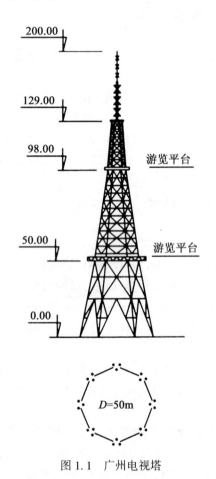

图 1.1　广州电视塔

上面已经提到过,钢结构的应用和钢产量有关。新中国成立后,我国的冶金工业虽有了较大发展,但钢产量并不高,钢结构的建造主要靠进口钢材。因而,到了20世纪60年代,受到客观条件的限制,不得不控制钢结构的采用,而以钢筋混凝土结构为主。国家作出明确规定,为了节约钢材,严格限制建筑中采用钢结构,只在必须采用钢结构的重要或重型工程中才能采用。例如,1959年在北京建成的人民大会堂,采用了跨度达60.9m、高达7m的钢屋架和分别挑出15.5m和16.4m的看台箱形钢梁。1961年建成的北京工人体育馆,屋盖采用了直径为94m的车辐式悬索结构,能容纳观众15 000人。1965年在广州建成的第一座高200m的电视塔,截面为八角形,八根立柱各由三根圆钢组成,缀条也采用了圆钢组合截面,用了国产16Mn钢(现Q345钢),全部为焊接结构。由于采用了圆钢组合杆件,减小了风荷载,用钢量不到600t,在世界上同类结构中是用钢量较少的(见图1.1)。1967年建成的首都体育馆,屋盖采用了平板网架结构,跨度达99m,可容纳观众15 000人。

随后,在"文化大革命"时期,我国的基本建设几乎陷于完全停滞状态。这期间,只建成少数几个钢结构工程。如1968年建成的南京长江大桥,采用了三跨连续桁架,并适当降低中间支座,调整桁架内力,取得了节约钢材10%的经济效果。1973年建成的上海万人体育馆,屋盖采用了直径达110m的圆形平板网架。1978年建成的武汉钢铁公司一米七轧钢厂,采用的钢结构用钢量达5×10^4t。在这十年中,我国无论是钢结构的理论研究,还是工程应用,基本上处于停滞状态,进展缓慢。

1978年党的十一届三中全会以后,国家的工作重点转移到经济建设上来,从此,我国的社会主义建设进入了改革开放的新时代,各行各业都出现了蓬勃发展的新形势。特别是钢产量逐年迅速增长,从1985年的$4 666 \times 10^4$t,1987年的$5 602 \times 10^4$t,到1997年达到1×10^8t,并连续7年超1×10^8t。到2003年,全国的钢产量已超过2×10^8t,成为世界第一产钢大国,由此大大地

2

促进了钢结构的应用和发展。由于钢结构本身具有的优点,如科技含量高,建造速度快,符合环保要求,以及可再生利用等,因而应用日渐广泛。我国有关部门对采用钢结构的政策,也由严格控制,限制采用,转变为综合考虑,合理采用,进而又改变为鼓励采用。2000年5月,建设部和国家冶金工业局建筑用钢协调组召开了全国建筑钢结构技术发展研讨会,成立了全国钢结构专家组,讨论了国家建筑钢结构产业"十五"计划和2010年建筑钢结构用材分别达到钢材产量的3%和6%的目标,争取达到世界发达国家目前的水平。专家们还提出把建筑钢结构归纳为:高层重型钢结构,空间大跨度钢结构,轻型钢结构,钢—混凝土组合结构和住宅钢结构等五大类。"十五"期间则以住宅钢结构为发展重点。

在生产发展需要和国家技术政策的指导下,钢结构在我国的应用步入了新时期。从20世纪80年代起,建成的主要大型钢结构工程有:上海宝山钢铁公司一期、二期工程,北京香格里拉饭店,高82.75m(1986年)。深圳发展中心大厦,高154m(1987年)。北京京广中心,高208m(1990年)。北京京城大厦,高182m(1991年)。上海世界金融大厦,高189m(1996年)。上海浦东金茂大厦,高420m(1998年)。深圳赛格广场大厦,高291.6m(1999年)。金茂大厦是当前世界第三高的高层建筑,2004年初在台北市建成的101层台北金融大楼,高508m,已成为当前世界第一高楼。据不完全统计,自20世纪80年代迄今,全国各地兴建的百米以上的高层建筑已有数十座,其中大都采用钢结构。图1.2为上海金茂大厦外貌。

应该指出的是,由于科学技术的进步,在钢结构的理论研究和设计方面也有较快的发展。高层建筑钢结构的耗钢量已由20世纪50年代的$160\sim180kg/m^2$,降到当前的$110\sim120kg/m^2$,已经接近高层钢筋混凝土结构的耗钢量,而且还在不断改进中。

图1.2　上海金茂大厦

此外,各地的体育馆建筑,采用了各种新型大跨空间结构体系。如北京石景山体育馆,建筑面积8 429m²,可容纳3 000名观众;北京朝阳体育馆,屋盖由两片预应力索网组成,索网悬挂在中央的索拱结构及外侧边缘构件之间(见图1.3(a)),以及四川攀枝花体育馆(见图1.3(b))等不下40座。

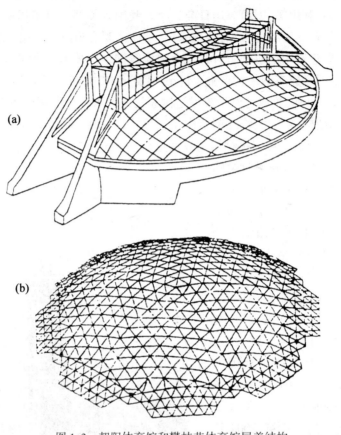

(a)

(b)

图 1.3 朝阳体育馆和攀枝花体育馆屋盖结构

　　攀枝花体育馆是外形呈八角花瓣形的钢网壳结构,跨度60m,支承在标高为16.35m的8根钢筋混凝土柱上,还将屋盖向柱外悬挑2.4~7.4m,并采用了预应力技术。建筑面积4 130m²,能容纳3 800多名观众。

　　为了迎接2008年将在我国举行的奥运会,北京还将兴建大批体育场馆,这些体育场馆都将采用大跨空间钢结构。

　　图1.4是2000年建成的哈尔滨电视塔,连天线总高336m,是目前我国最高的钢电视塔,也是迄今世界第二高的钢电视塔。

　　此外,轻型钢结构的发展也很快,据不完全统计,进入20世纪90年代后期,每年建成的工程多达300×10⁴m²。

　　综上所述,钢结构虽然造价较高,但由于本身的特点,如轻质高强,抗震性能好,建造速度快,工期短,综合经济效益好等而获得广泛应用。可以预期,随着我国经济建设的不断发展,钢结构的应用将日益广泛,并将进入新的更高的发展阶段。正如建设部原总工程师姚兵同志在世纪之交时曾经指出的:"21世纪的建筑结构是金属结构的世纪。"这是对钢结构在我国发展的科学预见和肯定,要求从事建筑工程工作的广大技术人员重视钢结构的学习,打好专业基础。

图 1.4　哈尔滨电视塔

第二节　钢结构的特点和合理应用范围

钢结构是用钢板和各种型钢,如角钢、工字钢、槽钢、钢管和薄壁型钢等制成的结构,在钢结构制造厂中加工制造,运到现场进行安装。

一、钢结构的特点

和其他结构相比,钢结构具有下列特点。

(1)钢结构自重轻而承载力高　钢材的容重虽比其他建筑材料大,但强度却高得多,属于**轻质高强**材料。在相同的荷载条件下,采用钢结构时,结构自重常较小。例如,当跨度和荷载相同时,钢屋架的重量只有钢筋混凝土屋架重量的 $\frac{1}{4} \sim \frac{1}{3}$;若采用薄壁型钢屋架,则将更轻,便于运输和吊装。因此,钢结构能承受更大的荷载,跨越更大的跨度。

据北京市的统计,百米左右的高层建筑,和钢筋混凝土结构相比,钢结构的自重可减1/3,

每根柱子的轴心压力可减小 6 000~7 000kN,因而地震作用反应可减小 30%~40%,同时对地基压力可减少 25%以上。显然,在地震区,特别是软弱地基的地区,采用钢结构可以取得很大的经济效益。

此外,钢柱的承载力高,柱子截面比钢筋混凝土柱小。据统计,在高层建筑中采用钢柱,比采用钢筋混凝土柱可增加有效使用面积 3%~6%。

(2)钢材最接近于**匀质等向体**　把钢材分割成细微小块,每小块都将具有大致相同的力学性能,而且在各方向的性能也大致一样。这种匀质等向性是固体力学的基础。

在使用应力阶段,钢材属于理想弹性体,弹性模量高达 $206×10^3 N/mm^2$,因而变形很小,可应用应力叠加原理,简化计算。这些性能和力学计算中采用的假定符合程度很好,所以钢结构的实际受力情况和力学计算结果最相符合。

(3)钢材的**塑性和韧性好**　由建筑钢材标准拉伸试件的应力应变图(参看图 2.1 和图 2.2)可见,在静力荷载作用下,钢材具有很好的塑性变形能力。达屈服点应力时,可有 2%~3%的应变,达拉伸极限而破坏时,应变可达 20%~30%。所以,在一般情况下,钢结构不会因偶然超载或局部超载而突然断裂破坏。在冲击荷载作用下,带有缺口的试件能吸收相当大的冲击功,保证钢材有一定的抗冲击脆断的能力,说明钢材的韧性也很好(参看第二章第二节和图 2.7)。

(4)钢材具有**良好的焊接性能**　由于焊接技术的发展,焊接结构的采用,使钢结构的连接大为简化,还可满足制造各种复杂形状结构的需要,这是促进近代钢结构发展的重要因素之一。

所谓"焊接性能"好,是指钢材在焊接过程中和焊接后,都能保持焊接部分不开裂的完整性的性质。钢材的这种性质为采用焊接结构创造了条件。

(5)钢结构具有**不渗漏**的特性　不论采用焊接、铆接或螺栓连接,钢结构都可做到密闭而不渗漏。因而钢材是制造各种容器,特别是高压容器的良好材料。

(6)钢结构**制造工厂化、施工装配化**　钢结构是由各种型材组成的一些构件组成的,构件在专业化的金属结构制造厂中制造,加工简便,成品的精确度高。制成的构件运到现场吊装,采用螺栓或焊接连接,构件又较轻,故施工方便,现场占地小,施工周期也短,还便于拆除、加固和改扩建。

(7)钢材**耐腐蚀性差**,应采取防护措施　钢材在湿度大、有侵蚀介质的环境中,易锈蚀,截面不断削弱,使结构受损,影响使用寿命,因而钢结构需要定期维护。为了减少维护费用,应采用高效能防护漆,其防锈效果和喷(镀)锌差不多,可维持 20 年以上,可节约维护费用。如 JM 高渗透性带锈防锈漆,只要除去表面浮锈和油污,可带锈涂刷,方便而高效。近年来,在一些钢桥中开始采用喷涂玻璃钢,如四川武隆县峡门口的乌江大桥(采用了钢管混凝土集束拱),可维持 40 年以上。然而,这些防锈蚀方法由于造价高,尚未能广泛应用。

1983 年我国已研制成功焊接结构耐候钢和高耐候结构钢,防腐能力比低碳钢提高了 2~4 倍,而强度却相同,但产量不多,价格也较高。

(8)钢结构**耐热性能好**,但**防火性能差**　实验证明,钢材从常温到 150℃时,性能变化不大,超过 150℃后,强度和塑性变化都很大;到达 600℃时,强度降至零,完全失去承载力。因此,钢结构耐热,却不耐火。规范规定:当结构的表面长期受辐射热达 150℃以上,或在短时间内可能受到火焰作用时,应采用有效的防护措施,如加隔热层或水套等。

如一旦发生火灾，无防护的钢结构的耐火时间只有15~30min，时间一长，就会发生崩溃坠毁。为了提高钢结构的耐火等级，一般常用混凝土或砖把结构包裹起来。这样既增加了结构所占空间，又增大了结构自重。1985年公安部四川消防科学研究所制成了TN-LG钢结构防火隔热涂料，按GN15—82标准试验，当防火涂层厚15mm时，钢构件的耐火极限达1.5h。对一级耐火要求的高层建筑中的钢柱，则需涂层厚度为50mm。近年来，四川消防科学研究所又研制成功了一种薄型防火涂料，但耐火时间最多1.5h。

图1.5和表1.1所示为温度对钢材性能的影响。

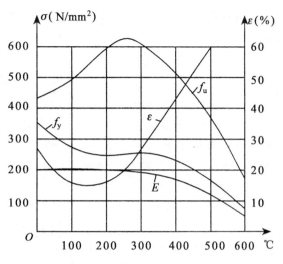

图1.5 温度对钢材性能的影响

表1.1　　　　　　　　　　　　温度对钢材性能的影响

温度(℃)		20	100	200	300	400	500	600
屈服点(%)		100	95	82	65	40	10	0
弹性模量	Q235	206	195	185	176	160	—	—
$E \times 10^3 N/mm^2$	Q345	206	200	200	190	185	—	—
线膨胀系数	Q235	1.18	1.22	1.28	1.34	1.38	—	—
$\times 10^{-5}$	Q345	1.12	1.20	1.26	1.33	1.37	—	—

上海宝山钢铁公司和武汉钢铁公司都已生产出一种高性能耐火耐候建筑用钢，如武钢的WGJ510C2钢，力学性能相应于Q345钢。它的抗锈性是普通钢材的2~8倍，600℃时的屈服强度仍保持$2f_y/3$以上，而价格只比普通钢高约15%，目前已在建筑中采用(如上海中福城高层住宅建筑)。

低温时，钢材的强度提高，而塑性减小，呈脆性，因而钢材具有低温脆性、高温软化的性能，使用时应加以注意。

二、钢结构的合理应用范围

根据上述钢结构具有的特点，钢结构的合理应用范围如下：

(1)重型工业厂房　跨度和柱距都比较大，或设有繁重工作制吊车或大吨位吊车①，或具有2~3层吊车的厂房，以及某些高温车间，例如炼钢、轧钢和均热炉车间等，宜采用钢吊车梁、

① 《起重机设计规范》GB/T 3811规定吊车工作级别为A1~A8级。A1~A3级对应于轻级工作制，A4级和A5级对应于中级工作制，A6~A8级对应于重级工作制，其中A8级为特重级。

钢屋架及钢柱等构件以至全钢结构。如上节中提到的宝山钢铁公司的很多车间、各冶金工厂和重型机器制造厂的车间等。这类厂房的特点是荷载大,房屋高,有的还受温度作用或设备的振动作用,如锻压车间等。

(2)大跨度结构 结构的跨度越大时,减轻结构自重就有明显的经济效果。钢材轻质高强,可跨越很大的跨度,因而,大跨度结构应采用钢结构。

近年来,我国各地建造的很多体育馆、剧场和大会堂等,就采用了钢网架结构或悬索结构。例如:首都体育馆采用了99m×112.2m的正交平板网架;1986年建造的吉林滑冰馆,采用了双层悬索屋盖结构,悬索跨度59m,房屋跨度70m;1998年为冬运会建造的长春体育馆,采用了两个部分球壳组成的长轴191.68m、短轴146m的方钢管拱壳屋盖结构,高40.67m,以及第一节中已经提到的体育馆建筑等。

此外,还有工业建筑中的飞机库、飞机装配车间等。如1995年建造的首都机场四机位飞机库,是当今世界上规模最大的飞机库,跨度为(153+153)m。屋盖采用大桥和多层四角锥网架相结合的形式,有10t悬挂吊车,屋盖结构总重约5 400t。图1.6为网架平面图(单位:mm)。

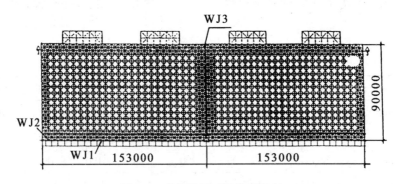

图1.6 首都机场四机位飞机库

另外,北京地毯厂、长春第一汽车制造厂、天津钢厂无缝钢管厂以及上海宝钢管坯连铸主厂房等在厂房屋盖中,也都采用了网架结构,建筑总面积超过300×10⁴m²。

(3)高耸结构和高层建筑 高耸结构包括高压输电线路塔、变电架构、广播和电视发射塔架和桅杆等,如上节已经提到的广州电视塔(1965年),高200m;哈尔滨电视塔(2000年),高336m。此外,还有1972年建成的上海电视塔,高211m;1977年建成的北京环境气象桅杆,高325m,以及遍布全国各地的电视塔和输电线塔等。这些结构主要承受风荷载,采用钢结构除了自重轻、便于安装施工外,还因钢材的轻质高强,构件截面小,减小了风荷载,从而取得更大的经济效益。

前面已经提到,自改革开放以来,我国建造了不少高层钢结构建筑。如深圳发展中心大厦,有5根巨大箱形钢柱,截面尺寸为1 070mm×1 070mm,钢板厚度达130mm。1996年建成的深圳地王大厦,地下3层,地上81层,高383.95m(到桅杆顶),采用的箱形钢柱最大截面为2 500mm×1 500mm,钢板厚70mm,如图1.7所示。近年来,钢管混凝土柱的应用也已进入了高层建筑领域。图1.8为1999年建成的深圳赛格广场大厦(全部柱子为钢管混凝土柱),地下4层,地上72层,高291.6m(计入桅杆全高为353.8m)。

(4)受动力荷载作用的结构 由于钢材的动力性能好、韧性好,可用作直接承受起重量较

图 1.7　深圳地王大厦　　　　　　　　图 1.8　深圳赛格广场大厦

大或跨度较大的桥式吊车的吊车梁。一般重级工作制吊车的吊车梁,都应采用钢结构。

(5)可拆卸和移动的结构　流动式展览馆和活动房屋等,最宜采用钢结构。钢结构重量轻,便于搬迁;采用螺栓连接时,又便于装配和拆卸。建筑机械为了减轻结构自重,则必须采用钢结构。

(6)容器和管道　因钢材的强度高,且密闭性好,因而高压气罐和管道、煤气罐和锅炉等都用钢材制成。

(7)轻型钢结构　采用单角钢或薄壁型钢组成的轻型钢结构以及门式刚架结构,具有自重小、建造快又较省钢材等优点,近年来得到了广泛运用。例如一些轻型屋面的钢屋盖,耗钢量比普通钢屋盖可节约钢材 25%~50%,自重减小了 20%~50%,其用钢量和采用钢筋混凝土的接近,而自重却比后者减小了 70%~80%。

安徽芜湖 951 一期工程的厂房(长 315m,宽 240m,建筑面积达 $7.56 \times 10^4 m^2$)、浙江吉利集团在前两年修建的临海机车工业公司厂房(计 $14.5 \times 10^4 m^2$)等工程均采用了轻型钢结构。

此外,前面已经提到过,建设部已经确定“十五”期间以住宅钢结构为发展重点,并在北京、天津、马鞍山和山东莱芜等地建造了一批试点工程,取得了良好的经济效益,已在全国得到推广应用。

（8）其他建筑物　运输通廊、栈桥、各种管道支架以及高炉和锅炉构架等，通常也都采用钢结构。近年来，在很多大城市中兴建一些人行立交桥，也有不少采用了钢结构。

以上是当前我国钢结构应用范围的一般情况。在确定采用钢结构时，应从建筑物或构筑物的使用要求和具体条件出发，考虑综合经济效果来确定。总的来说，根据我国现实情况，钢结构适用于**高、大、重型和轻型结构**。

第三节　钢结构的设计方法

在进行钢结构设计时，必须在满足使用功能要求的基础上，做到技术先进、经济合理、安全适用和确保质量。

众所周知，结构设计中采用的各种数据常和实际情况有出入。例如，各种荷载值和设计采用值不可能完全一致，钢材强度（屈服点 f_y）和设计取值也不可能正好相同，构件的截面尺寸、长度和材料的容重等也都和设计采用值会有或多或少的差异。所有这些区别和差异统称为变异性。因而，设计中的数据，如各种荷载值和材料强度等，都是随机变量，即量的大小有随机性。为了达到设计安全适用、确保质量而又经济合理的要求，必须充分而又合理地考虑这些实际情况与设计条件之间的差别，也就是要求所设计的结构具有一定的可靠度。

结构的可靠性是指结构在规定的时间内①、规定的条件下（正常设计、正常施工、正常使用和正常维护），完成预定功能的概率，是结构安全性、适用性和耐久性的概称，用来度量结构可靠性的指标称为**可靠指标**，它比安全度的概念更为广泛。

钢结构设计规范采用了以概率理论为基础的极限状态设计法，它是从结构可靠度设计法转变而来的。简要介绍如下：

根据结构或构件（包括连接）能否满足预定功能的要求来确定它们的极限状态。一般规定有两种极限状态。第一种是**承载能力极限状态**，包括：构件和连接的强度破坏，疲劳破坏和因过度变形而不适于继续承载，结构和构件丧失稳定，结构转变为机动体系和结构倾覆等。第二种是**正常使用极限状态**，包括：影响结构、构件和非结构构件正常使用或外观的变形，影响正常使用的振动，影响正常使用或耐久性能的局部损坏等。各种承重结构都应按照上述两种极限状态进行设计。

极限状态设计法的基本内容如下：

设结构或构件的承载力（又称**抗力**）为 R，它取决于材料的强度（或构件的稳定临界应力）和构件的截面面积或截面刚度等几何因素。如前所述，这些参数都是独立的随机变量，并非确定值，应根据它们各自的统计数值运用概率法来确定它们的设计取值。这些设计值确定后，结构或构件的抗力 R 也就确定了。

作用是荷载、温度变化、基础不均匀沉降和地震等的统称，它对结构或构件产生的效应，就是同时施加于结构或构件的若干种作用分别引起结构或构件中产生的内力，这些内力的总和称为**作用效应**，一般习惯称之为**荷载效应**，用 S 来表示。当然，各种作用也都是随机变量，并非确定值。同理，也应根据它们各自的统计数值运用概率法来确定它们各自的设计值。当这些

---

①　普通房屋和构筑物的设计使用年限为 50 年。

设计值选定后,总作用效应 S 也就确定了。

根据极限状态的定义,当结构或构件的抗力等于各作用引起的作用效应时,此结构或构件达极限状态。极限状态方程可写成

$$Z = g(R, S) = R - S = 0 \qquad (1.1)$$

当 $R>S$ 时,结构或构件处于可靠状态,即设计有效;当 $R<S$ 时,结构或构件处于失效状态;当 $R=S$ 时,为结构或构件的极限状态,如图 1.9 所示。

根据实际结构或构件的统计资料,得到极限状态方程 $Z = R-S$ 的统计结果,绝大多数的 Z 值大于 0($R>S$),也有少数的 Z 值小于 0。

例如,当任一结构或构件的失效概率为 0.000 7 时,可靠概率为 0.999 3。也就是说,一万个设计中,在规定的时期内、规定的条件下,能满足预定功能而有效使用的设计为 9 993 个。

确定了结构或构件的失效概率(P_f),就得到了可靠概率(P_r),因为它们之和等于 1.0。但计算失效概率比较复杂,故引入了**可靠指标** β,它和失效概率 P_f 是对应的,见表 1.2。

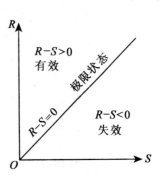

图 1.9　R 和 S 的关系

表 1.2 　　　　　　　　　　　　　　　β 值与 P_f 的对应关系

β	2.0	2.5	3.0	3.2	3.5	4
P_f	2.28×10^{-2}	6.2×10^{-3}	1.35×10^{-3}	6.9×10^{-4}	2.33×10^{-4}	3.17×10^{-5}

计算 β 值远比直接计算 P_f 值简单,因此我们可以用 β 值的计算来确定结构或构件的可靠度。钢结构设计要求满足可靠度指标 $\beta = 3.2$,允许上浮 0.25,即设计出来的结构的失效概率为 $(6.9\sim2.3)\times10^{-4}$,而有效的可靠概率为 0.999 77~0.999 31。

这种运用概率理论的极限状态设计法称为概率极限状态设计法,是一种较先进的设计方法。但是,采用概率极限状态设计法时,必须拥有各个随机变量的统计数值,而迄今我们掌握的统计资料还不完整,主要掌握了钢材的屈服点、风荷载、雪荷载和一些活荷载等,还存在着不足之处,因而现行钢结构设计规范采用的设计方法可称为近似概率极限状态设计法。

同时,直接按照可靠指标进行结构和构件设计时,对很多设计工作者来说还不习惯,也不易掌握。因而现行设计规范将极限状态设计公式等效地转化为大家熟悉的**分项系数设计公式**。对承载能力极限状态,由极限状态方程式(1.1),保证结构、构件有效可靠时,应满足下列公式:

$$\gamma_0 S \leqslant R \qquad (1.2)$$

式中:γ_0——结构重要性系数。例如对于使用年限为 50 年的结构,根据结构发生破坏时可能产生后果的严重程度,把建筑结构分成一、二、三级三个安全等级,规定不同的可靠指标,分别取 1.1、1.0 和 0.9。一般工业与民用建筑钢结构,经分析,安全等级多为二级;但对跨度等于或大于 60m 的大跨度结构,如大会堂、体育馆和飞机库等的屋盖主要承重结构的安全等级宜取为一级。对于使用年限为 25 年的结构构

件,γ_0 不应低于 0.95。

R——构件或连接的承载能力:$R=f_d \cdot \bar{A}$。$\bar{A}$ 是截面的几何因素,f_d 是钢材或连接材料的强度设计值,或构件的临界应力设计值,$f_d=f_k/\gamma_R$。例如:钢材的强度设计值是钢材的标准屈服强度除以材料的分项系数,表示为 $f=f_y/\gamma_R$。经对比分析,确定钢材的分项系数 γ_R。对 Q235 钢,$\gamma_R=1.087$,由此得 Q235 钢的强度设计值为 $f=235/1.087=215N/mm^2$(取整数,这是 $t \leqslant 16mm$ 的钢材)。对 Q345、Q390 及 Q420 钢,$t \leqslant 16mm$ 时,皆取 $\gamma_R=1.111$,则 Q345 钢的强度设计值为 $f=345/1.111=310N/mm^2$,Q390 钢 $f=350N/mm^2$,Q420 钢 $f=380N/mm^2$。

S——荷载效应,即由荷载或作用引起的结构、构件和连接中的内力,称荷载效应。荷载有永久荷载和可变荷载,作用有温度和地震等。它们引起的效应有永久荷载效应、可变荷载效应、温度作用效应和地震作用效应等。荷载效应是荷载的标准值乘以荷载分项系数。

结构、构件和连接的承载能力极限状态是各种荷载效应可能共同作用时引起的最大内力 $\gamma_0 S$ 不超过结构、构件和连接的承载力 R。考虑各种荷载效应的可能共同作用称为荷载效应组合,分基本组合和偶然组合,后者如地震作用和爆炸冲击力等。

对于基本组合应考虑以下两种组合值中取最不利值来计算承载能力极限状态:

(1)由可变荷载效应控制时:

$$\gamma_0 S = \gamma_0 \left(\gamma_G S_{GK} + \gamma_{Q_1} S_{Q_1K} + \sum_{i=2}^{n} \gamma_{Q_i} \cdot \psi_{C_i} \cdot S_{Q_iK} \right) \leqslant f_d \bar{A} \qquad (1.3)$$

(2)由永久荷载效应控制时:

$$\gamma_0 S = \gamma_0 \left(\gamma_G S_{GK} + \sum_{i=1}^{n} \gamma_{Q_i} \psi_{C_i} S_{Q_iK} \right) \leqslant f_d \bar{A} \qquad (1.4)$$

对于一般排架和框架结构,可采用下列简化的极限状态设计公式:

$$\gamma_0 S = \gamma_0 \left(\gamma_G S_{GK} + \psi \sum_{i=1}^{n} \gamma_{Q_i} S_{Q_iK} \right) \leqslant f_d \bar{A} \qquad (1.5)$$

式中:γ_G——永久荷载分项系数。当永久荷载效应对结构不利时,对由可变荷载效应控制的组合,应取 1.2;对由永久荷载效应控制的组合,应取 1.35;当永久荷载效应对结构有利时,一般情况取 1.0,对结构进行倾覆计算时,应取 0.9。

γ_{Q_i}——第 i 个可变荷载的分项系数,一般情况下应取 1.4;γ_{Q_1} 是可变荷载 Q_1 的分项系数。

S_{GK}——按永久荷载标准值 G_K 计算的荷载效应值。

S_{Q_iK}——按可变荷载标准值 Q_{iK} 计算的荷载效应值,S_{Q_1K} 是各可变荷载效应中起控制作用者。

ψ_{C_i}——可变荷载 Q_i 的组合值系数。参见《建筑结构荷载规范》GB 50009—2001 中的规定,$\psi_{C_i} \leqslant 1.0$。

ψ——简化设计式中采用的荷载组合系数:一般情况下可取 $\psi=0.9$;只有一个可变荷载时,取 $\psi=1.0$。

n——参与组合的可变荷载数。

结构、构件或连接由各种荷载最不利组合引起的总荷载效应 $\gamma_0 S$ 即内力 N 或 M 或 V(轴向力、弯矩或剪力)。把式(1.3)或式(1.4)、式(1.5)中的截面几何因素 $\bar{A}$ 移到不等式左侧,则得

$$\sigma = \gamma_0 S / \bar{A} = \frac{N \text{ 或 } M \text{ 或 } V}{\bar{A}} \leqslant f_d \qquad (1.6)$$

式中的 N、M 或 V 是考虑了荷载分项系数、组合系数和结构重要性系数后,得到的全部计算内力值。几何因素 $\bar{A}$ 是截面面积或截面模量。

设计时,各种荷载的标准值按现行《建筑结构荷载规范》GB 50009—2001 中的规定采用。

结构和构件的第二种极限状态是正常使用极限状态。即在正常使用荷载(不乘荷载分项系数)作用下产生的变形值 v,不得超过保证结构或构件满足正常使用要求的规定值。根据不同的使用要求,分别采用基本组合和准永久组合进行设计。

基本组合:

$$v = v_{GK} + v_{Q_1K} + \sum_{i=2}^{n} \psi_{Q_i} v_{Q_iK} \leqslant [v_T] \qquad (1.7)$$

准永久组合(设计钢—混凝土组合梁时采用):

$$v = v_{GK} + \sum_{i=1}^{n} v_{Q_iK} \leqslant [v_T] \qquad (1.8)$$

式中:v_{GK}——永久荷载标准值引起结构或构件的变形值;

v_{Q_iK}——第 i 个可变荷载标准值引起结构或构件的变形值;

v_{Q_1K}——产生最大荷载效应的可变荷载标准值引起结构或构件的变形值;

ψ_{Q_i}——第 i 个可变荷载组合值系数,按《建筑结构荷载规范》GB 50009—2001 中的规定采用。

$[v_T]$——结构或构件因永久荷载和可变荷载标准值产生的变形的容许变形值,按规范规定采用。

当只有一个可变荷载 Q_1 时,有

$$v = v_{GK} + v_{Q1K} \leqslant [v_T] \qquad (1.9)$$

当只需保证结构或构件在可变荷载作用下产生的变形满足正常使用的要求时,式(1.7)、式(1.8)和式(1.9)中的 v_{GK} 可不计入,变形容许值取 $[v_Q]$。

对于轴心和偏心受力构件,正常使用极限状态用构件的长细比 $\lambda = l_0/i$ 来保证,以免构件过于纤细,易于弯曲和颤动,对构件和连接的工作不利。验算公式为

$$\lambda \leqslant [\lambda] \qquad (1.10)$$

式中:$[\lambda]$——构件的容许长细比,按规范规定采用;

l_0——构件的计算长度;

$i = \sqrt{I/A}$——构件的截面回转半径;

I 和 A——分别是截面惯性矩和截面面积。

为了改善外观和使用条件,可采用起拱的办法。对于跨度大于等于 15m 的三角形屋架和跨度大于 24m 的梯形或平行弦屋架,起拱度可取 $L/500$。

关于结构和物件允许变形的规定,有实践经验或有特殊要求和规范允许时,可根据不影响正常使用和观感的原则适当调整之。

第四节 钢结构的发展[①]

由于钢结构本身具有很多优点,加上目前我国钢产量已超过 $2×10^8$ t,因而近20年来,钢结构的应用日渐广泛,在我国四个现代化的建设中,起着相当重要的作用。但是,我国人口众多,按钢材的人均年产量计算,钢产量还很不够,还不能满足各方面的需要。因此,在建筑工业中,在采用钢结构时,节约钢材仍然是我们长期努力的目标。这就要求不断提高钢结构领域的科学技术水平,重视新型钢结构的应用和推广。

根据近年钢结构发展的状况,提出以下四个方面的发展方向。

一、高效能钢材的发展和应用

高效能钢材的含义包括两个方面:其一是研制出强度较高而性能又好的钢材,其二是采用各种有效措施,提高钢材的有效承载力,更好地发挥钢材的使用效果,从而节约钢材,如改进截面形式等。两个方面的目的相同,都是为了最大限度地发挥钢材的效用,使有限的钢材发挥更大的作用。

目前,我国大量采用的钢材是 Q235 和 Q345 钢。虽然生产了 Q390 和 Q420 钢材,但产量较少,订货困难,达不到大量应用的目的。如九江长江大桥采用 15MnVN 新钢种(Q420),并取得了一定的经济效果,但也未能大量生产,满足建筑行业的需要。

近年来高强度混凝土研制成功,在工程中已广泛应用了 C60 级混凝土,C70 级和 C80 级混凝土的应用很快也将成为现实。相比之下,钢材强度的提高显得较为缓慢。这必将延缓钢结构的发展。这一矛盾在钢和混凝土组合结构中表现得尤为突出,因而提高钢材强度是十分紧迫的任务。

冷弯薄壁型钢的采用是提高钢材承载力的有效措施,但目前推广应用还很不够。

图 1.10(a)是几种常用的压型钢板,由厚度为 0.5~1mm 的薄板辊压而成,最常用于高层建筑的楼盖结构中。压型钢板和钢梁用栓钉连接,在压型钢板上浇灌混凝土即成。这时,压型钢板兼有抗拉钢筋和模板的双重作用,既加快了施工进度,又节省了钢材。图 1.10(b)是用两层压型钢板组成的构件,钢板双面镀锌,各厚 20~22μm,然后再涂 4 层塑料层,防腐性能很好。两层压型钢板之间充填聚胺酯塑料,自重约 $10kg/m^2$。可用作屋面板、楼板、墙板和间隔墙板。上海已有专业厂生产,拥有先进的生产线。

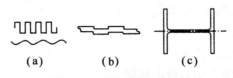

(a)　　　　　　(b)　　　　　　(c)

图 1.10 压型钢板和 H 形钢

普通钢材的耐腐蚀性差,需要油漆防腐,这是钢结构尤其是薄壁钢结构的弱点。近年来,国外研制出一种耐候钢,价格虽比普通钢材高 20%~40%,但抗腐蚀性强,不需油漆保护。日

---

① 本节内容建议在全部课程学完后,再进行学习。

本和美国都已大量用于沿海工程中。上面已经提到,我国也已研制并生产出耐候钢,用于铁路货车车厢,使车厢由过去 5~7 年需更换的大修期提高到 12 年以上,为国家节约了大量钢材。今后在提高钢材强度,增加抗腐蚀性方面,应继续开展研制工作,并将它用于建筑钢结构。

图 1.10(c)所示为 H 形钢,两个主轴方向基本上达到等稳定(见第四章),可直接用作柱和梁,也可用两个 H 形钢组成重型实腹柱,同时采用高强度螺栓作安装连接。采用这种型材虽比板材焊接柱多费钢材,但安装方便,大大加快了施工速度,因而综合经济效益高,国外已大量采用。我国近年来也已得到应用,如宝山钢铁公司的大批厂房。目前,我国已能生产轧制 H 形钢,并且也有了国家标准 GB/T 11263—1998《热轧 H 形钢和剖分 T 形钢》,于 1998 年 12 月 1 日实施(附三表 3.6)。

二、钢结构设计理论的深入研究

从合理和经济的观点出发,采用以概率为基础的极限状态设计方法是先进的设计方法,但目前还属于近似概率设计法。应多多积累统计资料,向采用更为先进合理的全概率极限状态设计法的方向努力。

稳定是钢结构设计中的突出问题,自从欧拉提出轴心受压柱的弹性稳定临界力的计算公式以来,已有 200 多年。在此期间,很多学者对各类构件进行了不少理论分析和实验研究工作,作出了很多贡献,但仍然存在不少问题尚未解决或未很好解决,如压弯构件的弯扭屈曲,各种刚架体系的稳定以及空间结构的稳定等,所有这些问题有待进一步深入研究。

三、大跨度结构、高层结构和轻型钢结构

钢结构的优点之一是轻质高强,故宜用于大跨度结构和高层结构。随着我国建设事业的发展,各种工业与民用大跨度建筑以及一些高层建筑的需求正在不断增长。

适用于大跨度建筑的结构体系除拱和框架外,有网架、网壳结构和悬索结构等。这些结构体系能满足各种建筑平面的要求,因而深受欢迎。

网架结构在我国已经得到广泛的应用,全国已建成的各种网架结构有上千个。多数属中、小跨度,也有跨度在 60m 以上及超过 100m 的。不但用于民用和公共建筑,而且开始应用于工业厂房屋盖中。同时,还在网架屋盖中采用预应力技术,节约了钢材。悬索结构可以最大限度地利用高强度钢材,因而用钢量很省。近一二十年来索网与网壳结构发展很快,这种结构体系形式多样,可满足各种建筑造型和使用功能的要求,正在继续发展中。

改革开放以来,随着国民经济的迅速发展,大城市在不断扩大,正在走向现代化。城市现代化的标志之一是不断兴建高层建筑。前面已经提到,我国台湾地区已建成世界第一高楼——508m 高的台北金融大楼。但在超高层建筑中,有关抗侧力体系等问题还待深入研究。

轻型钢结构近年来也得到较多的应用和较大的发展,主要用于荷载较小的各种屋盖结构,包括轻钢门架结构。还开始用于多层住宅建筑中,耗钢量与采用钢筋混凝土结构相等。因而,近年来轻钢结构的采用每年以 $300 \times 10^4 m^2$ 的速度增长,前景十分广阔。

四、预应力钢结构

预应力钢结构有两种:一种是在超静定结构体系中,调整支座,目的是在结构中产生和使用荷载引起的内力相反的内力,以减小结构的设计内力,从而减小构件截面,达到节省钢材的

目的,如图1.11(a)所示。另一种是在结构外增设高强度钢构件并张拉之,使结构中产生预应力。此预应力与使用荷载引起的内力相反,减小结构的设计内力,从而减小构件截面,达到节省钢材的目的,如图1.11(b)所示。

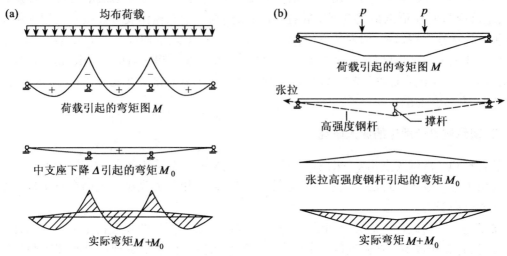

图1.11 预应力钢结构内力图

南京长江大桥和武汉长江大桥都系三跨连续桁架桥,采用了降低中支座的方法,节省了10%的钢材。

预应力钢构件都采用高强度钢丝组成的钢铰线,常用的有高强度冷拔镀锌钢丝 $\phi 5$,抗拉强度达 $f_u = 1\,860\text{MPa}$。在预应力钢结构中增加了高强度钢构件,节约了普通钢材。由于高强度钢的强度是普通钢材的4~5倍,因而节约了钢材,降低了工程造价,近年来得到了较广泛的推广应用。如四川攀枝花体育馆等一些大跨度空间网架结构,以及上海浦东国际机场候机楼 $L_{\max} = 82.6\text{m}$ 的张弦钢桁架和广州国际会展中心的屋盖采用的大跨度张弦钢桁架,最大跨度达126.6m。

预应力技术是大跨度钢结构节约钢材的有效措施,必将继续得到发展。

五、组合结构

众所周知,钢材抗拉和抗压的强度相同,但受压构件决定于稳定承载力,致使钢材强度得不到充分发挥。混凝土只能抗压,如果把钢和混凝土组合起来,形成钢-混凝土组合结构,则可充分发挥两种材料的长处,又互相弥补对方的缺点,获得一种新的结构。如组合梁,钢管混凝土柱,型钢混凝土梁和型钢混凝土柱等。这里主要介绍组合梁和钢管混凝土柱两种。

1. 组合梁

组合梁是指钢梁和所支承的钢筋混凝土板组合成一个整体而共同受弯的构件。

平台和楼盖一般都由梁和铺板组成。荷载作用于板,由板传给梁;板横向受弯而梁却纵向受弯,二者的受力方向互相垂直。如果使板不但在横向受弯工作,而且还和梁在梁的纵方向共同受弯,可以节约材料,也减轻了梁的工作。图1.12(a)为梁和板无联系的情况,这时沿梁跨度方向由荷载产生的弯矩,分别由板和梁承受,即 $M = M_n + M_1$,在各自的截面上分别产生弯应

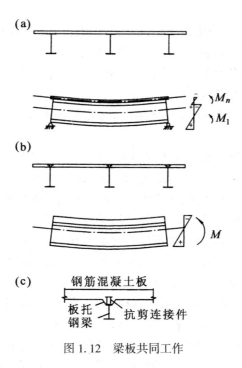

图 1.12　梁板共同工作

力。图 1.12(b)是采用了可靠的构造措施,把板和梁紧密地相连,使二者组成整体受弯的情况。这时所承担的总弯矩 M 大大提高,这就形成了组合梁。图 1.12(c)是组合梁的截面,板和梁之间焊有抗剪连接件,可把混凝土板向下扩大做成板托,这样更可提高承载力,但增加了施工的难度。

组合梁的优点是:可以做到混凝土板受压而钢梁受拉,充分发挥了两种材料各自的优点,同时还减小了梁的高度,取得了较大的经济效果。当然,要达到板和梁形成整体而共同工作,关键问题是在二者之间设置可靠的连接件,以承受剪力。连接件有圆钢筋、角钢、槽钢和栓钉等多种,间隔一定距离焊在钢梁上,浇灌在混凝土板内。

这种组合梁已成功地用于很多高层建筑以及铁道和公路桥梁结构中,并列入钢结构设计规范。图 1.13(a)所示为高层建筑中采用的组合楼层结构,图 13(b)所示为几种压型钢板。

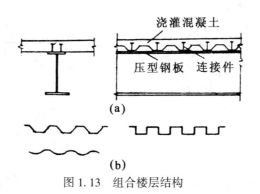

图 1.13　组合楼层结构

2. 钢管混凝土结构

这里指的是在圆钢管中浇灌混凝土的构件,称为钢管混凝土构件。在国外,其应用和发展已有近百年的历史,不少国家都制定了相应的设计规范。自从 1978 年对这种新结构的研究列入我国国家科研规划后,钢管混凝土结构在我国就进入了迅速发展的时期。近 20 年来,不断地取得科研、设计和施工方面的成功经验,并且创立了"钢管混凝土统一理论",把钢管混凝土视为统一体,成功地获得一整套组合设计指标,改变了传统的设计方法,促进了这一新结构的发展。

钢管混凝土的特点是:钢管和混凝土共同承受压力时,二者都产生相同的纵向压应变。与此同时,也都将引起横向拉应变,$\varepsilon_1 = -\mu_s\varepsilon_3$ 和 $\varepsilon_1' = -\mu_c\varepsilon_3'$,式中,$\varepsilon_1(\varepsilon_1')$ 是钢管(混凝土)的环向应变,$\varepsilon_3(\varepsilon_3')$ 是钢管(混凝土)的纵向应变,μ_s 和 μ_c 分别是钢材和混凝土的泊松比。众所周知,钢材的泊松比在弹性范围内基本为常数,可取平均值 0.283,应力达到屈服点进入塑性后,为 0.5 而保持不变。混凝土的泊松比在低应力状态为 0.17,随着压应力的增加而增大到大于 0.5。到设计极限状态时,$\mu_c > \mu_s$,则 $\varepsilon_1' > \varepsilon_1$(因为 $\varepsilon_3 = \varepsilon_3'$),这时混凝土的环向变形大于钢管的环向变形,因而受到钢管的约束,产生了相互作用的紧箍力 P,使管内混凝土三向受压,钢管纵向和径向受压,而环向受拉,如图 1.14 所示。这样,钢管约束了混凝土,使它处于三向受压状态,不但大大提高了抗压强度,而且极大地增加了塑性,使混凝土由脆性材料转变为塑性材料,在性能上起了质的变化。而混凝土却保证了薄壁钢管的局部稳定,使钢材的强度得到发挥,相互弥补了彼此的弱点而充分地发挥了各自的长处。因此,钢管混凝土最宜用作轴心受压构件或小偏心受压构件,当偏心较大时,可采用二肢、三肢以及四肢组成的格构式构件。图 1.15 所示为钢管混凝土 $L/D = 3 \sim 3.5$ 试件轴心受压时的纵向压力与纵向应变的关系曲线示意图(L 和 D 分别是长度和直径)。由于把钢管混凝土视为统一体,则纵坐标也表示截面的平均应力或称名义应力 $\bar{\sigma} = N/A_{sc}$,式中,$A_{sc} = \pi r_0^2$,是截面面积,r_0 是钢管外半径。

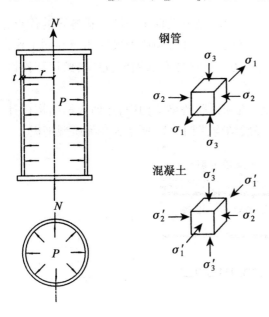

图 1.14 混凝土与钢管的应力状态

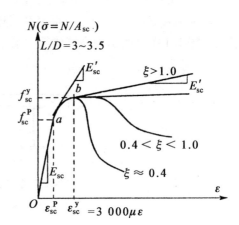

图 1.15 钢管混凝土轴压时 $\bar{\sigma}$-ε 关系曲线

由 $\bar{\sigma}\text{-}\varepsilon$ 关系曲线可见,钢管混凝土轴心受压时的工作性能与套箍系数 $\xi = A_s f_y / A_c f_{ck} = \alpha f_y / f_{ck}$ 有关。当 $\xi \geqslant 1.0$ 时,无下降段;当 $\xi < 1.0$ 时,出现下降段;当 $0.4 < \xi < 1.0$ 时,塑性阶段逐渐缩短;当 $\xi \approx 0.4$ 时,塑性阶段消失,呈脆性破坏。因而,受静荷载的结构应有 $\xi \geqslant 0.5$;而对地震区的结构,则要求 $\xi \geqslant 0.9$。这里 A_s 和 A_c 分别是钢管和混凝土的截面面积,f_y 是钢材的强度标准值(屈服点),而 f_{ck} 是混凝土的抗压强度标准值。

钢管混凝土的另一个特点是:抗压承载力高,约为钢管和混凝土各自强度承载力之和的 $1.5 \sim 2$ 倍;塑性和韧性好;经济效果显著,比钢柱可节约 50% 钢材,造价可降低约 45%,比钢筋混凝土柱可节约混凝土约 70%,减轻自重 50% 以上,且不需要模板,用钢量和造价约相等或略高;施工简便,可大大缩短工期。

由于其具有以上特点,十分适合我国国情,因而自 20 世纪 60 年代我国在鞍山预制构件厂制管车间和北京地铁工程中采用以后,20 世纪 70 年代开始逐渐推广应用于单层工业厂房柱、锅炉和高炉构架柱、多层工业房屋柱、送变电杆塔以及各种支架柱,工程遍布全国。著名的大工程有鞍钢的一些厂房,宝钢的三期工程,鞍钢、包钢等的大部分高炉构架,沈阳的沈海热电厂厂房,湖北荆门热电厂的锅炉构架以及葛洲坝至华东地区的输电线路塔架等。自 20 世纪 80 年代末期开始,钢管混凝土的应用范围又一次得到扩大,主要是公路和城市桥梁,以及高层和超高层建筑。桥梁方面的主要工程有:三峡工程中的黄柏河和下牢溪大桥($L = 160$m),西安市人行立交桥($L = 100$m)以及重庆万州长江大桥($L = 420$m)(采用钢管混凝土为劲性骨架的混凝土箱形拱桥),全国已建的公路桥已超过 200 座。广州丫髻沙大桥,$L = 360$m(2002 年)曾是我国已建成的世界跨度最大的钢管混凝土拱桥。现已合龙并在 2004 年竣工的重庆市巫山长江大桥,也采用了钢管混凝土拱,跨度更大,达 460m。高层建筑中最突出的是深圳赛格广场大厦,地下 4 层,地上 72 层,高 291.6m,总建筑面积超过 $16 \times 10^4 \text{m}^2$,如图 1.8 所示。这是世界上第一个全部柱子采用钢管混凝土的最高建筑,于 1999 年 4 月初结构封顶。采用钢管混凝土柱的高层建筑遍及广东、福建、天津、北京和上海。

习 题 一

一、填空(选择)题

1.1 我国近年来钢结构进入新的发展时期是从( )年开始的,发展的主要原因是:
1. _____;2. _____。

1.2 高层建筑采用钢结构主要利用了它的哪些特点:(1)_____;(2)_____。

1.3 钢结构目前采用的设计方法是( )。

    A. 极限状态设计法 B. 安全系数设计法 C. 近似概率极限状态设计法

二、问答题

1.4 什么是钢材的"焊接性"?

1.5 什么是钢材的软化和冷脆?

1.6 钢结构的合理应用范围是根据什么决定的?

1.7 结构的可靠性指的是什么?它包括哪些内容?可靠度是什么?

1.8　结构的承载能力极限状态包括哪些计算内容？正常使用极限状态包括哪些内容？

1.9　可靠指标与失效概率有什么关系？钢结构的可靠指标规定是多少？

1.10　什么是预应力钢结构？它有哪些特点？

1.11　什么是钢-混凝土组合结构？它有哪些特点？

第二章 结构钢材及其性能[①]

第一节 结构钢材一次拉伸时的力学性能

我国目前建筑钢结构主要采用的是 Q235 钢（GB 700—88）、Q345 钢、Q390 钢和 Q420 钢（GB/T 1591—94）等钢材。Q235 钢属于碳素结构钢，相当于美国的 A36，前苏联的 CT3，日本的 SS400 和 SSM400 以及欧洲的 S235 等钢材。Q345、Q390 和 Q420 属于低合金高强度结构钢，相当于美国的 A242、A441 和 A500，日本的 SS490、SSM490 和欧洲的 S355 钢等。

为了确定钢材的力学性能，应按 GB 228—87 的规定把钢材加工成标准试件（见图 2.1），在20℃室温的条件下，在拉伸试验机上，进行一次静力拉伸试验，将试件拉断，得应力应变 σ-ε 关系曲线，如图 2.2(a)所示，它显示结构钢材一次拉伸时的工作性能。图 2.2(b)是曲线的局部放大。

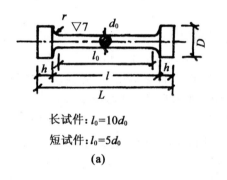

长试件：$l_0=10d_0$

短试件：$l_0=5d_0$

(a)

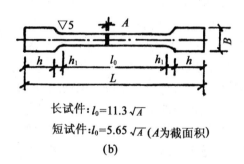

长试件：$l_0=11.3\sqrt{A}$

短试件：$l_0=5.65\sqrt{A}$（A为截面积）

(b)

图 2.1 标准拉伸试件

由 σ-ε 关系曲线可见，结构钢材一次拉伸试验时，历经四个阶段。

（1）弹性阶段（OA） 应力由零到比例极限 f_p（因弹性极限和比例极限很接近，通常以比例极限为弹性阶段的结束点），应力与应变成正比，二者的比值称弹性模量，记为 E，$E=\tan\alpha=\sigma/\varepsilon$，$\alpha$ 是 OA 直线与横坐标线间的夹角。钢材的弹性模量很大（$2.06\times10^5\text{N/mm}^2$），因此，钢材在弹性阶段工作时的变形很小，卸荷后变形完全恢复，符合胡克定律。

（2）弹塑性阶段（AB） 应力应变呈非线性关系。应力增加时，增加的应变包括弹性应变和塑性应变两部分。在此阶段卸荷时，弹性应变立即恢复，而塑性应变不能恢复，称为残余应变。由 A 点到 B 点，应力和应变关系是一个波动过程，逐渐地趋于平稳，如图 2.2(b)所示。最

[①] 要求复习工程力学中"轴向拉伸和压缩"、"应力状态与强度理论"及"动应力"部分各有关章节。

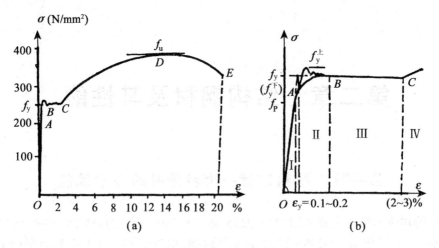

图 2.2 低碳钢标准试件拉伸曲线(σ-ε 曲线)

高点为上屈服点 $f_y^{上}$，最低点为下屈服点 $f_y^{下}$，波动形状主要和加荷速度有关，加荷速度大时 $f_y^{上}$ 就高，否则就低；但下屈服点较为稳定，因而计算时以 $f_y^{下}$ 为准，记为 $f_y(f_y=f_y^{下})$，弹塑性阶段用曲线段 AB 表示。

（3）塑性阶段（BC）　应力达到屈服点后，应力不增加，而应变可继续增大，应力应变关系形成水平线段 BC，通常称为屈服平台，亦即塑性流动阶段，钢材表现出完全塑性。对于结构钢材，此阶段终了的应变（C 点的应变）可达 2%～3%。

（4）强化阶段（CD）　塑性阶段终了后，钢材内部结晶组织得到调整，重新恢复了承载能力，此阶段 σ-ε 曲线呈上升的非线性关系。直至应力达抗拉强度 f_u 时，试件某一截面发生颈缩现象，该处截面迅速缩小，承载能力也随之下降，到 E 点时试件断裂破坏，弹性应变恢复，残余的塑性应变可达 20%～30%（图 2.2(a) 中虚线下降段与弹性阶段 OA 线段平行）。

由上述钢材的工作性能，根据"建筑结构可靠度设计统一标准"（GB 50068—2001）中关于结构或构件承载能力极限状态的规定："结构或构件达此极限状态时，达到了最大承载力，或达到了不适于继续承载的变形。"显然，图 2.2 所示的结构钢材一次拉伸时的工作过程，当应力达屈服点 f_y 后，钢材的应变可达 2%～3%，这样大的变形，虽然并未破坏，但已十分明显，使结构或构件不适于再继续承受荷载。因此，钢结构设计规范规定了应力达 f_y 时为钢材的强度承载力极限。不利用强化阶段钢材的承载力。因此，对钢结构构件进行强度计算时，为了力学分析的简便，经常采用**理想弹性-塑性体**的假设，认为钢材的 σ-ε 关系曲线由两根直线组成，即弹性阶段 OA 线段和塑性阶段 AB 线段，两线段交于 f_y 点，忽略了范围不大的弹塑性阶段（图 2.3）。

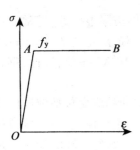

图 2.3　理想弹性-塑性体应力应变曲线

钢材的一次拉伸工作，破坏时应变达 20%～30%，即使以屈服点为设计标准，塑性应变也达 2%～3%，这种工作性能和破坏状态，称为**塑性破坏**。所以，钢材塑性破坏的特征是：破坏前出现极易被人们察觉的变形，破坏后保留很大的残余变形，破坏延续时间较长，非突发性。

第二节　结构钢材的力学性能指标

一、单向应力状态下的静力力学性能指标

上一节根据钢材一次拉伸的工作曲线,已经得到了 4 个力学性能指标,它们是:**屈服点**f_y、**抗拉强度**f_u、**伸长率**δ **和弹性模量** E。

试验证明,钢材的轴心受压短试件,在一次压缩时得到的 $\sigma\text{-}\varepsilon$ 关系曲线,和一次拉伸曲线极为相似,而无颈缩现象。因而钢材轴心受压时,屈服点和弹性模量与轴心受拉时完全一样,抗压强度稍高于轴心受拉,压缩率也可认为和轴心受拉时的伸长率一致。

当钢材受弯时,受拉区纤维和受压区纤维的应力应变($\sigma\text{-}\varepsilon$)关系曲线,分别和轴心受拉及轴心受压时相同。因此,钢材静力力学性能的四个指标同样适用于受拉、受压和受弯。

1. 屈服点f_y

正如前面已经提到的,钢材的强度承载力极限是以屈服点为极限的,即屈服点 f_y 称为钢材的抗拉(压和弯)**强度标准值**,除以材料分项系数 γ_R 后,即得**强度设计值**$f=f_y/\gamma_R$。

选择屈服点作为结构钢材静力强度承载力极限的依据是:(1)它是钢材开始塑性工作的特征点。钢材屈服后,塑性变形很大,极易被人们察觉,可及时处理,避免发生破坏。(2)从屈服到钢材破坏,整个塑性工作区域比弹性工作区域约大 200 倍,且抗拉强度和屈服点之比(强屈比)$f_u/f_y=1.3\sim1.8$,是钢结构的极大后备强度,使钢结构不会发生真正的塑性破坏,十分安全可靠。在高层钢结构中,为了保证结构具有良好的抗震性能,要求钢材的强屈比不应低于 1.2,并应有明显的屈服台阶。

2. 抗拉强度f_u

如前所述,钢材的抗拉强度 f_u 是衡量钢材抵抗拉断的性能指标,直接反映钢材内部组织的优劣,是钢结构的强度储备,因而要求强屈比(f_u/f_y)不应低于 $1.2\sim1.3$。

3. 伸长率δ

钢材一次拉伸拉断后的最大伸长率为

$$\sigma = \frac{l_1 - l_0}{l_0} \times 100\%$$

式中:l_0——试件原标距长度;

l_1——试件拉断后标距间的长度。

由于试件破坏时颈缩部分的长度在长试件和短试件中相同的,因此同一钢材试验所得的 δ_5(短试件伸长率)比 δ_{10}(长试件伸长率)大(见图 2.4)。

伸长率是衡量钢材塑性性能的一个指标。它反映钢材产生巨大变形时,抵抗断裂的能力。

4. 弹性模量E

弹性模量是变形计算和超静定结构内力分析时必需的钢材性能指标。由于钢材的 E 值很大,在弹性阶段工作时结构

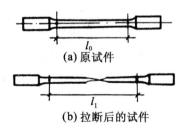

(a) 原试件

(b) 拉断后的试件

图 2.4　试件拉断后示意图

或构件的变形很小,因此可以采用应力叠加原理,分别计算各种荷载引起的构件内力,然后叠加起来,即得构件中的总内力。

钢材的静力力学性能指标,除由一次拉伸的应力应变曲线获得的上述四个性能指标外,为了充分满足不同结构的使用要求,还有冷弯180°的要求和沿厚度方向(Z向)收缩率的要求,分别介绍如下。

5. 冷弯180°

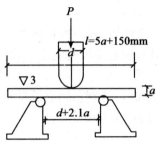

图 2.5 钢材冷弯试验示意图

钢材的冷弯试验是按材料的原有厚度经表面加工成板条状。根据试件的厚度 a,按规定的弯心直径 d,在压力机上通过冷弯冲头加压,将试件弯曲成180°(图 2.5)。检查试件弯曲处的外表和侧面,不开裂、不起层为合格。弯心直径 d 的规定为:Q235 钢 $d=1.5a$,Q345 钢、Q390 钢和 Q420 钢 $d=2a$。

冷弯180°试验是严格表示钢材塑性变形能力的综合指标,直接反映材质的优劣,如金属组织和非金属夹杂物等缺陷。满足此要求比满足抗拉强度、伸长率和屈服点都困难。对重要结构,特别是焊接结构,都应提出冷弯180°试验合格的要求。

6. Z 向收缩率

当钢材厚度较大时,或承受沿板厚方向的拉力作用时,应附加要求板厚方向受拉时,板的收缩率为 15%~35%,称 Z 向钢,分别有 Z15、Z25 和 Z35 钢,以防止钢材在焊接时或承受厚度方向的拉力时,发生分层撕裂。

二、多轴应力状态下钢材的屈服条件

上面介绍的是钢材在单向应力状态下的工作性能和力学指标。静力强度的指标是屈服点,它标志着钢材由弹性工作转入塑性工作。但在实际结构中,有些构件往往同时承受双向或三向应力的作用,如实腹梁的腹板。这时,确定钢材的屈服点需要用强度理论来解决。对于接近理想弹性-塑性体的结构钢材,最适合的是用材料力学中的能量强度理论(第四强度理论)来确定钢材在多轴应力状态下的屈服条件。

能量强度理论认为材料由弹性状态转入塑性状态时,材料的综合性强度指标要用变形时单位体积中积聚的能量来衡量。同时认为由弹性状态转入塑性状态后,材料的体积不变。

由材料力学可知,钢材单向拉伸而达到塑性状态时,积聚于单位体积中的形状改变能为

$$[u_\varphi] = \frac{1+\mu}{3E} f_y^2$$

当钢材单元体处于三向主应力 σ_1、σ_2、σ_3 的作用下,进入塑性状态时(图 2.6(a)),材料单位体积的形状改变能为

$$u_\varphi = \frac{1+\mu}{3E} [\sigma_1^2 + \sigma_2^2 + \sigma_3^2 - (\sigma_1\sigma_2 + \sigma_2\sigma_3 + \sigma_3\sigma_1)]$$

式中:μ——钢材的泊松比。

能量强度理论认为,上述应变能等于单向拉伸下积聚于单位体积中的变形能时,即 $u_\varphi = [u_\varphi]$ 时,钢材由弹性状态转入塑性状态。

这样就得到了三向应力状态下,钢材转入塑性状态的综合性强度指标,称为**折算应力**:

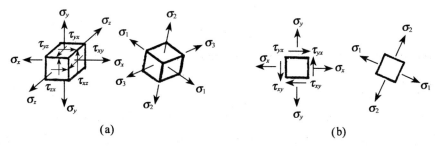

图 2.6　钢材的多轴应力状态

$$\sigma_{eq} = \sqrt{\sigma_1^2 + \sigma_2^2 + \sigma_3^2 - (\sigma_1\sigma_2 + \sigma_2\sigma_3 + \sigma_3\sigma_1)} = f_y \tag{2.1}$$

也可写成

$$\sigma_{eq} = \sqrt{\frac{1}{2}\left[(\sigma_1 - \sigma_2)^2 + (\sigma_2 - \sigma_3)^2 + (\sigma_3 - \sigma_1)^2\right]} = f_y \tag{2.2}$$

用正应力和剪应力表示时,则为

$$\sigma_{eq} = \sqrt{\sigma_x^2 + \sigma_y^2 + \sigma_z^2 - (\sigma_x\sigma_y + \sigma_y\sigma_z + \sigma_z\sigma_x) + 3(\tau_{xy}^2 + \tau_{yz}^2 + \tau_{zx}^2)} = f_y \tag{2.3}$$

这就是当钢材处于三向应力状态时,应以折算应力达屈服点为强度极限状态,作为进行强度设计时的标准。引入材料分项系数,得设计公式

$$\sigma_{eq} = \sqrt{\sigma_x^2 + \sigma_y^2 + \sigma_z^2 - (\sigma_x\sigma_y + \sigma_y\sigma_z + \sigma_z\sigma_x) + 3(\tau_{xy}^2 + \tau_{yz}^2 + \tau_{zx}^2)} \leqslant f \tag{2.4}$$

由公式(2.2)可见,当三个主应力同号,它们的绝对值又接近时,即使 σ_1、σ_2、σ_3 的绝对值很大,大大超过屈服点,但由于其差值不大,折算应力并不大,材料就不易进入塑性状态,有可能直至材料破坏时还未进入塑性状态。相反,当主应力中有异号应力,而同号的两个应力差又较大时,当最大的应力尚未达到 f_y 时,折算应力就已达到 f_y 而进入塑性状态了。

因此,钢材在多轴应力状态下,当处于**同号应力场**时,钢材易产生**脆性破坏**;而当处于**异号应力场**时,钢材将发生**塑性破坏**。

一般钢结构中,构件的厚度都不大,可忽略沿厚度方向的应力 σ_z,如图 2.6(b)所示。这时,公式(2.4)变为

$$\sigma_{eq} = \sqrt{\sigma_x^2 + \sigma_y^2 - \sigma_x\sigma_y + 3\tau_{xy}^2} \leqslant f \tag{2.5}$$

在实腹梁的腹板中,一般情况下,只存在正应力 σ 和剪应力 τ,上式变为

$$\sigma_{eq} = \sqrt{\sigma^2 + 3\tau^2} \leqslant f \tag{2.6}$$

当钢材受纯剪时,$\sigma = 0$,极限屈服状态为 $\sigma_{eq} = f_y$,则

$$\tau = f_y/\sqrt{3} = 0.58f_y$$

由此得钢材的**剪切屈服点**

$$f_{yv} = 0.58f_y$$

钢材的**抗剪强度设计值**为

$$f_v = 0.58f \tag{2.7}$$

由材料力学得钢材的**剪切模量**和**弹性模量**的关系为

$$G = \frac{E}{2(1 + \mu)}$$

取泊松比 $\mu = 0.3$，得

$$G = 0.385E$$

已知 $E = 2.06 \times 10^5 \text{N/mm}^2$，所以 $G = 0.79 \times 10^5 \text{N/mm}^2$。

三、钢材的韧性指标

钢材承受动力荷载作用时，抵抗脆性破坏的性能用冲击韧性指标来衡量。

采用带缺口的标准试件进行冲击试验，根据试件破坏时消耗的冲击功，即截面断裂吸收的能量来衡量材料抗冲击的能力，称为**冲击韧性**，以 A_{KV} 表示，单位是焦耳（J）。图 2.7 所示为冲击试件，二端简支，跨中受一集中冲击力，将试件击断。断口位于带缺口的危险截面处。

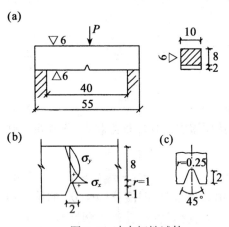

图 2.7　冲击韧性试件

由图 2.7（b）可见，危险截面处于双向应力状态，且受拉区的 σ_x 和 σ_y 为同号，皆为拉应力，因而呈现脆性。所以冲击试验实际上是测定钢材抵抗脆性断裂的能力，称为冲击韧性。钢材的材质越好，击断试件所耗的功就越大，说明钢材的韧性越好，不容易发生脆断。反之，表明钢材抵抗脆性断裂的能力差，即韧性差。

钢结构设计规范对钢材的冲击韧性 A_{KV} 值有常温和负温要求的规定。例如 Q235B 级钢常温 A_{KV} 值不得低于 27J，Q345B 级钢常温 A_{KV} 值不得低于 34J，以及 Q345D 级钢在 $-20℃$ 时，其 A_{KV} 值不得低于 34J 等。

设计选用钢材时，应根据结构的使用情况和要求，提出相应的冲击韧性指标要求，即采用相应等级的钢材。

四、钢材的疲劳强度

1. 钢材疲劳破坏的特征和原因

在建筑结构中，有一些构件所承受的荷载既不是静荷载，也不是冲击荷载，而是随时间而变化的循环荷载，如吊车梁和支承振动设备的平台梁等。

由循环荷载引起的构件中的应力变化和荷载变化是一致的，因而图 2.8 也表示了循环应力的变化，称为循环荷载作用下的**应力谱**。

每次应力循环中的最大拉应力 $\sigma_{\max}$（取正值）和最小拉应力或压应力 $\sigma_{\min}$（拉应力取正值，压应力取负值）之差称为**应力幅**：

$$\Delta\sigma = \sigma_{\max} - \sigma_{\min}$$

当所有应力循环中的应力幅保持常量时称为**常幅循环荷载**（见图 2.8）。钢材在连续常幅循环荷载作用下，当循环次数达某一定值时，钢材发生破坏的现象，称为钢材的**疲劳破坏**。破坏的性质属于突然发生的脆性断裂。

钢材发生疲劳破坏的原因是钢材中总存在着一些局部缺陷，如不均匀的杂质，轧制时形成的微裂纹，或加工时造成的刻槽、孔洞和裂纹等。当循环荷载作用时，在这些缺陷处的截面上应力分布不均匀，产生应力集中现象。应力集中处总是形成双向甚至三向同号应力场。在交变应力中含有的拉应力的重复作用下，首先在拉应力高峰处出现微裂纹，然后逐渐开展形成宏

26

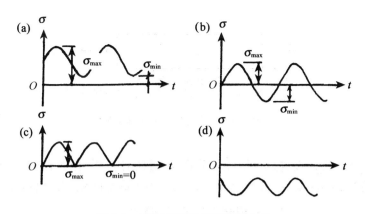

图 2.8　循环荷载作用下的应力谱

观裂缝。在循环荷载的继续作用下,裂缝不断开展,有效截面面积相应减小,应力集中现象越来越严重,更促使裂缝扩展。由于是同号应力场,钢材的塑性变形受到限制,因此,当循环荷载达到一定的循环次数,危险截面减小到一定程度时,就在该截面处发生脆性断裂,出现钢材的疲劳破坏。若钢材中存在由于轧制、加工或焊接而形成分布不均匀的残余应力,将会加剧疲劳破坏的倾向。

既然钢材疲劳破坏的过程是裂缝开展的过程,则只承受变化压应力而不出现拉应力时,钢材一般不会产生疲劳破坏,如图 2.8(d) 所示。

钢材发生疲劳破坏的先决条件是形成裂缝。裂缝一旦形成,在荷载作用下钢材获得的弹性应变能就成为裂缝继续发展的驱动力,因而在连续的重复荷载作用下,截面损伤不断累积,直到破坏。

经观察,钢材疲劳破坏后的截面断口,一般都具有光滑的和粗糙的两个区域,光滑部分反映裂缝扩张和闭合的过程,是裂缝逐渐扩展引起的,说明疲劳破坏经历了一定的历程;而粗糙部分表明钢材最终断裂一瞬间的脆性破坏性质,和拉伸试件的破坏断口颇为相似。破坏是那么突然,几乎以 2 000m/s 的速度断裂,因而很危险。

钢材的疲劳强度都由实验确定。实验证明,影响疲劳强度的主要因素是构造状况(包括应力集中程度和残余应力)、作用的应力幅 $\Delta\sigma$ 及循环荷载重复的次数 n,而和钢材的静力强度并无明显关系。

2. 常幅疲劳计算

以无应力集中的钢板为例,如图 2.9 所示,在疲劳试验机上进行常幅循环荷载试验。当应力幅为 $\Delta\sigma_1$ 时,循环荷载达 n_1 次时试件破坏,说明这类主体金属在循环荷载作用 n_1 次时的极限应力幅是 $\Delta\sigma_1$。或者说,这类主体金属在 $\Delta\sigma_1$ 应力幅的循环荷载的连续作用下,它的使用寿命是 n_1 次。同理,取应力幅 $\Delta\sigma_2$,得在 n_2 次循环荷载破坏。依此类推,得到在各不同应力幅时——对应的发生疲劳破坏的荷载循环次数。将大量实验数据经统计分析,在双对数($\lg\Delta\sigma$-$\lg n$)坐标图上可绘出应力幅和循环次数间的关系为直线(图 2.10(a))。国际焊接学会(IIW)和国际标准化组织(ISO)有关标准建议,定 $n = 5\times10^6$ 次为疲劳极限(即疲劳寿命要求)。我国钢结构设计规范根据使用情况的调查,规定疲劳寿命最低值为 5×10^4 次。因此,当构件所受的应力变化循环次数为 $n \geqslant 5\times10^4$ 时,应进行疲劳强度计算。

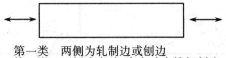

第一类 两侧为轧制边或刨边
第二类 两侧为自动、半自动火焰切割边

图 2.9 无应力集中的主体金属

对各种情况和各类连接进行大量疲劳试验,经过统计分析,把各种构件和连接分为 8 组,包括两种斜率的 $\lg\Delta\sigma$-$\lg n$ 关系(见图 2.10(b)),适当考虑等间距,得直线表达式

$$\beta\lg\Delta\sigma + \lg n - \lg c = 0$$

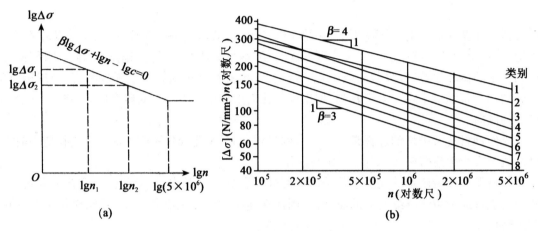

图 2.10 应力幅和荷载循环次数的关系

或写成

$$\lg\Delta\sigma = \frac{1}{\beta}(\lg c - \lg n) = \lg(c/n)^{1/\beta}$$

考虑安全系数后,得对应于 n 次循环的容许应力幅为

$$[\Delta\sigma] = (c/n)^{1/\beta} \tag{2.8}$$

式中:c 和 β——系数;

$1/\beta$——直线的斜率(绝对值),$\lg c$ 是直线在横坐标上的截距。

钢结构设计规范把构件和连接分成 8 类,系数 c 和 β 值列入表 2.1 中。

表 2.1 系数 c 和 β 值

构件和连接类别	1	2	3	4	5	6	7	8
c	$1\,940\times10^{12}$	861×10^{12}	3.26×10^{12}	2.18×10^{12}	1.47×10^{12}	0.96×10^{12}	0.65×10^{12}	0.41×10^{12}
β	4	4	3	3	3	3	3	3

例如两侧为轧制边或刨边的钢板,属第一类,$c = 1\,940 \times 10^{12}$,$\beta = 4$;由公式(2.8)得 $n = 1 \times 10^5$ 次时,$[\Delta\sigma] = 373\text{N/mm}^2$。表2.1中的 c 值已考虑了安全系数。

保证构件和连接不发生疲劳破坏时,应按下式进行疲劳计算:

$$\Delta\sigma \leqslant [\Delta\sigma] \tag{2.9}$$

式中:$\Delta\sigma$——对焊接部位为应力幅,$\Delta\sigma = \sigma_{max} - \sigma_{min}$;

对非焊接部位为折算应力幅,$\Delta\sigma = \sigma_{max} - 0.7\sigma_{min}$。

计算 σ_{max} 和 σ_{min} 时,按标准荷载计算,且不考虑荷载的动力系数。

以上计算不适用于特殊条件下的结构构件及其连接的疲劳计算。如:构件表面温度大于 150℃,处于海水腐蚀环境,焊接后经热处理消除了残余应力,以及低周-高应变疲劳条件等。

3. 变幅疲劳计算

对于承受吊车荷载的吊车梁,属于变幅荷载作用,如图2.11所示。这种情况如按其中的最大应力幅 $\Delta\sigma_1$ 用常幅疲劳公式计算时显然太保守。应根据 Palmyren-Miner 的线性累积损伤法则,把变幅疲劳折合成常幅疲劳进行计算。

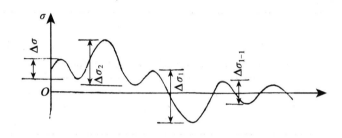

图2.11 变幅荷载

首先,实地测定构件在使用期内承受的变幅荷载规律,如图2.11所示。按应力幅大小,统计出前十种应力幅 $\Delta\sigma_i = \Delta\sigma_1, \Delta\sigma_2, \cdots, \Delta\sigma_{10}$,它们的循环次数 $n_i = n_1, n_2, \cdots, n_{10}$,这些应力幅在常幅疲劳曲线上对应的疲劳破坏循环次数为 $N_i = N_1, N_2, \cdots, N_{10}$。根据线性累积损伤法则,认为符合下列条件时,构件或连接产生疲劳破坏:

$$\sum \frac{n_i}{N_i} = \frac{n_1}{N_1} + \frac{n_2}{N_2} + \cdots + \frac{n_{10}}{N_{10}} = 1 \tag{2.10}$$

设想有一常幅的应力幅 $\Delta\sigma_e$,在循环荷载作用次数为 $\sum n_i$ 次时,能使同一构件或连接产生疲劳破坏。根据线性累积损伤法则,可导出 $\Delta\sigma_e$ 为

$$\Delta\sigma_e = \left[\frac{\sum n_i(\Delta\sigma_i)^\beta}{\sum n_i} \right]^{1/\beta} \tag{2.11}$$

$\Delta\sigma_e$ 称为等效应力幅。保证不发生疲劳破坏时,应符合下式要求:

$$\Delta\sigma_e \leqslant [\Delta\sigma] \tag{2.12}$$

式中:$[\Delta\sigma]$——常幅疲劳容许应力幅,按公式(2.8)确定。

4. 吊车梁疲劳验算

吊车梁所受的循环荷载属变幅循环荷载,验算其疲劳强度必须有大量的实测统计数据,才能按式(2.11)和式(2.12)计算。当缺少在使用期内承受的实际变幅荷载的实测数据时,可按

钢结构设计规范提供的下列公式计算：

$$\alpha_{\mathrm{f}} \Delta\sigma \leqslant [\Delta\sigma]_{2\times 10^6} \tag{2.13}$$

式中：$\Delta\sigma$——验算疲劳部位的设计应力幅；

α_{f}——欠载效应的等效系数，见表2.2；

$[\Delta\sigma]_{2\times 10^6}$——循环次数 n 为 2×10^6 次的容许应力幅，列入表2.3中。

欠载效应等效系数是考虑到结构实际承受变幅荷载，有时出现低于设计应力幅的循环荷载的情况，是根据一些实测调查资料推算得到的。

表 2.2 　　　　　　　　　　**吊车梁和吊车桁架欠载效应的等效系数 α_{f}**

吊　车　类　别	α_{f}
重级工作制硬钩吊车(如均热炉车间的夹钳吊车)	1.0
重级工作制软钩吊车	0.8
中级工作制吊车	0.5

表 2.3 　　　　　　　　　　**循环次数 $n = 2\times 10^6$ 次的容许应力幅($\mathrm{N/mm^2}$)**

构件和连接类别	1	2	3	4	5	6	7	8
$[\Delta\sigma]_{2\times 10^6}$	176	144	118	103	90	78	69	59

中级工作制吊车的吊车梁和吊车桁架的疲劳计算只限于使用比较频繁的吊车，如金工装配车间的吊车梁，一般中级工作制的吊车梁不需要验算疲劳强度。

对构件疲劳强度的验算，主要是验算连接附近的主体金属的疲劳强度。由附一表1.7查得所属类别，由表2.1查出系数 c 和 β 值，再由公式(2.8)计算容许应力幅 $[\Delta\sigma]$，要求验算点处的实际应力幅 $\Delta\sigma$ 小于等于容许应力幅 $[\Delta\sigma]$ 即可。如系吊车梁，则由表2.2查出欠载效应等效系数，由公式(2.13)计算。

由于钢材的疲劳问题十分复杂，关于其破坏机理到目前为止尚未很好弄清，正在继续研究中。因此，现在对钢结构的设计已经采用了以概率理论为基础的近似概率极限状态设计方法，而惟有对钢材的疲劳计算还沿用着容许应力设计法。

五、化学成分及轧制工艺与钢材性能的关系

碳素结构钢是由多种化学元素组成的，当然以铁的含量为最多，约占99%。其他元素有碳、硅、锰、硫、磷、氮、氧等，它们的总和约占1%。在低合金高强度结构钢中，除上述元素外，还增加一些合金元素以提高钢材强度，但合金元素的含量也不得超过5%。碳和其他元素尽管含量不大，但对钢材的力学性能却有很大的影响。

碳在钢中是除铁以外(低合金钢除外)含量最多的元素，它的影响也很大，直接影响着钢材的强度、塑性和韧性。随着含碳量的提高，钢的强度(f_y 和 f_u)逐渐增高，而塑性(δ)和韧性(A_{KV})逐渐下降，且可焊性和抗锈蚀性能等也在变劣。含碳量超过0.3%时，钢材的抗拉强度提高很多,却失去了明显的屈服点,且塑性很小。当含碳量少于 0.1% 时,塑性很好而强度却很低,也没有明显的屈服点,如图 2.12 所示。因此,虽然碳是使钢材获得足够强度的主要元素,但在钢结构中,尤其是焊接结构,并不采用含碳量高的钢材,设计规范推荐的钢材,含碳量一般不超过 0.22%,属低碳钢。

硫在钢材温度达 800～1 000℃ 时将生成硫化铁而熔化,使钢材变脆,因而在进行焊接或热加工时,可能引起热裂纹,这种现象称为钢材的"**热脆**"。此外,硫还会降低钢材的冲击韧性、疲劳强度、可焊性和抗锈蚀性能等。因而,必须严格控制钢材中的含硫量不得超过 0.05%(Q235 钢)和 0.045%(Q345 钢、Q390 钢和 Q420 钢)(皆指 A 级钢,B级钢以上限制更低)。

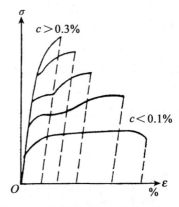

图 2.12　含碳量对 σ-ε 关系的影响

磷可提高钢材的强度和抗锈蚀的能力,但却会严重地降低钢材的塑性、韧性和可焊性,特别是在温度较低时促使钢材变脆(**冷脆**)。因此含量也要严格控制,一般不得超过 0.045%。

锰是一种弱脱氧剂,可提高钢材的强度却不明显影响塑性,同时还能消除硫引起钢材热脆并改善钢的冷脆倾向,因而锰是一种有益成分。锰也是我国低合金高强度结构钢的主要合金元素,如 Q345 钢、Q390 钢和 Q420 钢中都含有 1%～1.7% 的锰。

硅是较强的脱氧剂,是制作镇静钢的必要元素。含量不超过 0.2% 时,可提高钢材的强度,而对塑性、韧性和可焊性的不良影响不太显著。一般镇静钢中硅的含量至少为 0.12%,沸腾钢的含硅量不大于 0.07%。

钒可提高钢材的强度,细化晶粒,提高淬硬性,有时效硬化作用。钒的碳化物能提高钢的高温硬度。钒还能改变碳化物在钢材中的分布状况。一般在焊缝中含钒 0.11% 左右时,可以固定氮,形成起强化作用的氮化钒,变不利为有利。因而,在 Q345 钢的基础上,加入一些钒,可提高强度,改善可焊性,得到 Q390 钢和 Q420 钢,适用于制造高、中压力容器、桥梁、船舶、起重机和其他荷载大的焊接结构。

氮和氧都是有害杂质,氧使钢产生"**热脆**"。氮的影响和磷类似,因此,氧和氮的含量也应严格控制。

各种主要元素对钢材力学性能的影响见表 2.4。表中正号表示有利,负号表示有害。

表 2.4　　　　　　　　　　　　　　　化学元素对钢材性能的影响

各种性能	碳	硫	磷	锰	钒	硅	氮	氧
提高抗拉强度	+		+	+	+	+	+	
提高屈服点	+		+	+	+	+	+	
提高伸长率	−		−	−		−	−	−
提高冲击韧性	− −	−	− −	+		−	−	−
改进可焊性	−	−	−					
提高抗锈蚀性	−	−	+					

总之,对钢材中的硫、磷和碳的含量应特别注意。

图 2.13 所示为碳素结构钢、低合金高强度结构钢和热处理低合金高强度钢一次拉伸时的 $\sigma\text{-}\varepsilon$ 曲线,前两种都有明显的屈服点和塑性阶段,但热处理低合金钢虽也有较好的塑性性能,却没有明显的屈服点。当采用这类钢材时,以卸荷后试件的残余应变为 0.2% 所对应的应力作为屈服点,故称为**条件屈服点**或假想屈服点,图中表示条件屈服点 $f_y = 640N/mm^2$,可用它来计算构件的强度承载力。

钢结构中采用的各种板件和型材,都是经过多次辊轧而成形的(见图 2.14)。材质和辊轧次数有很大关系,辊轧次数越多,晶粒就越细,钢材的质量也就越好。因此薄钢材的屈服点比厚钢材的高。GB 700—88 按厚度把碳素结构钢 Q235 分成 6 组,见表 2.5,GB/T 1591—94 则把低合金高强度结构钢 Q345、Q390、Q420 等钢材按厚度分成了 4 组,见表 2.6。

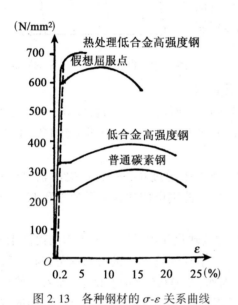

图 2.13　各种钢材的 $\sigma\text{-}\varepsilon$ 关系曲线

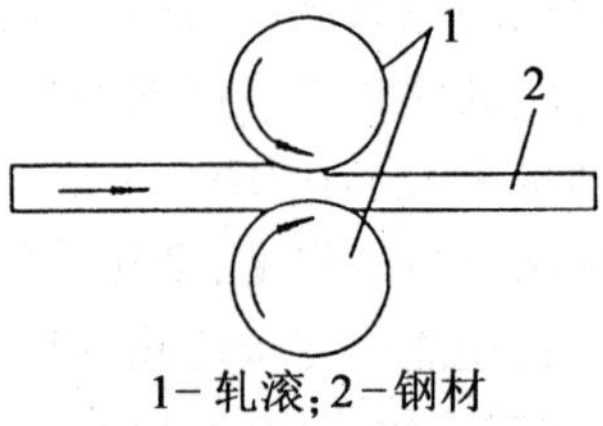

1—轧滚;2—钢材

图 2.14　钢材轧制示意图

表 2.5　　　　　　　　　**Q235 钢材按厚度(mm)分组表**

钢号	屈服点(N/mm², 不小于)						伸长率 δ_5(%, 不小于)					
	≤16	>16~ 40	>40~ 60	>60~ 100	>100~ 150	>150	≤16	>16~ 40	>40~ 60	>60~ 100	>100~ 150	>150
Q235	235	225	215	205	195	185	26	25	24	23	22	21

表 2.6　　　　　**Q345 钢、Q390 钢和 Q420 钢材按厚度(mm)分组表**

钢号	屈服点(N/mm², 不小于)				伸长率 δ_5(%, 不小于)
	≤16	>16~35	>35~50	>50~100	不论何组
Q345	345	325	295	275	21~22
Q390	390	370	350	330	19~20
Q420	420	400	380	360	18~19

选用钢材时,应根据钢材厚度采用不同的强度设计值f。

第三节　结构钢材的脆性破坏

在第一节中介绍了结构钢材一次拉伸时的工作性能,钢材应力达屈服点时,应变达 2%～3%,钢材拉伸断裂后,残余应变可达 20%～30%,属于塑性破坏。钢材的塑性破坏经历时间很长,变形又很大,而且设计时是以屈服点为强度极限,抗拉强度又是屈服点的 1.3～1.8 倍,有很大的强度储备。

与塑性破坏相反的是钢材的**脆性破坏**。它的特征是:破坏前没有明显的变形和征兆,断口平齐,呈有光泽的晶粒状,破坏往往发生在瞬时,因而危险性很大。钢材产生脆性破坏的原因很多,除化学成分(上一节已经介绍过)和冶金缺陷外,更重要的是构造不合理、使用不恰当和环境温度的变化等。设计时应很好掌握,尽可能防止本属于塑性性能的结构钢材发生脆性破坏。

一、冶金缺陷促使钢材变脆

钢材是历经冶炼、浇注和轧制而成的,在冶炼和浇注过程中,不可避免地会产生一些冶金缺陷。常见的冶金缺陷有:偏析、非金属夹杂、裂纹和起层。

钢材中化学杂质元素成分分布的不均匀性称为**偏析**。杂质元素主要是硫和磷,当它们在钢材中发生偏析,集中在某些部位,将使偏析区钢材的塑性、韧性和可焊性变坏。沸腾钢由于杂质元素的含量较多,因而偏析现象比镇静钢严重。

存在于钢材中的非金属夹杂(非金属化合物),如硫化物和氧化物,都会使钢材变脆。在成品钢材中,有时还会存在裂纹和分层现象,对钢材的力学性能有严重的影响,甚至造成钢材脆性破坏。选用钢材时,应予以重视。

二、温度变化促使钢材变脆

温度变化对钢材性能的影响很大。在正常温度范围内,即 100℃ 以上时,随着温度的升高,钢材的强度降低,而塑性增大,如图 1.5 及表 1.1 所示。在 250℃ 左右,钢材的抗拉强度略有提高,塑性却降低,因而呈现脆性。这种现象称为蓝脆现象。在这一温度段对钢材进行热加工时,钢材可能产生裂缝。当温度超过 250～350℃ 时,钢材将产生蠕变。因此,当结构表面经常受较高的辐射热(100℃ 以上),及短时间内可能受到火焰的直接作用时,应采取措施,如设置挡板或在平炉车间的吊车梁周围设循环水套等,加以防护。前面已经提到,钢材在高温下,强度将下降为零,称为**高温软化**。

当温度低于常温时,随着温度的降低,钢材的脆性倾向逐渐增加。图 2.15 所示为碳素结构钢的冲击韧性 A_{KV} 与温度的关系。由图可见,温度下降,冲击韧性值也下降,且有一个转变温度区。在温度 T_2 以上,A_{KV} 值很高,钢材为塑性破坏。T_2 和 T_1 之间,A_{KV} 值急剧下降,且无稳定值,称为温度转变脆性区。低于 T_1 时,A_{KV} 值很低。不同种类的钢材,转变温度皆不同,需通过实验来确定,它和钢材的材质有关。例如,镇静钢的转变温度低于沸腾钢,普通碳素结构钢则高于低合金高强度结构钢。为了避免钢材发生脆性破坏,保证结构安全,要求结构所处的温度应高于 T_1。因此,对于直接承受动力荷载作用的重要结构,应根据使用温度选择合适的钢

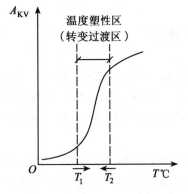

图2.15 冲击韧性与温度关系示意图

材,即按照结构的使用温度,根据设计规范的规定,提出钢材的冲击韧性值 A_{KV} 的要求。

钢材在负温下发生的脆性断裂称为**低温冷脆**。我国北方地区,冬季寒冷,采用钢结构时,应特别重视对钢材冲击韧性的要求。同时,在构件的连接和节点处,应采取合理的构造,尽可能减少应力集中。

三、时间和间歇加载促使钢材变脆

钢材在弹性工作阶段,多次间歇重复加载并不影响钢材的性能,因为弹性变形是可以恢复的。但当钢材受荷载作用进入弹塑性阶段及以后时,间歇重复加载将使弹性变形范围扩大,这种现象称为**冷作硬化**。

如图2.16(a)所示,当拉伸应力由"O"到"1",超过了比例极限 f_P,进入弹塑性阶段。这时卸去荷载,变形恢复到"2",产生了残余应变 $O2$。当再次受荷载作用时,就由"2"开始拉伸,弹性范围扩大到"1"。如果荷载把钢材拉伸到"3",进入了强化阶段,卸载后回到"4",残余应变为 $O4$。再受荷载作用时,将由"4"点开始拉伸,弹性范围扩大到"3",屈服点也提高到"3"。如继续拉伸,仍将沿原有的强化阶段曲线到断裂破坏。所以,钢材的冷作硬化虽然提高了屈服点,但却损失了塑性,因而增加了脆性。钢材的这种性能变化,是由于经过塑性变形后,钢材内部产生了内应力的缘故。

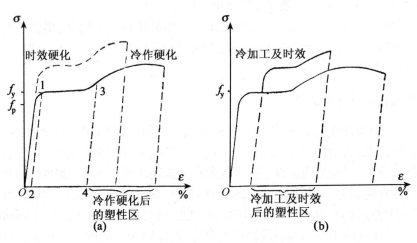

图2.16 冷作硬化与时效现象

冷作硬化现象常在进行冷加工时产生,如对钢材进行冲孔和剪切,孔壁和剪切边的边缘就产生了冷作硬化,成为产生裂缝的根源。因此,对于承受动力荷载作用的重要构件,应该把冷作硬化的表面钢材刨削除去。

钢材中经常存在着少量的碳和氮化合物,以固溶体的形式存在于纯铁体的结晶中,它们在晶体中的存在是不稳定的。随着时间的增长,将逐渐地从晶体中析出,形成自由的碳化物和氮化物微粒,散布于晶粒之间,对纯铁体的塑性变形起着遏制作用,使钢材的强度提高,而塑性和韧性却大大降低。钢材性能的这种随时间的变化称为**时效硬化**,属于物理化学现象,如图 2.16(a)所示。

钢材时效硬化的过程一般很长,有时几个月甚至几年后才发生,视钢材所含杂质化合物的多少而异。沸腾钢比镇静钢更易发生时效硬化。钢材在荷载作用下,发生了一定的塑性变形,这时若把钢材加热至 200~300℃,将促使时效硬化迅速产生,一般仅需几小时,这种方法称为**人工时效**,如图 2.16(b)所示。时效硬化和人工时效与冷作硬化的相同点是扩大了弹性工作范围、减少了钢材的塑性;不同点是时效硬化和人工时效在扩大弹性范围的同时,还提高了钢材的抗拉强度。人工时效的方法,在钢筋混凝土结构中得到了广泛的利用。

四、不合理构造促使钢材变脆——应力集中现象

标准拉伸试件是经过机械加工的,表面光滑平整(见图 2.1),因此截面上的应力分布均匀,而且是单向受拉应力状态。这样的试件一次拉伸的应力应变关系如图 2.2 所示。

当试件表面不平整,有缺口存在时,在轴心拉力作用下,截面上应力分布不均匀,缺口附近的应力特别大,这种现象称为**应力集中**。缺口尖端的最大应力 σ_{max},净截面的平均应力 $\sigma_0 = N/A_n$,二者之比为应力集中系数 $k = \sigma_{max}/\sigma_0$。这里 A_n 是净截面面积(见图 2.17)。

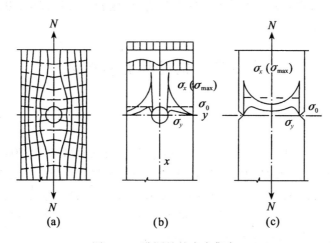

图 2.17　孔洞处的应力集中

图 2.17(a)所示为钢材上开有一圆孔时,力线绕过圆孔分布的情况。图 2.17(b)为各不同截面上应力的分布,沿孔心的危险截面上同时存在着 σ_x 和 σ_y 双向同号应力,且分布很不均匀。离开圆孔后,只有应力 σ_x,但分布不均匀。离圆孔一定距离后,σ_x 才均匀分布。图 2.17(c)为板边带刻槽的情况,危险截面上存在分布不均匀的 σ_x 和 σ_y 应力,且为同号。正如第二节中已经提到的,钢材在同号应力场作用下,将发生脆性破坏。因此,应力集中的结果是导致构件发生脆性破坏。

具有应力集中现象的试件,获得的不同应力应变关系也证明了上述情况。图 2.18 所示为拉伸试件具有不同刻槽时的应力应变关系曲线。刻槽越尖锐,应力集中就越严重,钢材的强度提高了,但无明显的屈服点,且塑性大大减小,钢材也就越脆。图 2.18 为钢材拉伸的应力应变图,曲线与横坐标间所包围的面积表示使试件破坏所做的功。很明显,钢材脆性越大,使试件

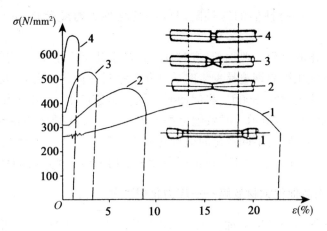

图 2.18　带槽口试件的应力-应变曲线

破坏所需的功就越小,因而也就越危险。

应力集中是造成构件脆性破坏的主要原因之一。设计时应尽量避免截面突变,做成圆滑过渡型,必要时可采取表面加工等措施。构件制造、运输和安装过程中,也应尽可能防止造成刻槽等缺陷。

第四节　钢材种类和规格

一、钢种和炉种

目前我国在建筑钢结构中,采用的钢材有:碳素结构钢 Q235(GB 700—88),低合金高强度结构钢 Q345、Q390 和 Q420(GB/T 1591—94)。每种钢材按性能要求分级,Q235 钢材分 A、B、C、D 等四级,Q345、Q390 和 Q420 钢材则分 A、B、C、D、E 五级。Q 是屈服点汉语拼音字母,数字是 $t \leqslant 16mm$ 钢材的屈服点值。不同质量等级的同一类钢材,力学性能指标 f_y、f_u 都一样,只是 δ_5 的化学成分有所不同,冲击韧性 A_{KV} 值也不一样。

建筑结构中,一般采用钢材的炉种有氧气转炉和平炉两种。平炉冶炼的钢材质量高,但成本也高,因而已很少生产。氧气转炉钢成本低,质量也不差,近年来已大量发展氧气转炉钢。

按冶炼时钢水脱氧程度的不同,Q235 钢分镇静钢(代表符号 Z)、半镇静钢(代表符号 bZ)、特殊镇静钢(代表符号 TZ)和沸腾钢(代表符号 F)等 4 种。沸腾钢采用锰铁作脱氧剂,脱氧不完全,因而钢材所含的杂质较多,偏析也较多,质量较差,但成本低。镇静钢采用锰铁加硅或铝进行脱氧,脱氧较完全,杂质和偏析均较少,因而质量较好,但成本也较高。半镇静钢则介于镇静钢与沸腾钢之间。对于重要构件或工作较繁重时,尤其是在负温下工作的焊接结构应采用镇静钢或半镇静钢,其他情况可采用沸腾钢。特种镇静钢对碳、硫和磷的含量限制更严,属 D 级,用于特殊需要高质量的焊接结构中。

二、钢材的牌号和要求

钢材牌号表示方法,对于碳素结构钢由字母 Q、屈服点数值、质量等级符号及脱氧方法符号等 4 个部分按顺序组成;例如:Q235AF,表示 $f_y = 235N/mm^2$、A 级沸腾钢。对于低合金高强度结构钢,则由前三部分组成,无脱氧方法,皆系镇静钢。例如:Q390A,表示 $f_y = 390N/mm^2$、A 级钢材。

钢材还可采用适当的热处理方法(例如调质处理)进一步提高强度,同时又不显著降低其塑性和韧性。例如用于制造高强度螺栓的 40B(40 硼钢),经热处理后抗拉强度 f_u 达 1 040 ~ 1 240N/mm²。

表 2.7 列出了 Q235、Q345 和 Q390 钢材的力学性能指标,表 2.8 则列出了其化学成分。

表 2.7　　　　　　　　　　钢材的力学性能指标(第一组钢材)

牌号	质量等级	屈服点(f_y)(N/mm²)	抗拉强度(f_u)(N/mm²)	伸长率(δ_s)(%)	A_{KV}(纵向)J				冷弯试验 180° d——弯心直径(mm) a——钢材厚度(mm)
					20℃	0℃	-20℃	-40℃	
					不小于				
Q235	A	235	375~500	26	—	—	—	—	纵向试样 d = a 横向试样 d = 1.5a
	B				27	—	—	—	
	C				—	27	—	—	
	D				—	—	27	—	
Q345	A	345	470~630	21	—	—	—	—	d = 2a
	B			21	34	—	—	—	
	C			22	—	34	—	—	
	D			22	—	—	34	—	
	E			22	—	—	—	27	
Q390	A	390	490~650	19	—	—	—	—	d = 2a
	B			19	34	—	—	—	
	C			20	—	34	—	—	
	D			20	—	—	34	—	
	E			20	—	—	—	27	
Q420	A	420	520~680	18	—	—	—	—	d = 2a
	B			18	34	—	—	—	
	C			19	—	34	—	—	
	D			19	—	—	34	—	
	E			19	—	—	—	27	

表 2.8 钢材的化学成分(%)

牌号	质量等级	C	Mn	Si	P	S	V	Nb	Ti	Al	Cr	Ni	脱氧方法
				不大于						不小于	不大于		
Q235	A	0.14~0.22	0.30~0.65	0.30	0.050	0.045							FbZ
	B	0.12~0.20	0.30~0.70	0.30	0.045	0.045							FbZ
	C	≤0.18	0.35~0.80	0.30	0.040	0.040							Z
	D	≤0.17	0.35~0.80	0.30	0.035	0.035							TZ
Q345	A	≤0.20			0.045	0.045			—				
	B	≤0.20			0.040	0.040			—				
	C	≤0.20	1.00~1.60	0.55	0.035	0.035	0.02~0.15	0.015~0.060	0.02~0.20	0.015			
	D	≤0.18			0.030	0.030				0.015			
	E	≤0.18			0.025	0.025				0.015			
Q390	A				0.045	0.045			—				
	B				0.040	0.040			—				
	C	≤0.20	1.0~1.6	0.55	0.035	0.035	0.02~0.20	0.015~0.060	0.02~0.20	0.015	0.30	0.70	
	D				0.030	0.030				0.015			
	E				0.025	0.025				0.015			
Q420	A				0.045	0.045				—			
	B				0.040	0.040				—			
	C	≤0.20	1.0~1.7	0.55	0.035	0.035	0.02~0.20	0.015~0.060	0.02~0.20	0.015	0.40	0.70	
	D				0.030	0.030				0.015			
	E				0.025	0.025				0.015			

三、钢材的选用

在钢结构设计中,如何正确、恰当地选用钢材是一个很重要的问题,牵涉结构的使用安全和寿命以及经济性。因此,钢材的选择应满足结构安全可靠和使用要求,同时尽可能地节约钢材、降低造价。

承重结构采用的钢材,应具有抗拉强度、伸长率、屈服强度和硫、磷含量的合格保证,对焊接结构尚应具有碳含量的合格保证。焊接承重结构以及重要的非焊接承重结构采用的钢材还应具有冷弯试验的合格保证。需要验算疲劳的焊接结构,应根据工作温度选择钢材等级,要求有冲击韧性的合格保证。对于需要验算疲劳的非焊接结构的钢材,亦应具有常温冲击韧性的合格保证。

下列情况的承重结构和构件不应采用 Q235F:焊接结构:(1)直接承受动力荷载或振动荷载且需验算疲劳的结构;(2)工作温度低于−20℃的直接承受动力荷载或振动荷载但可不验算疲劳的结构,以及承受静力荷载的受弯及受拉的重要承重结构。非焊接结构:工作温度低于或等于−20℃的直接承受动力荷载且需验算疲劳的结构。

总之,应根据结构的重要性、所受荷载情况、结构形式、应力状态、采用的连接方法、工作温度以及钢材厚度等因素,选择合适的钢材牌号和等级。

应该指出的是,Q235A 级钢材的碳含量不作为钢厂供货的保证项目,因而焊接承重结构时不应采用。不得已采用时,应测定碳的含量。

钢材的力学性能指标有屈服点、抗拉强度、伸长率、冷弯180°、冲击韧性等五项,应根据使用要求和结构特点,恰当地提出若干项指标要求。要求指标项目多的,钢材价格就高。

当焊接承重结构为防止钢材的层状撕裂而采用Z向钢时,其材质应符合现行国家标准《厚度方向性能钢板》GB/T 53B 的规定。

对耐腐蚀有特殊要求或在腐蚀性气态和固态介质作用下的承重结构,宜采用耐候钢,其质量要求应符合《焊接结构用耐候钢》GB/T 4172 的规定。

四、钢材规格

钢材有热轧成型及冷轧成型两大类。热轧成型的又有钢板和型钢两种。型钢可以直接用作构件,减少制造工作量,但它可能比采用钢板焊接组成的截面耗钢量稍多一些。

1. 热轧钢板

厚钢板:厚4~100mm,宽600~3 000mm,长4~12m(见图2.19(a))。

薄钢板:厚0.35~4mm,宽500~1 500mm,长0.5~4m,是制造冷弯薄壁型钢的原材料。

扁钢:厚4~60mm,宽12~200mm,长3~9m,是制造螺旋焊接钢管的原材料。

花纹钢板:厚2.5~8mm,宽600~1 800mm,长0.6~12m。主要用作走道板和梯子踏板。

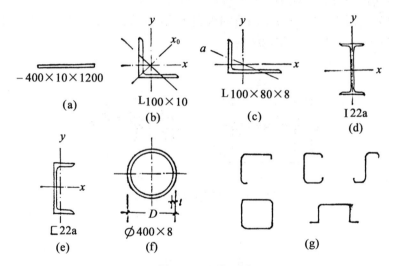

图2.19　型钢形式

2. 热轧型钢

建筑钢结构中常用的有角钢、工字钢、槽钢、钢管、H形钢和剖分T形钢。

角钢分等边的和不等边的(见图2.19(b)和(c))。以边宽和厚度表示规格,例如L110×10是边宽110mm、厚10mm的等边角钢,L100×80×8是长边宽100mm、短边宽80mm、厚为8mm的不等边角钢。角钢长度一般为4~19m。同一号码的角钢有几种不同的厚度,薄肢角钢的截面惯性矩对单位长度重量的比值较大,因而比较经济。我国目前生产的最大等边角钢边宽为200mm,最大的不等边角钢边宽为200mm×125mm。

普通工字钢(见图2.19(d))的号码用截面高度的厘米数来表示,如I20a表示高度为

20cm 的工字钢,a 表示腹板厚度分类。工字钢按腹板厚度不同分 a、b 两类或 a、b、c 三类。设计应尽量采用 a 类,因 a 类的腹板最薄,最经济。尽量不选 c 类,因 c 类的腹板最厚,不经济,且不能保证供应。我国生产的普通工字钢一般长 5～19m,最大号码是 I63。此外,还有轻型工字钢,腹板和翼缘都较薄,比较经济,但不经常生产。近些年来,由国外引进宽翼缘工字钢,有焊接的和轧制的,称 H 形钢。这种工字钢绕两主轴的惯性矩基本相等,用作受压构件比较合理,且构造简单,因而得到了大量的推广和应用。目前我国已生产各种 H 形钢。图 2.20(a)所示的 H 形钢,分宽翼缘 H 形钢(HW)、中翼缘 H 形钢(HM)和窄翼缘 H 形钢(HN),HW 的型号由 100×100～400×400(高×宽,mm,下同),腹板厚度 t_1 为 6～45mm,翼缘厚度 t_2 为 8～70mm。HM 的型号有 150×100～600×300,t_1 为 6～14mm,t_2 为 9～23mm。HN 的型号有 100×50～900×300,t_1 为 5～16mm,t_2 为 7～34mm。

剖分 T 形钢是半个 H 形钢,也分宽、中、窄翼缘三种,基本上和 H 形钢系列对应,详见 GB/T 11263—1998。

槽钢(见图 2.19(e))的号码也是用截面高度的厘米数表示的,分 a、b、c 三类。我国生产的槽钢,长度一般为 5～19m,最大号码是[40。

钢管(见图 2.19(f))有无缝和有缝两种,用直径和厚度表示号码,例如 φ400×8,外直径为 400mm,壁厚 8mm。无缝钢管的外直径为 70～219mm,壁厚 4～30mm,一般都比较厚,不经济,因而工程中最常用的是直缝焊接钢管和螺旋焊接钢管。

冷弯薄壁型钢(见图 2.19(g))是用薄钢板辊压或冷弯制成的。由于壁薄(1.5～5mm),截面开展,因而特别经济,多用于轻型钢结构。

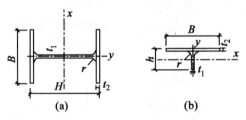

图 2.20　H 形钢和剖分 T 形钢

习　题　二

一、填空题

2.1　结构钢材一次拉伸时的 $\sigma\text{-}\varepsilon$ 关系曲线分以下几个阶段:(1)_____;(2)_____;(3)_____;(4)_____。

二、选择题

2.2　结构钢材的伸长率(　　)。

　　A. $\delta_5 < \delta_{10}$　　B. $\delta_5 > \delta_{10}$　　C. $\delta_5 = \delta_{10}$

2.3 冷弯 $180°$ 试验是表示钢材( )。

　　A. 静力荷载作用下的塑性性能　　B. 塑性变形能力的综合性指标　　C. 抗弯能力

2.4 钢材的力学性能指标一共有( )。

　　A. 4 个　　B. 6 个　　C. 7 个

2.5 钢材的抗剪屈服点 f_{yv}( )。

　　A. 由试验确定　　B. 由能量强度理论确定　　C. 由计算确定

三、问答题

2.6 把结构钢材一次拉伸时的 σ-ε 关系假设为理想弹性-塑性体的根据是什么？目的又是什么？

2.7 简述钢材塑性破坏的特征和意义。

2.8 为什么采用钢材的屈服点 f_y 为设计强度标准值？无明显屈服点的钢材,其设计强度标准值如何确定？

2.9 钢材 Z 向收缩率试验反映钢材什么性能？什么情况下提出这一要求？

2.10 钢材在多轴应力状态下,如何确定它的屈服条件？

2.11 钢材的剪切模量和弹性模量有何关系？

2.12 什么叫同号应力场？最常发生的条件是什么？可能产生的后果是什么？

2.13 冲击韧性代表钢材什么性能？单位是什么？什么情况需提出冲击韧性的要求？

2.14 解释下列名词:(1)循环荷载;(2)应力幅和容许应力幅;(3)疲劳破坏;(4)常幅疲劳;(5)变幅疲劳。

2.15 设计规范验算疲劳强度时,为什么把构件和连接分成八组？根据是什么？

2.16 碳素结构钢和低合金高强度结构钢都有哪些牌号和质量等级？选用时如何确定牌号和要求？举例说明。

2.17 钢材产生脆性破坏的特征及原因是什么？如何防止钢材发生脆性破坏？

2.18 温度对钢材强度 f_y 和 f_u 及塑性 δ_5 的影响是什么？设计中如何考虑？

2.19 什么叫热脆？什么叫冷脆？产生的原因是什么？如何考虑和加以注意,以避免产生不良后果？

2.20 为什么说应力集中现象在构件和连接中普遍存在？应力集中带来哪些不利后果？如何处理？

第三章 钢结构的连接

第一节 钢结构连接的种类和特点

一、钢结构的连接方法

钢结构是由钢板、各种型钢通过一定的连接制成基本构件,如梁、柱等,再通过安装连接组成整体结构的,如屋盖、厂房框架、桥梁、塔架等。连接在钢结构中占有非常重要的地位,连接方式及其质量将直接影响钢结构的制造、安装、工程造价和工作性能。钢结构的连接设计应符合安全可靠、传力明确、节约钢材、构造简单和制造安装方便等原则。钢结构常用的连接方法,目前有**焊接连接和螺栓**(铆钉)**连接**两种(图3.1),其中螺栓连接包括普通螺栓(铆钉)连接和高强度螺栓连接,以焊接连接应用最普遍,是钢结构的主要连接方式。螺栓连接中的高强度螺栓连接近年来发展迅速,使用越来越广泛,而铆钉连接由于劳动条件差、施工麻烦,现在已很少采用。

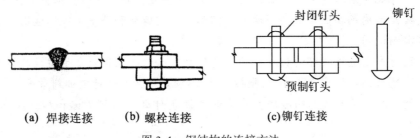

(a) 焊接连接　　(b) 螺栓连接　　(c)铆钉连接

图3.1　钢结构的连接方法

二、焊接连接的特点

1. 焊接连接的优缺点

焊接连接是现代钢结构采用的最主要的连接方法。焊接连接的优点是:①不削弱构件截面,节约钢材;②可焊接成任何形状的构件,焊件间可直接焊接,一般不需要其他的连接件,构造简单,制造省工;③连接的密封性好,刚度大;④易于采用自动化作业,生产效率高。但是焊接连接也有以下缺点:①位于焊缝附近热影响区的材质有些变脆;②在焊件中产生焊接残余应力和残余变形,对结构工作有不利影响;③焊接结构对裂纹很敏感,一旦局部发生裂纹便有可能迅速扩展到整个截面,尤其在低温下易发生脆断。因此,焊接结构对钢材质量要求高(见第二章第三节)。

2. 常用的电弧焊的基本原理和设备

钢结构常用的焊接方法是电弧焊,包括手工电弧焊、自动埋弧电弧焊和半自动埋弧电弧焊。

(1)手工电弧焊 图 3.2 是手工电弧焊的原理示意图,其由焊条、焊把、电焊机、焊件和导线等组成。打火引弧后,在涂有焊药的焊条端和焊件间的间隙中产生电弧,电弧提供热源,使焊件边缘金属熔化,形成熔池;同时使焊条中的焊丝熔化,熔滴落入焊件熔池中,焊药也随焊条熔化,在熔池周围形成保护气体,稍冷后在焊缝熔化金属的表面随即形成熔渣,隔绝熔池中的液体金属和空气中的氧、氮等气体的接触,避免形成脆性易裂的化合物。焊缝金属冷却后就将焊件熔成一体。

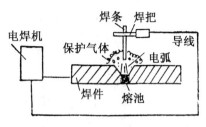

图 3.2 手工焊原理图

手工焊具有设备简单、适应性强的优点,特别是短焊缝或曲折焊缝的焊接时,或在施工现场进行高空焊接时,只能采用手工焊,所以它是钢结构最常用的焊接方法。但手工焊有如下缺点:①焊缝质量的波动性大;②保证焊缝质量的关键是焊工的技术水平,所以要求焊工有较高的技术等级;③劳动条件差;④生产效率低。

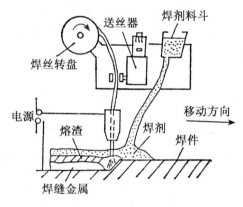

图 3.3 自动焊原理图

(2)自动(或半自动)埋弧电弧焊 图 3.3 是自动埋弧电弧焊接机的示意图。它可沿轨道按规定速度移动。通电引弧后,由于电弧的作用,使埋于焊剂下的焊丝和附近的焊件熔化,熔渣浮在熔化的焊缝金属上面,使熔化金属不与空气接触,并供给焊缝金属以必要的合金元素。随着焊机的自动移动,颗粒状的焊剂不断地由漏斗流下,电弧完全被埋在焊剂之内,同时焊丝也自动地随熔化而下降,故称为**埋弧自动焊**。自动焊焊缝的质量稳定,焊缝内部缺陷很少,因此质量比手工焊高。半自动焊和自动焊的差别只在于前者靠人工移动,焊丝和焊剂的下降与自动焊相同,它的焊缝质量介于自动焊和手工焊之间。自动焊或半自动焊应采用与主体金属强度相应的焊丝和焊剂。例如:Q235 钢焊件可采用 H08A 或 H08MnA 等焊丝;Q345 钢焊件可采用 H08MnA 或 H10MnSi 等焊丝,Q390 钢和 Q420 钢焊件可采用 H10MnSi 或 H08Mn2Si 等焊丝。

3. **焊条的种类和用途**

我国建筑钢结构常用的焊条为碳钢焊条和低合金钢焊条。碳钢焊条有 E43×× 和 E50×× 两个系列;低合金钢焊条有 E50××—×× 和 E55××—×× 等系列。字母 E 表示焊条,后面的两位数字表示熔敷金属(焊缝金属)抗拉强度的最小值。例如 E43 表示最小抗拉强度为 $f_u = 420 \text{N/mm}^2 (43 \text{kgf/mm}^2)$。第三位数字表示适用于哪些焊接位置,0 与 1 表示焊条适用于全位置焊接(平、立、仰、横),2 表示焊条适用于平焊及平角焊,4 表示焊条适用于向下立焊;第三位和第四位数字组合时,表示焊接电流种类及药皮类型。对于低合金钢焊条,短画线后面的符号表示熔敷金属化学成分分类代号(GB/T 5117—1995 及 GB/T 5118—1995)。

选择手工电弧焊使用的焊条,宜使焊缝金属与主体金属的强度相适应。例如 Q235 钢焊件采用 E43 系列型焊条,Q345 钢焊件采用 E50 系列型焊条,Q390 钢和 Q420 钢焊件采用 E55 系列型焊条。当不同强度的钢材连接时,可采用与低强度钢材相适应的焊接材料。如 Q235 钢与 Q345 钢焊接,可采用 E43 系列型焊条。因为试验表明,这时若用 E50 系列型焊条,焊缝强度比用 E43 型焊条时提高不多,设计时只能采用 E43 型焊条的焊缝强度设计值。此外,从连接的韧性和经济方面考虑,采用 E43 型更好。焊条型号和用途详见附一表 1.6。

4. 焊缝的方位和要求

根据施焊时焊工所持焊条与焊件之间的相互位置的不同,焊缝可分为平焊、立焊、横焊和仰焊四种方位,如图 3.4 所示。

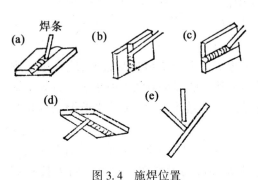

图 3.4　施焊位置

平焊又称俯焊(图 3.4(a)),施焊质量最易保证。T 形连接的角焊缝可以取船形位置施焊(图 3.4(e)),这也是平焊的一种形式。在现场施焊时,由于焊件常不能翻转,因而出现一些立焊和横焊(图 3.4(b)和(c)),立焊和横焊比平焊难以操作,质量较难保证。仰焊(图 3.4(d))是最难以操作的施焊位置,焊缝质量不易保证,设计时应尽量避免。

设计时,设计者应根据制造厂和安装现场的实际条件,细致地考虑设计的每条焊缝的方位以及焊条和焊缝的相对位置,要便于施焊。

5. 焊缝符号和标注方法

在钢结构施工图上要用焊缝代号标明焊缝形式、尺寸和辅助要求。焊缝代号主要由图形符号、辅助符号和引出线等部分组成。图形符号表示焊缝剖面的基本形式,例如符号△表示角焊缝,用∨表示 V 形坡口的对接焊缝。辅助符号表示焊缝的辅助要求,例如辅助符号表示现场安装焊缝。引出线由横线、斜线及单边箭头组成。横线的上面和下面用来标注各种符号和焊缝尺寸等,斜线和箭头用来将整个焊缝代号指到图形上的有关焊缝处,当引出线的单边箭头指向焊缝所在的一面时,应将图形符号和焊缝尺寸等标注在水平横线上面。当单边箭头指向对应焊缝所在的另一面时,则应将图形符号和焊缝尺寸标注在水平横线下面。引出线采用细实线。

有关焊缝代号的规定和详细说明,可以参看《建筑结构制图标准》(GB/T 50105—2001)和《焊缝符号表示法》(GB 324—88)。表 3.1 中列出了一些常用的焊缝代号,供设计时参考。

当焊缝分布比较复杂或用上述标注方法不能表示清楚时,在标注焊缝代号的同时,可在图形的焊接处加粗线(正面焊缝)或栅线(背面焊缝),如图 3.5 所示。安装焊缝用××××表示。

6. 焊缝的缺陷

焊缝中可能出现的缺陷有很多种,如图 3.6 所示。有些缺陷位于焊缝的外表面,如表面裂纹、弧坑、焊瘤、咬边等,对这类缺陷可以通过外观检查发现;有些缺陷位于焊缝的内部,如内部裂纹、内部气孔、未焊透、夹渣等,对这类缺陷可以用探伤的办法来发现。

裂纹(图 3.6(a))是焊缝连接中最危险的缺陷,是施焊过程中或焊后冷却过程中,在焊缝内部及其热影响区(焊缝旁 2~3mm 的金属)内所出现的局部开裂现象。裂纹既可能发生在焊缝金属中,也可能发生在主体金属(或称母材)中;既可能存在于焊缝表面或焊缝内部,也可能

表 3.1 焊缝号中的辅助符号和补充符号

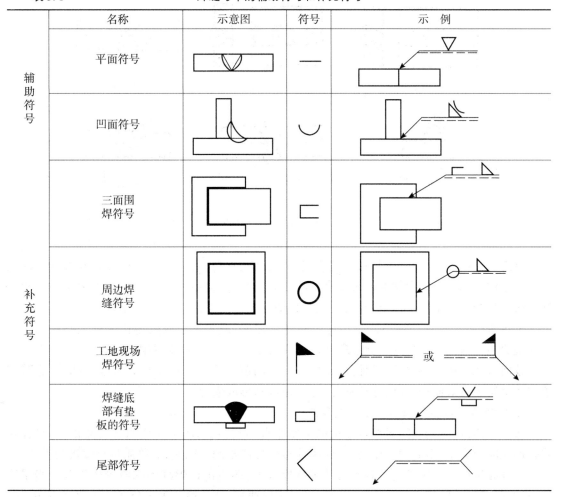

	名称	示意图	符号	示 例
辅助符号	平面符号		—	
	凹面符号		⌣	
	三面围焊符号		⊏	
补充符号	周边焊缝符号		○	
	工地现场焊符号		🚩	或
	焊缝底部有垫板的符号		▭	
	尾部符号		⟨	

注:1. 工地现场焊符号的旗尖指向基准线的尾部。

2. 尾部符号用以标注需说明的焊接工艺方法和相同焊缝数量符号。

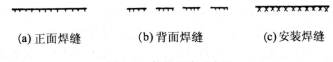

(a) 正面焊缝　　　**(b) 背面焊缝**　　　**(c) 安装焊缝**

图 3.5　焊缝的表示方法

与焊缝平行或与焊缝垂直。由于裂纹尖端存在着严重的应力集中现象,承载时,特别是承受动力荷载时会使裂纹扩展,可能由此导致断裂破坏。所以裂纹在焊缝连接中是不容许存在的。产生裂纹的原因很多,如钢材的化学成分不当,未采用合适的焊接工艺(施焊电流和速度)、所用焊条和施焊次序不恰当,等等。

气孔(图 3.6(b))是在施焊过程中由于空气侵入或药皮熔化时产生的气体在焊缝金属冷却前未能逸出,而在焊缝金属内部形成的孔洞,它会降低焊缝的密实性和塑性。

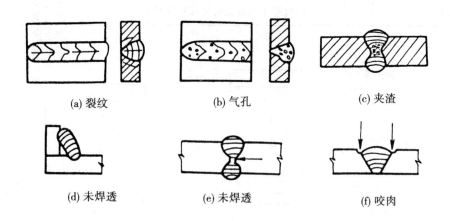

(a) 裂纹 　　　　　(b) 气孔 　　　　　(c) 夹渣

(d) 未焊透 　　　　(e) 未焊透 　　　　(f) 咬肉

图 3.6　焊缝的各种缺陷

夹渣(图 3.6(c))是由于焊接工艺不当,或者焊接材料(焊条)不符合要求,在焊缝金属内部或与主体金属熔合处存在的非金属夹杂物。它对焊缝的危害性和气孔相似,但夹渣尖角比气孔所引起的应力集中更严重,与裂纹尖端相似。

未焊透(图 3.6(d)、(e))是指熔化金属各层之间,或主体金属与熔化金属之间局部未熔合的现象,它会降低焊接连接的强度,造成应力集中,容易由此引起断裂。

咬肉(图 3.6(f))是在施焊时,在焊缝一侧或两侧与主体金属交界处形成的凹坑,它减弱了主体金属的有效面积,导致连接强度下降,也容易形成应力集中。

7. 焊缝质量检验等级和焊缝质量等级

如上所述,焊缝的缺陷对焊接结构的工作非常不利,它削弱了焊缝的有效面积,而且在缺陷处形成应力集中,由此而产生裂纹,成为连接破坏的根源。因此,焊缝质量检验极为重要。

焊缝质量检验等级除对外观和尺寸进行检查外,还应进行焊缝内部质量的检验。当采用超声波探伤时,检验等级分 A、B、C 三级;当采用射线探伤时,检验等级分 A、AB 和 B 三级。

根据对焊缝质量检验等级的要求不同,把焊缝质量分为一、二、三级。例如,一级焊缝质量等级的焊缝除外观检查外,应采用 B 级超声波进行 100%焊缝的探伤,或采用 AB 级射线进行100%焊缝的探伤。二级质量等级的焊缝除外观检查外,应采用 B 级超声波对至少 20%的焊缝进行探伤,或采用 AB 级射线对至少 20%的焊缝进行探伤。三级质量等级的焊缝只进行外观检查。设计时应在设计图纸上注明要求质量检验等级或焊缝质量等级。

关于焊缝的质量等级,应按《钢结构设计规范》(GB 50017—2003)进行选用。在需要进行疲劳计算的构件中,凡对接焊缝均应焊透,其质量等级为:作用力垂直于焊缝长度方向的横向对接焊缝或 T 形对接与角接组合焊缝,受拉时应为一级,受压时应为二级;作用力平行于焊缝长度方向的纵向对接焊缝应为二级。在不需要计算疲劳的构件中,凡要求与母材等强的对接焊缝应予焊透,其质量等级当受拉时应不低于二级,受压时宜为二级。不要求焊透的 T 形接头采用的是角焊缝或部分焊透的对接与角接组合焊缝,以及搭接连接采用的角焊缝,其质量等级为:对直接承受动力荷载且需要验算疲劳的结构和吊车起重量等于或大于 50t 的中级工作制吊车梁,焊缝的外观质量标准应符合二级;对其他结构,焊缝的外观质量标准可为三级。

三、螺栓连接的特点

螺栓连接有普通螺栓连接和高强度螺栓连接两大类。

1. 普通螺栓连接

普通螺栓连接分两种:一种是 A 级或 B 级螺栓(5.6 级钢和 8.8 级钢,旧称精制螺栓)连接,另一种是 C 级螺栓(4.6 级钢和 4.8 级钢,旧称粗制螺栓)连接。C 级螺栓一般采用 Q235 钢制成。实验结果表明,螺栓孔的质量直接影响连接的强度。根据对孔壁质量要求,将螺栓孔分为两类:在装配好的构件上按设计孔径钻成;在单个构件上分别用钻模按设计孔径钻成;在单个的构件上先钻成或冲成较小孔径,装配好后再扩钻至设计孔径。按上述三种方法制成的孔统称为 I 类孔,否则称为 II 类孔。虽然用 I 类孔的螺栓连接,其抗剪和承压强度比 II 类孔的高,但是 I 类孔的制造费工,成本高。C 级螺栓是由未经过加工的圆钢压制而成的,尺寸不够准确,螺栓表面比较粗糙,孔径比栓径大 1.0~1.5mm,对制孔的质量要求不高,一般采用 II 类孔。采用这种螺栓连接时,由于栓杆与栓孔之间存在较大的空隙,受剪力时容易产生滑移,使连接产生较大的变形,影响连接的刚度和使用要求,同时连接中螺栓群中各个螺栓受力不均匀,个别螺栓有可能先与孔壁接触,产生较大的超载应力而容易破坏。故 C 级螺栓宜用于承受拉力的连接中,或用于不重要的受剪连接或作为安装时临时固定之用。C 级螺栓的优点是安装方便,能有效地传递拉力,在拉剪联合作用的安装连接中,可设计成螺栓仅承受拉力,另设支托承受剪力。A 级和 B 级螺栓经车削加工制成,表面光滑,尺寸准确,栓径与孔径差仅约 0.3mm;对制孔的质量要求较高,一般采用 I 类孔。由于栓杆与栓孔之间的空隙很小,故受剪力后连接的滑移变形很小。A 级和 B 级螺栓能承受剪力和拉力,但成本高,安装较困难,因此目前在钢结构中较少使用。

2. 高强度螺栓连接

高强度螺栓连接传递剪力的机理和普通螺栓连接不同,普通螺栓连接是靠螺栓抗剪和承压来传递剪力的,而高强度螺栓连接首先是靠被连接板件间的强大摩擦阻力传递剪力。高强度螺栓的形状、连接构造(如构造原则、连接形式、直径选择及螺栓排列要求等)和普通螺栓基本相同。安装时通过特制的扳手,以较大的扭矩上紧螺帽,使螺栓杆产生很大的预拉力,把被连接的板件夹紧,使板件间产生摩擦力。为了产生更大的摩擦阻力,高强度螺栓应采用强度较高的钢材制成。所用的材料一般有两种,一种是优质碳素钢,如属于中碳钢的 45 号钢、35 号钢,经热处理后抗拉强度 f_u 不低于 830N/mm²,属于 8.8 级螺栓;另一种是合金结构钢,如 20MnTiB、40B、35VB 钢,经热处理后抗拉强度 f_u 不低于 1 040N/mm²,属于 10.9 级螺栓。同时,高强度螺栓所用的螺帽和垫圈均采用 45 号钢制造,并经热处理。

按国家标准的规定,螺栓的性能统一用螺栓的性能等级来表示,如"8.8 级"和"10.9 级"等。这里,小数点前的数字"8"和"10"表示螺栓材料经热处理后的最低抗拉强度 f_u 属于 800 N/mm² 和 1 000N/mm² 级;小数点及后面的数字,即"0.8"和"0.9"表示螺栓材料的屈强比——屈服点(高强度螺栓取假定屈服点)与最低抗拉强度的比值,即 8.8 级的屈服点不低于 640 N/mm²,10.9 级不低于 900N/mm²。目前我国采用 8.8 级和 10.9 级两种强度性能等级的高强度螺栓。

高强度螺栓连接的计算有两种类型:

(1)摩擦型连接 只靠被连接板件间的强大摩擦阻力传力,以摩擦阻力刚被克服作为连接承载力的极限状态。因而,连接的剪切变形很小,整体性好。

（2）承压型连接　靠被连接板件间的摩擦力和栓杆共同传力,以栓杆被剪坏或被压(承压)坏为连接承载力的极限。

高强度螺栓的这两种连接形式在抗剪计算时,所采用的极限状态不同。高强度螺栓承压型连接充分利用了被连接板件滑移后的螺栓承载力,其承载力比高强度螺栓摩擦型连接高,可节约螺栓。但是,高强度螺栓承压型连接的剪切变形比摩擦型的大,所以只适用于承受静力荷载或对连接变形不敏感的结构中。《钢结构设计规范》(GB 50017—2003)规定:高强度螺栓承压型连接不得用于直接承受动力荷载的结构中。

高强度螺栓连接的优点是:施工简便,受力好,耐疲劳,可拆卸,工作安全可靠及计算简单,所以,已广泛用于钢结构连接中,尤其适用于承受动力荷载的结构。

高强度螺栓采用钻成孔。高强度螺栓摩擦型连接,由于不允许产生滑移,其孔径应比螺栓公称直径大 1.5~2.0mm,而承压型连接的高强度螺栓只能大 1.0~1.5mm。为了提高摩擦力,对连接的各接触面应进行处理。

钢结构的连接中还有目前已很少使用的铆钉连接。铆钉连接的受力性能和计算方法原则上与普通螺栓连接相同,可以套用,故本章不再另作叙述。不同点只是对铆钉连接的抗拉、抗剪和孔壁承压强度规定有不同的设计值,以及计算时取杆径等于孔径等。

第二节　对接焊缝及其连接

一、对接焊缝的形式和构造要求

1. 对接焊缝的形式

采用对接焊缝时,为保证质量,常需在被连接板件边缘开成各种形式的坡口,焊缝金属就填充在坡口内,因而焊缝本身也是被连接板件截面的组成部分。

根据焊件厚度,对接焊缝板边的坡口形式有 I 形(垂直坡口)、单边 V 形、V 形、X 形和 K 形等(图 3.7),根据保证焊缝质量、便于施焊及减小焊缝截面面积的原则选用。

当焊件厚度很小(手工焊,$\delta \leqslant 6mm$)时,可采用 I 形垂直坡口(图 3.7(a)、(b))。当 $\delta > 6mm$ 时,就需开坡口,以保证焊透。对于中等厚度的焊件($\delta < 20mm$)宜采用 V 形坡口(图 3.7(c)),图中的 p 叫钝边,起着托住熔化金属的作用;斜坡口和间隙 c 组成一个焊条能够运转的施焊空间,使焊缝得以焊透,p 和 c 常各取 2mm。坡口角度应按规定取用。p 取大了,坡口角度取小了,都会导致焊不透;坡口角度过大又会造成焊条和工时的浪费,对此应予以重视。当焊件较厚($\delta > 20mm$)时,如采用 V 形坡口,不但费焊条,而且焊件焊后的角变形可能太大,所以应采用如图 3.7(d)所示双面施焊的 X 形坡口。当采用如图 3.7(e)所示的垂直连接时,可采用单边 V 形坡口,既省工,又可取得最有利的俯焊方位。图 3.7(f)为 K 形焊缝,也属于焊透的对接焊缝。

对接焊缝当坡口间隙过大时,可采用临时垫板,作用是防止熔化金属流淌,并使焊缝根部容易焊透,这时坡口的钝边已无意义。施焊完毕,垫板可留在焊件上,也可除去,如图 3.8所示。

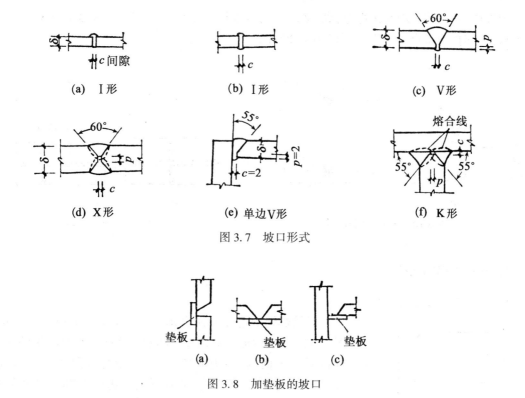

(a) I形　　　　　　　(b) I形　　　　　　　(c) V形

(d) X形　　　　　　　(e) 单边V形　　　　　　(f) K形

图 3.7　坡口形式

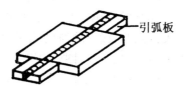

(a)　　　　(b)　　　　(c)

图 3.8　加垫板的坡口

2. 对接焊缝的构造要求

为了保证焊缝的质量和便于施焊,上面已经提到,应按焊件厚度不同,在焊件边缘加工成各种不同形式的坡口。

施焊时焊缝的起点和终点,常常不易焊透而出现凹陷的焊口,在该处极易产生裂纹和应力集中现象。为了消除焊口的缺陷,施焊时可在对接焊缝两端设置引弧板(图 3.9),这样起弧、灭弧均在引弧板上发生,焊后将引弧板切除,消除了焊口缺陷。当对接焊缝无法采用引弧板施焊时,计算时每条焊缝的长度应各减去 $2t$(t 为焊件的较小厚度),以考虑起弧、灭弧处质量差的不利影响。

图 3.9　引弧板

当采用对接焊缝连接不同宽度或不同厚度的钢板时,应从板的一侧或两侧做成坡度不大于 1:2.5 的斜坡,形成平缓的过渡(图 3.10),使构件传力比较均匀,但对于需计算疲劳的结构,斜角坡度不应大于 1:4。如果两块钢板厚度相差小于 4mm,也可不做斜坡,直接用焊缝表面斜坡来找坡(图 3.10(c))。焊缝的计算厚度等于较薄板的厚度。

钢板拼接时,若采用对接焊缝,纵、横两方向可采用十字形交叉或 T 形交叉(图 3.11);当为 T 形交叉时,交叉点的间距 a 不得小于 200mm。

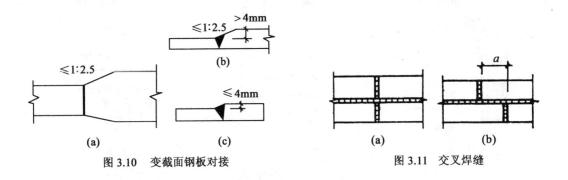

图 3.10　变截面钢板对接　　　　　　　图 3.11　交叉焊缝

二、对接焊缝的连接

1. 对接焊缝的连接形式

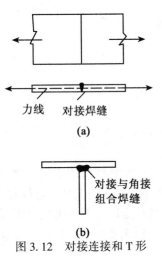

图 3.12　对接连接和 T 形
连接的形式

对接焊缝的连接有两种形式,即对接连接和 T 形连接。图 3.12(a)是用坡口对接焊缝的对接连接。相互连接的两构件在同一平面内,传力简捷,应力集中程度最小,受力性能好,静力和疲劳强度都高,节省材料。施焊时两焊件间要求保持一定的间隙,焊件切割下料精度要求较高。焊件较厚时板边需要加工成各种形式的坡口,制造费工。图 3.12(b)为采用 K 形坡口的对接与角接组合焊缝 T 形连接,这种构造可以减小应力集中现象,改善接头的疲劳强度。如把对接与角接组合焊缝表面的加高部分除去,或加工成圆滑的平缓过渡,更可以提高连接的疲劳强度。在重级和特重级工作制吊车梁的上翼缘和腹板的连接中,应采用这种 T 形连接。

2. 对接连接和 T 形连接的工作和计算

对接焊缝或对接与角接组合焊缝是被连接板件截面的组成部分,所以希望焊缝的设计强度不低于母材的设计强度。由于焊接技术问题,焊缝中有可能存在缺陷,如气泡、夹渣等。试验结果表明,对接焊缝的设计强度不仅与焊缝中的缺陷有关,还和对接焊缝所受的应力状态有关。焊缝中缺陷对焊缝的抗压和抗剪设计强度影响不大,但对其抗拉设计强度将有一定程度的影响。为了判断焊缝中缺陷严重的程度,国家制定了焊缝质量检验标准。在钢结构设计规范中则区分不同的质量等级,对接焊缝的抗压设计强度和抗剪设计强度取和焊件钢材相同的相应强度设计值,对抗拉设计强度则按不同质量级别做了不同的规定。

由于对接焊缝的截面与被焊构件截面相同,焊缝中的应力情况与被焊构件原来的情况基本相同,故对接焊缝连接的计算方法与构件的强度计算相似。

(1)轴心受力的对接连接的计算　当外力作用于焊缝的垂直方向,其合力通过焊缝的重心时(见图 3.13),按下式计算对接焊缝的强度:

$$\sigma = \frac{N}{l_w \cdot t} \leq f_t^w \ \text{或} \ f_c^w \tag{3.1}$$

式中:N——计算轴心拉力或压力;

l_w——焊缝的计算长度,当采用引弧板时取焊缝的实际长度;当未采用引弧板时,每条焊缝取实际长度减去 $2t$;

t——在对接连接中是连接板件中的较小厚度。在 T 形连接中为腹板厚度(见图3.17);

f_t^w——对接焊缝的抗拉强度设计值,由焊缝质量等级的不同而定;

f_c^w——对接焊缝的抗压强度设计值,等于构件钢材的强度设计值。

对于无垫板的单面施焊,强度设计值应乘 0.85 的折减系数。

显然,只有对未采用引弧板或质量为三级的受拉焊缝才需按下式进行强度验算:

$$\sigma = \frac{N}{l_w \cdot t} \leq f_t^w \tag{3.2}$$

如果经过验算强度不够,应增加焊缝长度,可采用如图 3.14 所示的对接焊缝。这时只要使焊缝轴线和 N 力之间的夹角 θ 满足如下条件:

$$\tan\theta = \frac{a}{b} \leq 1.5$$

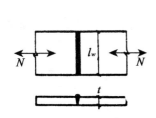

图3.13 轴心受力的对接焊缝连接

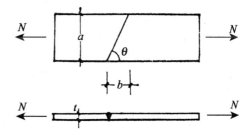

图3.14 对接斜焊缝承受轴心力

对接斜焊缝的强度就不会低于母材的强度,因而也就不必再进行计算。

(2)弯矩、剪力共同作用下对接连接的计算 工字形构件的对接焊缝(图3.15),焊缝截面也是工字形。焊缝同时承受弯矩和剪力作用,因为最大正应力与最大剪应力不在同一点上,所以应分别验算正应力和剪应力。即按下列公式计算:

$$\sigma = \frac{M}{W_w} \leq f_t^w \ \text{或} \ f_c^w \tag{3.3}$$

$$\tau = \frac{V \cdot S_w}{I_w \cdot t} \leq f_v^w \tag{3.4}$$

式中:M——计算截面的计算弯矩;

W_w——焊缝的截面模量,即工字形构件截面的截面模量:

$W_w = I_w/(h/2)$;

V——与焊缝轴线平行的计算剪力;

S_w——焊缝截面在计算剪应力处(腹板中心)以上(或以下)部分截面对中和轴的面积矩;

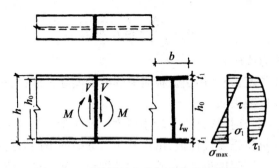

图 3.15　对接焊缝在弯矩和剪力作用下

I_w——焊缝计算截面对其中和轴的截面惯性矩,即工字形构件截面对中和轴的截面惯性矩;

t——对接焊缝计算厚度,即腹板的厚度。

在同时受有较大的正应力和剪应力处,例如在工字形截面翼缘与腹板的相交处,还应按照式(3.5)验算折算应力:

$$\sqrt{\sigma_1^2 + 3\tau_1^2} \leqslant 1.1 f_t^w \tag{3.5}$$

式中:σ_1——梁腹板对接焊缝端部的正应力;

τ_1——梁腹板对接焊缝端部的剪应力;

1.1——考虑最大折算应力只发生在焊缝的局部而将设计强度适当提高的系数。

$$\sigma_1 = \sigma_{max} \cdot \frac{h_0}{h} = \frac{M}{W_w} \cdot \frac{h_0}{h}$$

$$\tau_1 = \frac{V \cdot S_1}{I_w \cdot t_w}$$

式中:S_1——工字形截面翼缘对中和轴的面积矩;

t_w——对接焊缝计算厚度,即腹板厚度。

(3)弯矩、剪力和轴心力共同作用下对接连接的计算　构件截面为工字形的对接焊缝在弯矩、剪力和轴心力共同作用下(图3.16),焊缝的最大正应力为轴心力和弯矩产生的正应力

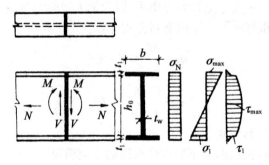

图 3.16　对接焊缝在弯矩、剪力和轴力共同作用下

之和,按式(3.6)计算;最大剪应力在中和轴上,按式(3.4)计算,然后分别验算正应力和剪应力:

$$\sigma_{max} = \sigma_N + \sigma_M = \frac{N}{A_w} + \frac{M}{W_w} \leqslant f_t^w \text{ 或 } f_c^w \tag{3.6a}$$

$$\tau_{max} = \frac{V \cdot S_w}{I_w \cdot t} \leqslant f_v^w \tag{3.6b}$$

式中:A_w——焊缝截面的面积。

同时,还应按下式验算翼缘与腹板相交处焊缝的折算应力:

$$\sqrt{(\sigma_N + \sigma_1)^2 + 3\tau_1^2} \leqslant 1.1 f_t^w \tag{3.7}$$

在中和轴处,虽然 $\sigma_M = 0$,但该处的剪应力最大,所以中和轴处的折算应力也有可能较大,因而还应按下式验算折算应力:

$$\sqrt{\sigma_N^2 + 3\tau_{max}^2} \leqslant 1.1 f_t^w \tag{3.8}$$

3. T 形连接的工作和计算

(1)轴心受力的 T 形连接的计算　T 形连接如图 3.17 所示。按式(3.1)计算焊缝的强度。

(2)弯矩、剪力和轴心力共同作用下 T 形连接(牛腿连接)的计算　T 形牛腿连接如图 3.18 所示,所受作用力 P 分解为 N 和 V。按式(3.6)及式(3.4)分别验算焊缝的正应力和剪应力,按式(3.8)验算焊缝的折算应力。

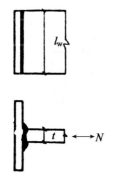

图 3.17　轴心受力对接与角接
组合焊缝的 T 形连接

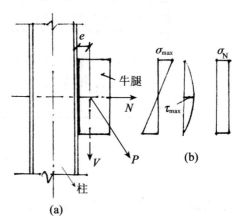

图 3.18　N、M 和 V 作用下的 T 形连接

例题 3.1　计算如图 3.19 所示的两块钢板的对接连接焊缝。已知截面尺寸为 $B = 430mm$,$t = 10mm$,计算轴心拉力 $N = 930kN$,钢材为 Q235 钢,采用手工焊,焊条为 E43 型,施焊时不用引弧板,焊缝质量为三级。

解:根据钢板厚度和焊缝质量等级查附一表 1.3,焊缝抗拉强度设计值为 $f_t^w = 185N/mm^2$。焊缝计算长度 $l_w = 430 - 2 \times 10 = 410(mm)$,代入式(3.1),即

$$\sigma = \frac{N}{l_w \cdot t} = \frac{930 \times 10^3}{410 \times 10} = 227(\text{N/mm}^2) > f_t^w$$

由于焊缝应力大于焊缝抗拉强度设计值,说明采用直焊缝不能满足强度要求,因此应改为如图 3.19(b)所示的斜焊缝来增大焊缝的计算面积,现取 $\tan\theta = 1.5$,$a = \frac{L}{1.5} = \frac{430}{1.5} = 287(mm)$,取 290mm,焊缝能满足要求,不需再验算。

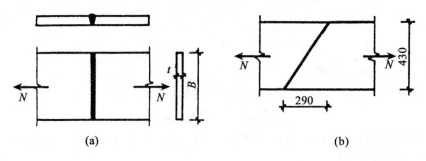

（a）   （b）

图 3.19 例题 3.1 图

例题 **3.2** 计算如图 3.20 所示由三块钢板焊成的工字形截面的对接焊缝。已知截面尺寸为：翼缘宽度 $b = 100\text{mm}$，厚度 $t_1 = 12\text{mm}$；腹板高度 $h_0 = 200\text{mm}$，厚度 $t_w = 8\text{mm}$。计算轴心拉力 $N = 280\text{kN}$，作用在焊缝上的计算弯矩 $M = 50\text{kN} \cdot \text{m}$，计算剪力 $V = 240\text{kN}$。钢材为 Q345。采用手工焊，焊条为 E50 型，采用引弧板，焊缝质量为二级。

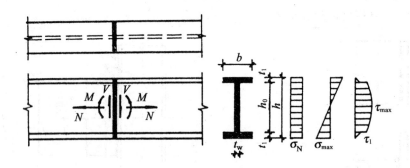

图 3.20 例题 3.2 图

解：由附一表 1.3 查得：$f_t^w = 310\text{N}/\text{mm}^2$，$f_v^w = 180\text{N}/\text{mm}^2$。

焊缝计算截面的特征值：

$$A_w = 100 \times 12 \times 2 + 200 \times 8 = 4\,000(\text{mm}^2)$$

$$I_w = 8 \times 200^3/12 + 2 \times 100 \times 12 \times 106^2 = 3\,230 \times 10^4(\text{mm}^4)$$

$$W_w = 3\,230 \times 10^4/112 = 288 \times 10^3(\text{mm}^3)$$

$$S_1 = 100 \times 12 \times 106 = 127 \times 10^3(\text{mm}^3)$$

$$S_w = 100 \times 12 \times 106 + 100 \times 8 \times 50 = 167 \times 10^3(\text{mm}^3)$$

计算各应力值：

$$\sigma_N = \frac{N}{A_w} = \frac{280 \times 10^3}{40 \times 10^2} = 70(\text{N}/\text{mm}^2)$$

$$\sigma_M = \frac{M}{W_w} = \frac{50 \times 10^6}{288 \times 10^3} = 174(\text{N}/\text{mm}^2)$$

54

$$\sigma_1 = \sigma_M \cdot \frac{h_0}{h} = 174 \times \frac{200}{224} = 155 (\text{N/mm}^2)$$

$$\tau_1 = \frac{V \cdot S_1}{I_w \cdot t_w} = \frac{240 \times 10^3 \times 127 \times 10^3}{3\,230 \times 10^4 \times 8} = 118 (\text{N/mm}^2)$$

$$\tau_{max} = \frac{V \cdot S_w}{I_w \cdot t_w} = \frac{240 \times 10^3 \times 167 \times 10^3}{3\,230 \times 10^4 \times 8} = 155 (\text{N/mm}^2)$$

代入式(3.6a)验算正应力:

$$\sigma_{max} = \sigma_N + \sigma_M = 70 + 174 = 244 (\text{N/mm}^2) < f_t^w$$

代入式(3.4)验算剪应力:

$$\tau_{max} = 155 \text{N/mm}^2 < f_v^w$$

代入式(3.7)验算翼缘与腹板相交处的折算应力:

$$\sqrt{(\sigma_N + \sigma_1)^2 + 3\tau_1^2} = \sqrt{(70 + 155)^2 + 3 \times 118^2}$$
$$= 304 (\text{N/mm}^2) < 1.1f_t^w$$

代入式(3.8)验算中和轴处的折算应力:

$$\sqrt{\sigma_N^2 + 3\tau_{max}^2} = \sqrt{70^2 + 3 \times 155^2}$$
$$= 277 (\text{N/mm}^2) < 1.1f_t^w$$

验算表明:连接安全。

例题 3.3 计算图 3.21 所示牛腿与钢柱的对接与角接组合焊缝连接。已知牛腿的截面尺寸为:翼缘宽度 $b_1 = 120\text{mm}$,厚度 $t_1 = 12\text{mm}$;腹板高度 $h_0 = 200\text{mm}$,厚度 $t_w = 10\text{mm}$。$F = 155\text{kN}, e = 160\text{mm}$。钢材为 Q390,焊条为 E55 型,手工焊,不用引弧板,焊缝质量为三级。

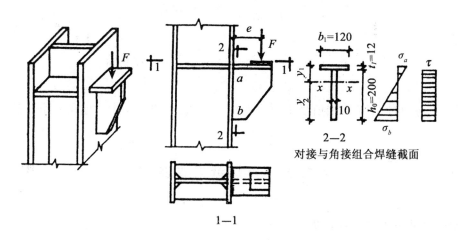

图 3.21　例题 3.3 图

解:如图 3.21 所示的牛腿由翼缘的水平对接与角接组合焊缝和腹板的竖直对接与角接组合焊缝与钢柱相连。焊缝的截面为 T 形,尺寸与牛腿相同。承受集中力 F 作用。计算时将 F 简化到焊缝计算截面得剪力 $V = F, M = F \cdot e$。由于翼缘处剪应力很小,可认为全部剪力均由腹板的竖直焊缝均匀承受,而弯矩由整个 T 形截面焊缝承受。

图 3.21 所示的 T 形截面焊缝,在弯矩 M 和剪力 V 共同作用下,应验算 a 点和 b 点的正应力,腹板焊缝的剪应力及 b 点的折算应力。

由附一表 1.3 查得:$f_c^w = 350 \text{N/mm}^2, f_t^w = 300 \text{N/mm}^2, f_v^w = 205 \text{N/mm}^2$。

焊缝截面的特征值:

在截面形心轴 x-x 的位置

$$y_1 = \frac{(12 - 2.4) \times 1.2 \times 0.6 + (20 - 2) \times 1.0 \times 11.2}{(12 - 2.4) \times 1.2 + (20 - 2) \times 1.0} = 7.06(\text{cm})$$

$$y_2 = 21.2 - 7.06 = 14.14(\text{cm})$$

$$I_{wx} = \frac{1.0 \times (20 - 2)^3}{12} + (20 - 2) \times 1.0 \times 4.35^2 + \frac{(12 - 2.4) \times 1.2^3}{12} +$$

$$(12 - 2.4) \times 1.0 \times 6.25^2 = 1\,203(\text{cm}^4)$$

$$A_w = (20 - 2) \times 1.0 = 18(\text{cm}^2)$$

验算正应力:

$$\sigma_{Mb} = \frac{M \cdot y_2}{I_{wx}} = \frac{155 \times 10^3 \times 160 \times 141.4}{1\,203 \times 10^4}$$

$$= 292(\text{N/mm}^2) \quad < f_c^w$$

$$\sigma_{Ma} = \frac{M \cdot y_1}{I_{wx}} = \frac{155 \times 10^3 \times 160 \times 70.6}{1\,203 \times 10^4}$$

$$= 146(\text{N/mm}^2) \quad < f_t^w$$

验算剪应力:

$$\tau = \frac{V}{A_w} = \frac{155 \times 10^3}{1\,800} = 86(\text{N/mm}^2) \quad < f_v^w$$

验算 b 点折算应力:

$$\sigma = \sqrt{\sigma_{Mb}^2 + 3\tau^2} = \sqrt{292^2 + 3 \times 86^2} = 328(\text{N/mm}^2)$$

$$< 1.1 f_t^w$$

验算折算应力时,不论焊缝所受正应力是拉还是压,一律取 $1.1 f_t^w$,偏于安全。验算表明,连接安全。

第三节　角焊缝及其连接

一、角焊缝的形式和构造要求

1. 角焊缝的形式

在相互搭接或 T 形连接焊件的边缘,焊成截面如图 3.22 所示的焊缝称为角焊缝,角焊缝是沿着被连接焊件之一的边缘施焊而成的。焊件施焊的边缘不必开坡口,焊缝金属直接填充在由被连接板件形成的直角或斜角区域内。

角焊缝分为直角角焊缝(图 3.23(a)、(b)、(c))和斜角角焊缝(图 3.23(d)、(e)、(f)、

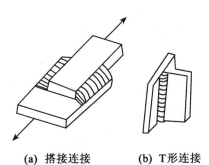

(a) 搭接连接　　(b) T形连接

图 3.22　直角角焊缝连接

(g))。在建筑钢结构中,最常用的是直角角焊缝,尤其是图 3.23(a)所示的角焊缝应用最多。斜角角焊缝主要用在钢管结构中。

还有部分焊透的坡口焊缝也相当于角焊缝的工作。

角焊缝按它与力作用方向的关系可分为三种,即焊缝轴线平行于力作用方向的称为侧面角焊缝(图 3.24(a));焊缝轴线垂直于力作用方向的称为正面角焊缝(图 3.24(b));焊缝轴线斜交于力作用方向的称为斜焊缝。图 3.25 所示的连接是由侧面角焊缝、斜

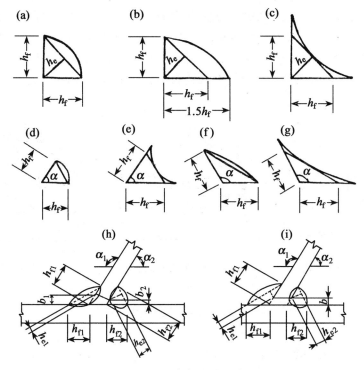

图 3.23　角焊缝的形式

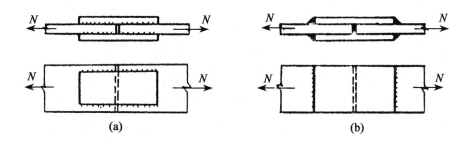

图 3.24　侧焊缝和端焊缝

焊缝和正面角焊缝组成的混合焊缝,常称为围焊缝。

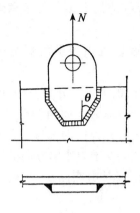

图 3.25　围焊缝

直角角焊缝的截面(图 3.26)有普通焊缝、平坡焊缝和凹形焊缝。常用的为普通焊缝,其截面为直角等腰三角形,但用于正面角焊缝时这种焊缝受力时力线弯折较大,产生应力集中现象比较严重,在焊缝根部形成高峰应力,使焊缝容易开裂。因此在承受动力荷载的正面角焊缝连接中可改用平坡焊缝或凹形焊缝,这两种焊缝传力都比较平顺,可以改善应力集中现象,提高抗疲劳强度的性能。

试验表明,通过角焊缝 A 点的任一辐射面都可能是破坏截面(图 3.27)。侧面角焊缝的破坏截面以 45°方向截面的居多,正面角焊缝则多数不在该截面破坏。角焊缝中,正面角焊缝的破坏强度是侧面角焊缝的 1.35~1.55 倍。据此,偏于安全地假定直角角焊缝的破坏截面在 45°方向的截面处,即图中的 AE 截面。计算角焊缝承载力时是以 45°方向(图 3.28)的最小截面为危险截面,此危险截面称为角焊缝的计算截面或有效截面。平坡焊缝和凹形焊缝的有效截面近似取如图 3.26(b)、(c)所示。

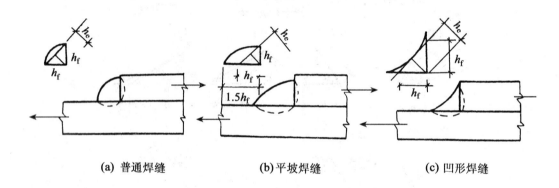

(a) 普通焊缝　　　　　　(b)平坡焊缝　　　　　　(c) 凹形焊缝

图 3.26　直角角焊缝截面形式

直角角焊缝的有效厚度(图 3.28)为:

$$h_e = h_f \cos 45° = 0.7 h_f \qquad (3.9)$$

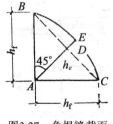

图3.27　角焊缝截面

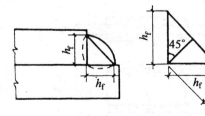

图3.28　角焊缝的有效厚度

上式中略去了焊缝截面的圆弧形加高部分。式中 h_f 是角焊缝的焊脚尺寸。

斜角角焊缝(图3.23)两焊边夹角 α 为 $60° \leq \alpha \leq 135°$ 的T形接头,其斜角角焊缝的强度按式(3.18)、(3.19)和式(3.20)计算,但取 $\beta_f = 1.0$,不是 1.22;计算厚度 h_e 则取:

当根部间隙 b、b_1 或 $b_2 \leq 1.5mm$ 时,$h_e = h_f \cos\alpha/2$;

当 b、b_1 或 $b_2 > 1.5mm$ 但 $\leq 5mm$ 时,$h_e = \left[h_f - \dfrac{b \text{ 或 } b_1 \text{ 或 } b_2}{\sin\alpha} \right] \cos\dfrac{\alpha}{2}$。

$\alpha > 135°$ 或 $\alpha < 60°$ 的斜角角焊缝,除钢管结构外,不宜用做受力焊缝。

2. 角焊缝的构造要求

角焊缝的尺寸包括焊脚尺寸和焊缝计算长度。在设计角焊缝连接时,除满足强度要求外,还必须满足其构造要求。

(1)焊脚尺寸 h_f　为了保证焊缝质量,焊脚尺寸应与焊件的厚度相适应,不宜过大或过小。当焊脚尺寸太小时,焊接时产生的热量较少,焊缝冷却快,特别是焊件越厚,焊缝冷却速度就越快。在焊件刚度较大的情况下,焊缝就容易产生裂纹。同时,焊脚过小时也不易焊透。当焊脚尺寸过大时,施焊时较薄的焊件还容易被烧穿,而且焊缝冷却收缩将产生较大的焊接变形;而热影响区扩大,又容易产生脆裂。为了防止这些情况的发生,《钢结构设计规范》(GB 50017—2003)作出了限制角焊缝最小和最大焊脚尺寸的规定。

最小焊脚尺寸,取整毫米数:

$$h_{f,min} = 1.5\sqrt{t_2} \tag{3.10}$$

式中:t_2——较厚焊件的板厚,单位为 mm。

自动焊时,最小焊脚尺寸可减小 1mm,对于 T 形连接的单面焊缝应增加 1mm。当焊件厚度小于等于 4mm 时,最小焊脚尺寸与焊件厚度相同。

最大焊脚尺寸,取整毫米数:

$$h_{f,max} = 1.2t_1 \tag{3.11}$$

式中:t_1——较薄焊件的厚度,单位为 mm。

当贴着板边缘施焊时,最大焊脚尺寸应满足下列要求:

当焊件边缘厚度 $t \leq 6mm$ 时,可取 $h_{f,max} = t$;

当焊件边缘厚度 $t > 6mm$ 时,应取 $h_{f,max} = t - (1 \sim 2)mm$。

选择的焊脚尺寸应符合:

$$h_{f,min} \leq h_f \leq h_{f,max} \tag{3.12}$$

(2)角焊缝的计算长度　角焊缝的计算长度应取焊缝的实际长度减去 $2h_f$,以考虑施焊时起弧、灭弧点的不利影响。角焊缝的计算长度不宜过小,因为焊缝的厚度大而长度过小时,焊件局部加热严重,会使材质变脆;同时焊缝长度过短时,起弧、灭弧造成的缺陷相距太近,如果再加上一些其他可能的焊接缺陷,就会严重影响焊缝的工作性能。因而,《钢结构设计规范》(GB 50017—2003)规定:

$$l_w \geq 8h_f \text{ 和 } l_w \geq 40mm$$

此规定适用于侧面角焊缝和正面角焊缝。

同时侧面角焊缝长度也不宜过长,侧面角焊缝的应力沿其长度分布是不均匀的,两端比中间大,如图3.29(a)所示。焊缝长度与其厚度之比越大,其不均匀程度就越加严重,因而侧面角焊缝太长时,其两端应力可能达到极限值而先破坏,而焊缝中部则未能充分发挥其承载能力,这种现象对承受动力荷载的构件更为不利。因而钢结构设计规范(GB 50017—2003)规定:侧面角焊缝的计算长度不宜大于$60h_f$,即$l_w \leqslant 60h_f$。当大于上述规定时,超过部分在计算时不予考虑。但焊接工字形梁的翼缘与腹板相连处,因内力是沿全长分布的,故翼缘与腹板的连接焊缝可采用连续焊缝,计算长度不受此限制(图3.29(b))。

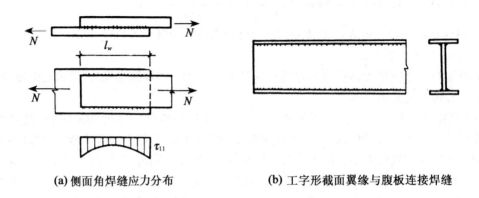

(a) 侧面角焊缝应力分布   **(b)** 工字形截面翼缘与腹板连接焊缝

图3.29 角焊缝连接

当角焊缝的端部在构件的转角处时,为了避免起弧、落弧位于应力集中较大的转角处,应连续地绕过转角加焊一段$2h_f$的长度(图3.30(a)、(c))。杆件与节点板的连接焊缝一般采用两边侧面角焊缝(图3.30(a)),也可采用三面围焊(图3.30(b))或L形围焊(图3.30(c)),所有围焊的转角必须连续施焊。

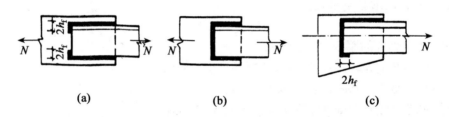

(a)   **(b)**   **(c)**

图3.30 构件与节点板连接的角焊缝

当焊件仅采用两边侧面角焊缝连接时,为了避免应力传递的过分弯折而使板件应力过分不均,应使$l \geqslant b$(图3.31(a));同时为了避免因焊缝横向收缩时引起板件拱曲太大(图3.31(b)),应使$b < 16t$($t > 12$mm时)或小于190mm($t \leqslant 12$mm时),t为较薄焊件厚度。当b不满足

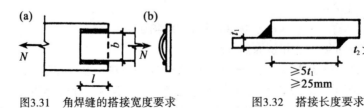

图3.31 角焊缝的搭接宽度要求   图3.32 搭接长度要求

60

此规定时,应加焊正面角焊缝将两板贴合。

为了减小连接中偏心弯矩的影响,在用正面角焊缝的搭接连接中,其搭接长度不得小于较薄焊件厚度的 5 倍,同时不得小于 25mm(图 3.32)。

二、采用角焊缝的连接

1. 角焊缝的连接形式

角焊缝的连接有三种形式,即对接连接、搭接连接和 T 形连接。图 3.33(a)所示为采用双层盖板用角焊缝传力的对接连接。一侧板件的内力 N 经角焊缝传给上、下盖板,再经角焊缝由盖板传给另一侧板件。它的特点是:焊件边缘不需要加工,制造省工。但多用了盖板,也费焊条。传力经过盖板后力线弯折,应力集中现象较严重,因而静力强度和疲劳强度都较低。图3.33(b)所示为搭接连接,一侧板件的内力 N 经角焊缝直接传给另一侧板件,两板件不在同一平面内,由于偏心传力,受力不均匀,也较费材料,但构造简单、施工简便,便于应用。图 3.33(c)是采用双面角焊缝的 T 形连接。它的优点是省工省料,缺点是焊件截面有突变,应力集中现象较严重,因而疲劳强度较低。这种连接广泛应用在不直接承受动力荷载的结构中。

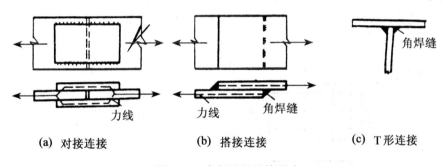

(a) 对接连接　　　　(b) 搭接连接　　　　(c) T 形连接

图 3.33　角焊缝的连接形式

2. 角焊缝连接的基本计算公式

(1)应力分析　图 3.34 所示为侧面角焊缝,在力 N 的作用下,焊缝有效截面上作用着剪力 $V=N$ 及由 N 产生的弯矩 $M=N \cdot e$。剪力使焊缝沿其轴向方向产生剪应力 $\tau_{\parallel}$,弯矩 M 则产生垂直于焊缝轴线方向的正应力 $\sigma_{\perp}$,由于焊缝一般较长,故正应力 $\sigma_{\perp}$ 较小,可以忽略不计。所以侧面角焊缝的工作主要是受剪,承载力和弹性模量($E=70 \times 10^3 \text{N/mm}^2$)均较低。剪应力 $\tau_{\parallel}$ 沿侧面角焊缝长度方向的分布是不均匀的,两端大,中间部分较小。但侧面角焊缝的塑性性能较好,两端出现塑性变形后,产生应力重分布,所以当焊缝的计算长度在设计规范规定的范围内时,可按均匀分布计算。

图 3.35 所示为正面角焊缝承受轴心力 N 作用的情况,正面角焊缝的应力状态比侧面角焊缝复杂得多。同时力线通过正面角焊缝时发生弯折,应力集中现象较严重,在焊缝的根角处形成高峰应力,如图 3.35(d)所示,使焊缝易于开裂。同样,忽略弯矩 M 的影响,则焊缝的计算截面上只有由力 N 产生的应力 σ_x($\sigma_x = N/A_e$;$A_e = 0.7h_f \cdot l_w$ 是焊缝的有效截面面积)。可将 σ_x 分解成和焊缝计算截面相垂直的正应力 $\sigma_{\perp}$ 和剪应力 $\tau_{\perp}$(图 3.35(c)),因而正面角焊缝处于多轴受力状态。试验结果表明,正面角焊缝的弹性模量 $E=147 \times 10^3 \text{N/mm}^2$,比侧面角焊缝

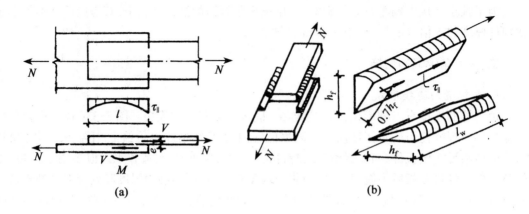

(a)

(b)

图 3.34　侧面角焊缝的应力分析

的高。当焊缝有效截面面积相等时,正面角焊缝的承载力是侧面角焊缝的 1.35~1.55 倍。现行《钢结构设计规范》(GB 50017—2003)中角焊缝的强度计算公式就反映了正面角焊缝比侧面角焊缝承载力高。同时,正面角焊缝沿焊缝长度方向应力分布比较均匀,故计算时按均匀分布考虑。

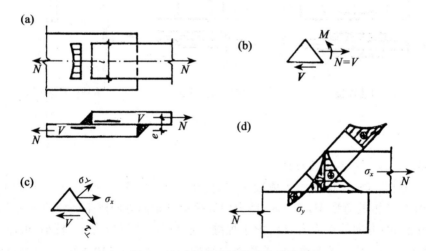

图 3.35　正面角焊缝的应力分析

（2）角焊缝的承载力计算公式　角焊缝受力后的应力分布很复杂,目前对于它的真实应力状态还不很清楚,为此应根据试验结果作出合理的假设,建立一个比较合理而又简单的设计方法和计算公式供设计时应用。近年来,国内外学者考虑荷载方向对角焊缝承载力的影响,即侧面角焊缝、斜焊缝和正面角焊缝具有不同的承载力,建立了以试验为基础的角焊缝计算公式,这个公式认为在角焊缝最小截面(45°方向的有效截面)上作用着三个相互垂直的应力,即:沿角焊缝最小截面两个方向的剪应力 $\tau_\perp$ 和 $\tau_\parallel$;垂直于角焊缝方向的正应力 $\sigma_\perp$。角焊缝处于复杂应力状态。图 3.36 表示焊缝破坏截面(图中阴影线截面)上各应力分量与焊缝轴线方向(z 轴)及其直角坐标系的关系。

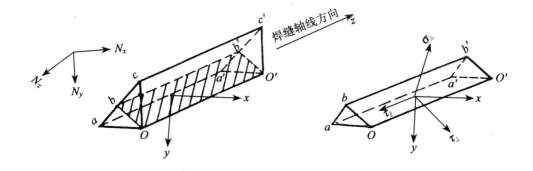

图 3.36　角焊缝破坏截面上的应力

根据试验结果并偏于安全地修正后,角焊缝在复杂应力作用下的强度条件为

$$\sqrt{\sigma_\perp^2 + 3(\tau_\perp^2 + \tau_\parallel^2)} \leqslant \sqrt{3} \cdot f_f^w \tag{3.13}$$

式中:$\sigma_\perp$、$\tau_\perp$——作用于焊缝有效截面上,垂直于焊缝轴线方向的正应力和剪应力;

$\tau_\parallel$——作用于焊缝有效截面上,平行于焊缝轴线方向的剪应力;

f_f^w——角焊缝的强度设计值。

式(3.13)在形式上和钢材在复杂应力下的屈服条件是相似的。

作用在焊缝上的外力 N 可分解成 N_x、N_y 和 N_z。x 和 y 轴都垂直于焊缝长度方向并平行于两个直角边(焊脚),z 轴沿焊缝长度方向(见图 3.36)。大多数情况下,$N_y = 0$(或 $N_x = 0$),则破坏截面上沿 x 方向(或 y 方向)的正应力为 σ_f,沿 z 方向的剪应力为 τ_f,且

$$\sigma_f = \frac{N_x}{h_e \cdot l_w}(\text{或 } \sigma_f = \frac{N_y}{h_e \cdot l_w}) \tag{3.14}$$

$$\tau_f = \tau_\parallel = \frac{N_z}{h_e \cdot l_w} \tag{3.15}$$

式中:h_e——角焊缝的有效厚度;

l_w——角焊缝的计算长度,取实际长度减去 $2h_f$。

从图 3.36 可见,有效截面与焊脚边所在截面成 45°,因而

$$\sigma_\perp = \tau_\perp = \frac{\sigma_f}{\sqrt{2}} \tag{3.16}$$

将式(3.15)、(3.16)代入式(3.13),并整理,得

$$\sqrt{(\frac{\sigma_f}{1.22})^2 + \tau_f^2} \leqslant f_f^w \tag{3.17}$$

当 $N_x = 0$ 和 $N_y = 0$ 时,$\sigma_f = 0$,只有 τ_f,属于侧面角焊缝性质,这时

$$\tau_f = \frac{N}{h_e \cdot l_w} \leqslant f_f^w \tag{3.18}$$

这就是侧面角焊缝的计算公式。

当 $N_z = 0$,即 $\tau_f = 0$ 时,只有 σ_f,属于正面角焊缝性质,且

$$\sigma_{\mathrm{f}} = \frac{N}{h_{\mathrm{e}} \cdot l_{\mathrm{w}}} \leqslant 1.22 f_{\mathrm{f}}^{\mathrm{w}} \tag{3.19}$$

这就是正面角焊缝的计算公式。

从式(3.18)和式(3.19)可知,当角焊缝的有效截面面积相等时,正面角焊缝的承载力是侧面角焊缝的1.22倍。比试验得到的1.35~1.55倍小。这是因为式(3.13)经过了偏于安全的修正。同时,考虑到正面角焊缝的塑性较差,故钢结构设计规范规定:直接承受动力荷载的结构中的直角角焊缝,不宜考虑正面角焊缝强度的提高,即式(3.17)和式(3.19)中的系数1.22改为1.0。

因此,钢结构设计规范将式(3.17)改写成更一般的形式:

$$\sqrt{\left(\frac{\sigma_{\mathrm{f}}}{\beta_{\mathrm{f}}}\right)^2 + \tau_{\mathrm{f}}^2} \leqslant f_{\mathrm{f}}^{\mathrm{w}} \tag{3.20}$$

式中:σ_{f}——按焊缝有效截面计算,垂直于焊缝长度方向的应力;

τ_{f}——按焊缝有效截面计算,沿焊缝长度方向的剪应力;

β_{f}——正面角焊缝的强度设计值增大系数:对承受静力荷载和间接承受动力荷载的结构,$\beta_{\mathrm{f}} = 1.22$;对直接承受动力荷载的结构,$\beta_{\mathrm{f}} = 1.0$。

对于外力和焊缝轴线成 θ 角的斜焊缝,如图3.37所示,也可直接用斜焊缝的强度设计值

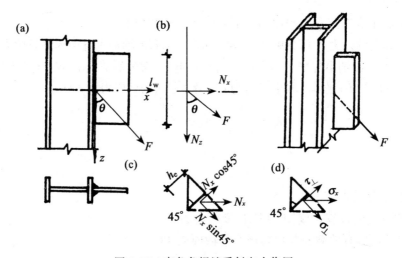

图3.37　直角角焊缝受斜向力作用

增大系数 β_{θ},按式(3.22)计算,这时:

$$N_x = F \cdot \sin\theta$$

$$N_z = F \cdot \cos\theta$$

$$\sigma_{\perp} = \frac{N_x}{A_{\mathrm{f}}}\sin 45° = \frac{F \cdot \sin\theta}{h_{\mathrm{e}} \cdot l_{\mathrm{w}} \cdot \sqrt{2}}$$

$$\tau_{\perp} = \frac{N_x}{A_{\mathrm{f}}}\cos 45° = \frac{F \cdot \sin\theta}{h_{\mathrm{e}} \cdot l_{\mathrm{w}} \cdot \sqrt{2}}$$

$$\tau_{\parallel} = \frac{N_z}{A_f} = \frac{F \cdot \cos\theta}{h_e \cdot l_w}$$

将 $\sigma_{\perp}$、$\tau_{\perp}$ 和 $\tau_{\parallel}$ 代入公式(3.13),整理得

$$\frac{F}{h_e \cdot l_w} \leqslant \beta_\theta \cdot f_f^w \tag{3.21}$$

式中：$\beta_\theta = \dfrac{1}{\sqrt{1 - \dfrac{\sin^2\theta}{3}}}$。 $\tag{3.22}$

为了使用方便,将 β_θ 与 θ 角之间的关系列成表 3.2。其中 θ 是斜向轴心力 F 与角焊缝轴线间所夹的锐角(小于等于 90°)。

表 3.2 β_θ 值

θ	0°	20°	30°	40°	45°	50°	60°	70°	80°~90°
β_θ	1	1.02	1.04	1.08	1.10	1.11	1.15	1.19	1.22

3. 对接连接的工作和计算

(1)用盖板的对接连接承受轴心力作用时 图 3.38(a)所示为采用侧面角焊缝的用拼接盖板的对接连接。按式(3.23)计算侧面角焊缝的强度：

$$\tau_f = \frac{N}{h_e \times 4(l - 2h_f)} \leqslant f_f^w \tag{3.23}$$

图 3.38(b)所示为仅采用正面角焊缝的用拼接盖板的对接连接。按式(3.24)计算焊缝的强度：

$$\sigma_f = \frac{N}{h_e \times 2(b - 2h_f)} \leqslant \beta_f \cdot f_f^w \tag{3.24}$$

图 3.38(c)所示为采用三面围焊的用拼接盖板的对接连接。对矩形拼接盖板可先按式(3.25)计算正面角焊缝所能承受的内力 N'：

$$N' = \beta_f \cdot h_e \times 2b f_f^w \tag{3.25}$$

再由力 $(N-N')$ 按式(3.26)计算侧面角焊缝的强度：

$$\tau_f = \frac{N - N'}{h_e \times 4(l - h_f)} \leqslant f_f^w \tag{3.26}$$

式中：$4(l - h_f)$——侧面角焊缝的总计算长度；

$2b$——正面角焊缝的总计算长度。

例题 3.4 图 3.39 所示为一用拼接盖板的对接连接。已知钢板宽度 $B = 240\text{mm}$,厚度 $t_1 = 16\text{mm}$,拼接盖板宽度 $b = 190\text{mm}$,厚度 $t_2 = 12\text{mm}$。承受计算轴心力 $N = 800\text{kN}$(静力荷载),钢材为 Q235,焊条 E43 型,手工焊。试设计角焊缝的焊脚尺寸 h_f 和焊缝的实际长度 L。

解：根据钢板和拼接盖板的厚度,角焊缝的焊脚尺寸 h_f 可由下列规定确定：

$$h_{f,\max} = t_2 - (1 \sim 2) = 12 - (1 \sim 2) = 11 \sim 10(\text{mm}),$$

$$h_{f,\min} = 1.5\sqrt{t_1} = 1.5\sqrt{16} = 6(\text{mm}),\ \text{取}\ h_f = 8\text{mm}。$$

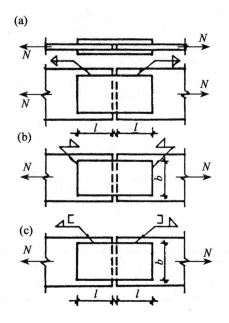

图 3.38 轴心力作用下的角焊缝连接

由附一表 1.3 查得:$f_f^w = 160 \text{N/mm}^2$。

①采用侧面角焊缝连接(图 3.39(b))。

在轴心力 N 作用下,连接一侧所需焊缝的总计算长度,可按式(3.23)计算:

$$\sum l_w = \frac{N}{h_e \cdot f_f^w} = \frac{800 \times 10^3}{0.7 \times 8 \times 160} = 893(\text{mm})$$

用两块拼接盖板的对接连接,共有 4 条侧面角焊缝。一条焊缝的实际长度为

$$l = \sum l_w/4 + 2h_f = 893/4 + 16 = 239.3(\text{mm})$$

取 $l = 240$mm,因为 $l > b$,满足构造要求。

$$l_w = l - 2h_f = 240 - 16 = 224(\text{mm}) < 60h_f$$

又 $l_w > 8h_f$,

满足构造要求。

所需拼接盖板长度 $L = 2l + 10 = 2 \times 240 + 10 = 490(\text{mm})$,式中,10mm 是两块被连接钢板间的间隙。

二侧面角焊缝的距离 $b = 190$mm$ < 16t_2$,满足构造要求。

②采用三面围焊(图 3.39(c))。

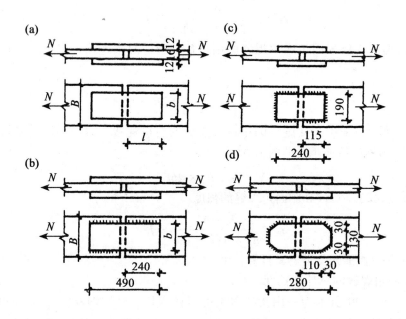

图 3.39　例题 3.4 图

正面角焊缝的长度为拼接盖板的宽度,即 $\sum l_w' = 2 \times 190 = 380(\text{mm})$,它能承受的内力 N' 为

66

$$N' = \beta_f \cdot h_e \cdot \sum l'_w \cdot f_f^w = 1.22 \times 0.7 \times 8 \times 380 \times 160 = 415.3 (\text{kN})$$

所需侧面角焊缝的总计算长度为

$$\sum l_w = \frac{N - N'}{h_e \cdot f_f^w} = \frac{(800 - 415.3) \times 10^3}{0.7 \times 8 \times 160} = 429 (\text{mm})$$

一条侧面角焊缝的实际长度为

$$l = \frac{\sum l_w}{4} + h_f = 429/4 + 8 = 115 (\text{mm})$$

拼接盖板的长度为

$$L = 2l + 10 = 2 \times 115 + 10 = 240 (\text{mm})$$

比只用侧面角焊缝连接时拼接盖板缩短了490-240=250(mm)。

③采用菱形拼接盖板(图3.39(d))

为了使传力比较平顺一些和减小拼接盖板四个角处焊缝中的应力集中现象,可将拼接盖板做成菱形。连接焊缝由三部分组成:正面角焊缝 $l_{w1} = 130\text{mm}$;侧面角焊缝 $l_{w2} = (110-8)\text{mm}$;斜焊缝 $l_{w3} = 42\text{mm}$。这三部分焊缝的承载力分别为

正面角焊缝: $N_1 = \beta_f \cdot h_e \cdot \sum l_w \cdot f_f^w = 1.22 \times 0.7 \times 8 \times 2 \times 130 \times 160 = 284 (\text{kN})$

侧面角焊缝: $N_2 = h_e \cdot \sum l_w \cdot f_f^w = 0.7 \times 8 \times 4 \times (110-8) \times 160 = 366 (\text{kN})$

斜焊缝:因 $\theta = 45°$,由表3.2查得 $\beta_\theta = 1.1$,则

$$N_3 = h_e \cdot \sum l_w \cdot \beta_\theta \cdot f_f^w = 0.7 \times 8 \times 4 \times 42 \times 1.1 \times 160 = 166 (\text{kN})$$

正面角焊缝、侧面角焊缝和斜焊缝能够共同承受的内力为:$N_1 + N_2 + N_3 = 284 + 366 + 166 = 816(\text{kN}) > 800\text{kN}$。即图3.39(d)所给定的焊缝长度,能安全承担 $N = 800\text{kN}$ 的轴心力。需要拼接盖板的长度为 $L = 2 \times (110+30) + 10 = 290 (\text{mm})$,比采用三面围焊的矩形盖板的长度有所增加,但减小了应力集中现象,改善了连接的工作性能。

(2)钢管节点角焊缝承受轴心力时的构造要求和计算 钢管结构的节点连接形式主要是采用对接连接(图3.40(a)),钢管结构中的支管与主管连接焊缝沿钢管全周一般采用斜角角焊缝;也可部分采用角焊缝,部分采用对接焊缝。图3.40(b)、(c)、(d)分别为图3.40(a)中 a、b、c 点处斜角角焊缝的截面形式。支管管壁与主管管壁之间的夹角(图3.40(a)) $\alpha \geqslant 120°$ 的区域宜采用对接焊缝或带坡口的角焊缝。支管与主管的连接焊缝应沿全周连续焊接,并平滑过渡。支管与主管的连接焊缝不论采用角焊缝还是对接焊缝,计算时可视为全周角焊缝。角焊缝的焊脚尺寸 h_f 不宜大于支管壁厚的2倍。

焊缝的有效厚度:$h_e = h_f \cos\dfrac{\alpha}{2}$ (根部间隙 $\leqslant 1.5\text{mm}$)或 $h_e = \left[h_f - \left(\dfrac{\text{根部间隙}}{\sin\alpha} \right) \right] \cos\dfrac{\alpha}{2}$ (根部间隙 $> 1.5\text{mm}$ 但 $\leqslant 5\text{mm}$)。

钢管节点连接焊缝计算公式为:

$$\frac{N}{h_e \cdot l_w} = \frac{N}{0.7 h_f \cdot l_w} \leqslant f_f^w \tag{3.27}$$

式中:N——支管的轴心力;

h_f——角焊缝的焊脚尺寸,$h_f \leqslant 2t_s$;

t、t_s——主管、支管壁厚;

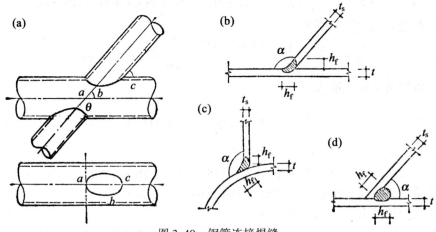

图 3.40　钢管连接焊缝

f_f^w——角焊缝的强度设计值;

l_w——支管与主管相交线长度。

当 $d_s/d \leqslant 0.65$ 时:

$$l_w = (3.25d_s - 0.025d)(0.534/\sin\theta + 0.466) \tag{3.28}$$

当 $d_s/d > 0.65$ 时:

$$l_w = (3.81d_s - 0.389d)(0.534/\sin\theta + 0.466) \tag{3.29}$$

式中:d、d_s——主管、支管外径;

θ——支管轴线与主管轴线的夹角。

支管与主管表面的相交线,是一条空间曲线,精确计算此空间曲线的长度很麻烦,不便于

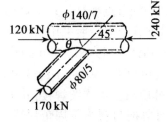

图 3.41　例题 3.5 图

工程应用。按式(3.28)和式(3.29)可计算出相交线长度的近似值,而且偏于安全,完全满足工程要求。

例题 3.5　试设计钢管节点的连接焊缝。钢材为 Q235,焊条为 E43 型,手工焊。支管与主管尺寸和内力(设计值)如图 3.41 所示。

解:由附一表 1.3 查得 $f_f^w = 160N/mm^2$。

$$\frac{d_s}{d} = \frac{8}{14} = 0.571 < 0.65$$

按式(3.28)计算 l_w:

$$l_w = (3.25d_s - 0.025d)\left(\frac{0.534}{\sin\theta} + 0.466\right)$$

$$= (3.25 \times 8 - 0.025 \times 14)\left(\frac{0.534}{\sin45°} + 0.466\right) = 31.32(cm)$$

按式(3.27)计算焊脚尺寸 h_f:

$$h_f \geqslant \frac{N}{0.7l_w \cdot f_f^w} = \frac{170 \times 10^3}{0.7 \times 313.2 \times 160} = 4.84(mm)$$

要求 $h_f < 2t_s$，故取 $h_f = 8mm$

4. 搭接连接的工作和计算

（1）角钢连接的角焊缝计算　承受轴心力作用的角钢采用侧面角焊缝连接(图3.42(a))。

由于角钢截面重心到肢背与肢尖的距离不相等，因而角钢肢背与肢尖焊缝所传递的内力也不相等。设角钢肢背焊缝与肢尖焊缝所传递的内力分别为 N_1 和 N_2，由力的平衡条件可得

$$N_1(e_1 + e_2) = N \cdot e_2$$

则

$$N_1 = \frac{e_2}{e_1 + e_2} \cdot N = K_1 N \tag{3.30}$$

同理可得

$$N_2 = \frac{e_1}{e_1 + e_2} \cdot N = K_2 N \tag{3.31}$$

式中：$K_1 = \dfrac{e_2}{e_1 + e_2}$；$K_2 = \dfrac{e_1}{e_1 + e_2}$。

K_1 和 K_2 是角钢肢背和肢尖焊缝的内力分配系数，可按表3.3查取。

算出 N_1、N_2 后，可按式(3.32)、(3.33)分别计算角钢肢背与肢尖侧焊缝的计算长度 $\sum l_{w_1}$ 和 $\sum l_{w_2}$：

$$\sum l_{w_1} = \frac{N_1}{h_e \cdot f_f^w} \tag{3.32}$$

$$\sum l_{w_2} = \frac{N_2}{h_e \cdot f_f^w} \tag{3.33}$$

当采用三面围焊连接时(图3.42(b))，可先选定正面角焊缝的焊脚尺寸 h_f，并计算出它所能承担的内力：

表3.3　　　　　　　　　　　　角钢角焊缝的内力分配系数

角钢类型	连接情况	分配系数	
		角钢肢背 K_1	角钢肢尖 K_2
等边角钢		0.70	0.30
不等边角钢（短边相连）		0.75	0.25
不等边角钢（长边相连）		0.65	0.35

$$N_3 = \beta_f \cdot 0.7 h_f \cdot \sum l_{w_3} \cdot f_f^w$$

假定 N_3 作用在 $\dfrac{b}{2}$ 处，由内力平衡条件可得

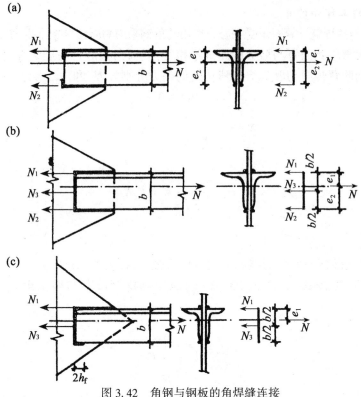

图 3.42 角钢与钢板的角焊缝连接

$$N_1 = \frac{e_2}{e_1 + e_2}N - \frac{N_3}{2} = K_1 \cdot N - \frac{N_3}{2} \qquad (3.34)$$

$$N_2 = \frac{e_1}{e_1 + e_2}N - \frac{N_3}{2} = K_2 \cdot N - \frac{N_3}{2} \qquad (3.35)$$

同样,由 N_1、N_2 利用式(3.32)和式(3.33)可计算角钢肢背和肢尖侧面角焊缝的计算长度。

承受轴心力作用的角钢采用 L 形围焊的连接如图 3.42(c)所示。

当正面角焊缝满焊时,同样可根据平衡条件得

$$N_3 \frac{e_1 + e_2}{2} = N \cdot e_1$$

则 $\qquad\qquad\qquad\qquad N_3 = 2K_2 N \qquad\qquad\qquad\qquad (3.36)$

这一公式,也可直接由式(3.35)令 $N_2 = 0$ 导出。求出 N_3 后,则

$$N_1 = N - N_3 = (1 - 2K_2)N \qquad (3.37)$$

求出 N_3、N_1 后,按下述方法确定焊脚尺寸 h_f 和肢背焊缝计算长度 $\sum l_{w_1}$:

$$h_f = \frac{N_3}{\beta_f \times 0.7 \times \sum l_{w_3} \cdot f_f^w} = \frac{2K_2 N}{\beta_f \times 0.7 \times \sum l_{w_3} \cdot f_f^w} \qquad (3.38)$$

若求出的 h_f 满足构造要求,则

$$\sum l_{w_1} = \frac{N_1}{0.7 h_f \cdot f_f^w} = \frac{(1 - 2K_2)N}{0.7 h_f \cdot f_f^w} \qquad (3.39)$$

70

求出的 h_f 不满足构造要求,如 $h_f < h_{f,min}$,可加大 h_f 以满足构造要求;如 $h_f > h_{f,max}$,则应取 $h_f = h_{f,max}$ 并采用三面围焊。

例题 3.6 图 3.43 所示为角钢与节点板采用两面侧焊缝连接。角钢为 2L110×10,节点板厚度 $t = 10mm$,钢材为 Q235,焊条为 E43 型,手工焊。计算轴心力 $N = 667kN$(静力荷载)。试确定所需角焊缝的焊脚尺寸与长度。

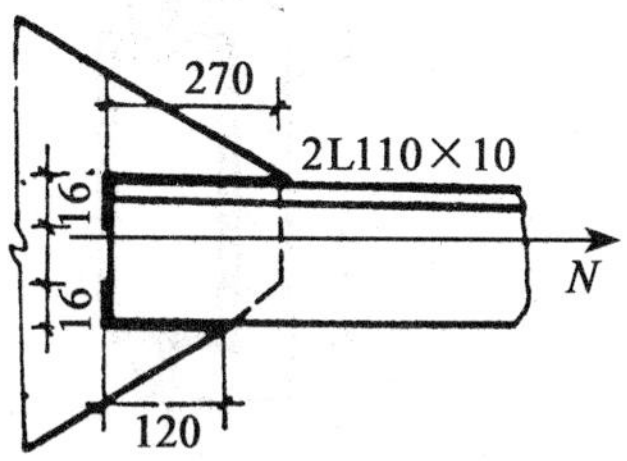

图 3.43 例题 3.6 图

解:由附一表 1.3 查得 $f_f^w = 160N/mm^2$。

最小焊脚尺寸:

$$h_{f,min} \geqslant 1.5\sqrt{t} = 1.5\sqrt{10} = 4.7(mm)$$

最大焊脚尺寸:

$$肢尖\ h_{f,max} \leqslant 10 - (1 \sim 2) = 9 \sim 8(mm)$$

$$肢背\ h_{f,max} \leqslant 1.2t = 1.2 \times 10 = 12(mm),取\ h_f = 8mm$$

角钢为等边角钢,由表 3.3 查得:$K_1 = 0.7$,$K_2 = 0.3$,则 $N_1 = K_1N = 0.7N$,$N_2 = K_2N = 0.3N$,代入式(3.32)和式(3.33),可求出角钢肢背和肢尖所需的焊缝计算长度为:

$$\sum l_{w_1} = \frac{N_1}{h_e f_f^w} = \frac{0.7 \times 667 \times 10^3}{0.7 \times 8 \times 160} = 521(mm)$$

$$\sum l_{w_2} = \frac{N_2}{h_e f_f^w} = \frac{0.3 \times 667 \times 10^3}{0.7 \times 8 \times 160} = 223(mm)$$

角钢肢背和肢尖的每条侧面角焊缝实际长度为:

$$l_1 = \frac{\sum l_{w_1}}{2} - 2h_f + 2h_f = \frac{521}{2} - 2 \times 8 + 16 = 261(mm),取\ 270mm$$

$$l_2 = \frac{\sum l_{w_2}}{2} - 2h_f + 2h_f = \frac{223}{2} - 2 \times 8 + 16 = 112(mm),取\ 120mm$$

角钢肢背和肢尖的焊缝长度均满足构造要求。

(2)搭接连接的角焊缝在扭矩和剪力共同作用下的计算 图 3.44 所示为采用三面围焊缝的搭接连接。计算时首先确定三面围焊角焊缝计算截面的形心位置 O,然后将力 F 移至通过焊缝计算截面形心的 y 轴上。这样在该处作用着竖向剪力 $V = F$ 和扭矩 $T = F \cdot e$。计算角焊缝在扭矩 T 作用下产生的应力时,采用了下列假定:①被连接件是绝对刚性的,而角焊缝是弹性的;②被连接件绕形心 O 旋转,角焊缝群上任意一点处的应力方向垂直于该点与形心的连线,且应力的大小与连线距离 r 成正比。图中 A 点和 B 点距形心 O 点最远,故 A 点和 B 点由扭矩 T 引起的剪应力 τ^T 最大;而剪力 V 在焊缝中引起的剪应力假定在围焊缝上均匀分布,因而 A、B 两点最危险。

现以 A 点的应力计算为例,在扭矩 T 作用下 A 点的应力为

$$\tau_A^T = \frac{T \cdot r}{I_0} = \frac{T \cdot r}{I_x + I_y} \tag{3.40}$$

式中:$I_0 = I_x + I_y$ 是角焊缝计算截面的极惯性矩,I_x 和 I_y 分别是角焊缝计算截面对 x 轴和对 y 轴的惯性矩。计算时可近似取焊缝的计算长度 $\sum l_w = 2l_1 + l_2$。这里既未减去起弧、灭弧影响的长度 $2h_f$,也未增加由于焊缝连续而使长度大于 $2l_1 + l_2$ 的那部分。

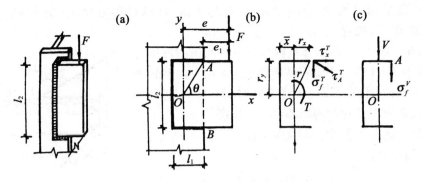

图 3.44　三面围焊搭接连接

由扭矩 T 引起的 τ_A^T,沿 x、y 轴分解得

$$\tau_x^T = \tau_A^T \cdot \sin\theta = \frac{T \cdot r}{I_x + I_y} \cdot \frac{r_y}{r} = \frac{T \cdot r_y}{I_x + I_y} \tag{3.41}$$

$$\sigma_f^T = \tau_A^T \cdot \cos\theta = \frac{T \cdot r}{I_x + I_y} \cdot \frac{r_x}{r} = \frac{T \cdot r_x}{I_x + I_y} \tag{3.42}$$

由剪力 V 引起的应力均匀分布,对 A 点得应力垂直于焊缝长度方向,属正面角焊缝,得

$$\sigma_f^V = \frac{V}{h_e \cdot \sum l_w} \tag{3.43}$$

将式(3.41)、(3.42)和式(3.43)代入式(3.20)验算得

$$\sqrt{\left(\frac{\sigma_f^T + \sigma_f^V}{1.22}\right)^2 + (\tau_x^T)^2} \leqslant f_f^w \tag{3.44}$$

如果连接直接承受动力荷载,按下式验算:

$$\sqrt{(\sigma_f^T + \sigma_f^V)^2 + (\tau_x^T)^2} \leqslant f_f^w \tag{3.45}$$

例题 3.7　图 3.44 所示是三面围焊的搭接连接。$l_1 = 300\text{mm}$,$l_2 = 400\text{mm}$,计算的作用力 $F = 220\text{kN}$(静荷载)。$e_1 = 250\text{mm}$,被连接的支托板与柱翼缘板的厚度均为 $t = 12\text{mm}$。钢材为 Q235,焊条为 E43 型,手工焊。试设计焊脚尺寸 h_f 并验算其强度。

解:由附一表 1.3 查得 $f_f^w = 160\text{N/mm}^2$。

因 $h_{f,\min} = 1.5\sqrt{t} = 1.5\sqrt{12} = 5.2(\text{mm})$,

$h_{f,\max} = t - (1 \sim 2) = 12 - (1 \sim 2) = 11 \sim 10(\text{mm})$,

取 $h_f = 8\text{mm}$。

首先确定三面围焊缝计算截面的形心 O 点的位置,可按求重心的方法计算由重心到竖直焊缝中心的距离,即

$$\bar{x} = \frac{2 \times 0.7 \times 0.8 \times 30 \times 30/2}{0.7 \times 0.8 \times (2 \times 30 + 40)} = 9(\text{cm})$$

由图 3.44 可知,A 点和 B 点距离形心 O 点最远,故该两点的应力最大,现验算 A 点:

$$I_x = 0.7 \times 0.8 \times \left(\frac{1}{12} \times 40^3 + 30 \times 20^2 \times 2\right) = 16\,427(\text{cm}^4)$$

$$I_y = 0.7 \times 0.8 \times \left[40 \times 9^2 + \frac{1}{12} \times 30^3 \times 2 + 2 \times 30 \times (15 - 9)^2\right] = 5\,544(\text{cm}^4)$$

$$I_0 = I_x + I_y = 16\ 427 + 5\ 544 = 21\ 971(\text{cm}^4)$$

$$r_x = l_1 - \bar{x} = 30 - 9 = 21(\text{cm})$$

$$r_y = 20\text{cm}$$

$$e = e_1 + r_x = 25 + 21 = 46(\text{cm})$$

扭矩 $T = F \cdot e = 220 \times 46 = 10\ 120(\text{kN} \cdot \text{cm})$

$$\tau_x^T = \frac{T \cdot r_y}{I_0} = \frac{10\ 120 \times 10^4 \times 200}{21\ 971 \times 10^4} = 92(\text{N/mm}^2)$$

$$\sigma_f^T = \frac{T \cdot r_x}{I_0} = \frac{10\ 120 \times 10^4 \times 210}{21\ 971 \times 10^4} = 97(\text{N/mm}^2)$$

$$\sigma_f^V = \frac{V}{h_e \cdot \sum l_w} = \frac{220 \times 10^3}{0.7 \times 8 \times (2 \times 300 + 400)} = 39(\text{N/mm}^2)$$

代入式(3.44)验算焊缝 A 点的强度

$$\sqrt{\left(\frac{\sigma_f^T + \sigma_f^V}{1.22}\right)^2 + (\tau_x^T)^2} = \sqrt{\left(\frac{97 + 39}{1.22}\right)^2 + 92^2}$$

$$= 145(\text{N/mm}^2) < f_f^w$$

满足要求,焊缝安全。

5. 轴心力、弯矩和剪力共同作用下 T 形连接角焊缝的计算

图 3.45 所示为一 T 形连接的角焊缝,同时承受弯矩 M、剪力 V 和轴心力 N。计算时可先分别计算在 M、V 和 N 作用下所产生的应力,求出可能的最危险点的应力分量,并将同类应力分量代数相加后,代入式(3.20)验算。

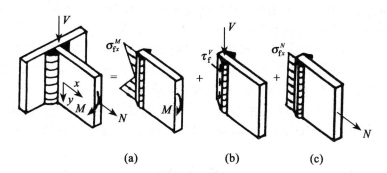

图 3.45 角焊缝连接受弯矩、剪力和轴力共同作用

当焊缝有效厚度为 h_e,有效计算长度为 l_w 时,在弯矩 M 作用下(图 3.45(a)),产生垂直于焊缝长度方向的应力,属于正面角焊缝受力性质,应力呈三角形分布,其最大值为

$$\sigma_f^M = \frac{M}{W_f} = \frac{M}{2 \times \dfrac{h_e \cdot l_w^2}{6}} = \frac{6M}{2h_e l_w^2} \qquad (3.46)$$

在剪力 V 作用下(图 3.45(b)),产生平行于焊缝长度方向的应力,属于侧面角焊缝受力性质,应力呈矩形分布,得

$$\tau_f = \frac{V}{A_f} = \frac{V}{2h_e \cdot l_w} \tag{3.47}$$

在轴心力 N 作用下(图3.45(c)),产生垂直于焊缝长度方向的应力,属于正面角焊缝受力性质,应力呈矩形分布,得

$$\sigma_f^N = \frac{N}{A_f} = \frac{N}{2h_e \cdot l_w} \tag{3.48}$$

当 M、V 和 N 共同作用时,从图3.45可见,焊缝上端点处最危险,求得该点的应力分量 σ_f^M、τ_f 和 σ_f^N 之后,代入式(3.20):

$$\sqrt{\left(\frac{\sigma_f^M + \sigma_f^N}{1.22}\right)^2 + \tau_f^2} \leqslant f_f^w \tag{3.49}$$

当 N 和 V 共同作用时,得

$$\sqrt{\left(\frac{\sigma_f^N}{1.22}\right)^2 + \tau_f^2} \leqslant f_f^w \tag{3.50}$$

当 M 和 V 共同作用时,得

$$\sqrt{\left(\frac{\sigma_f^M}{1.22}\right)^2 + \tau_f^2} \leqslant f_f^w \tag{3.51}$$

当 M 和 N 共同作用时,得

$$\sigma_f^M + \sigma_f^N \leqslant 1.22 f_f^w \tag{3.52}$$

当只有 M 作用时,得

$$\sigma_f^M \leqslant 1.22 f_f^w \tag{3.53}$$

当直接承受动力荷载作用时,式(3.49)至式(3.53)中的系数1.22应改为1.0。

在 M、V 和 N 共同作用下 T 形连接角焊缝的计算,一般是已知角焊缝的长度,在满足角焊缝构造要求的前提下,假定适宜的焊脚尺寸 h_f,利用式(3.46)、(3.47)和式(3.48)求出各应力分量后,代入式(3.20)验算焊缝有效截面上受力最大的危险点(可能有几处所受的应力较大,有时要通过验算后才能确定最危险点)的强度。如不满足强度要求或过于富余,可调整 h_f,必要时还应改变焊缝长度 l_w,然后再验算,直到满足要求为止。

例题3.8 验算图3.46所示连接焊缝的承载力是否满足要求。已知计算的作用力 $F = 500\text{kN}$(静力荷载),$e = 100\text{mm}$,$h_f = 10\text{mm}$,钢材为 Q235,焊条为 E43 型,$f_f^w = 160\text{N/mm}^2$。

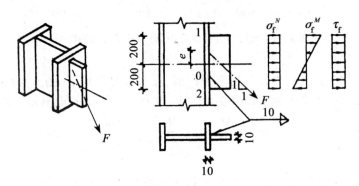

图3.46 例题3.8图

解:将作用力 F 移到焊缝中心 O,得轴力 $N=F/\sqrt{2}$,剪力 $V=F/\sqrt{2}$ 和弯矩 $M=F\cdot e/\sqrt{2}$。由 N 产生 σ_f^N;由 V 产生 τ_f,并假定它在焊缝有效截面上均匀分布;由 M 产生 σ_f^M。最上端 1 点处最危险。

$$\sigma_f^N = \frac{N}{2\times 0.7h_f\cdot l_w} = \frac{500\times 10^3/\sqrt{2}}{2\times 0.7\times 10\times(400-20)} = 66.5(\text{N/mm}^2)$$

$$\tau_f = \frac{V}{2\times 0.7h_f\cdot l_w} = \frac{500\times 10^3/\sqrt{2}}{2\times 0.7\times 10\times(400-20)} = 66.5(\text{N/mm}^2)$$

$$\sigma_f^M = \frac{M}{2\times\frac{1}{6}\times 0.7h_f\cdot l_w^2} = \frac{500\times 10^3\times 100/\sqrt{2}}{2\times\frac{1}{6}\times 0.7\times 10\times(400-20)^2} = 104.9(\text{N/mm}^2)$$

代入式(3.49),得

$$\sqrt{\left(\frac{\sigma_f^M+\sigma_f^N}{1.22}\right)^2 + \tau_f^2} = \sqrt{\left(\frac{104.9+66.5}{1.22}\right)^2 + 66.5^2} = 155.4(\text{N/mm}^2) < f_f^w$$

满足要求,焊缝安全。

例题 3.9 设计一牛腿与钢柱的连接。牛腿尺寸如图 3.47 所示。计算外力 $F=300\text{kN}$ (静力荷载),$e=200\text{mm}$,钢材为 Q235,焊条为 E43 型,$f_f^w=160\text{N/mm}^2$。试计算该连接的角焊缝。

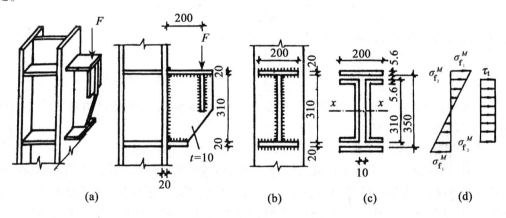

(a)　　　　　　　　(b)　　　　　(c)　　　　(d)

图 3.47　例题 3.9 图

解:因 $h_{f,\min} = 1.5\sqrt{t_2} = 1.5\sqrt{20} = 6.7(\text{mm})$
$$h_{f,\max} = 1.2t_1 = 1.2\times 10 = 12(\text{mm})$$

取 $h_f=8\text{mm}$。焊缝有效截面如图 3.47(c)所示。将 F 力向焊缝计算截面的形心简化后,得剪力 $V=F=300\text{kN}$,弯矩 $M=F\cdot e=300\times 20=6\,000(\text{kN}\cdot\text{cm})$。

设焊缝周边围焊,故无起弧、落弧所造成的缺陷。

腹板上竖向焊缝计算面积为
$$A_f = 2\times 0.7\times 0.8\times 31 = 34.72(\text{cm}^2)$$

焊缝对 x 轴的惯性矩为

$$I_{fx} = 2 \times 0.7 \times 0.8 \times 20 \times 17.78^2 + 4 \times 0.7 \times 0.8 \times (9.5 - 0.56) \times 15.22^2 +$$

$$\frac{1}{12} \times 0.7 \times 0.8 \times 31^3 \times 2 = 14\,500\,(\text{cm}^4)$$

焊缝最外边缘的截面模量为:

$$W_{f_1} = \frac{14\,500}{18.06} = 802.88\,(\text{cm}^3)$$

翼缘与腹板连接处的焊缝截面模量为:

$$W_{f_2} = \frac{14\,500}{15.5} = 935.48\,(\text{cm}^3)$$

假定弯矩 M 由全部焊缝计算截面承受,引起的水平方向应力按三角形分布(见图 3.47 (d))。

$$\sigma_{f_1}^M = \frac{M}{W_{f_1}} = \frac{6\,000 \times 10^4}{802.88 \times 10^3} = 75\,(\text{N/mm}^2) \ < \ 1.22 f_f^w$$

在牛腿腹板的两端处,由 M 引起的应力

$$\sigma_{f_2}^M = \frac{M}{W_{f_2}} = \frac{6\,000 \times 10^4}{935.48 \times 10^3} = 64\,(\text{N/mm}^2)$$

假定剪力 V 仅由两条竖直焊缝承受,引起的竖向剪应力均匀分布(见图 3.47(d)),则

$$\tau_f = \frac{V}{A_f} = \frac{300 \times 10^3}{3\,472} = 86\,(\text{N/mm}^2)$$

将牛腿腹板两端点的应力代入式(3.51):

$$\sqrt{\left(\frac{\sigma_{f_2}^M}{1.22}\right)^2 + \tau_f^2} = \sqrt{\left(\frac{64}{1.22}\right)^2 + 86^2} = 101\,(\text{N/mm}^2) \ < \ f_f^w$$

计算表明,取 $h_f = 8\text{mm}$,其承载能力有富余,但取 $h_f = 6\text{mm}$ 又不满足构造要求。因此取 $h_f = 8\text{mm}$,满足要求,焊缝安全。

6. 部分焊透对接焊缝或对接与角接组合焊缝连接的构造要求和计算

本章第二节已经介绍了焊透的坡口焊缝连接的构造要求和计算方法。在设计中有时还可能遇到下列情况:①连接焊缝受力很小或不受力,焊缝主要起联系作用,而且要求焊接结构外观齐平美观,这时就不必做成焊透的对接焊缝,可用部分焊透的对接焊缝或对接与角接组合焊缝;②连接焊缝受力较大,采用焊透的对接焊缝,其强度又不能充分利用;而采用角焊缝时,焊脚又过大,这时宜采用坡口加强的角焊缝。部分焊透的对接焊缝或对接与角接组合焊缝截面形式如图 3.48 所示。由于未焊透,在连接处存在着缝隙,应力集中现象严重,可能使这里的焊缝脆断。部分焊透的对接焊缝实际上与角焊缝的工作类似。《钢结构设计规范》(GB 50017—2003)规定:部分焊透的对接焊缝或对接与角接组合焊缝的强度按角焊缝强度公式(3.20)计算,在垂直于焊缝长度方向的压力作用下,取 $\beta_f = 1.22$;其他情况取 $\beta_f = 1.0$。

焊缝有效厚度 h_e 的取值为:

V 形坡口 $\alpha \geq 60°$ 时,取 $h_e = s$;$\alpha < 60°$ 时,取 $h_e = 0.75s$;单边 V 形和 K 形坡口(图 3.48 中的(b)和(c))

当 $\alpha = 45° \pm 5°$ 时,取 $h_e = s - 3$;

U 形、J 形坡口   取 $h_e = s$。

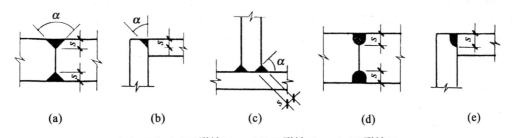

（a）、（b）、（c）V形坡口； （d）U形坡口； （e）J形坡口

图 3.48　部分焊透的对接焊缝和部分焊透对接与角接的组合焊缝截面

式中：s——坡口根部至焊缝表面的最短距离（不考虑焊缝的余高）；

　　α——V形坡口的角度。

焊缝有效厚度 h_e 应满足 $h_e \geqslant 1.5\sqrt{t}$，$t$ 为坡口所在焊件的较厚板件厚度，单位为 mm。

图 3.49 所示部分焊透对接焊缝承受 M、V 和 N 共同作用。在焊缝计算截面上产生 $\sigma_f = \sigma_f^M + \sigma_f^N$ 和 τ_f，其中 σ_f^M、σ_f^N 和 τ_f 分别按式（3.46）、式（3.48）和式（3.47）计算，再代入式（3.20）验算。σ_f 为压应力时，$\beta_f = 1.22$；σ_f 为拉应力时，$\beta_f = 1.0$。

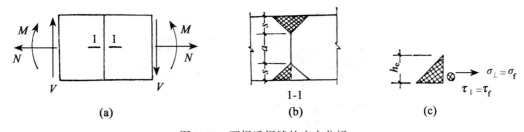

图 3.49　不焊透焊缝的应力分析

图 3.50(a) 所示为用坡口加强的角焊缝，焊缝的破坏截面仍为 45°方向截面，故可认为焊缝的有效截面和应力分布与相应的焊脚尺寸为 $c+h_f$ 的角焊缝（图 3.50(b)）的相同，按角焊缝强度公式（3.20）计算。

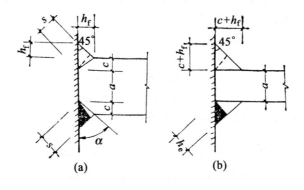

图 3.50　用坡口加强的角焊缝

例题 3.10 试设计梁端支座加劲肋与梁下翼缘的连接焊缝。梁端支反力 $R = 1\ 470$kN（静力荷载），钢材为 Q345，焊条为 E50 型，手工焊，梁端构造如图 3.51 所示。

解：先采用角焊缝。属于正面角焊缝承受轴心力作用，如按图 3.51(b) 所示焊脚尺寸，则

$$c + h_f = \frac{R}{0.7 \sum l_w \cdot \beta_f \cdot f_f^w}$$

焊缝受压，取 $\beta_f = 1.22$，代入上式

$$c + h_f = \frac{1\ 470 \times 10^3}{0.7 \times 4 \times (180 - 10) \times 1.22 \times 160} = 15.8(\text{mm})$$

这里焊缝的计算长度应为 $180-2h_f$，但 h_f 尚未定，暂时取 $180-10(\text{mm})$。

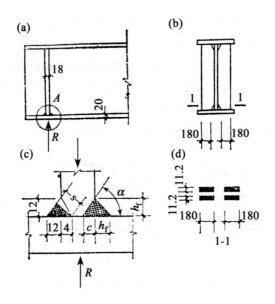

图 3.51 梁端加劲肋的端面坡口焊缝

取 $c+h_f = 16$mm。这样大焊脚的角焊缝施焊费工，耗费焊条多（焊缝的横截面面积为 1.28cm^2）。

如改用坡口加强的角焊缝（部分焊透的对接与角接组合焊缝），这时，先假定焊脚尺寸 $h_f = 12$mm，于是要求坡口深度 $c = 16-12 = 4(\text{mm})$。

坡口角度：$\alpha = \arctan \dfrac{12}{4} = 71.57° > 60°$，

$$h_e = s = 0.7 \times (c + h_f)$$
$$= 0.7 \times 16 = 11.2(\text{mm})$$

梁端加劲肋端部采用坡口加强的角焊缝时应满足强度条件：

$$\sigma_f = \frac{1\ 470 \times 10^3}{1.22 \times 11.2 \times 4 \times (180 - 24)}$$
$$= 172.4(\text{N/mm}^2) < f_f^w = 200\text{N/mm}^2$$

一条用坡口加强的角焊缝的横截面面积为 0.96cm^2，比 $h_f = 16$mm 的角焊缝省焊条达 25%。

第四节　焊接应力和焊接变形

一、焊接应力和焊接变形的种类、产生的原因

焊接构件在施焊过程中,由于受到不均匀的电弧高温作用,在焊件中将产生变形和应力,称为**热变形**和**热应力**。冷却后,焊件中将产生反向的应力和变形,称为**焊接应力**和**焊接变形**,或称**残余应力**和**残余变形**。焊接应力有纵向(沿焊缝长度方向)和横向(垂直于焊缝长度方向)两种,当焊缝较厚时,还有厚度方向的焊接应力。这些应力都是由收缩变形引起的。

1. 纵向焊接应力

众所周知,焊接过程是一个先局部加热,然后再冷却的过程。局部热源就是焊条端部产生的电弧,在施焊过程中是移动的,因而在焊件上形成一个温度分布很不均匀的温度场(图3.52)。在焊缝及邻近区温度最高,可达1 600℃以上,而这以外的区域温度急剧下降。

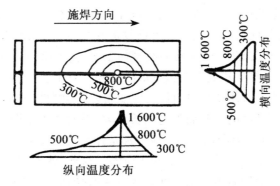

图 3.52　焊接时焊缝附近的温度场

图3.53(a)所示为两块钢板用对接焊缝连接。焊接应力和焊接变形产生的原因如图3.53(b)所示,因焊件和温度曲线是对称的,图中只画出了左半部分。

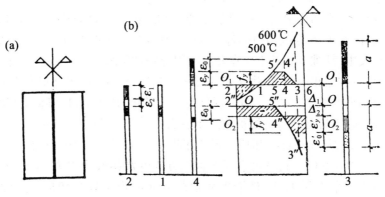

图 3.53　焊接应力与焊接变形的形成

为了分析问题方便,做下列假定:

①焊件——钢板是由无数互相联系的钢纤维组成的整体,因而纤维的自由变形将受到约束,变形时截面保持平面。

②钢材的弹性模量 E 随温度 t 的变化规律如图 3.54 所示。

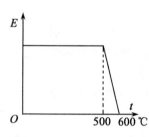

图 3.54 E 和温度的关系

施焊时,钢板的原始位置为 O—O,温度沿 O—O 截面的分布如图 3.53 所示。如果钢板的纵向纤维都能自由伸缩,则纤维的纵向伸长也将按温度分布曲线的规律变化,即温度高的部分自由伸长就大,温度低的部分自由伸长就小。然而钢板是一个整体,具有一定的刚度,截面要保持平面,钢板纵向纤维不能按温度曲线自由伸长,只能由原来位置的 OO 到 O_1O_1 线均匀变形。这时钢板可分为三个不同的区域:①在 3~6 范围里,温度 $t \geqslant 600℃$,$E=0$,焊缝及附近的母材都处于热塑状态,纤维 3 被压缩了 a 却不产生应力,称此变形为**热塑变形**。②在温度 $t \leqslant 500℃$ 的区域里,钢材的弹性模量与常温时相同,可把这里的钢纤维看做是理想的弹塑性体。纤维 5 的压缩变形正好等于钢材轴心受压时的屈服压应变 ε_y,故产生屈服压应力 f_y,纤维 4 的温度比纤维 5 的温度高,在纤维 4 中不但产生屈服压应力 f_y,而且同时还产生了不可恢复的塑性变形 ε_0,称为**冷塑变形**。③在 4~3 点之间,是温度 $t=500\sim600℃$ 的区域,E 按斜线规律变化,在 4~3 点之间的应力应按 4'3' 斜线取值。从曲线中可以看出,纤维 1 正处在拉压变形的临界位置上,它的自由伸长并未受到约束,所以纤维 1 中不产生应力。纤维 2 的自由伸长应变为 ε_2,而焊件的热变形线在 O_1O_1 水平上,纤维 2 因受变形大的相邻纤维的牵制而被迫拉长了 ε_2',因而产生了图示的拉应力。通常 $\varepsilon_2' \ll \varepsilon_y$,所以在 1~2 点间的拉伸变形和相应的拉应力都是弹性的。在 1~3 点间纤维的自由伸长受到变形小的相邻纤维的约束,产生如图所示的压应力。这样,就得到了图中 O_1O_1 线上阴影线所示的**热应力**。热应力是焊接时由于钢纤维的自由变形受到约束而产生的,其中的拉应力与压应力是自相平衡的力系。我们知道:因约束而产生的弹性变形是可恢复的,而塑性变形是不可恢复的。显然,在 2~5 点间的拉压变形是弹性的;在 5~6 点间,折线 5'4'36 以下的压缩变形是弹性的,而折线以上的变形是已被压缩了的不可恢复的冷塑和热塑变形。

当焊件的纤维从各自的温度冷却时,焊件便收缩,即 O_1O_1 线也随之向下平移。当收缩至 OO 线时,2~5 点间因约束而产生的弹性拉压变形恢复到焊前的 OO 线上——2''5''处,这部分弹性变形消失,热应力也随之消失。按热学原理:升温 Δt 时材料伸长多少,回降 Δt 时材料就应收缩多少。这样,在 5~6 点范围内的各纤维因发生了冷塑和热塑压缩变形,从 OO 线起还要向下继续收缩。其中,纤维 4 和纤维 3 在升温时因分别被压缩了 ε_0 和 a,所以降温后从 OO 线起,应向下分别自由收缩相应的 ε_0 和 a,即缩至 4''、3''处。将 5''、4''、3''连成圆滑曲线,便得到焊件各纤维的自由收缩曲线 2''5''4''3''。由于焊件是一个整体,所以焊件实际将回缩至 O_2O_2 水平线处。于是焊缝及附近母材的各纤维被迫产生屈服拉应变 ε_y' 和冷塑变形 ε_0',而这以外的其他纤维则被迫压缩了 Δ_2,从而焊件冷却后便形成了图中 O_2O_2 线上的应力图,中部受拉,常达屈服点 f_y,两边受压,为弹性的。这就是沿焊缝轴线方向的**焊接残余应力**,又称纵向焊接残余应力。焊件冷却后比焊前缩短的 Δ_2 是沿焊缝轴线方向的焊接残余变形,亦称纵向焊接残余变形。

根据上面的分析可知,产生纵向焊接应力和焊接变形的原因有三种:①焊接时在焊件上形成了一个温度分布很不均匀的温度场,且最高温度超过500℃;②焊件各纤维的自由变形受到约束;③施焊时在焊件上出现了冷塑和热塑区。这三个条件必须同时具备,缺乏其中任何一个条件都不能形成残余应力和变形。

2. 横向焊接应力

横向焊接应力产生的原因有二:一是由于焊缝冷却后,将沿纵向收缩,使焊件有形成内凹弯曲的趋势(图3.55(a)),但实际上焊缝已将两块钢板连成整体,不能分开,因而在焊缝的中部产生横向拉应力,而两端产生压应力(图3.55(b))。二是由于在施焊过程中,先后冷却的时间不同,先焊部分已经凝固且有一定的强度,会阻止后焊部分的焊缝在横向方向的自由膨胀,使其产生横向的塑性压缩变形;当焊缝冷却时,后焊焊缝的收缩受到已经凝固焊缝的限制,而引起横向拉应力。同时也在先焊部分的焊缝内产生横向压应力(图3.55(c))。最后这两种横向应力叠加而成如图3.55(d)所示的横向应力分布图。

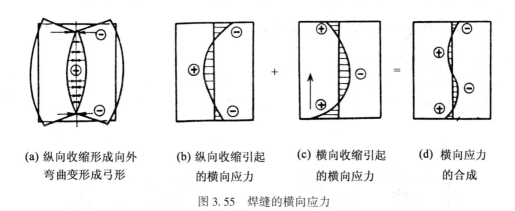

(a) 纵向收缩形成向外   (b) 纵向收缩引起   (c) 横向收缩引起   (d) 横向应力
   弯曲变形成弓形   的横向应力   的横向应力   的合成

图3.55　焊缝的横向应力

横向收缩所引起的横向应力与施焊的方向和先后次序有关。同时,由于焊缝冷却的时间不同,因而产生不同的应力分布(图3.56)。

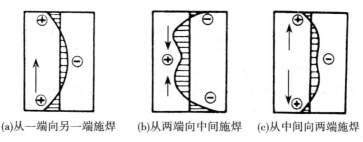

(a)从一端向另一端施焊   (b)从两端向中间施焊   (c)从中间向两端施焊

图3.56　不同方向施焊引起的横向应力

3. 厚度方向的焊接应力

如果焊件的板厚较大,则焊缝的厚度也大。焊缝成型后,焊缝外层先冷却,并具有一定的强度,而内部的焊缝后冷却;后冷却的焊缝沿垂直于焊件表面方向的收缩受到外面已冷却焊缝的约束,因而在焊缝内部形成沿 z 方向的拉应力 σ_z,而外部则为压应力,如图3.57所示。这样,在厚板焊件的焊缝中段内部除了有纵向应力 σ_x 和横向应力 σ_y 外,还有沿厚度方向的焊接

应力 σ_z,这三种应力在焊缝的某些部位形成三向同号拉应力场,大大降低了连接的塑性性能。

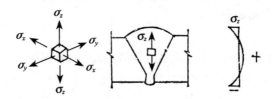

图 3.57 焊件中的三向焊接应力

在无外加约束的情况下,焊接应力是自相平衡的内力。

以上分析的是焊件在无外加约束情况下的焊接应力和变形。如果焊件在施焊时受到外界约束,焊接变形因受到约束的限制而减小,但却产生了更大的焊接应力,这对焊缝的工作不利。

二、焊接应力和焊接变形对结构工作的影响

1. 焊接应力对结构工作的影响

(1)焊接应力对静力强度的影响   图 3.58(a)所示的轴心受拉构件(无焊接应力),在外力 N 作用下,当截面上的应力均达到屈服点 f_y 时,其承载力为

$$N = B \cdot \delta \cdot f_y \tag{a}$$

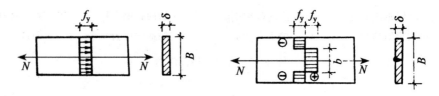

(a)无焊接残余应力构件   (b)有纵向焊接残余应力构件

图 3.58 焊接应力对强度的影响

图 3.58(b)所示的轴心受拉构件,在未受力前就存在有自相平衡的纵向焊接应力,为了便于分析,假定应力分布如图 3.58(b)所示,且焊接应力均达到屈服点 f_y。在外力 N 作用下,截面 $b \cdot \delta$ 部分的应力已经达到屈服点 f_y,因而全部外力 N 只能由截面 $(B-b) \cdot \delta$ 承受,这部分截面由原来受压逐渐变为受拉,最后也达到屈服点 $+f_y$,因而这部分截面的承载力为

$$N = (B - b)\delta(f_y + f_y) = 2B\delta f_y - 2b\delta f_y \tag{b}$$

由于焊接应力自相平衡,可得

$$(B - b)\delta f_y = b\delta f_y$$

即

$$B\delta f_y = 2b\delta f_y \tag{c}$$

将(c)式代入(b)式,得

$$N = 2B\delta f_y - 2b\delta f_y = B\delta f_y$$

由上面的分析可知,只要能发展塑性变形,有焊接应力的构件的承载力与无焊接应力时的完全一样。所以当结构承受静力荷载并在常温下工作、无严重的应力集中现象,且钢材具有一定的塑性时,焊接应力不会影响结构的强度承载力。但对于无屈服点的高强度钢材,由于不能

82

产生塑性变形并使内力重分布,因而焊接应力将有可能使钢材产生脆性破坏。

(2)焊接应力对构件刚度的影响 图3.58(a)所示的构件,在拉力 N 作用下的伸长率为

$$\varepsilon_1 = \frac{N}{B \cdot \delta \cdot E}$$

图3.58(b)所示的构件,因截面 $b \cdot \delta$ 部分的拉应力已达到塑性而刚度为零,因而构件在拉力 N 作用下的伸长率为

$$\varepsilon_2 = \frac{N}{(B - b)\delta E}$$

当 N 相同时,必然 $\varepsilon_2 > \varepsilon_1$。所以焊接应力增大了构件的变形,即降低了刚度。

(3)焊接应力对构件稳定性的影响 图3.58(b)所示的构件,在轴心压力 N 作用下,焊接压应力区不能承压,而焊接拉应力区却恢复弹性工作。也就是说,只有 $b\delta$ 这部分截面抵抗外力作用,构件的有效截面和有效惯性矩减小了,从而降低了构件的稳定承载力。

(4)焊接应力对疲劳强度的影响 试验结果表明,焊接拉应力加快了疲劳裂纹开展的速度,从而降低了焊缝及附近主体金属的疲劳强度。因此,焊接应力对直接承受动力荷载的焊接结构是不利的。

(5)焊接应力对低温冷脆的影响 因为焊接结构中存在着双向或三向同号拉应力场,故材料塑性变形的发展受到限制,使钢材变脆。特别是当结构在低温下工作时,脆性倾向就更大,所以焊接应力通常是导致焊接结构产生低温冷脆的主要原因,设计时应予以重视。

2. 焊接变形对构件工作的影响

焊接变形有纵向、横向的收缩变形、弯曲变形、角变形和扭曲变形等(图3.59)。

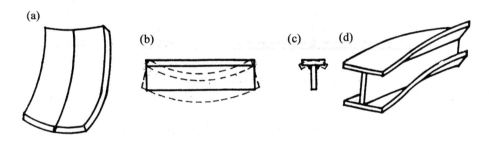

图3.59 焊接残余变形

焊接变形对构件的工作产生不利影响,如使构件由原来的轴心受力变成偏心受力,改变了构件的受力状况,对强度和稳定承载力有不利影响,变形过大还将使构件安装发生困难等。所以,对于焊接变形要加以限制,如果焊接变形超过《钢结构工程施工质量验收规范》(GB 50205—2001)的规定,必须加以校正。

三、减小焊接应力和焊接变形的方法

①采取合理的施焊次序。例如钢板对接时,可采取分段施焊,厚焊缝则分层施焊(图3.60(a)、(b))、钢板分块拼焊(图3.60(c))及工字形的翼缘焊接时采用对称跳焊(图3.60(d))等。图3.60(a)是把图3.60(b)中的厚焊缝分 A、B 和 C 三层施焊,焊 A 层时,分10段,从中间

开始逐段向里退焊;焊 B 层时,分 2 段向里向外退焊;焊 C 层时,则分 4 段,从里开始逐段向外退焊。

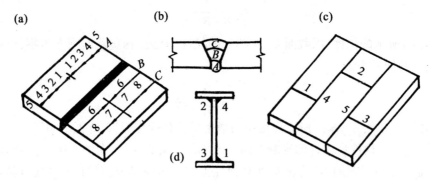

图 3.60　合理的施焊次序

②尽可能采用对称焊缝,在保证安全可靠的前提下,避免焊缝厚度过大。

③施焊前给构件一个和焊接变形相反的预变形,使构件在焊接后产生的变形正好与之抵消(图 3.61)。

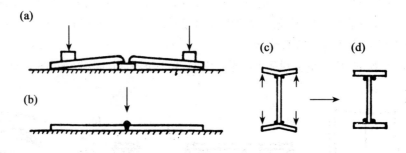

图 3.61　用反变形法减少焊接残余变形

④对于小尺寸焊件,可在焊前预热,或焊后回火加热至 600℃左右,然后慢慢冷却,可消除焊接应力。焊后对构件进行锤打,可减小焊接应力和焊接变形,也可采用机械方法来消除焊接变形。

第五节　普通螺栓连接

一、普通螺栓

1. 螺栓的排列和构造

螺栓在构件上的排列应力求简单整齐,通常采用并列和错列两种形式(图 3.62(a)、(b))。并列比较简单整齐、连接板件尺寸小,但螺栓孔对构件截面削弱较大。错列可以减小构件截面的削弱,但螺栓布置比较松散,连接板件尺寸较大。

螺栓(包括高强度螺栓)在构件上的排列应考虑下列要求:

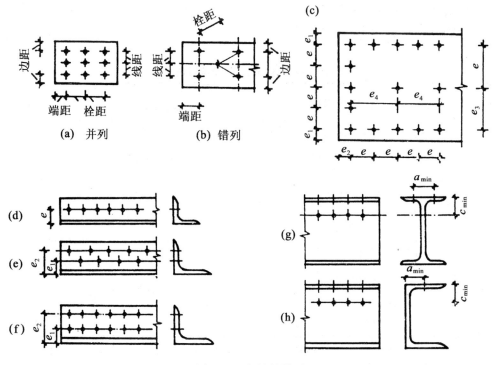

图 3.62 螺栓的排列

（1）受力要求 如图 3.63 所示，当顺力作用方向的端距小于 $2d_0$（d_0 为螺栓孔直径）时，孔前的钢板有被剪破坏的可能（图 3.63（a））。受压构件当顺力作用方向的栓距过大时，会产生压屈外鼓现象；线距过小时，在错列排列中构件有沿折线破坏的可能性（图 3.62（b））。因而从受力要求考虑，栓距和线距不能过小或过大。

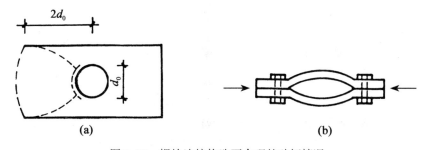

图 3.63 螺栓连接构造不合理的破坏情况

（2）构造要求 当栓距和线距过大时，被连构件间的接触面不紧密，潮气容易侵入缝隙，引起钢板锈蚀，因而栓距和线距都不能过大。

（3）施工要求 螺栓的布置必须考虑保证有一定空间能够用扳手拧螺帽，因而栓距和线距不能过小。

根据上述三方面的要求进行螺栓排列时，有最大距离和最小距离的具体规定。例如最小端距为$2d_0$,任意方向的最小栓距为$3d_0$,最小边距为$1.5d_0$,及最小线距为$3d_0$等。详细情况见表3.4及附三表3.8、表3.9和表3.10。

表3.4 螺栓(铆钉)的最大、最小容许距离

名称	位置和方向			最大容许距离 (取两者的较小值)	最小容许距离
中心间距	外排(垂直内力方向或顺内力方向)			$8d_0$或$12t$	$3d_0$
	中间排	垂直内力方向		$16d_0$或$24t$	
		顺内力方向	构件受压力	$12d_0$或$18t$	
			构件受拉力	$16d_0$或$24t$	
	沿对角线方向			—	
中心至构件边缘距离	顺内力方向			$4d_0$或$8t$	$2d_0$
	垂直内力方向	剪切边或手工气割边			$1.5d_0$
		轧制边、自动气割或锯割边	高强度螺栓		
			其他螺栓或铆钉		$1.2d_0$

注:①最大容许距离取较小值;②d_0为螺栓孔径,t为外层较薄板件厚度;③钢板边缘与刚性构件(角钢、槽钢)相连的螺栓最大间距可按中间排采用。

在钢结构施工图上需要将孔和螺栓的施工要求用图形表示清楚,以免引起混淆。表3.5为常用的孔和螺栓图例。

表3.5 孔、螺栓图例

序号	名称	图例	说明
1	永久螺栓		1. 细"+"线表示定位线 2. 必须标注孔、螺栓直径
2	安装螺栓		
3	高强度螺栓		
4	螺栓圆孔		
5	长圆形螺栓孔		

2. 普通螺栓传递剪力时的工作性能、破坏形式和承载力计算

(1)螺栓受剪时的工作性能 螺栓连接中的平均剪应力τ和连接的剪切变形δ间的关系曲线如图3.64所示。可以看出单个螺栓连接的工作经历三个阶段:

(a)弹性工作阶段。即$O1$直线段。在此阶段依靠板件间的摩擦力传力。这时,栓杆和孔壁间的间隙Δ保持不变,即被连接板件间的相对位置不变。板件间摩擦力的大小,决定于拧

86

紧螺帽时螺杆中初拉力的大小。普通螺栓的初拉力很小,所以普通螺栓连接的弹性工作阶段很短,计算时可忽略不计;而高强度螺栓由于拧紧螺帽时,使螺栓杆中产生了很大的预拉力,将板件间挤压得很紧,使连接受力后在接触面上产生很大的摩擦力,抵抗板件间的相对滑移,因而弹性工作阶段很长,计算时不可忽略。

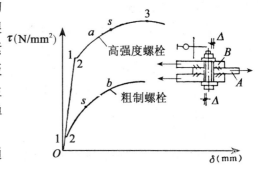

图 3.64 单个螺栓受剪工作

(b)相对滑移阶段。即 12 平线。由于普通螺栓的摩擦力很小,所以连接受力不大时就产生板件间的相对滑移;而高强度螺栓连接中,板件间的摩擦力非常大,只有当外力相当大时才会出现滑移阶段,摩擦型连接的高强度螺栓就要考虑此阶段。不过其间隙比普通螺栓的小,所以滑移量也小。

(c)弹塑性工作阶段。到曲线上的 2 点时,栓杆和孔壁接触并压紧,外力经孔壁传给栓杆,使螺杆受剪切,孔壁受挤压。当超过 2 点时,栓杆不但受剪,而且还受弯和轴向拉伸,因而出现弹塑性工作阶段。从图 3.65(a)可见栓杆因弯曲伸长受到螺帽的限制,而使栓杆产生附加拉力,同时在被连接板件间出现附加压力,它们均随栓杆弯曲程度的加大而增大(图 3.65(b)),因而板件间的摩擦力也随之增大,连接的抗剪承载力也随之提高,即 τ-δ 曲线上升,直到 s 点。过 s 点以后,随着外力的增大,连接的剪切变形 δ 迅速增大,曲线渐趋平缓,直到连接的最终破坏。

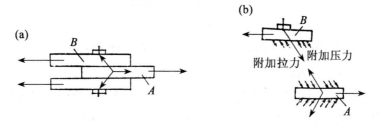

图 3.65 螺栓连接弹塑性阶段的形成

高强度螺栓摩擦型连接是靠板件间的强大摩擦力传力的,因而以摩擦力被克服、连接板件即将产生相对滑移作为连接抗剪承载力的极限,即图 3.64 中曲线 a 上的点"1"。超过点"1"以后的承载力只是作为连接的附加安全储备。

高强度螺栓承压型连接是靠板件间的强大摩擦力及栓杆共同传力的,图 3.64 中曲线 a 的最高点是承压型连接的高强度螺栓的承载力极限。承压型连接的高强度螺栓和摩擦型连接的高强度螺栓相比,更充分利用了连接的承载力,只是连接的变形稍大一些。普通螺栓连接是靠栓杆承剪和承压传力的,以图 3.64 中曲线 b 的最高点作为承载力极限。

(2)螺栓受剪时的破坏形式 抗剪螺栓连接在外力作用下,有以下五种可能破坏形式:

①栓杆被剪断。当螺栓直径相对较小,而钢板较厚时,栓杆是薄弱部位,栓杆有可能被剪断而导致连接破坏(图 3.66(a))。

②板件被挤压破坏。当螺栓直径相对较大而板件较薄时,板件是薄弱部位,板件孔壁可能

被栓杆挤压破坏(图3.66(b))。

③构件被拉断破坏。当截面开孔削弱过多时,可能沿被连构件的净截面被拉断破坏(图3.66(c))。

④构件端部被冲剪破坏。当栓孔距构件端部(顺力作用方向)的距离 a_1 太小时,在栓杆的挤压下,孔前部分的钢板有可能沿斜方向的斜截面剪切破坏(图3.66(d))。栓孔间的距离过小时,也会发生类似情况。

⑤栓杆受弯破坏。当栓杆长度(即被连板件的总厚度)太大时,将会使栓杆产生过大的弯曲变形(图3.66(e)),影响连接的正常工作。

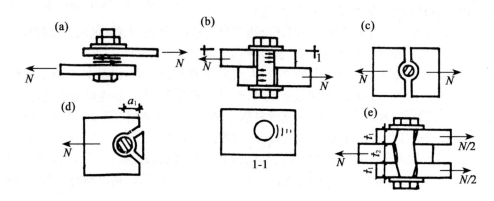

图3.66　抗剪螺栓连接的破坏情况

上述五种破坏形式中的后两种,是通过采取构造措施来防止破坏发生的,即要求端距 $a_1 \geqslant 2d_0$ 及栓距 $a \geqslant 3d_0$ 来保证构件不会被冲剪破坏;要求板件总厚度 $\sum t \leqslant 5d$ (d 为栓杆直径),避免栓杆弯曲过大时被破坏。对前三种可能的破坏形式,即栓杆被剪断、板件被挤压破坏和构件净截面强度不够等,则必须通过计算来防止。其中,前两种属于连接计算,第三种属于构件计算,见第四章。

(3)螺栓受剪时的承载力计算　根据以上分析,一个受剪螺栓的承载力设计值应按以下两式计算:

受剪承载力设计值

$$N_v^b = n_v \cdot \frac{\pi d^2}{4} f_v^b \tag{3.54}$$

承压承载力设计值

$$N_c^b = d \cdot \sum t f_c^b \tag{3.55}$$

式中:n_v——一个螺栓的受剪面数,单剪(图3.67(a)) $n_v = 1$,双剪(图3.67(b)、(c)) $n_v = 2$;

　　　d——螺栓杆直径;

　　　$\sum t$——在同一受力方向承压构件的较小厚度。如图3.67(b)所示,$\sum t$ 取 $2t_1$ 和 t_2 中的较小者;

　　　f_v^b 和 f_c^b——分别为螺栓的抗剪和承压强度设计值,按附一表1.4查取。

88

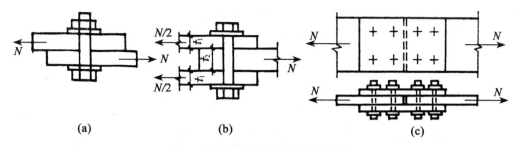

图 3.67　抗剪螺栓连接的受剪面数

受剪螺栓的承载力应取由式(3.54)和式(3.55)算得的较小者。

3. 普通螺栓传递拉力时的工作性能和承载力计算

(1)螺栓受拉时的工作性能　在受拉的连接接头中,普通螺栓所受拉力的大小与被连接板件的刚度有关。假如被连接板件的刚度很大,如图 3.68(a)所示的情况。连接的竖板端受拉力 $2N_1$ 作用,因被连接板件无变形,所以一个螺栓所受拉力 $P_f = N_1$。实际被连板件的刚度常较小,受拉后和拉力垂直的角钢水平肢发生较大的变形,因而在角钢水平肢的端部因杠杆作用而产生反力 Q,如图 3.68(b)所示。根据平衡条件 $\sum Y = 0$,即可求得

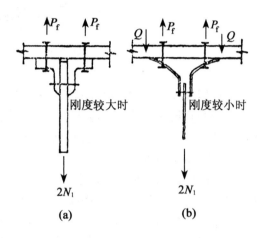

$$P_f = N_1 + Q$$

可见,由于杠杆作用的存在,使抗拉螺栓的负担加重了。

图 3.68　受拉螺栓连接的杠杆力 Q

为了简化计算,规范中把普通螺栓的抗拉设计强度定得比较低,以考虑螺栓负担加重这一不利影响。而且,设计中应加设加劲肋等构造措施来提高角钢的刚度,如图 3.69 所示。

(2)螺栓受拉时的承载力计算　一个受拉螺栓的承载力设计值按下式计算:

$$N_t^b = \frac{\pi d_e^2}{4} f_t^b = A_e f_t^b \tag{3.56}$$

式中:f_t^b——螺栓抗拉强度设计值,按附一表 1.4 查取;

d_e、A_e——分别为螺栓螺纹处的有效直径和有效面积,按附三表 3.7 查取。

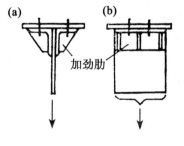

图 3.69　连接角钢的刚度保证

二、普通螺栓连接

根据螺栓连接在外力作用下变形形式的不同,可分三类:

①抗剪螺栓连接。在外力作用下,被连接件的接触面有产生相对滑移的趋势,如图 3.70(a)所示。

②抗拉螺栓连接。在外力作用下,被连接件的接触面有

产生相互脱离的趋势,如图3.70(b)中与柱相连的螺栓。

③抗拉抗剪共同作用的螺栓连接。被连接件的接触面产生相对滑移和脱离的趋势并存,如图3.70(c)所示。

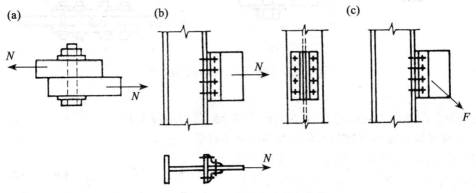

图3.70　螺栓连接按变形形式分类

抗剪螺栓连接依靠螺栓杆的承压和抗剪来传递垂直于螺栓杆方向的外力;抗拉螺栓连接依靠螺栓杆直接承受拉力来传递平行于螺栓杆的外力;抗拉、抗剪共同作用的螺栓连接则依靠螺栓杆的承压、抗剪和直接承受拉力来传递外力。这些连接的破坏形式不同,其计算方法也不同。

1. 螺栓连接受剪时的计算

(1)抗剪螺栓群在剪力作用下的计算　试验证明,当抗剪螺栓连接受力后,螺栓群中的各螺栓受力不均,两端的螺栓较中间部分螺栓受力大(图3.71(a)),这和侧面角焊缝沿其长度剪应力分布不均匀的现象类似。不过,当螺栓群范围 l_1 不太大,在外力增大至连接进入弹塑性阶段工作时,因内力重分布而使螺栓群中各螺栓受力逐渐接近,最后趋于相等(图3.71(b)),螺栓群的计算可在上述单个螺栓计算的基础上进行,即按式(3.54)和式(3.55)计算出一个螺栓的抗剪承载力设计值和承压承载力设计值,然后按所承受的外力算出连接所需螺栓的数量 n,n 值可由式(3.58)计算,并进行排列。

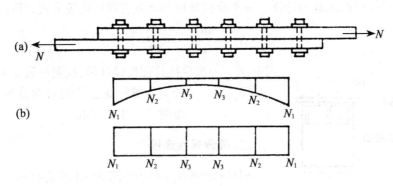

图3.71　螺栓群的不均匀受力状态

当螺栓群范围 l_1(图3.72)过大时,连接工作进入弹塑性阶段后,各螺栓所受内力也不易

90

均匀。为了防止端部螺栓首先被破坏而导致连接破坏的可能性,规范规定当 $l_1 > 15d_0$ 时,应将 N_v^b 和 N_c^b 乘以折减系数 β。

$$\beta = 1.1 - \frac{l_1}{150d_0} \tag{3.57}$$

当 $l_1 > 60d_0$ 时,取 $\beta = 0.7$;当 $l_1 \leqslant 15d_0$ 时,取 $\beta = 1.0$。式中 d_0 是螺栓孔径。

关于 β 的计算和取值规定,对于高强度螺栓连接也适用。

(2)抗剪螺栓群在轴心力作用下的计算　在轴心力作用下抗剪螺栓连接如图 3.73 所示。

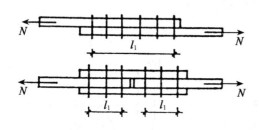

图 3.72　螺栓群的长度

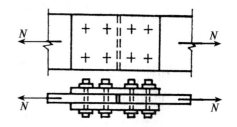

图 3.73　抗剪螺栓连接

外力通过螺栓群的形心,连接一侧所需螺栓数为

$$n \geqslant \frac{N}{\beta \cdot N_{min}^b} \tag{3.58}$$

式中:N_{min}^b——一个螺栓受剪(按式(3.54))或承压(按式(3.55))承载力设计值 N_v^b 或 N_c^b 中的较小值。

β——折减系数,按式(3.57)计算。

例题 3.11　试验算图 3.74 所示采用 4.6 级普通螺栓连接的强度。已知螺栓直径 $d = 20mm$,孔径 $d_0 = 21.5mm$。C 级螺栓,钢材为 Q235,螺栓排列尺寸如图 3.74 所示,构件计算拉力 $N = 230kN$。板的净截面强度满足要求。

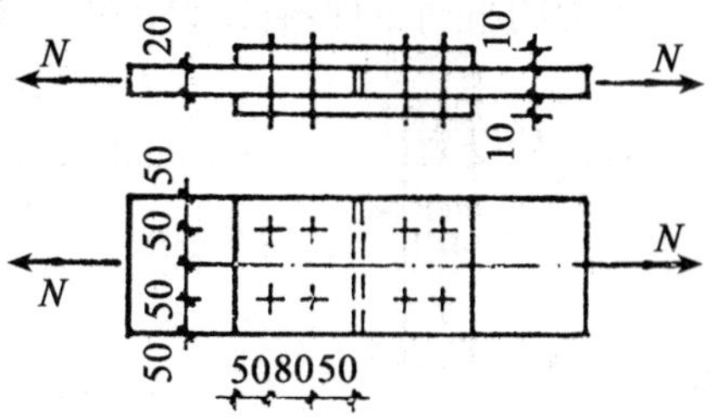

解:查得:$f_v^b = 140N/mm^2$

$f_c^b = 305N/mm^2$

因为　$l_1 = 80mm < 15d_0$

故　$\beta = 1.0$

图 3.74　例题 3.11 和例题 3.16 图

一个螺栓抗剪承载力设计值为

$$N_v^b = n_v \frac{\pi d^2}{4} f_v^b = 2 \times \frac{3.14 \times 20^2}{4} \times 140 = 87.9(kN)$$

一个螺栓承压承载力设计值为

$$N_c^b = d \cdot \sum t \cdot f_c^b = 20 \times 20 \times 305 = 122(kN)$$

要求螺栓数

$$n \geqslant \frac{N}{\beta \cdot N_{min}^b} = \frac{230}{1.0 \times 87.9} = 2.62$$

选用 4 个螺栓,强度满足要求。

（3）抗剪螺栓群在扭矩作用下的计算　承受扭矩的螺栓连接,可先按构造要求和经济原则布置螺栓群,然后计算受力最大的螺栓所承受的剪力,与一个螺栓的承载力设计值进行比较。

分析螺栓群受扭矩作用时采用了下列假定:

①被连接构件为绝对刚性体,螺栓为弹性体。

②各螺栓绕螺栓群形心 O 旋转,其受力大小与其至螺栓群形心 O 的距离 r 成正比,力的方向与螺栓群形心的连线相互垂直。

如图 3.75 所示连接,螺栓群承受扭矩 T,使每个螺栓受剪。设各螺栓至形心 O 点的距离分别为 $r_1,r_2,r_3,\cdots,r_n$。所承受的剪力分别为 $N_1^T,N_2^T,N_3^T,\cdots,N_n^T$。

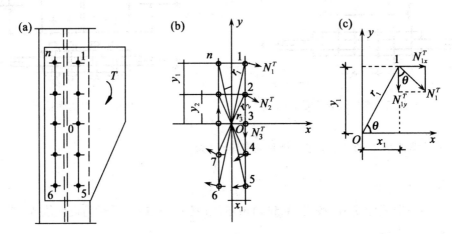

图 3.75　螺栓群受扭矩计算

由力的平衡条件:各螺栓的剪力对螺栓群形心 O 的力矩总和等于外扭矩 T,即

$$T = N_1^T r_1 + N_2^T r_2 + N_3^T r_3 + \cdots + N_n^T r_n \tag{3.59}$$

由于各螺栓受力的大小与 r 成正比,故有

$$\frac{N_1^T}{r_1} = \frac{N_2^T}{r_2} = \frac{N_3^T}{r_3} = \cdots = \frac{N_n^T}{r_n}$$

则

$$N_2^T = \frac{r_2}{r_1} N_1^T, N_3^T = \frac{r_3}{r_1} N_1^T, \cdots, N_n^T = \frac{r_n}{r_1} N_n^T \tag{3.60}$$

将式(3.60)代入式(3.59)得

$$T = \frac{N_1^T}{r_1}(r_1^2 + r_2^2 + r_3^2 + \cdots + r_n^2) = \frac{N_1^T}{r_1} \sum r_i^2$$

故受剪力最大的 1 号螺栓所受的剪力为

$$N_1^T = \frac{T \cdot r_1}{\sum r_i^2} = \frac{T \cdot r_1}{\sum x_i^2 + \sum y_i^2} \tag{3.61}$$

按上式计算的最大剪力应不超过一个螺栓的承载力设计值,即

$$N_1^T \leqslant N_v^b \ \text{及} \ N_1^T \leqslant N_c^b \tag{3.62}$$

如果 N_1^T 超过了 N_v^b 或 N_c^b 时,或 N_1^T 过小,应调整螺栓群的布置,增加或减少螺栓数;也可改变螺栓直径,重新计算。

有时为了计算方便,将 N_1^T 分解为 x 轴方向和 y 轴方向的两个分量 N_{1x}^T 和 N_{1y}^T,即

$$N_{1x}^T = N_1^T \cdot \frac{y_1}{r_1} = \frac{T \cdot y_1}{\sum x_i^2 + \sum y_i^2} \tag{3.63}$$

$$N_{1y}^T = N_1^T \cdot \frac{x_1}{r_1} = \frac{T \cdot x_1}{\sum x_i^2 + \sum y_i^2} \tag{3.64}$$

当螺栓群布置成一狭长带时,即当 $y_1 > 3x_1$ 时,由于 $\sum x_i^2 \ll \sum y_i^2$,这时取 $\sum x_i^2 = 0$,并以 N_{1x}^T 代替 N_1^T,得

$$N_1^T = N_{1x}^T = \frac{T \cdot y_1}{\sum y_i^2} \tag{3.65}$$

同理,当 $x_1 > 3y_1$ 时,取 $\sum y_i^2 = 0$,并以 N_{1y}^T 代替 N_1^T,得

$$N_1^T = N_{1y}^T = \frac{T \cdot x_1}{\sum x_i^2} \tag{3.66}$$

例题 3.12 验算图 3.76 所示普通螺栓连接的强度。已知螺栓直径 $d = 20\text{mm}$,C 级螺栓,螺栓为 4.6 级,构件材料为 Q235,扭矩计算值 $T = 30\text{kN} \cdot \text{m}$。

解:查得:$f_v^b = 140\text{N/mm}^2$,$f_c^b = 305\text{N/mm}^2$。一个螺栓的抗剪承载力设计值为

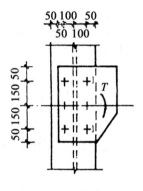

$$N_v^b = n_v \cdot \frac{\pi}{4} d^2 \cdot f_v^b = 1 \times \frac{\pi}{4} \times 20^2 \times 140 = 43.96(\text{kN})$$

一个螺栓的承压承载力设计值为

$$N_c^b = d \cdot \sum t \cdot f_c^b = 20 \times 10 \times 305 = 61(\text{kN})$$

则 $N_{\min}^b = N_v^b = 43.96\text{kN}$

受剪力最大的 1 号螺栓的 r_1 及 N_1 为

$$r_1 = \sqrt{x_1^2 + y_1^2} = \sqrt{100^2 + 150^2} = 180.3(\text{mm})$$

$$N_1 = \frac{T \cdot r_1}{\sum x_i^2 + \sum y_i^2} = \frac{30 \times 10^3 \times 180.3}{6 \times 100^2 + 4 \times 150^2} = 36.06(\text{kN}) < N_{\min}^b$$

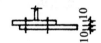

图 3.76 例题 3.12 和
例题 3.17 图

强度满足要求。

(4)抗剪螺栓群在扭矩、剪力和轴心力共同作用下的计算 图 3.77 所示连接为螺栓群受扭矩、剪力和轴心力共同作用。在剪力 V 与轴心力 N 作用下,假定螺栓均匀受力,当有 n 个螺栓时,每个螺栓(如 1 号螺栓)受力为

$$N_{1y}^V = \frac{V}{n}$$

$$N_{1x}^N = \frac{N}{n}$$

在扭矩 T 作用下,1、2、3、4 号螺栓距离形心 O 点最远,故受力最大。现以 1 号螺栓的受力进行分析,可由式(3.63)和式(3.64)得 1 号螺栓在 x 轴方向和 y 轴方向的分力 N_{1x}^T 和 N_{1y}^T:

$$N_{1x}^T = \frac{T \cdot y_1}{\sum x_i^2 + \sum y_i^2}$$

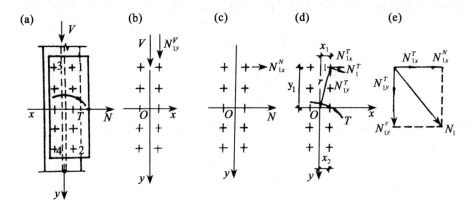

图 3.77 螺栓群受轴力、剪力和扭矩共同作用

$$N_{1y}^T = \frac{T \cdot x_1}{\sum x_i^2 + \sum y_i^2}$$

上述各力对螺栓来说都是剪力,则 1 号螺栓在剪力、轴心力和扭矩共同作用下,其合力 N_1 应不超过一个螺栓的承载力设计值,即

$$N_1 = \sqrt{(N_{1x}^T + N_{1x}^N)^2 + (N_{1y}^T + N_{1y}^V)^2} \leqslant N_{\min}^b \qquad (3.67)$$

当无轴心力 N 作用时,则上式中去掉 N_{1x}^N 项,得

$$N_1 = \sqrt{(N_{1x}^T)^2 + (N_{1y}^T + N_{1y}^V)^2} \leqslant N_{\min}^b \qquad (3.68)$$

当无剪力 V 作用时,则由式(3.67)中去掉 N_{1y}^V 项,得

$$N_1 = \sqrt{(N_{1x}^T + N_{1x}^N)^2 + (N_{1y}^T)^2} \leqslant N_{\min}^b \qquad (3.69)$$

当无扭矩 T 作用时,则由式(3.67)中去掉 N_{1x}^T 和 N_{1y}^T 项,得

$$N_1 = \sqrt{(N_{1x}^N)^2 + (N_{1y}^V)^2} \leqslant N_{\min}^b \qquad (3.70)$$

例题 3.13 验算图 3.78 所示连接采用普通螺栓连接时的强度。已知螺栓直径 $d = 20mm$,C 级(4.6 级)螺栓,螺栓和构件材料为 Q235,外力设计值 $F = 100kN$。

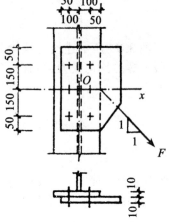

图 3.78　例题 3.13 和例题 3.18 图

解:因螺栓及其排列与例题 3.12 相同,故

$$N_v^b = 43.96kN, N_c^b = 61kN$$

将 F 简化到螺栓群形心 O,得沿 x 轴方向分力 N_x、沿 y 轴方向分力 N_y 以及扭矩 T:

$$N_x = F/\sqrt{2} = 100/\sqrt{2} = 70.7(kN)$$

$$N_y = F/\sqrt{2} = 100/\sqrt{2} = 70.7(kN)$$

$$T = N_y \cdot e = 70.7 \times 150 = 10\ 605(kN \cdot mm)$$

在上述 N_x、N_y 和 T 作用下,1 号螺栓受力最大:

$$N_{1x}^N = N_x/6 = 70.7/6 = 11.78(kN)$$

$$N_{1y}^V = N_y/6 = 70.7/6 = 11.78(kN)$$

$$N_{1x}^T = \frac{T \cdot y_1}{\sum x_i^2 + \sum y_i^2} = \frac{10\,605 \times 150}{6 \times 100^2 + 4 \times 150^2} = 10.61\,(\text{kN})$$

$$N_{1y}^T = \frac{T \cdot x_1}{\sum x_i^2 + \sum y_i^2} = \frac{10\,605 \times 100}{6 \times 100^2 + 4 \times 150^2} = 7.07\,(\text{kN})$$

代入式(3.67)得

$$N_1 = \sqrt{(N_{1x}^N + N_{1x}^T)^2 + (N_{1y}^V + N_{1y}^T)^2}$$

$$= \sqrt{(11.78 + 10.61)^2 + (11.78 + 7.07)^2} = 29.27\,(\text{kN}) < N_{\min}^b$$

连接强度满足要求。

2. 螺栓连接受拉时的计算

(1)抗拉螺栓群在轴心力作用下的计算　图3.79所示为柱的翼缘与角钢用螺栓的连接。在轴心力 N 作用下,螺栓均匀受拉,所需螺栓数 n 按下式计算:

$$n = \frac{N}{N_t^b} \tag{3.71}$$

式中: N_t^b ——一个螺栓的受拉承载力设计值,按式(3.56)计算。

(2)抗拉螺栓群在弯矩作用下的计算　图3.80所示为柱的翼缘与牛腿用普通螺栓的连接。螺栓群在弯矩 M 作用下,上部螺栓受拉,因而有使连接上部分离的趋势,使螺栓群的旋转中心下移。假定螺栓群的旋转中心在弯矩 M 指向的最外一排螺栓轴线上(O 点),各排螺栓所受拉力的大小与螺栓群旋转中心 O 的距离成正比,因而最上面一排螺栓(1 号螺栓)所受拉力最大,一列螺栓所受的弯矩为 M/m,由力的平衡条件 $\sum M_0 = 0$ 可得

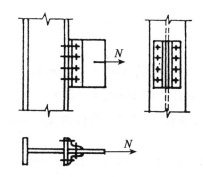

图3.79　轴心力作用下抗拉螺栓计算

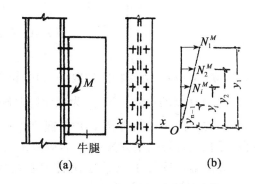

图3.80　弯矩作用下抗拉螺栓计算

$$\frac{M}{m} = N_1^M y_1 + N_2^M y_2 + \cdots + N_n^M y_n \tag{3.72}$$

由

$$\frac{N_1^M}{y_1} = \frac{N_2^M}{y_2} = \cdots = \frac{N_n^M}{y_n}$$

得

$$N_2^M = N_1^M \frac{y_2}{y_1}, \; N_3^M = N_1^M \frac{y_3}{y_1}, \cdots, N_n^M = N_1^M \frac{y_n}{y_1}$$

将 $N_2^M, N_3^M, \cdots, N_n^M$ 代入式(3.72)可得

$$N_1^M = \frac{M \cdot y_1}{m \sum y_i^2} \tag{3.73}$$

受力最大螺栓的拉力 N_1^M 应不超过一个螺栓受拉承载力设计值,即

$$N_1^M = \frac{M \cdot y_1}{m \sum y_i^2} \leqslant N_t^b \tag{3.74}$$

式中:m——螺栓列数,在图 3.80 中 $m = 2$。

若螺栓群承受偏心拉力,这时应区别两种情况:

①当偏心不大时,可假定螺栓群的旋转中心在螺栓群形心"O"处(图 3.81(a)),按小偏心情况计算。这时,螺栓群中受拉力最大和受拉力最小的螺栓拉力按下式计算:

$$N_1^{\max}_{\min} = \frac{N}{n} \pm \frac{M \cdot y_1}{m \sum y_i^2} \tag{3.75}$$

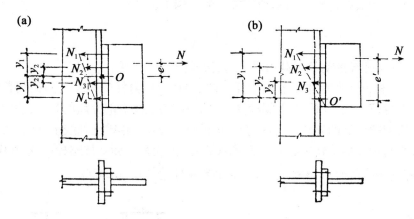

图 3.81 普通螺栓连接偏心受拉

式中:$M = N \cdot e$;m 为螺栓的列数;y_1 为受拉力最大的"1"号螺栓到旋转中心 O 的距离;y_i 为第 i 个螺栓到 O 点的距离;$\sum y_i^2$ 为螺栓群中各排螺栓到 O 点距离的平方之和,即 $2 \sum y_i^2 = 2y_1^2 + 2y_2^2 + \cdots + 2y_n^2$,偏心 e 和距离 y_i 均自螺栓群形心 O 算起,要求按式(3.75)算得的 $N_{\min} \geqslant 0$(全部螺栓受拉),计算结果方为有效,否则改按大偏心情况计算。

②当偏心较大时,应假定旋转中心在弯矩 M' 指向的最外一排螺栓轴线 O' 处(图 3.81(b)),按大偏心情况计算:

$$N_1 = \frac{N}{n} + \frac{M' \cdot y_1}{m \sum y_i^2} \tag{3.76}$$

式中:$M' = Ne'$;y_1 为受拉力最大的"1"号螺栓到旋转中心 O' 的距离;$\sum y_i^2 = y_1^2 + y_2^2 + \cdots + y_n^2$;偏心 e' 和距离 y_i 均自 O' 算起。

例题 3.14 验算图 3.82 所示连接采用普通螺栓连接时的强度。已知螺栓直径 $d = 20$mm,C 级(4.6 级)螺栓,螺栓和构件材料为 Q235,弯矩设计值 $M = 35$kN·m。

解:由附一表 1.4 及附三表 3.7 查得:$f_t^b = 170$N/mm²,$A_e = 2.45$cm²。一个螺栓的抗拉承载力设计值为

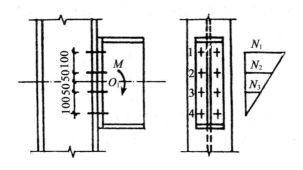

图 3.82　例题 3.14 和例题 3.19 图

$$N_t^b = A_e f_t^b = 2.45 \times 10^2 \times 170 = 41.65(\text{kN})$$

受力最大的 1 号螺栓所受的拉力 N_1 为

$$N_1 = \frac{M \cdot y_1}{m \sum y_i^2} = \frac{35 \times 10^3 \times 300}{2 \times (300^2 + 200^2 + 100^2)}$$

$$= 37.5(\text{kN}) < N_t^b$$

螺栓连接强度满足要求。

3. 螺栓连接同时承受拉力和剪力的计算

如图 3.83(a)所示的连接,将作用力移至螺栓群的形心时,螺栓群的受力情况如图 3.83(b)所示。螺栓群同时承受剪力 V 和弯矩 M 作用,$V = F$,$M = F \cdot e$。

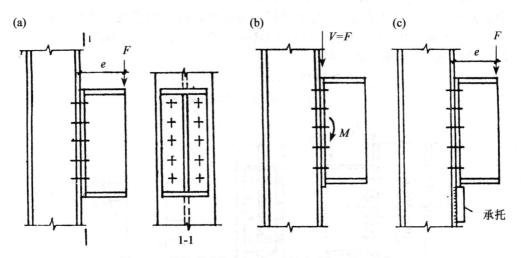

图 3.83　螺栓群受剪力和弯矩及单独受弯矩作用的情况

在剪力 V 作用下,各个螺栓均匀受力,则有 n 个螺栓时,每个螺栓受剪力:$N_v = \dfrac{V}{n}$。

在弯矩 M 作用下,螺栓群中受拉力最大的螺栓,可按式(3.73)计算其拉力 N_t,即

$$N_t = \frac{M \cdot y_1}{m \sum y_i^2}$$

螺栓群同时承受剪力和拉力作用时,根据试验结果,这种连接安全工作的强度条件是连接中受力最大的螺栓应满足下列两式:

$$\sqrt{(\frac{N_v}{N_v^b})^2 + (\frac{N_t}{N_t^b})^2} \leq 1 \tag{3.77}$$

$$N_v \leq N_c^b \tag{3.78}$$

式中:N_v、N_t——分别是连接中一个螺栓所受的剪力和拉力;

N_v^b、N_t^b、N_c^b——分别是一个螺栓的受剪、受拉和承压承载力设计值。

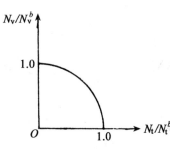

图 3.84 螺栓同时承受剪力和拉力时的相关曲线

式(3.77)是圆的方程,如图 3.84 所示。当 $\frac{N_v}{N_v^b}$ 和 $\frac{N_t}{N_t^b}$ 确定的点位于圆内时,连接为安全;在圆外时为不安全;位于圆周上时,为承载力的极限状态。式(3.77)的计算是为了防止螺栓受拉或受剪破坏。式(3.78)的计算是为了防止螺栓承压破坏。

对于 C 级(4.6 级)螺栓,一般不容许受剪(承受静力荷载的次要连接或临时安装连接除外)。此时可设承托承受剪力,螺栓只承受弯矩 M 产生的拉力(图 3.83(c))。承托与柱翼缘采用角焊缝连接,按下式计算:

$$\tau_f = \frac{1.25V}{h_e \cdot \sum l_w} \leq f_f^w \tag{3.79}$$

式中:1.25 是考虑剪力 V 对焊缝的可能偏心影响。

例题 3.15 验算图 3.85 所示连接采用普通螺栓连接时的强度。已知螺栓直径 $d = 20\text{mm}$,C 级(4.6 级)螺栓,螺栓和构件材料为 Q235,外力计算值为 $F = 100\text{kN}$。

解:查附一表 1.4 及附三表 3.8 得

$$f_v^b = 140\text{N/mm}^2, f_t^b = 170\text{N/mm}^2$$

$$f_c^b = 305\text{N/mm}^2, A_e = 2.45\text{cm}^2$$

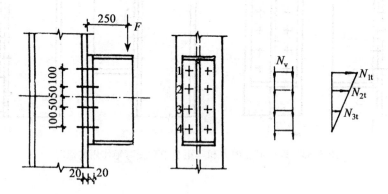

图 3.85 例题 3.15 和例题 3.20 图

一个螺栓的受拉、受剪和承压承载力设计值分别为

$$N_t^b = A_e \cdot f_t^b = 2.45 \times 10^2 \times 170 = 41.65(\text{kN})$$

$$N_v^b = n_v \cdot \frac{\pi}{4} d^2 f_v^b = 1 \times \frac{\pi}{4} \times 20^2 \times 140 = 43.96(\text{kN})$$

$$N_c^b = d \cdot \sum t \cdot f_c^b = 20 \times 20 \times 305 = 122(\text{kN})$$

受力最大的 1 号螺栓所受的剪力和拉力分别为

$$N_v = \frac{V}{n} = \frac{F}{n} = \frac{100}{8} = 12.5(\text{kN})$$

$$N_t = \frac{M \cdot y_1}{m \sum y_i^2} = \frac{100 \times 250 \times 300}{2 \times (300^2 + 200^2 + 100^2)} = 26.78(\text{kN})$$

代入验算公式(3.77)得

$$\sqrt{\left(\frac{N_v}{N_v^b}\right)^2 + \left(\frac{N_t}{N_t^b}\right)^2} = \sqrt{\left(\frac{12.5}{43.96}\right)^2 + \left(\frac{26.78}{41.65}\right)^2} = 0.703 < 1$$

$$N_v = 12.5\text{kN} < N_c^b$$

螺栓连接强度满足要求。

第六节　高强度螺栓连接

一、高强度螺栓连接的工作性能和特点

高强度螺栓连接,按受剪力的特性分为高强度螺栓摩擦型连接和高强度螺栓承压型连接。高强度螺栓摩擦型连接是依靠被连接构件之间的摩擦力传递外力,当剪力等于摩擦力时,即为高强度螺栓摩擦型连接的设计极限荷载(图 3.64 中曲线 a 上的点 1)。此时连接中的被连接构件之间不发生相对滑移,螺栓杆不受剪,螺栓孔壁不承压。高强度螺栓承压型连接的传力特征与普通螺栓类似。剪力可能超过摩擦力,此时被连接构件之间将发生相对滑移,螺栓杆与孔壁接触,连接依靠摩擦力和螺栓杆的剪切、承压共同传力。高强度螺栓承压型连接以螺栓杆被剪坏或承压破坏作为承载力的极限状态(图 3.64 中曲线 a 的最高点),可能的破坏形式与普通螺栓连接相同。高强度螺栓承压型连接的承载力比摩擦型连接的高得多,但变形较大,故不适用于直接承受动力荷载结构的连接。高强度螺栓承压型连接和高强度螺栓摩擦型连接在螺栓材质、预拉力大小、构件接触面处理等施工操作技术要求上是完全相同的。

1. 高强度螺栓的预拉力

高强度螺栓的预拉力,是在安装螺栓时通过拧紧螺帽来实现的。通常采用转角法和扭矩法来控制预拉力。预拉力越大,构件之间接触面上的摩擦力也就越大。

(1)转角法　先用普通扳手将螺帽初拧到被连接构件互相紧密贴合。要求一个人用普通扳手把螺帽拧到拧不动的位置,就算完成初拧。然后以初拧后的位置为起点,按螺栓直径和板叠厚度等确定的终拧角度,用特制的长扳手旋转螺帽,拧至该角度值时,螺栓中的拉力即达到预拉力值。这种方法的特点是用控制螺栓应变的办法达到在螺栓中建立预拉力的目的。

(2)扭矩法　用一种可直接显示扭矩大小的特制扳手来实现。按使用前事先测定的扭矩与螺栓拉力之间的关系式(3.80)来施加扭矩,建立要求的预拉力。为了消除板件之间的初始间隙,拧紧螺帽应按初拧和终拧两个阶段进行,其中初拧扭矩一般宜取终拧扭矩的 50%。

$$T = K \cdot d \cdot P \qquad (3.80)$$

式中:K——扭矩系数,要事先由试验测定;

  d——螺栓直径(mm);

  P——设计时规定的螺栓预拉力(N 或 kN);

  T——终拧扭矩值(N·mm 或 kN·mm)。

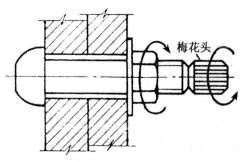

图 3.86 扭剪型高强度螺栓

（3）扭剪型高强度螺栓 这种螺栓的尾部连有一个截面较小的沟槽和梅花头(图 3.86),其受力特征与一般高强度螺栓相同。施加预拉力的方法是用特制扳手拧紧螺帽时,螺栓尾部的梅花头同时被反拧,直至将扭剪型高强度螺栓尾部的梅花头拧断为止。拧断时所施加的扭矩,即为建立所要求的预拉力的扭矩,其实质也是扭矩法。

为了使被连接板件接触面上产生较大的压力,总是希望高强度螺栓的预拉力值尽可能地高一些,以获得较大的经济效果。同时还必须保证螺栓不会在拧紧过程中屈服或断裂。高强度螺栓的预拉力设计值与材料强度和螺栓有效截面面积有关,按下式确定:

$$P = \frac{0.9 \times 0.9 \times 0.9}{1.2} \cdot f_u \cdot A_e \qquad (3.81)$$

式中:f_u——高强度螺栓经热处理后的抗拉强度;

  A_e——螺栓的有效面积。

上式中考虑螺栓材料的不均匀性,引进一个折减系数 0.9;施工时为了补偿螺栓预拉力的松弛,一般超张拉 5%~10%,又采用一个超张拉系数 0.9;计算中以螺栓的抗拉强度为准,为安全起见,再引入一个附加安全系数 0.9。拧紧螺帽时除使螺栓产生拉力外,还有拧紧螺栓时扭矩产生的剪力,故再除以 1.2 以考虑其影响。

按式(3.81)计算,并取 5kN 的倍数,即得到《钢结构设计规范》(GB 50017—2003)中规定的预拉力 P 值,见表 3.6。此值对摩擦型和承压型连接的高强度螺栓均适用。

表 3.6 　　　　　　　　　高强度螺栓的设计预拉力 P 值(kN)

螺栓的强度等级	螺 栓 的 公 称 直 径 (mm)					
	M16	M20	M22	M24	M27	M30
8.8 级	80	125	150	175	230	280
10.9 级	100	155	190	225	290	355

2. 高强度螺栓连接的摩擦面抗滑移系数

被连接构件之间的摩擦力大小,不仅和螺栓的预拉力有关,还与被连接构件材料及其接触面的表面处理情况有关,不同的表面处理方法,所得到的抗滑移系数 μ 也不同。高强度螺栓应严格按照施工规程操作,不得在潮湿、淋雨状态下拼装,不得在摩擦面上涂红丹、油漆等,应保证摩擦面干燥、清洁。《钢结构设计规范》(GB 50017—2003)规定的 μ 值见表 3.7。

表 3.7　　　　　　　　　　　摩擦面的抗滑移系数 μ 值

在连接处构件接触面的处理方法	构　件　的　钢　材		
	Q235 钢	Q345 钢、Q390 钢	Q420 钢
喷　　　　砂(丸)	0.45	0.50	0.50
喷砂(丸)后涂无机富锌漆	0.35	0.40	0.40
喷砂(丸)后生赤锈	0.45	0.50	0.50
钢丝刷消除浮锈或未经处理的干净轧制表面	0.30	0.35	0.40

3. 高强度螺栓的排列

高强度螺栓的构造和排列要求,和普通螺栓的构造和排列要求相同。

二、高强度螺栓连接的计算

1. 高强度螺栓连接受剪时的计算

高强度螺栓连接受剪时的计算与普通螺栓连接受剪时的计算方法类似,只是在计算时要用高强度螺栓相应的承载力设计值。

(1)高强度螺栓的抗剪承载力设计值　图 3.87 所示是采用高强度螺栓的连接传递轴心力 N,称为高强度螺栓受剪。

①摩擦型连接中的高强度螺栓。高强度螺栓摩擦型连接承受剪力的设计准则是外力不超过摩擦力。而每个螺栓产生的摩擦力,其大小与摩擦面的抗滑移系数 μ、螺栓杆中的预拉力 P 及摩擦面数 n_f 成正比。故每个螺栓产生的摩擦力应为 $n_f \cdot \mu \cdot P$。考虑抗力分项系数 1.111,即得摩擦型连接中一个高强度螺栓的抗剪承载力设计值为

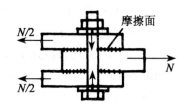

图 3.87　承受剪力的高强度螺栓

$$N_v^b = \frac{1}{1.111} n_f \cdot \mu \cdot P = 0.9 n_f \cdot \mu \cdot P \qquad (3.82)$$

式中:n_f——每个螺栓的传力摩擦面数(图 3.87 所示的连接 $n_f = 2$);

μ——摩擦面的抗滑移系数,按表 3.7 查取;

P——每个高强度螺栓的预拉力,按表 3.6 查取。

②承压型连接中的高强度螺栓。高强度螺栓承压型连接受剪时,极限承载力由螺栓杆抗剪和孔壁承压决定,其破坏形式与普通螺栓相同,摩擦力仅起延缓滑移的作用。因此,承压型连接中高强度螺栓承载力的计算与普通螺栓相同。一个受剪承压型连接中高强度螺栓的承载力设计值可按式(3.54)和式(3.55)计算:

$$N_v^b = n_v \cdot \frac{\pi d^2}{4} \cdot f_v^b$$

$$N_c^b = d \cdot \sum t \cdot f_c^b$$

取二者的较小值。式中 f_v^b 和 f_c^b 分别是承压型连接高强度螺栓的抗剪和承压强度设计值。

(2)高强度螺栓抗剪连接在轴心力作用下的计算　如图 3.73 所示,连接在轴心力 N 作用

101

下需要的螺栓数为:

$$n \geqslant \frac{N}{\beta \cdot N_{\min}^{b}}$$

式中:β——螺栓承载力设计值折减系数,按式(3.57)计算;

   $N_{\min}^{b}$——一个高强度螺栓的承载力设计值。摩擦型连接高强度螺栓按式(3.82)计算;承压型连接高强度螺栓取式(3.54)和式(3.55)中的较小值。

(3)高强度螺栓抗剪连接在扭矩作用下的计算 如图3.75所示,计算受扭矩 T 作用的高强度螺栓连接,同样按普通螺栓连接的式(3.61)计算受剪力最大的1号螺栓的剪力,再按式(3.83)验算其承载力,即

$$N_{1} = \frac{T \cdot r_{1}}{\sum r_{i}^{2}} \leqslant N_{\min}^{b} \qquad (3.83)$$

式中:$N_{\min}^{b}$——一个高强度螺栓的承载力设计值。摩擦型连接高强度螺栓按式(3.82)计算;承压型连接高强度螺栓取式(3.54)和式(3.55)中的较小值。

(4)高强度螺栓抗剪连接在扭矩、剪力和轴心力共同作用下的计算 如图3.77所示,高强度螺栓连接承受 T、V 和 N 共同作用,按式(3.67)验算其承载力,即

$$N_{1} = \sqrt{(N_{1x}^{T} + N_{1x}^{N})^{2} + (N_{1y}^{T} + N_{1y}^{V})^{2}} \leqslant N_{\min}^{b}$$

式中:N_{1x}^{T}、N_{1x}^{N}、N_{1y}^{T} 和 N_{1y}^{V} 的计算,与相应的普通螺栓连接各剪力值的计算方法相同;

   $N_{\min}^{b}$——一个高强度螺栓的承载力设计值。摩擦型连接高强度螺栓按式(3.82)计算;承压型连接高强度螺栓取式(3.54)和式(3.55)中的较小值。

例题 3.16 试验算图3.74所示连接采用高强度螺栓摩擦型连接时的强度。已知螺栓为8.8级 M20 高强度螺栓,$\mu = 0.30$,构件计算拉力 $N = 230$kN。板的强度满足要求。材料为 Q235 钢。

解:查得 $P = 125$kN,与例题3.11相同,$\beta = 1.0$:

$$N_{\min}^{b} = N_{v}^{b} = 0.9n_{f} \cdot \mu \cdot P = 0.9 \times 2 \times 0.3 \times 125 = 67.5(\text{kN})$$

需要螺栓数: $n \geqslant \dfrac{N}{\beta \cdot N_{\min}^{b}} = \dfrac{230}{1 \times 67.5} = 3.41$

已用4个螺栓,满足要求。但与例题3.11比较,其承载能力并不比普通螺栓连接更高,只是连接的变形小。若改用10.9级 M20 高强度螺栓,且 $\mu = 0.45$,则 $N_{v}^{b} = 0.9 \times 2 \times 0.45 \times 155 = 125.5$(kN)。这时,$n \geqslant \dfrac{N}{\beta \cdot N_{\min}^{b}} = \dfrac{230}{1 \times 125.5} = 1.83$,取两个高强度螺栓就能满足要求,不仅连接受力后变形小,承载能力也大大提高。

若采用高强度螺栓承压型连接可按下列步骤计算:

由附一表1.4查得:$f_{v}^{b} = 250\text{N/mm}^{2}$,$f_{c}^{b} = 470\text{N/mm}^{2}$。

一个高强度螺栓的抗剪、承压承载力设计值分别为:

$$N_{v}^{b} = n_{v} \cdot \frac{\pi d^{2}}{4} \cdot f_{v}^{b} = 2 \times \frac{3.14 \times 20^{2}}{4} \times 250 = 157(\text{kN})$$

$$N_{c}^{b} = d \cdot \sum t \cdot f_{c}^{b} = 20 \times 20 \times 470 = 188(\text{kN})$$

故 $N_{\min}^{b} = N_{v}^{b} = 157$kN

需要螺栓数：$n \geqslant \dfrac{N}{\beta \cdot N_{min}^b} = \dfrac{230}{1 \times 157} = 1.46$

已用 4 个螺栓,满足要求。

例题 3.17 试验算图 3.76 所示连接采用高强度螺栓摩擦型连接时的强度。已知螺栓为 10.9 级 M20 高强度螺栓,$\mu = 0.30$,其他条件与例题 3.12 相同。

解：查得 $P = 155kN, n_f = 1$：

$$N_v^b = 0.9n_f \cdot \mu \cdot P = 0.9 \times 1 \times 0.3 \times 155 = 41.85(kN)$$

仍为 1 号螺栓最危险：

$$N_1 = \frac{T \cdot r_1}{\sum x_i^2 + \sum y_i^2} = \frac{30 \times 10^3 \times 180.3}{6 \times 100^2 + 4 \times 150^2} = 36.06(kN) \ < N_v^b$$

连接强度满足要求。

例题 3.18 试验算图 3.78 所示连接采用高强度螺栓摩擦型连接时的强度。已知螺栓为 10.9 级 M20 高强度螺栓,$\mu = 0.30$,其他条件与例题 3.13 相同。

解：查得 $P = 155kN, n_f = 1$：

$$N_v^b = 0.9n_f \cdot \mu \cdot P = 0.9 \times 1 \times 0.3 \times 155 = 41.85kN$$

仍为 1 号螺栓最危险,在 N_x、N_y 和 T 作用下,所得剪力各分量,与例题 3.13 相同,即

$$N_{1x}^N = N_{1y}^V = 11.78kN$$

$$N_{1x}^T = 10.61kN$$

$$N_{1y}^T = 7.07kN$$

$$N_1 = 29.27kN \ < N_v^b$$

连接强度满足要求。

2. 高强度螺栓连接受拉时的计算

(1)高强度螺栓的抗拉性能和承载力 高强度螺栓受拉的工作情况如图 3.88 所示。图 3.88(a)所示为已施加预拉力的高强度螺栓在承受外拉力作用之前的受力状态。此时,螺栓杆受预拉力 P,摩擦面上作用着压力 C。根据平衡条件 $\sum Y = 0$,得 $C = P$。即摩擦面上的压力 C 等于预拉力 P。

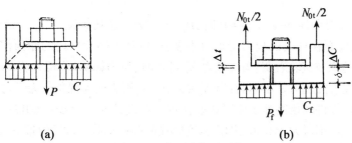

(a)　　　　　　　　　　　**(b)**

图 3.88 高强度螺栓受拉

图 3.88(b)所示为高强度螺栓承受外拉力 N_{0t} 时的受力状态。假设螺栓和被连接板件保持弹性性能。螺栓受外拉力 N_{0t} 后,螺栓杆中的拉力由原来的 P 增加到 P_f。此时,螺栓杆又被拉长,即螺栓杆伸长一个增量 Δt。由于螺栓杆被拉长,使原先被 P 压缩的板件相应地有一个

压缩恢复量 ΔC，板件间的压力就由原来的 C 降为 C_f。也就是说，当螺栓受外拉力 N_{0t} 作用后，螺栓杆中的拉力将增加，而接触面间的压力却随之降低。根据平衡条件 $\sum Y = 0$，得

$$P_f = N_{0t} + C_f$$

在板厚 δ 范围内螺栓杆与板的变形相同：

$$\Delta t = \Delta C$$

即螺栓杆的伸长增量等于板件压缩的恢复量。

设螺栓杆的截面面积为 A_b，摩擦面面积为 A_u，螺栓和被连接板件的弹性模量都为 E，则

$$\Delta t = \frac{\sigma_t}{E} \cdot \delta = \frac{P_f - P}{A_b \cdot E} \delta$$

$$\Delta C = \frac{\sigma_c}{E} \delta = \frac{C - C_f}{A_u \cdot E} \delta$$

故

$$\frac{P_f - P}{A_b} = \frac{C - C_f}{A_u}$$

将 $C = P$、$C_f = P_f - N_{0t}$ 代入上式中，整理后得

$$P_f = P + \frac{N_{0t}}{A_u / A_b + 1}$$

通常 A_u 比 A_b 大很多倍，若取 $A_u / A_b = 10$，代入上式，得

$$P_f = P + 0.09 N_{0t}$$

将上式中的拉力项 N_{0t} 除以荷载分项系数的平均值 1.3，得到设计外拉力 N_t，即 $N_t = 1.3 N_{0t}$。

$$P_f = P + 0.07 N_t$$

N_t 和 P_f 的对应关系见表 3.8。

表 3.8

N_t	0.7P	0.8P	0.9P	1.0P
P_f	1.05P	1.055P	1.06P	1.07P

从表 3.8 可见，当设计外拉力 $N_t = P$ 时，$P_f = 1.07P$。这就是说，当加于螺栓连接的外拉力不超过 P 时，高强度螺栓杆内的拉力增加得不多，可以认为螺栓杆内的原预拉力基本不变。

同时，螺栓的超张拉试验表明：当外拉力 N_t 过大时，拉力卸除后，螺栓将发生预拉力 P 变小的松弛现象，这对连接的抗剪是不利的；当 $N_t \leq 0.8P$ 时，则无松弛现象。为了防止螺栓发生松弛现象，并保证被连接板件间始终处于压紧状态，《钢结构设计规范》（GB 50017—2003）规定：作用于螺栓杆的外拉力 N_t 不得大于 $0.8P$，即高强度螺栓的抗拉承载力设计值按下式计算：

$$N_t^b = 0.8P \tag{3.84}$$

在高强度螺栓受拉计算中，未考虑连接的杠杆作用而使拉力增大的因素，因而应采取构造措施加强被连接构件的刚度，以避免杠杆作用的不利影响。

（2）高强度螺栓抗拉连接在轴心力作用下的计算　如图 3.79 所示，高强度螺栓连接承受拉力作用。连接在轴心力 N 作用下需要的螺栓数为：

$$n \geqslant \frac{N}{N_t^b} \tag{3.85}$$

式中:N_t^b——一个高强度螺栓的抗拉承载力设计值。摩擦型连接按式(3.84)计算,承压型连接按式(3.56)计算。

(3)高强度螺栓抗拉连接在弯矩作用下的计算 如图3.89所示,高强度螺栓连接在弯矩M作用下,各螺栓将受到不均匀的拉力(和压力),应验算受力最大的螺栓,其拉力N_{t1}不超过高强度螺栓的抗拉承载力设计值,即

$$N_{t1} \leqslant N_t^b = 0.8P \tag{3.86}$$

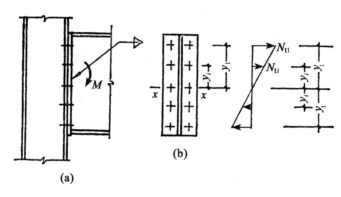

图3.89 高强度螺栓受弯连接

式中:N_{t1}——一个"1"号螺栓由弯矩M引起的轴心拉力,按式(3.87)计算;

N_t^b——一个高强度螺栓的抗拉承载力设计值。

由于受力最大的螺栓其拉力N_{t1}不会超过$0.8P$,故被连接构件间的接触面始终处于被压紧状态。因而可将接触面看做受弯构件的一个截面,变形符合平面假定。连接的旋转中心应在整个接触面的形心处。这样,上部的螺栓受拉,下部的螺栓受压,且"1"号螺栓所受的拉力(压力)最大。根据平衡条件$\sum M = 0$,即可求得高强度螺栓连接在弯矩M作用下,"1"号螺栓所受的拉力

$$N_{t1} = \frac{M \cdot y_1}{m \cdot \sum y_i^2} \tag{3.87}$$

式中:$\sum y_i^2$——各排螺栓到螺栓群形心距离的平方和,$\sum y_i^2 = 2(y_1^2 + y_2^2 + \cdots + y_n^2)$。

公式(3.87)的推导方法与普通螺栓连接受弯矩作用时相同。

例题3.19 试验算图3.82所示连接采用高强度螺栓摩擦型连接时的强度。已知螺栓为8.8级M20高强度螺栓,$\mu = 0.30$,其他条件与例题3.14相同。

解:查得$P = 125$kN,则

$$N_t^b = 0.8P = 0.8 \times 125 = 100(kN)$$

仍为1号螺栓受力最大,但旋转中心在O_1处:

$$N_{t1} = \frac{M_1 y_1}{m \sum y_i^2} = \frac{35 \times 10^3 \times 150}{2 \times (2 \times 150^2 + 2 \times 50^2)} = 52.5(kN) < N_t^b$$

连接强度满足要求。

3. 高强度螺栓连接同时承受拉力和剪力的计算

如图 3.83(a) 所示,将作用力移至螺栓群的形心,高强度螺栓连接同时承受剪力 $V=F$ 和弯矩 $M=F \cdot e$。

采用摩擦型连接高强度螺栓时,由弯矩引起螺栓外拉力 N_t,将使被连接构件摩擦面上预压力由 P 减小到 $P-N_t$,摩擦面间的抗滑移系数也因预压力的减小而变小。考虑这些影响,对同时承受剪力和拉力的高强度螺栓摩擦型连接,每个螺栓的承载力按下式计算,抗滑移系数 μ 仍用原值:

$$\frac{N_v}{N_v^b} + \frac{N_t}{N_t^b} \leqslant 1 \tag{3.88}$$

式中:N_v、N_t——一个高强度螺栓所承受的剪力和拉力;

N_v^b、N_t^b——一个高强度螺栓的受剪、受拉承载力设计值,分别按式(3.82)和式(3.84)计算。

采用承压型连接高强度螺栓时,该连接应满足的强度条件是

$$\sqrt{\left(\frac{N_v}{N_v^b}\right)^2 + \left(\frac{N_t}{N_t^b}\right)^2} \leqslant 1$$

$$N_v \leqslant \frac{N_c^b}{1.2} \tag{3.89}$$

式中:N_v、N_t——每个承压型连接高强度螺栓所承受的剪力和拉力;

N_v^b——一个承压型连接高强度螺栓的抗剪承载力设计值,按式(3.54)计算;

N_c^b、N_t^b——一个承压型连接高强度螺栓的承压、抗拉承载力设计值,分别按式(3.55)和式(3.56)计算;

1.2——折减系数。由于外拉力 N_t 将减小被连接构件间的预压力,因而构件材料的承压强度设计值随之降低,用除以 1.2 来考虑这一不利因素。

例题 3.20 试验算图 3.85 所示的连接采用高强度螺栓摩擦型连接时的强度。已知螺栓为 8.8 级 M20 高强度螺栓,$\mu=0.30$,其他条件与例题 3.15 相同。

解:查得 $P=125$kN,$n_f=1$。

仍为 1 号螺栓受力最大,故

$$V = F = 100\text{kN}, M = F \cdot e = 100 \times 0.25 = 25(\text{kN} \cdot \text{m})$$

1 号螺栓所受的剪力和拉力为

$$N_v = \frac{V}{n} = \frac{100}{8} = 12.5(\text{kN})$$

$$N_t = \frac{M \cdot y_1}{m \cdot \sum y_i^2} = \frac{25 \times 10^3 \times 150}{2 \times (2 \times 150^2 + 2 \times 50^2)} = 37.5(\text{kN})$$

$$N_v^b = 0.9 \cdot n_f \cdot \mu \cdot P$$
$$= 0.9 \times 1 \times 0.3 \times 125 = 33.75(\text{kN})$$

$$N_t^b = 0.8P = 0.8 \times 125 = 100(\text{kN})$$

$$\frac{N_v}{N_v^b} + \frac{N_t}{N_t^b} = \frac{12.5}{33.75} + \frac{37.5}{100} = 0.75 < 1$$

连接强度满足要求。

本例若采用高强度螺栓承压型连接,其强度验算可按下列计算。

解:一个高强度螺栓的抗拉承载力设计值为

$$N_t^b = A_e \cdot f_t^b = 245 \times 400 = 98(\text{kN})$$

1 号螺栓所受的剪力和拉力为

$$N_v = \frac{V}{n} = \frac{100}{8} = 12.5(\text{kN})$$

$$N_t = \frac{M \cdot y_1}{m \cdot \sum y_i^2} = \frac{25 \times 10^3 \times 150}{2 \times (2 \times 150^2 + 2 \times 50^2)} = 37.5(\text{kN})$$

一个高强度螺栓的抗剪、承压承载力设计值分别为

$$N_v^b = n_v \cdot \frac{\pi d^2}{4} \cdot f_v^b = 1 \times \frac{3.14 \times 20^2}{4} \times 250 = 78.5(\text{kN})$$

$$N_c^b = d \cdot \sum t \cdot f_c^b = 20 \times 20 \times 470 = 188(\text{kN})$$

拉力和剪力共同作用按下式计算:

$$\sqrt{\left(\frac{N_v}{N_v^b}\right)^2 + \left(\frac{N_t}{N_t^b}\right)^2} = \sqrt{\left(\frac{12.5}{78.5}\right)^2 + \left(\frac{37.5}{98}\right)^2} = 0.41 < 1$$

$$N_v = 12.5\text{kN} < \frac{N_c^b}{1.2} = \frac{188}{1.2} = 156.7(\text{kN})$$

连接强度满足要求。

第七节 连接的疲劳计算

一、连接在循环荷载作用下发生疲劳破坏的原因

连接的疲劳性能与连接形式和连接方法有关。图 3.90(a)所示的焊接连接,在对接焊缝的焊根及焊趾等处,均有较大的应力集中,同时焊缝余高的大小对焊缝的疲劳性能也有一定的影响。焊缝余高越大,则应力集中越大,疲劳强度越低。另外,焊缝中还经常残存着一些规范容许范围内的少量气孔、夹渣等焊接缺陷,在这些部位都容易形成应力集中,是疲劳裂纹开展的根源。同时焊缝热影响区的钢材材质变脆,降低了钢材的疲劳强度。因此对直接承受动力荷载作用的横向对接焊缝连接,要对焊缝表面进行加工磨平及无损检验,使其符合《钢结构工程施工质量验收规范》B 级检验质量标准。经过这些处理后,对接焊缝连接的疲劳性能将得到很大程度的改善,所以《钢结构设计规范》(GB 50017—2003)将横向对接焊缝处的主体金属定为第 2 类。在角焊缝的焊根和焊趾处均有严重的应力集中(图 3.90(b)),同时角焊缝连接的传力线曲折,容易产生应力集中,特别是侧面角焊缝两端应力集中严重,是疲劳裂纹开展的根本原因,疲劳破坏将从端部开始。为了改善疲劳性能,角焊缝表面应加工成直线形或凹形,焊脚尺寸的比例,应保持正面角焊缝为 1.5:1(长边顺内力方向,见图 3.26),侧面角焊缝为 1:1。但即使这样,角焊缝有效截面的疲劳强度仍然较低,所以《钢结构设计规范》(GB50017—2003)将侧面角焊缝端部的主体金属定为第 8 类。T 形连接可采用角焊缝(图 3.33(c))、部分焊透(图

3.48(c))或焊透(图3.12(b))的对接与角接组合焊缝。其中前两者疲劳强度很低,焊透的对接与角接组合焊缝的性能与对接焊缝的相同,在经过加工、无损检验后,疲劳强度较高,宜用于直接承受动力荷载的 T 形连接。

螺栓抗剪连接的疲劳破坏与连接的传力方式有关,普通螺栓是由螺栓杆的剪切和承压传递外力。高强度螺栓承压型连接,当外力超过摩擦力后由剪切、承压和摩擦力共同传递外力。这两种连接,在被连接板件的净截面上孔边处将产生应力集中,疲劳裂纹将从这里产生,并逐渐扩展,所以连接的疲劳破坏是在板件的净截面上,应按净截面计算应力幅。而高强度螺栓摩擦型连接,则由被连接板件间的摩擦力传递外力。同时由于螺栓杆中的预拉力使板件间夹得很紧,板件与拼接板形成了一个整体。图3.90(c)所示的 A 点处截面突然改变,该处将产生很大的应力集中。在多次的循环荷载作用下,就会在孔前的毛截面上产生裂纹,并逐渐扩展造成疲劳破坏,所以高强度螺栓摩擦型连接应按毛截面计算应力幅。螺栓抗拉连接的疲劳性能还与被连接构件的刚度有关。被连接构件的刚度不足时,在其两端将产生杠杆力 Q(图3.68),刚度越小,则杠杆力 Q 越大,其疲劳性能也就越差。

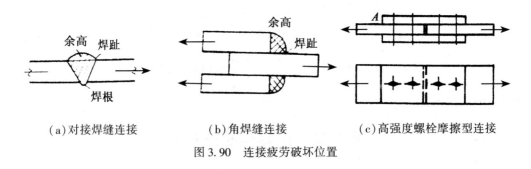

(a)对接焊缝连接　　　　(b)角焊缝连接　　　　(c)高强度螺栓摩擦型连接

图3.90　连接疲劳破坏位置

二、连接疲劳强度的验算

连接的疲劳破坏总是发生在连接附近的主体金属中,因为在该处存在严重的应力集中现象;如果是焊接连接,该处属于热影响区,钢材材质会变脆,疲劳强度也就更低。钢材的疲劳强度主要取决于循环荷载的应力幅 $\Delta\sigma$、循环荷载作用次数 n 以及该处应力集中的大小等因素。《钢结构设计规范》(GB 50017—2003)规定:当作用应力的循环次数 $n \geqslant 5 \times 10^4$ 时,对于直接承受动力荷载的连接,除应计算静力强度外,还应进行疲劳强度验算(按第二章第二节之四介绍的疲劳计算方法进行验算)。

例题 3.21　图3.91所示的两块钢板采用对接焊缝连接,钢材为 Q235,焊条为 E43 型,施焊时采用引弧板,焊后经过加工处理,通过 B 级标准质量检查。由静力计算该连接可承受计算拉力 $N = 1\ 350\text{kN}$,试验算在荷载由零到最大的重复荷载作用下,循环次数为 1×10^6 时,该连接是否安全。

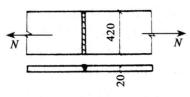

图3.91　例题3.21图

解:由附一表1.7可知,该连接属于第二类。由第二章表2.1查得系数 $c = 0.861 \times 10^{15}$,$\beta = 4$。当应力循环次数 $n = 1 \times 10^6$ 时,容许应力幅 $[\Delta\sigma]$ 为:

$$\left[\Delta\sigma\right] = \left(\frac{c}{n}\right)^{\frac{1}{\beta}} = \left(\frac{0.861 \times 10^{15}}{1 \times 10^{6}}\right)^{\frac{1}{4}} = 171\,(\text{N/mm}^2)$$

$$\sigma_{max} = \frac{1\,350 \times 10^3}{420 \times 20} = 161\,(\text{N/mm}^2)$$

$$\sigma_{min} = 0$$

$$\Delta\sigma = \sigma_{max} - \sigma_{min} = 161 - 0 = 161\,(\text{N/mm}^2) < \left[\Delta\sigma\right]$$

该连接安全。

习 题 三

一、填空题

3.1 规范规定：角焊缝的最小焊脚尺寸 $h_{f,min} \geq 1.5\sqrt{t}$，式中 t 表示_____。

3.2 侧面角焊缝的计算长度与其焊脚高度之比越大，侧面角焊缝的应力沿其长度分布_____。

3.3 一般情况下焊接残余应力是一个自相平衡的力系。在焊件的横截面上，既有残余拉应力，也有_____。

3.4 单个普通螺栓承压承载力设计值 $N_c^b = d \cdot \sum t \cdot f_c^b$，式中 $\sum t$ 表示_____。

3.5 高强度螺栓摩擦型抗剪连接，在轴心力作用下，其疲劳验算应按_____截面计算应力幅。

二、选择题

3.6 在钢结构连接中，常取焊条型号与焊件强度相适应。对 Q345 钢构件，焊条宜采用（　　）。

    A. E43××型   B. E50××型

    C. E55××型   D. 前三种均可

3.7 承受静力荷载的构件，当所用钢材具有良好的塑性时，焊接残余应力并不影响构件的（　　）。

    A. 静力强度   B. 刚度

    C. 稳定承载力   D. 疲劳强度

3.8 普通螺栓连接受剪时，要求端距 $e \geq 2d$，是防止（　　）。

    A. 钢板被挤压破坏   B. 螺栓杆被剪力破坏

    C. 钢板被冲剪破坏   D. 螺栓杆产生过大的弯曲变形

3.9 高强度螺栓承压型抗剪连接，其变形（　　）。

    A. 比高强度螺栓摩擦型连接小

    B. 比普通螺栓连接大

    C. 与普通螺栓连接相同

    D. 比高强度螺栓摩擦型连接大

3.10 高强度螺栓摩擦型连接抗拉时,其承载力( )。

    A. 比高强度螺栓承压型连接小

    B. 比高强度螺栓承压型连接大

    C. 与高强度螺栓承压型连接相同

    D. 比普通螺栓连接小

三、计算题

3.11 试设计图 3.92 所示的熔透对接焊缝连接(直缝或斜缝)。已知计算轴心拉力 $N = 500\text{kN}$(静力荷载),$B = 240\text{mm}$,$t = 10\text{mm}$,材料为 Q235 钢,焊条为 E43 型,手工焊,用引弧板,焊缝质量为三级标准。

3.12 图 3.93 所示为牛腿与柱用对接与角接组合焊缝连接,计算荷载 $F = 300\text{kN}$(静力荷载),$e = 500\text{mm}$,材料为 Q235 钢,焊条为 E43 型,手工焊,不用引弧板,焊缝质量为三级,试验算其强度。

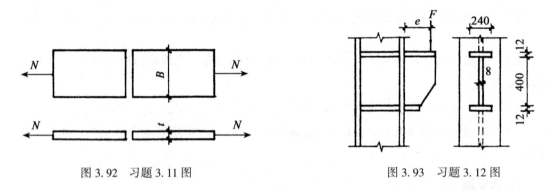

图 3.92 习题 3.11 图   图 3.93 习题 3.12 图

3.13 图 3.94 所示为盖板的对接连接。已知计算轴心拉力 $N = 500\text{kN}$(静力荷载),$B = 240\text{mm}$,$t = 10\text{mm}$,$t_1 = 6\text{mm}$,材料为 Q235 钢,焊条为 E43 型,手工焊。

(1)试设计只用侧面角焊缝相连的角焊缝和盖板尺寸。

(2)试设计用围焊缝的角焊缝和盖板尺寸。

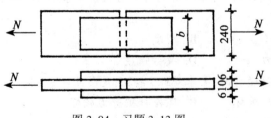

图 3.94 习题 3.13 图

3.14 试设计如图 3.95 所示的双角钢和节点板间的角焊缝连接。材料为 Q235 钢,焊条为 E43 型,手工焊,轴心拉力 $N = 320\text{kN}$(静力荷载)。

(1)采用侧面角焊缝。要求:按肢背和肢尖采用相同焊脚和不同焊脚两种方案计算。

(2)采用三面围焊缝。

3.15 在图 3.96 所示的连接中,角钢与连接板、连接板与翼缘板均采用角焊缝相连,已知计算拉力 $N = 540$ kN(静力荷载),材料为 Q235 钢,焊条为 E43 型,手工焊。

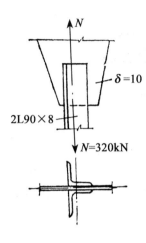

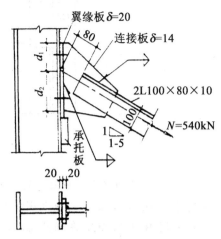

图 3.95 习题 3.14 图   图 3.96 习题 3.15 图

(1)角钢与连接板只用侧面角焊缝相连,且 $h_f = 8$ mm,肢背 $l_1 = 210$ mm,肢尖 $l_2 = 120$ mm,验算其承载力是否满足要求。

(2)连接板与翼缘板用两条角焊缝相连,且 $d_1 = d_2 = 170$ mm,确定角焊缝的焊脚尺寸 h_f;

(3)$d_1 = 150$ mm,$d_2 = 190$ mm,验算上面确定的 h_f。

3.16 图 3.97 所示为格构式柱缀板与柱肢的连接,一块缀板承受的计算剪力 $T = 50$ kN(静力荷载),材料为 Q235 钢,焊条为 E43 型,手工焊。

(1)试验算只用侧面角焊缝,且 $h_f = 8$ mm 时,承载力是否满足要求。

(2)试验算用围焊缝,且 $h_f = 6$ mm 时,承载力是否满足要求。

3.17 图 3.98 所示为柱与牛腿的角焊缝连接。已知 $N = 98$ kN(静力荷载),偏心 $e = 120$ mm,材料为 Q235 钢,焊条为 E43 型,手工焊。

(1)试设计柱与牛腿相连的角焊缝。

(2)试验算牛腿的腹板与翼缘板之间的角焊缝,取 $h_f = 6$ mm 时,承载力是否满足要求。

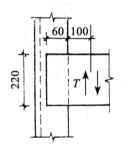

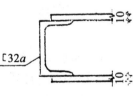

图 3.97 习题 3.16 图

3.18 设计图 3.99 所示对接连接所需螺栓数及其排列。已知计算拉力 $N = 1\,000$ kN,材料为 Q235 钢。

(1)采用 C 级(4.6 级)普通螺栓,$d = 20$ mm,$d_0 = 21.5$ mm。

(2)采用 8.8 级 M20 高强度螺栓摩擦型连接,$\mu = 0.35$。

(3)采用 8.8 级 M20 高强度螺栓承压型连接。

3.19 试验算如图 3.100 所示拉力螺栓连接的强度。已知计算拉力 150 kN,材料为 Q235 钢。

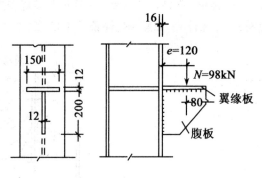

图 3.98　习题 3.17 图

(1) 采用 C 级 (4.6 级) 普通螺栓, $d = 20\mathrm{mm}$, $d_0 = 21.5\mathrm{mm}$。

(2) 采用 10.9 级 M20 高强度螺栓摩擦型连接, $\mu = 0.3$。

(3) 采用 10.9 级 M20 高强度螺栓承压型连接。

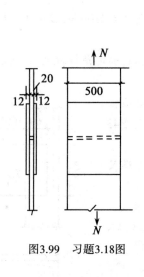

图3.99　习题3.18图

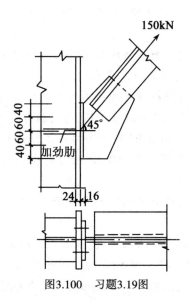

图3.100　习题3.19图

3.20　试验算如图 3.101 所示缀板与柱肢之间螺栓连接的承载力。已知一块缀板承受的计算剪力 $T = 50\mathrm{kN}$, 材料为 Q235 钢。

(1) 采用 C 级 (4.6 级) 普通螺栓, $d = 20\mathrm{mm}$, $d_0 = 21.5\mathrm{mm}$。

(2) 采用 10.9 级 M20 高强度螺栓摩擦型连接, $\mu = 0.3$。

(3) 采用 10.9 级 M20 高强度螺栓承压型连接, $\mu = 0.3$。

3.21　在图 3.102 所示连接中, 牛腿与柱翼缘用 C 级 (4.6 级) 螺栓相连, 牛腿下端设有承托板以承受剪力。已知计算剪力 $V = 110\mathrm{kN}$, 计算轴心拉力 $N = 180\mathrm{kN}$, 偏心 $e = 180\mathrm{mm}$, 螺栓直径 $d = 20\mathrm{mm}$, 材料为 Q235 钢, 焊条为 E43 型, 手工焊。

(1) 试验算螺栓强度及承托板与柱翼缘的连接焊缝。

(2) 若改用 A 级 (5.6 级) 螺栓, 可否不设承托板?

3.22　习题 3.21 的牛腿与柱翼缘连接,牛腿下端不设承托板。改用 8.8 级 M20 的高强度螺栓,构件接触面采用喷砂处理,其他情况和习题 3.21 相同。试计算其承载力是否满足设计要求。

(1)采用高强度螺栓摩擦型连接。

(2)采用高强度螺栓承压型连接。

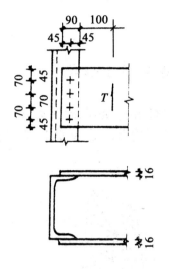

图 3.101　习题 3.20 图

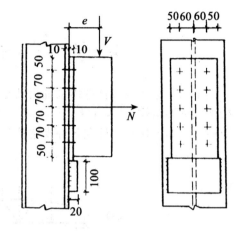

图 3.102　习题 3.21 图

第四章 轴心受力构件[①]

第一节 轴心受力构件的特点和截面形式

平面和空间铰接杆件体系都由轴心受拉和轴心受压杆件组成,如屋架(图4.1(a))和空间桁架及网架结构(图4.1(b)、(c))等。轴心受压构件还广泛用做柱子,支承上部结构传来的荷载。例如工作平台柱和各种支架柱等。

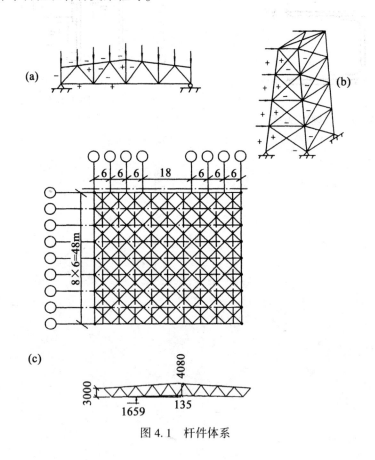

图4.1 杆件体系

进行轴心受力构件设计时,必须满足承载能力极限状态和正常使用极限状态的要求。

承载能力极限状态对轴心受拉构件来说,只有强度承载力(包括疲劳强度)计算,以钢材

---

① 要求复习工程力学中"剪切与扭转"及"压杆稳定"两章。

114

的屈服点为构件强度承载力的极限状态(疲劳计算时以容许应力幅为标准)。对于轴心受压构件来说,承载能力极限状态包括强度和稳定承载力的计算,强度承载力以钢材的屈服点为极限状态,而稳定承载力是以构件的临界应力为极限状态,强度和稳定都必须满足。但是,当构件为焊接构件时,截面无削弱,构件主要由稳定极限状态控制,这时,构件的承载能力极限状态一般只需验算稳定承载力,不需要验算强度,因轴心受压构件的临界应力恒低于屈服点。

正常使用极限状态(变形极限状态)是控制构件正常使用的变形不能太大,以免影响构件的正常使用。但对于轴心受力构件,在内力作用下,产生的是轴向变形。由于钢材弹性模量很大,轴向变形就很小,所以构件的轴向变形不会影响构件工作。可是从另一角度考虑,如果构件截面过于纤细,当结构中受到一些振动,构件将产生横向振动,这些振动将损害构件两端的连接。如果构件不在垂直位置上工作,如桁架和网架中的杆件,则因自重将产生弯曲,这将改变构件的受力状态,变成偏心受拉和偏心受压构件。为了控制上述两种情况,因而对轴心受力构件的正常使用极限状态,规范规定了控制构件的长细比。$\lambda = l_0 / i$,l_0 是构件的计算长度,i 是构件截面的回转半径。因此,根据构件正常使用的极限状态,要求 $\lambda \leqslant [\lambda]$。$[\lambda]$ 是各种构件的容许长细比,设计规范中都有规定。

轴心受力构件的强度承载力决定于截面应力不超过屈服点,而稳定承载力则决定于截面应力不超过临界应力。众所周知,轴心受压构件的临界应力和截面惯性矩有关。为了提高临界应力,应采用较为开展的截面形式,就是用尽可能少的钢材,获得尽可能大的截面惯性矩。图 4.2(a)所示为一些常用的实腹式截面形式。对于轴心受压构件,宜采用薄壁型材,如薄角钢、薄钢管或冷弯薄壁型钢等。图 4.2(b)所示为一些常用的格构式柱的截面形式,由 2、3 或 4 根柱肢用缀材组成。由于材料集中于柱肢,因此当用料相同时,截面对虚轴的惯性矩比对实腹式截面的惯性矩大,用料要经济得多。但对于一些受力较小或较短的受压构件,从制造和施工方便的角度出发,仍常采用实腹式截面。

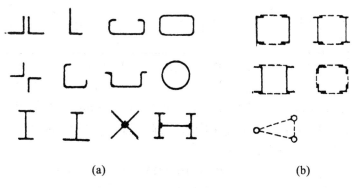

(a)   (b)

图 4.2　轴心受力构件的截面形式

第二节　轴心受拉构件

轴心受拉构件的承载力极限状态是以屈服点为极限,即构件在各种荷载引起的拉力 N 作用下,构件截面上的拉应力 σ 不得超过钢材的屈服点:

$$\sigma = N/A_n \leqslant f \tag{4.1}$$

式中:f——钢材抗拉强度设计值,$f=f_y/\gamma_R$(由附一表1.1查得);

γ_R——钢材的分项系数;

f_y——钢材抗拉强度标准值,即屈服点;

A_n——构件净截面面积。

受拉构件的正常使用极限状态用限制构件的长细比来控制,即

$$\lambda \leqslant [\lambda] \tag{4.2}$$

式中:$[\lambda]$——容许长细比,根据钢结构设计规范的规定采用,列入表4.1。

由表4.1可见,拉杆的容许长细比和所受荷载的性质有关。直接受动力荷载的构件,容许长细比限制较严,承受静荷载或间接承受动力荷载的构件,容许长细比的限制较宽。这就是上节提到过的,对轴心受力构件正常使用极限状态的要求,是控制构件在使用过程中,不产生过大的振动从而受到损害的缘故。

表4.1 受拉构件的容许长细比

项次	构 件 名 称	承受静力荷载或间接承受动力荷载的结构		直接承受动力荷载的结构
		一般建筑结构	有重级工作制吊车的厂房	
1	桁架的杆件	350	250	250
2	吊车梁或吊车桁架以下的柱间支撑	300	200	—
3	其他拉杆、支撑、系杆等(张紧的圆钢除外)	400	350	—

注:对于跨度等于大于60m的桁架,其杆件的长细比限制更严,见钢结构设计规范。

例题4.1 已知一柱间支撑中的受拉杆,计算长度 $l_0 = 6m$,使用荷载引起的拉力300kN(已包括荷载系数)。试选用二等肢角钢组成的截面,用Q235AF钢材。

解:由公式(4.1),需要的截面面积为

$$A_s = N/f = 300 \times 10^3/215 = 1\ 395(mm^2)$$

由角钢规格中查得2L70×5组成T形截面,见图4.3。

$$A = 2 \times 6.875 = 13.75(cm^2) \approx A_s$$

相差仅1.4%,满足要求。

由附三表3.5查得

$$i_x = 2.16cm; i_y = 3.23cm$$

决定于绕 x 轴的刚度。

$\lambda_x = l_0/i_x = 600/2.16 = 278 < [\lambda]$,满足要求(柱间支撑不直接承受动力荷载,由表4.1,$[\lambda] = 300$)。

116

两角钢组成的 T 形拉杆,间隔一定距离需在两角钢之间加一块垫板,把两角钢联系起来。当垫板和角钢间用焊缝相连时,无截面削弱,以上计算成立。但如果垫板与两角钢用 $d = 20mm$ 的螺栓相连,则两角钢上钻有 $d_0 = 21.5mm$ 的孔,角钢截面受到削弱,净截面为

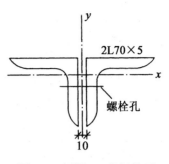

图 4.3 例题 4.1 拉杆截面

$$A_n = A - 2d_0t = 13.75 - 2 \times 2.15 \times 0.5$$
$$= 13.75 - 2.15 = 11.6(\text{cm}^2)$$

式中:$t = 0.5cm$ 是角钢厚度。

拉应力为

$$\sigma = N/A_n = 300 \times 10^3/1\,160 = 259(\text{N/mm}^2) > f$$

超出钢材计算强度 f 达 $16\%(f = 215\text{N/mm}^2)$。

必须加大截面,改选 2L70×6,$A = 16.32\text{cm}^2$。

净截面 $A_n = 16.32 - 2 \times 2.15 \times 0.6 = 16.32 - 2.58 = 13.74(\text{cm}^2)$

$$\sigma = N/A_n = 300 \times 10^3/1\,374 = 218(\text{N/mm}^2) \approx f$$

相差约 1.4%。在工程设计中,相差 ≤5% 是允许的。

长细比不必验算,因改选后截面更大了。

由此例题可见,采用焊接连接比采用螺栓连接节约钢材。

第三节 实腹式轴心受压构件

实腹式轴心受压构件的承载能力极限状态,包括强度承载力(含疲劳强度,参见第二章第二节之四)和稳定承载力,分别按以下公式计算。

强度设计公式同轴心受拉构件(见式(4.1)):

$$\sigma = N/A_n \leqslant f$$

式中:A_n 是净截面面积。当采用焊接构件时,截面无削弱,按全(毛)截面面积 A 计算。

稳定设计公式是以构件的临界应力 σ_{cr} 为极限,则

$$\sigma = N/A \leqslant \frac{\sigma_{cr}}{\gamma_R} \cdot \frac{f_y}{f_y} = \varphi f \tag{4.3}$$

式中:等式右侧分子和分母同乘钢材的屈服点应力 f_y。因为 $\varphi = \sigma_{cr}/f_y$ 称为轴压构件稳定系数,$f = f_y/\gamma_R$ 是钢材的抗压强度设计值,因而得到公式(4.3)。和强度设计公式的不同处,除了以临界应力为极限状态的标准外,在计算截面应力时,用构件的全截面面积,而不用净截面面积。由于临界应力恒小于屈服应力,当采用焊接连接时,截面无削弱,因而轴压构件的承载力主要决定于稳定,只需按公式(4.3)验算稳定承载力,一般不必验算强度。

轴心受压构件的正常使用极限状态,如第一节中已经提到的,要求构件的长细比不超过规定的容许长细比(见式(4.2)):

$$\lambda \leqslant [\lambda]$$

表 4.2 列出了钢结构设计规范对各种受压构件规定的容许长细比值。

表 4.2　　　　　　　　　　　　　　　　受压构件的容许长细比

项次	构　件　名　称	容许长细比
1	柱、桁架和天窗架中的杆件	150
	柱的缀条、吊车梁或吊车桁架以下的柱间支撑	
2	支撑(吊车梁或吊车桁架以下的柱间支撑除外)	200
	用以减少受压构件长细比的杆件	

注:对跨度等于大于 60m 的桁架,长细比限制更严,见钢结构设计规范。

从表中所列值可见,对轴心受压构件容许长细比的规定,比对轴心受拉构件的规定要严格得多。也就是说,对轴心受压构件的刚度要求,比对轴心受拉构件的要求高。这是因为较柔的构件,由于振动或自重产生弯曲对轴心受压构件的影响更大的缘故。

一根理想的轴心受压构件,当轴心压力达其临界应力时,可能以三种屈曲形式丧失稳定,即:弯曲屈曲、扭转屈曲和弯扭屈曲,如图 4.4 所示。以何种形式丧失稳定主要取决于构件的截面形式和长度。

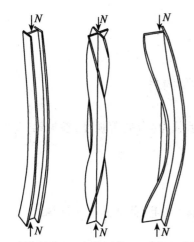

弯曲屈曲时,构件的纵轴线发生弯曲变形;扭转屈曲时,构件各个截面绕着纵轴线产生扭转变形;而弯扭屈曲时,构件既有各个截面绕纵轴的扭转,同时纵轴还产生弯曲。普通钢结构中,轴心受压构件常用的截面为圆形、工字形、H 形、箱形和 T 形等,一般都只发生弯曲屈曲,纯扭转屈曲一般不会发生,弯扭屈曲只有单轴对称截面才能遇到。

下面简要介绍轴心受压构件各种屈曲失稳时,临界应力的确定。

(a)弯曲屈曲 (b)扭转屈曲 (c)弯扭屈曲

图 4.4　轴心受压杆件的屈曲形式

一、弯曲屈曲的临界应力

对于双轴对称的轴心受压杆件,当轴心压力达临界力 N_{cr} 时,杆件将发生微微弯曲,但仍保持平衡,这种状态称为轴心受压杆件的临界状态。这时如果出现一偶然的横向干扰力,杆件将继续发生挠曲,不再能够维持平衡,杆件中部截面所受的轴心压力基本不变,而弯矩不断增加;最后该截面形成偏心塑性铰而破坏,如图 4.5 所示。杆件在临界状态前,保持直杆平衡状态,在到达临界状态时,又保持曲杆平衡状态。这种具有两种平衡状态的稳定问题,称为**第一类稳定问题**[①]。可以根据曲杆的平衡状态,列出平衡微分方程求解其临界力。

在求解杆件的临界力时,采用了下列基本假定:

①杆件为两端铰接的理想实腹式直杆;

②钢材为理想弹性塑性体;

---

①　杆件在临界状态前后只有一种曲杆平衡状态的稳定问题称为第二类稳定问题,如偏心受压杆件。

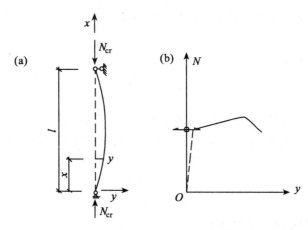

图 4.5　轴心受压杆件的弯曲屈曲

③轴心压力作用于杆件两端,杆件发生弯曲时,轴心压力的方向不变;

④临界状态时,变形很小,可忽略杆件长度的变化;

⑤临界状态时,杆件轴线挠曲成正弦半波曲线,截面保持平面;

⑥忽略剪力对变形的影响。

当轴心压力达临界力 N_{cr} 时,杆件发生微微弯曲,而仍保持平衡状态,如图 4.5(a)所示。截面上产生弯矩和剪力,剪力很小,而忽略之。则杆轴挠曲线的微分方程为

$$\frac{\mathrm{d}^2 y}{\mathrm{d} x^2} = -\frac{M(x)}{EI};$$

因为
$$M(x) = N_{cr} \cdot y$$

令
$$N_{cr}/EI = k^2$$

则可写成
$$\frac{\mathrm{d}^2 y}{\mathrm{d} x^2} + k^2 y = 0$$

这是一个常系数线性二阶齐次微分方程,其通解为

$$y = C_1 \sin kx + C_2 \cos kx$$

式中:C_1 和 C_2 为待定常数,由杆件的边界条件确定。

当 $x = 0$ 时,$y = 0$;当 $x = l_0$ 时,$y = 0$,得

$$C_2 = 0 \quad 及 \quad C_1 \sin kl_0 = 0$$

C_1 不能为 0,则
$$\sin kl_0 = 0$$

由此得
$$kl_0 = n\pi; k = \frac{n\pi}{l_0} (n = 0, 1, 2, \cdots, n)$$

因此
$$k^2 = \frac{n^2 \pi^2}{l_0^2} = \frac{N_{cr}}{EI} \ (\text{当 } n = 1 \text{ 时},为最小值)$$

$$N_{cr} = \frac{\pi^2 EI}{l_0^2} \tag{4.4}$$

这就是两端铰接实腹式轴心受压杆件的临界力计算公式,也即**欧拉公式**。

式中:EI 是杆件截面的抗弯刚度;I 是截面惯性矩。

达临界状态后,压力稍有增加,杆轴挠度就不断增大,直到截面形成塑性铰而破坏,如图4.5(b)所示。破坏是突然发生的,因而构件失稳(或称屈曲),破坏前几乎无变形,达临界状态迅即挠曲而破坏。

由公式(4.4),写成临界应力:

$$\sigma_{cr} = \frac{N_{cr}}{A} = \frac{\pi^2 E}{\lambda^2} \tag{4.5}$$

上式只有当 $\sigma_{cr} \leqslant f_P$(比例极限)时才正确(图4.6(c))。当 $\sigma_{cr} > f_P$ 时,杆件进入弹塑性阶段,也可采用此公式,但应采用弹塑性阶段的切线模量 E_t 取代式中的弹性模量 E。因而**临界应力**可按下式计算:

$$\sigma_{cr} = \frac{\pi^2 E\tau}{\lambda^2} \tag{4.6}$$

式中:$\tau = E_t/E$。切线模量按下式确定:

$$E_t = \frac{(f_y - \sigma)\sigma}{(f_y - f_P)f_P} \cdot E \tag{4.7}$$

以上对临界应力的计算,符合实验结果。

由式(4.6)可见,临界应力和杆件的长细比($\lambda = l_0/i, i = \sqrt{I/A}$)为双曲线关系,见图4.6(b)。这里 l_0 是杆件的计算长度,I 是截面惯性矩,A 是截面面积,i 是杆件截面的回转半径。公式(4.6)是轴心压杆弯曲屈曲临界应力的通式,模量比 τ 在1和0之间变化,当为弹性阶段屈曲时,$\tau = 1$;为弹塑性阶段屈曲时,$\tau < 1$。

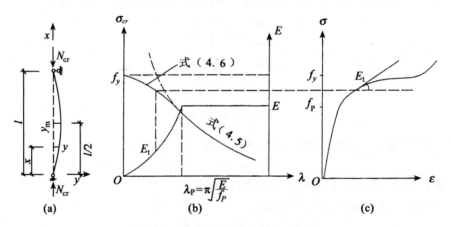

图4.6 轴心受压杆件的 σ_{cr}-λ 关系

杆件截面有两根主轴(x 轴和 y 轴),对此两主轴的临界应力分别为

$$\sigma_{cr,x} = \frac{\pi^2 E\tau}{\lambda_x^2} \text{ 和 } \sigma_{cr,y} = \frac{\pi^2 E\tau}{\lambda_y^2} \tag{4.8}$$

$$\lambda_x = \frac{l_{0x}}{i_x} \text{ 和 } \lambda_y = \frac{l_{0y}}{i_y} \tag{4.9}$$

当对两主轴的长细比不相等时,较大者其临界应力较小,杆件首先在该方向屈曲破坏,即杆件的承载力决定于 λ_x 和 λ_y 中的较大者。

120

当 $\lambda_x = \lambda_y$ 时，$\sigma_{cr,x} = \sigma_{cr,y}$，称为杆件在两主轴方向等稳定。这时，杆件在两个主轴方向的承载力相等，充分发挥了杆件的承载力，这样的设计最为经济合理。对于两个主轴方向的稳定系数不属于同一类的截面，等稳定的条件是 $\varphi_x = \varphi_y$，参见下面本节之四。

写成稳定承载力设计公式

$$\sigma_x = \frac{N}{A} \leqslant \varphi_x f; \quad \sigma_y = \frac{N}{A} \leqslant \varphi_y f \tag{4.10}$$

式中：$\varphi_x = \dfrac{\sigma_{cr,x}}{f_y}$，$\varphi_y = \dfrac{\sigma_{cr,y}}{f_y}$，分别是绕 x 轴和绕 y 轴的稳定系数。

二、扭转屈曲

当轴心受压杆件的抗扭刚度不足，轴心压力达某临界值时，杆件除两端支点外，各截面绕形心轴发生微微扭转而处于平衡状态。这时，如外力稍有增加，杆件截面就继续发生扭转而破坏，这种现象称为轴心压杆的**扭转屈曲**。

当轴心受压杆微微扭转而处于平衡状态时，称为杆件的扭转临界状态，杆件截面的抵抗扭矩和外力扭矩平衡，这时的轴心压力称为杆件的**扭转屈曲临界力**。

图 4.7(a) 所示为杆件处于微扭平衡的临界状态的情况。取相隔 dz 的两相邻截面，它们的扭转角分别为 φ 和 $\varphi + d\varphi$，两截面间的扭角增量为 $d\varphi$，因而两截面间的纵向纤维发生倾斜，如图 4.7(b) 和 (c) 所示。设纤维面积为 dA，所受的轴心压力为 $dN = \sigma dA$。由于纤维发生倾斜，轴心压力产生了横向力 $dV = dN \cdot \tan\alpha \approx dN \dfrac{\rho d\varphi}{dz} = \sigma\rho dA\varphi'$。此横向力对截面形心纵轴 $(z$

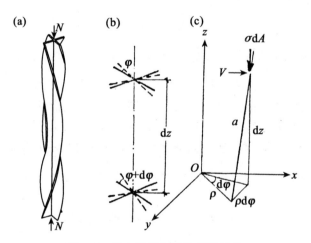

图 4.7 轴心受压杆件的扭转屈曲

轴)形成力矩，这就是外力对截面产生的外扭矩：

$$M_z = \int_A dV \cdot \rho = \sigma\varphi' \int_A \rho^2 dA = \sigma\varphi' I_\rho$$

式中：$I_\rho = I_x + I_y$——截面的极惯性矩。极回转半径 $i_0^2 = \dfrac{I_\rho}{A}$。

故

$$M_z = \sigma A i_0^2 \varphi' = N i_0^2 \varphi' \tag{4.11}$$

对于非圆形的组合杆件,截面的抵抗扭矩包括两部分,即截面纯扭力矩 M_K 和约束扭矩 M_ω。

根据截面保持平面及各截面间的间距不变的假定,圆截面等直杆扭转后,剪应力为

$$\tau_\rho = G\gamma = \frac{G\rho \mathrm{d}\varphi}{\mathrm{d}z}$$

式中:$\gamma = \rho \dfrac{\mathrm{d}\varphi}{\mathrm{d}z}$,为相对剪切角(图4.7(c)及图4.8)。

因而截面的纯扭抵抗力矩为

$$M_K = \int_A \tau_\rho \mathrm{d}A \cdot \rho = \int_A G\varphi'\rho^2 \mathrm{d}A = GI_\rho\varphi' \tag{4.12}$$

对于由几块狭长形板组成的开口薄壁截面,此剪应力沿板件厚度分布不均匀。工字形截面的剪应力分布如图4.9所示。

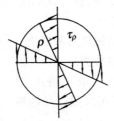

图4.8　圆形截面受扭时的剪力分布

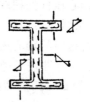

图4.9　工字形截面受扭时的剪应力分布

纯扭抵抗力矩为

$$M_K = GI_t\varphi' \tag{4.13}$$

式中:$I_t = \dfrac{K}{3}\sum_{i=1}^n b_i t_i^3$,为截面的抗扭惯性矩;$b_i$ 和 t_i 分别是每块板的宽度和厚度;系数 K 槽钢为 1.12,工字钢为 1.30,轧制 T 形和 Z 形钢为 1.15,焊接工字钢为 1.0。

非圆形截面杆件,除纯扭抵抗力矩外,由于扭转时,各组成板件相互间对截面翘曲变形存在约束,因而还存在着约束扭转抵抗力矩。图4.10所示为工字形截面轴心受压杆件处于扭转临界状态时截面的扭转 φ 角(微小转角),翼缘板由于受弯而产生挠度 u_1。假设腹板在扭转后没有弯曲变形,可得翼缘板所受弯矩和曲率的关系。因系小变形,$u_1 = \dfrac{h}{2} \cdot \varphi$,故

$$M_1 = -EI_1 \frac{\mathrm{d}^2 u_1}{\mathrm{d}z^2} = -EI_1 \frac{h}{2}\varphi''$$

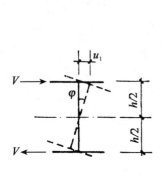

图4.10　截面约束扭转

剪力　　　　　$V = \dfrac{\mathrm{d}M_1}{\mathrm{d}z} = -EI_1\dfrac{h}{2}\varphi'''$

约束扭转抵抗力矩:

$$M_\omega = V \cdot h = -EI_1 \frac{h^2}{2}\varphi''' = -EI_\omega\varphi''' \tag{4.14}$$

式中:$I_\omega = I_1 \dfrac{h^2}{2}$——双轴对称工字形截面的弯曲扭转常数,或称扇性惯性矩;

122

$I_1 = \dfrac{1}{12}b^3 t$ ——翼缘板的惯性矩，b 和 t 分别是翼缘板的宽度和厚度。

外扭矩和截面抵抗扭矩平衡：

$$M_z = M_k + M_\omega$$

即

$$Ni_0^2 \varphi' = GI_t \varphi' - EI_\omega \varphi''' \qquad (4.15)$$

微分一次，得

$$EI_\omega \varphi'''' - (GI_t - Ni_0^2)\varphi'' = 0 \qquad (4.16)$$

这是轴心受压杆件的约束扭转微分方程。解此方程，可得轴心受压杆件的**约束扭转临界力**：

$$N_\omega = \dfrac{\pi^2 EI_\omega}{l_0^2 i_0^2} + \dfrac{GI_t}{i_0^2} \qquad (4.17)$$

临界应力为

$$\sigma_\omega = \dfrac{N_\omega}{A} = \dfrac{\pi^2 EI_\omega}{l_0^2 I_\rho} + \dfrac{GI_t}{I_\rho} \qquad (4.18)$$

以切线模量代替弹性模量，上式也可用于弹塑性阶段，同时假设剪切模量不变。

对于通常采用的工字形和 T 形截面杆件，N_ω 恒大于弯曲屈曲临界力，因而常不考虑杆件的扭转屈曲问题。

三、弯扭屈曲

图 4.11 所示为一单轴对称截面，在轴心压力作用下，绕 x 轴达临界状态失去稳定时，为弯曲屈曲，临界应力为

$$\sigma_{cr,x} = \dfrac{\pi^2 E\tau}{\lambda_x^2}$$

但如果绕 y 轴达临界状态产生微微弯曲时，产生挠度 u，轴心压力 N 乘 u 使杆件受到弯矩 $M = Nu$ 的作用。由此产生了剪力

$$V = \dfrac{dM}{dz} = \dfrac{dNu}{dz} = Nu'$$

此剪力通过截面重心 O。因对 y 轴是不对称截面，弯曲中心位于 B 点，故剪力 V 对 B 点产生一个扭矩：

$$Va = Nau'$$

因此，杆件弯曲扭转后，杆件一共受到的外力扭矩为

$$M_z = Ni_0^2 \varphi' + Nau'$$

而截面的抵抗扭矩前面已经导得为 $M_k + M_\omega$，由此得

$$EI_\omega''' - (GI_t - Ni_0^2)\varphi' + Nau' = 0$$

微分一次

$$EI_\omega^{IV} - (GI_t - Ni_0^2)\varphi'' + Nau'' = 0 \qquad (4.19a)$$

同时，绕 y 轴的弯曲平衡微分方程按下法导得。由材料力学知杆件弯曲时，轴线的弯曲曲率为：

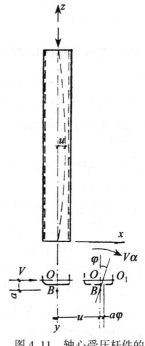

图 4.11　轴心受压杆件的弯扭屈曲

123

$$\frac{1}{\rho(z)} = -\frac{M(z)}{EI_y}$$

而

$$\frac{1}{\rho(z)} \approx \frac{\mathrm{d}^2 u}{\mathrm{d}z^2} = u''$$

且

$$M(z) = N(u + a\varphi)$$

得绕 y 轴的弯曲平衡微分方程

$$EI_y u'' + N(u + a\varphi) = 0$$

微分两次

$$EI_y u^{\mathrm{IV}} + Nu'' + Na\varphi'' = 0 \tag{4.19b}$$

式(4.19a)和式(4.19b)联合求解,得

$$(N_y - N_0)(N_\omega - N_0) - \left(\frac{a}{i_0}\right)^2 N_0^2 = 0 \tag{4.20}$$

式中: $N_y = \dfrac{\pi^2 EA}{\lambda_y^2}$ ——对 y 轴的弯曲屈曲临界力;

$N_\omega = \dfrac{1}{i_0^2}\left(GI_t + \dfrac{\pi^2 EI_\omega}{l_\omega^2}\right)$ ——扭转屈曲临界力;

N_0 ——弯扭屈曲临界力;

$i_0^2 = a^2 + i_x^2 + i_y^2$ ——截面对剪心的极回转半径;

a ——截面形心至剪心的距离(见图4.11);

i_x, i_y ——分别是截面对 x 轴和 y 轴的回转半径。

由式(4.20)可解得弯扭屈曲临界力 N_0 值, N_0 值低于弯曲屈曲和扭转屈曲临界力,且 a/i_0 越大, N_0 值就越小。

四、设计规范对轴心受压杆件稳定承载力的计算规定

以上介绍了轴心受压杆件可能的三种屈曲形式,以及这三种屈曲临界状态时,杆件临界力的确定方法和计算公式。同时还指出,普通钢结构采用的双轴对称截面轴心受压杆件的截面形式,大多决定于弯曲屈曲失稳。所以,钢结构设计规范按照弯曲屈曲来确定轴心受压杆件的稳定承载力。

前面介绍的轴心受压杆件弯曲屈曲临界力的确定,是把杆件看做理想直杆,轴心压力准确作用于截面形心处,这只是一种理想情况。在实际工程中不存在这种理想的轴心受压杆件,杆件轴线不可能绝对直而常带初始弯曲,荷载作用点也不可能绝对地作用于截面形心,而或多或少会有一些偏心。更重要的是杆件中常存在着残余应力。所有这些,都影响着杆件的承载力。

下面介绍这些因素对杆件临界力的影响及设计规范中对轴心压杆稳定承载力的确定方法。

1. 杆件初弯曲和荷载初偏心的影响

图4.12(a)所示为荷载具有初始偏心 e_0 时杆件的临界状态。这实际上属于偏心受压杆件。如果把杆轴挠曲线两端向外延长,和压力 N_{cr} 的作用线相交,可得杆长为 l_1 而荷载为轴心作用的压杆,也就是具有初始偏心 e_0 的杆件等同于长度为 l_1 的轴心受压杆。显然,因 $l_1 > l$,具有初始偏心的杆件的临界力低于无偏心的轴心受压杆件。且偏心越大,临界力下降也越大,如图4.13(a)所示。图中 N_E 是欧拉临界力, $f_{l/2}$ 是杆中点的最大挠度。

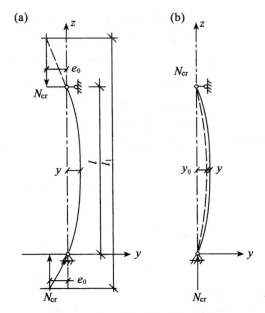

图 4.12　具有初偏心和初弯曲杆件的屈曲

图 4.12(b)所示为轴心受压杆具有初始挠度 y_0 时,达临界状态的情况。由于初始挠度的存在,杆件实际上也是偏心受压。结果和具有初始偏心的情况相同,降低了杆件的临界力,初始挠度越大,临界力下降也越多,如图 4.13(b)所示。

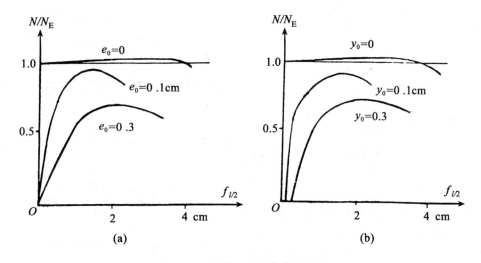

图 4.13　初偏心和初弯曲的影响

2. 残余应力的影响

在第三章中已经介绍过,构件在焊接后将产生自相平衡的残余应力(焊接残余应力)。同样,热轧型钢轧制后,由于不均匀的冷却,也将产生残余应力。此外,构件经火焰切割或冷校正等加工后,也都会在构件中产生残余应力。由此可见,在钢构件中普遍存在着残余应力。

图 4.14 所示为热轧工字钢残余应力的分布情况。

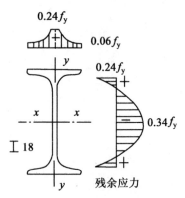

图 4.14 热轧工字钢的
残余应力分布

残余应力对构件强度承载力无影响,因为它本身自相平衡,但对构件的刚度和稳定承载力是有影响的,因为残余应力的压应力部分,在外压力作用下,提前屈服而发展塑性,使截面弹性范围减小,全截面的刚度就下降。同时,将使轴心受压构件达临界状态时,截面由变形模量不同的两部分组成,屈服区 $E=0$,而弹性区模量仍为 E,只有弹性区才能继续承受压力。可以按有效截面的惯性矩 I_e 近似地来计算构件的临界力,即

$$N_{cr} = \frac{\pi^2 E I_e}{l_0^2} = \frac{\pi^2 E I}{l_0^2} \cdot \frac{I_e}{I} = \frac{\pi^2 E I}{l_0^2} m \quad (4.21)$$

相应的临界应力为

$$\sigma_{cr} = \frac{\pi^2 E}{\lambda^2} \cdot m \quad (4.22)$$

式中:$m = I_e/I$ 称为残余应力影响系数。

图 4.15 所示为焊接工字钢残余应力的近似分布。翼缘板两端皆为压应力 σ_c,一般可达 $0.3 f_y$,翼缘板中部为拉应力。为了简化分析,忽略腹板上的残余应力,当轴心压力作用时,受压区首先达到屈服应力 f_y。假设临界状态时,翼缘板中部的弹性范围宽度为 kb,则计算系数 m 值如下:

对 y-y 轴(弱轴)屈曲时:

$$m = I_e/I = \frac{2t(kb)^3/12}{2tb^3/12} = k^3$$

$$\sigma_{cr,y} = \frac{\pi^2 E}{\lambda_y^2} k^3 \quad (4.23)$$

对 x-x 轴(强轴)屈曲时:

$$m = I_e/I = \frac{2t(kb)h^2/4}{2tbh^2/4} = k$$

$$\sigma_{cr,x} = \frac{\pi^2 E}{\lambda_x^2} \times k \quad (4.24)$$

因 $k<1$,得下列结论:

①残余应力的存在降低了轴心受压构件的临界应力,残余应力的分布不同,影响也不同;

②残余应力对轴心受压构件稳定承载力的影响,对弱轴临界力的影响远大于对强轴临界力的影响。

3. 设计规范对轴心受压杆件稳定承载力的计算

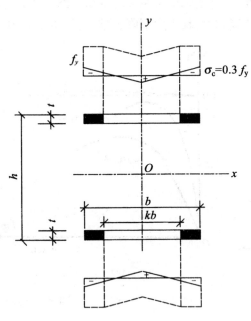

图 4.15 焊接工字钢残余应力的近似分布

根据以上的介绍,真正的轴心受压杆件并不存在,实际构件都具有一些初始缺陷,对构件的稳定承载力有一定的影响,特别是焊接残余应力的影响很大,不能忽视。因此,现行钢结构设计规范对轴心受压构件临界应力的计算,考虑了杆长千分之一的初始挠度,忽略初始偏心,

126

并计入焊接残余应力的影响,根据压溃理论用有限元法计算了在各种残余应力情况下,构件的临界应力。共考虑了 14 种残余应力的分布情况,图 4.16 示出其中的几种。

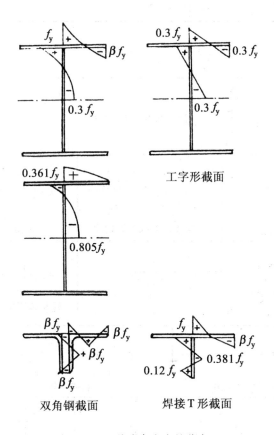

工字形截面

双角钢截面 　　焊接 T 形截面

图 4.16　几种残余应力的分布

确定临界应力后,计入材料抗力分项系数,即得轴心受压构件稳定承载力的设计公式:

$$\sigma = \frac{N}{A} \leqslant \frac{\sigma_{cr}}{\gamma_R} \cdot \frac{f_y}{f_y} = \varphi f$$

式中:$\varphi = \sigma_{cr}/f_y$ 为轴心受压构件稳定系数,可由附二查得,它和构件的长细比 λ 有关;A 是构件的毛截面面积。由于不同钢材的屈服点 f_y 不同,因而应按 $\lambda \sqrt{f_y/235}$ 查 φ 值。

对各种截面形式、不同的加工方法以及 14 种残余应力分布模式,共计算了 96 条 φ-λ 关系曲线,最后按相近的计算结果归纳为 a、b、c 三类。

近年来,在高层建筑钢结构中,组合柱的钢板厚度 $t \geqslant 40mm$,焊接残余应力对柱子临界应力的影响更大,这类截面属 d 类。

表 4.3 和表 4.4 为轴心受压构件的截面分类。

稳定系数的计算公式如下:

当 $\lambda_n = \dfrac{\lambda}{\pi}\sqrt{f_y/E} \leqslant 0.215$ 时:

$$\varphi = 1 - \alpha_1 \lambda_n^2 \tag{4.25a}$$

127

表 4.3　　　**轴心受压构件的截面分类（板厚 $t < 40\text{mm}$）**

截面形式			对 x 轴	对 y 轴
轧制			a类	a类
轧制，$b/h \leqslant 0.8$			a类	b类
轧制，$b/h > 0.8$	焊接，翼缘为焰切边	焊接	b类	b类
轧制		轧制等边角钢		
轧制，焊接(板件宽厚比>20)	轧制或焊接	轧制截面和翼缘为焰切边的焊接截面		
焊接				
格构式		焊接，板件边缘焰切	b类	b类
焊接，翼缘为轧制或剪切边			b类	c类
焊接，板件边缘轧制或剪切	焊接，板件宽厚比≤20		c类	c类

128

当 $\lambda_n > 0.215$ 时：

$$\varphi = \frac{1}{2\lambda_n^2}\left[(\alpha_2 + \alpha_3\lambda_n + \lambda_n^2) - \sqrt{(\alpha_2 + \alpha_3\lambda_n + \lambda_n^2)^2 - 4\lambda_n^2}\right] \tag{4.25b}$$

式中：系数 α_1、α_2、α_3 列入表 4.5 中。

对应于 $\lambda\sqrt{f_y/235}$ 的稳定系数见附二表 2.1~表 2.4，可直接查用。

表 4.4　　　　　　　　　　**轴心受压构件的截面分类(板厚 $t \geqslant 40\text{mm}$)**

截 面 形 式		对 x 轴	对 y 轴
轧制工字形或 H 形截面	$t < 80\text{mm}$	b 类	c 类
	$t \geqslant 80\text{mm}$	c 类	d 类
焊接工字形截面	翼缘为焰切边	b 类	b 类
	翼缘为轧制或剪切边	c 类	d 类
焊接箱形截面	板件宽厚比>20	b 类	b 类
	板件宽厚比≤20	c 类	c 类

表 4.5　　　　　　　　　　**系数 α_1、α_2、α_3**

截面类别		α_1	α_2	α_3
a 类		0.41	0.986	0.152
b 类		0.65	0.965	0.300
c 类	$\lambda_n \leqslant 1.05$	0.73	0.906	0.595
	$\lambda_n > 1.05$		1.216	0.302
d 类	$\lambda_n \leqslant 1.05$	1.35	0.868	0.915
	$\lambda_n > 1.05$		1.375	0.432

(1)截面为双轴对称的构件

$$\lambda_x = l_{0x}/i_x; \quad \lambda_y = l_{0y}/i_x \tag{4.26}$$

式中：l_{0x}, l_{0y}——构件对主轴 x 和 y 的计算长度；

i_x, i_y——构件截面对主轴 x 和 y 的回转半径：

$$i_x = \sqrt{I_x/A}; \quad i_y = \sqrt{I_y/A} \tag{4.27}$$

根据 λ_x 和 λ_y，由附二可查得 φ_x 和 φ_y 值。设计时，首先应确定截面形式，由表 4.3 及表 4.4 查得截面所属类别，然后才能按 $\lambda_x\sqrt{f_y/235}$ 和 $\lambda_y\sqrt{f_y/235}$ 查得稳定系数；由 φ_x 和 φ_y 中的

较小值进行设计。

为了提高轴心受压构件的稳定承载能力,应使长细比 λ_x 和 λ_y 较小。由式(4.26),即要求计算长度较小或回转半径较大。将构件两端由铰接变为嵌固端,或在杆件中间加支撑,都可减小构件的计算长度,这是改变轴心受压构件的外部条件来达到提高承载力的目的。从增大截面回转半径的角度出发,则应选择薄板组成的开展截面,即用相同的钢材面积组成惯性矩更大的截面。采用这些方法,就可节约钢材。

设计轴心受压构件时,除应满足承载能力极限状态的要求外,尚应满足正常使用极限状态的要求,要求构件的长细比不得超过设计规范规定的容许长细比:

$$\lambda_x \leqslant [\lambda] \text{ 及 } \lambda_y \leqslant [\lambda] \tag{4.28}$$

十字形截面虽属双轴对称截面,因其抗扭能力较差。当构件的长细比不大而组成的板件的宽厚比很大时,将发生扭转屈曲。为了保证十字形截面轴压构件的承载力由弯曲屈曲控制,应限制 λ_x 或 λ_y 不得小于 $5.07b/t$,b 和 t 是悬伸板件的宽度和厚度。

(2)截面为单轴对称截面

如图 4.17 所示的单轴对称截面,$y\text{-}y$ 轴为对称轴,$x\text{-}x$ 轴为非对称轴。这类轴心受压构件绕非对称轴($x\text{-}x$)屈曲为弯曲屈曲,由 $\lambda_x = l_{0x}/i_x$ 查稳定系数 φ_x,计算构件的承载力。

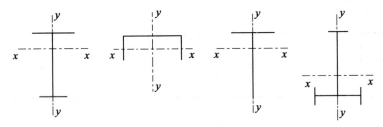

图 4.17　单轴对称截面

当绕对称轴($y\text{-}y$)屈曲时,因截面的重心与弯曲中心不重合,将以弯扭屈曲失稳。前面已经导得轴心受压构件的弯扭屈曲临界力 N_0(见式(4.20)),将 N_{yz}、N_ω 代入,可导得考虑构件弯扭屈曲时对 y 轴弯曲屈曲临界力的换算长细比:

$$\lambda_{yz} = \frac{1}{\sqrt{2}} \left[(\lambda_y^2 + \lambda_z^2) + \sqrt{(\lambda_y^2 + \lambda_z^2)^2 - 4(1 - a^2/i_0^2)\lambda_y^2\lambda_z^2} \right]^{1/2} \tag{4.29}$$

$$\lambda_z^2 = i_0^2 A/(I_t/25.7 + I_\omega/l_\omega^2) \tag{4.30a}$$

$$i_0^2 = a^2 + i_x^2 + i_y^2 \tag{4.30b}$$

式中:λ_y——构件对对称轴的长细比;

$\quad\lambda_z$——扭转屈曲的长细比;

$\quad i_0$——截面对剪心的极回转半径;

$\quad I_t$——毛截面抗扭惯性矩,$I_t = \dfrac{K}{3} \sum\limits_{i=1}^{n} b_i t_i^3$(参见公式(4.13));

$\quad I_\omega$——毛截面扇性惯性矩,对 T 形截面(轧制、双板焊接、双角钢组合)、十字形截面和角形截面可近似取 $I_\omega = 0$;

$\quad A$——毛截面面积;

130

l_ω——扭转屈曲的计算长度,对两端铰接端部截面可自由翘曲或两端嵌固端截面的翘曲完全受到约束的构件,取 $l_\omega = l_{0y}$。

设计时,根据换算长细比按弯曲屈曲查轴压稳定系数,进行稳定承载力的计算。

同时,换算长细比不得超过容许长细比。

(3)单角钢和双角钢组合 T 形截面换算长细比的简化计算

对于单角钢及由角钢组合的 T 形截面,由于回转半径、剪心位置和抗扭惯性矩等和截面尺寸都有一些近似关系,因而对对称轴的换算长细比 λ_{yz},式(4.29)可进行简化,得下列关系:

(i)等边单角钢对 y 轴(图 4.18(a))

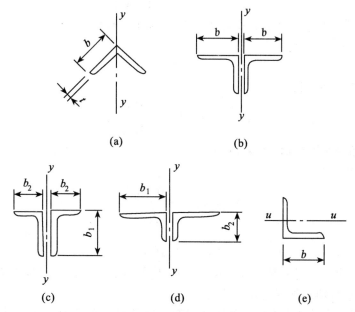

图 4.18 单角钢和双角钢组合 T 形截面

当 $b/t \leqslant 0.54 l_{0y}/b$ 时:

$$\lambda_{yz} = \lambda_y \left(1 + \frac{0.85b^2}{l_{0y}^2 t^2} \right) \tag{4.31a}$$

当 $b/t > 0.54 l_{0y}/b$ 时:

$$\lambda_{yz} = 4.78 \frac{b}{t} \left(1 + \frac{l_{0y}^2 t^2}{13.5b^4} \right) \tag{4.31b}$$

式中:b、t——分别是角钢肢的宽度和厚度。

(ii)等边双角钢截面对 y 轴(图 4.18(b))

当 $b/t \leqslant 0.58 l_{0y}/b$ 时:

$$\lambda_{yz} = \lambda_y \left(1 + \frac{0.475b^4}{l_{0y}^2 t^2} \right) \tag{4.32a}$$

当 $b/t > 0.58 l_{0y}/b$ 时:

$$\lambda_{yz} = 3.9 \frac{b}{t}\left(1 + \frac{l_{0y}^2 t^2}{18.6 b^4}\right) \tag{4.32b}$$

(iii)长肢相并的不等边双角钢截面对 y 轴(图4.18(c))

当 $b_2/t \leqslant 0.48 l_{0y}/b_2$ 时:

$$\lambda_{yz} = \lambda_y\left(1 + \frac{1.09 b_2^4}{l_{0y}^2 t^2}\right) \tag{4.33a}$$

当 $b_2/t > 0.48 l_{0y}/b_2$ 时:

$$\lambda_{yz} = 5.1 \frac{b_2}{t}\left(1 + \frac{l_{0y}^2 t^2}{17.4 b_2^4}\right) \tag{4.33b}$$

(iv)短肢相并的不等边双角钢截面对 y 轴(图4.18(d))

当 $b_1/t \leqslant 0.56 l_{0y}/b_1$ 时:

$$\lambda_{yz} = \lambda_y \tag{4.34a}$$

当 $b_1/t > 0.56 l_{0y}/b_1$ 时:

$$\lambda_{yz} = 3.7 \frac{b_1}{t}\left(1 + \frac{l_{0y}^2 t^2}{52.7 b_1^4}\right) \tag{4.34b}$$

(v)等边单角钢对平行轴(图4.18(e))

当 $b/t \leqslant 0.69 l_{0u}/b$ 时:

$$\lambda_{uz} = \lambda_u\left(1 + \frac{0.25 b^4}{l_{0u}^2 t^2}\right) \tag{4.35a}$$

当 $b/t > 0.69 l_{0u}/b$ 时:

$$\lambda_{uz} = 5.4 b/t \tag{4.35b}$$

式中 $\lambda_u = l_{0u}/i_u$; l_{0u} 为构件对 u 轴的计算长度; i_u 是构件截面对 u 轴的回转半径。

等边角钢对平行轴的稳定属 b 类截面。

设计时,根据换算长细比查稳定系数进行对 y 轴的稳定承载力验算。对 x 轴仍按弯曲屈曲的 λ_x 查稳定系数计算。同理,换算长细比不得超过容许长细比。

应该指出的是,在桁架结构和支撑体系中,有时用单角钢作轴心压杆,如图4.18(e)所示。由于杆件系双向偏心受力,规范规定钢材和连接的强度设计值应乘以小于1的折减系数如下:

等边角钢　　　　 0.6+0.0015λ 且<1.0;

短边相连的不等边角钢　　　0.5+0.0025λ 且<1.0;

长边相连的不等边角钢　　　0.7

这时,不考虑弯扭效应,直接按长细比查稳定系数 φ ,验算稳定承载力。

例题4.2 已知桁架中的上弦杆,杆力为压力 $N = 1\,350kN$;两主轴方向的计算长度分别为 $l_{0x} = 300cm$, $l_{0y} = 600cm$ (图4.19)。试选两个不等边角钢以短边相连的 T 形截面,钢材用 Q235AF。

解:截面对 x 轴和对 y 轴皆属 b 类(表4.3)。

先由对 x 轴的稳定计算,由式(4.3)得

$$\sigma = N/A \leqslant \varphi f$$

式中含有两个未知数 A 和 φ 。应先假设其中之一才能求解,一般都假设构件长细比。常假设 λ 在 60~100 之间。现假设 $\lambda = 80$,截面属 b 类,由附二表2.1查得 $\varphi = 0.688$,由上式得需要的

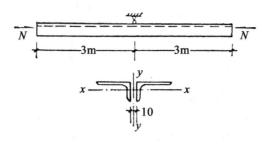

图 4.19 例题 4.2 图

截面面积:

$$A_s = \frac{N}{\varphi f} = \frac{1\ 350 \times 10^3}{0.688 \times 215} = 9\ 127(\text{mm}^2) = 91.3(\text{cm}^2)$$

由长细比计算公式(4.26),得要求的截面回转半径分别为

$$i_{xs} = \frac{l_{0x}}{\lambda_x} = \frac{300}{80} = 3.75(\text{cm})$$

$$i_{ys} = \frac{l_{0y}}{\lambda_y} = \frac{600}{80} = 7.5(\text{cm})$$

根据 A_s 和 i_{xs}、i_{ys},查角钢规格表,发现没有同时符合三个条件的规格。可选和这些要求比较接近的角钢规格。

设选择 2L200×125×16 组成短边相连的 T 形截面,角钢间节点板厚取 10mm。由附三表 3.5 中查得 A = 99.48cm² > A_s, i_x = 3.52cm < i_{xs}, i_y = 9.62cm > i_{ys}。

验算:

$$\lambda_x = \frac{300}{3.52} = 85 < [\lambda] = 150$$

对 y 轴应由式(4.34)计算换算长细比

$$b_1/t = 200/16 = 12.5 < 0.56 l_{0y}/b_1 = 0.56 \times 6\ 000/200 = 16.8$$

$$\lambda_{yz} = \lambda_y = 600/9.62 = 62 < [\lambda]$$

截面属于 b 类,查附二表 2.1,按 $\lambda_x = 85$,$\varphi_x = 0.655$,

$$\sigma = \frac{N}{A} = \frac{1\ 350 \times 10^3}{9\ 948} = 136(\text{N/mm}^2)$$

而 $\varphi_x f = 0.655 \times 215 = 141(\text{N/mm}^2)$。

从本例计算结果可见,所选截面的承载力决定于绕 x 轴的 $\varphi_x f$,而绕 y 轴的稳定承载力 $\varphi_y f A = 0.799 \times 200 \times 9\ 948 \times 10^{-3} = 1\ 590(\text{kN})$,超过计算内力 1 350kN 达 15%,并未达到对 x 轴和 y 轴等稳定的要求,这是受到角钢规格限制的缘故,由读者另选截面并进行验算。

例题 4.3 有一轴心受压实腹式柱,已知 $l_{0x} = 6\text{m}$,$l_{0y} = 3\text{m}$,设计轴心压力 N = 1 300kN,采用 Q235B 钢。试选:(1)轧制工字钢;(2)用三块钢板焊成的工字形截面,并比较两种设计结果。见图 4.20。

解:假设 $\lambda = 100$,按 b 类截面查得稳定系数 $\varphi = 0.555$。需要的截面面积和回转半径如下:

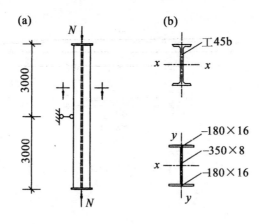

图 4.20　例题 4.3 图

$$A_s = \frac{N}{\varphi f} = \frac{1\ 300 \times 10^3}{0.555 \times 215} = 10\ 895(\text{mm}^2)$$

$$i_{xs} = l_{0x}/\lambda = 600/100 = 6(\text{cm})$$

$$i_{ys} = l_{0y}/\lambda = 300/100 = 3(\text{cm})$$

（1）选轧制工字钢

由型钢规格表（附三表 3.1）取型号为 45b，$A = 111\text{cm}^2$，$i_x = 17.4\text{cm}$，$i_y = 2.84\text{cm}$；$b/h = 152/450 = 0.338 < 0.8$，对 x 轴属 a 类截面，对 y 轴则属 b 类截面。

验算：

$$\lambda_x = \frac{l_{0x}}{i_x} = \frac{600}{17.4} = 34$$

$$\lambda_y = \frac{l_{0y}}{i_y} = \frac{300}{2.84} = 106 < [\lambda]$$

$$\varphi_y = 0.517(\text{b 类})$$

$$\sigma = \frac{N}{A} = \frac{1\ 300 \times 10^3}{11\ 100} = 117(\text{N/mm}^2)$$

$$\varphi_y f = 0.517 \times 215 = 111(\text{N/mm}^2)$$

σ 与 $\varphi_y f$ 间相差 5%，允许，认为满足要求。

（2）选焊接工字钢

根据截面轮廓尺寸和回转半径的近似关系（见附四），$i_x = 0.43h$，$i_y = 0.24b$。确定所选截面的高度和宽度，仍假设 $\lambda = 100$，需要的截面高度和宽度分别为

$$h_s = i_x/0.43 = 6/0.43 = 14(\text{cm})$$

$$b_s = i_y/0.24 = 3/0.24 = 12.5(\text{cm})$$

根据 h_s、b_s 和 $A_s = 10\ 895\text{mm}^2$，组成截面如图 4.20 所示。以上要求的 h_s 和 b_s 只供参考。如能达到要求，所选截面可接近对 x 轴和对 y 轴的等稳定要求，但这样的截面 h 太小而 b 又相对太宽，制造困难。因而结合生产实际，常常加大截面高度，而使宽度接近 b_s。选择截面如图 4.20

134

所示。

验算所选截面：

$$A = 2 \times 1.6 \times 18 + 0.8 \times 35 = 85.6(\text{cm}^2), \quad i_x = 16.1\text{cm}, i_y = 4.3\text{cm}$$

$$\lambda_x = \frac{l_{0x}}{i_x} = \frac{600}{16.1} = 37, \quad [\lambda] = 150$$

$$\lambda_y = \frac{l_{0y}}{i_y} = \frac{300}{4.3} = 70 < [\lambda], \quad \varphi_y = 0.751(\text{b 类})(\text{翼缘为火焰切割边})$$

$$\sigma = \frac{N}{A} = \frac{1\,300 \times 10^3}{8\,560} = 152(\text{N/mm}^2) \approx \varphi_y f = 0.751 \times 215 = 161(\text{N/mm}^2)$$

（3）比较

轧制工字钢 $A = 111\text{cm}^2$；焊接工字钢 $A = 85.6\text{cm}^2$，节省钢材

$$g = \frac{111 - 85.6}{111} \times 100\% = 22.9\%$$

五、实腹式轴心受压构件的局部稳定

实腹式轴心受压组合构件，常采用钢板组成工字形和箱形截面等。为了节约钢材，应尽可能采用宽展的截面，用尽可能少的材料，获得尽可能大的截面惯性矩，因而，截面常用薄钢板组成。但如这些板件过薄，在均布压应力作用下，可能先于构件整体屈曲而发生局部屈曲失稳，如图 4.21 所示。这种现象称为组成截面的板件丧失稳定，或称局部失稳。虽然，局部板件失稳不像构件整体丧失稳定那样危险，但由于截面中某个板件失稳而退出工作后，将使截面的有效承载面积减小，同时还使截面变得不对称，将促使构件整体发生破坏。因而，组成实腹式截面的板件的局部稳定也必须得到保证，它也属于构件承载能力极限状态的一部分。

1. 薄板稳定的基本概念

众所周知，杆件受压时，承载力主要决定于稳定，因而稳定问题总是由于受压而引起的。对于板件来说也是如此，当沿着板边有压力作用时，其承载力也常决定于稳定。

图 4.22(a) 表示四边简支的矩形薄板（图中虚线表示简支边），上、下边缘受相向的分布压力作用，此分布压力作用于板厚度的中面内而处于平衡状态，属于平面稳定平衡状态。当压力达临界值 $N_{cr} = \sigma_{cr} \cdot t(\text{N/mm})$ 时，薄板由平面稳定平衡状态转变为微微挠曲的曲面稳定平衡状态，这就是板的临界状态。图中环形曲线代表板挠曲后的等高线。

图 4.22(b) 是板单边受分布压力作用时的临界状态，这时板的挠曲部分偏于压力作用一边。

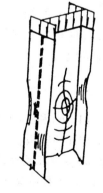

图 4.21　实腹式柱的局部
失稳现象

图 4.22(c) 是薄板四边受剪力作用的情况。主应力是两对角线方向，一个对角线方向为拉力，另一方向则为压力。当压力达临界值时，将使薄板发生菱形挠曲而失稳屈曲，这时板边的剪应力称为临界剪应力 τ_{cr}。

薄板稳定问题和压杆类似，存在两种稳定平衡状态：平面稳定平衡状态和曲面稳定平衡状态，因而也属于第一类稳定问题。临界状态的定义是：薄板由平面稳定平衡状态转变为曲面稳

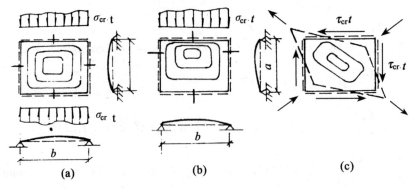

图 4.22　薄板的屈曲

定平衡状态。和轴心受压杆件一样,只要列出临界状态时板的曲面平衡微分方程,就可解出临界力值,也可应用近似的能量法求得近似解。

下式为简支矩形板在各种荷载(受压、受弯和受剪)作用下的临界力的通用表达式:

$$N_{cr} = k \frac{\pi^2 D}{b^2} \quad (\text{N/mm}) \tag{4.36}$$

式中: $D = \dfrac{Et^3}{12(1-\nu^2)}$ ——板的柱面刚度;

　　　E ——钢材的弹性模量;

　　　t ——薄板的厚度;

　　　ν ——钢材的泊松比;

　　　b ——受压时为受载边的边长,受剪时为矩形板的短边边长;

　　　k ——薄板的屈曲系数,和荷载种类、荷载分布状况以及薄板的边长比例等有关。

式(4.36)和轴心受压杆的欧拉公式相似。同式(4.4)对照,D 对应于 EI,b 对应于 l_0,这里多一个屈曲系数 k,和薄板的受荷状况等有关。

临界应力

$$\sigma_{cr} = \frac{N_{cr}}{t} = k \frac{\pi^2 E}{12(1-\nu^2)} \left(\frac{t}{b} \right)^2 \quad (\text{N/mm}^2) \tag{4.37}$$

式(4.36)和式(4.37)不仅适用于四边简支板,也适用于三边简支一边自由的板,前者如组合梁和柱的腹板,后者如组合截面的翼缘板。

2. 轴心受压构件的局部稳定

(1)工字形和 H 形截面　图 4.23 所示为工字形截面的轴心受压构件。翼缘板和腹板互相支承,两端的加劲肋(或盖板)是腹板和翼缘板另一方向的边的支承。因而腹板属四边支承板,半个翼缘板属三边简支一边自由板。

图 4.24 所示为腹板和翼缘板达临界状态发生屈曲的状态。腹板如图 4.24(a)所示,是一块四边支承板,在 $x=0$ 和 $x=a$ 两边受均布压力 $\sigma_{cr} t_w$ 的作用,这两边是构件端部的加劲肋或盖板,它们的刚度不大,对腹板只起简支边的作用。在 $y=0$ 和 $y=b$ 的两边分别和翼缘板相连,翼缘板在平面外的刚度较大,对腹板有一定的嵌固作用,属于弹性嵌固。

达到临界状态时,腹板沿横向(y 方向)出现一个半波,而在纵向(x 方向)随板长的增加而

136

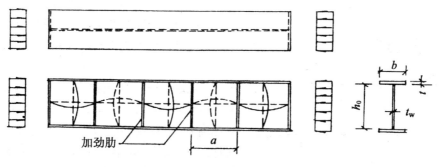

图 4.23　实腹式工字形柱

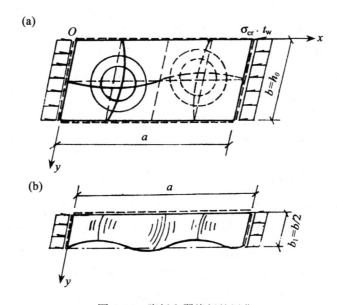

图 4.24　腹板和翼缘板的屈曲

可能出现若干个半波。不考虑翼缘板对腹板的弹性嵌固作用时,板的屈曲系数为

$$k = \left(m \frac{b}{a} + \frac{a}{bm} \right)^2$$

式中:m——沿板纵向(顺荷载作用的 x 方向)出现的半波数,应为正整数。

屈曲系数 k 和板的边长比例 a/b 有关,见图 4.25。板的挠曲为正方形 $a/b = 1$ 时,出现一个半波($m = 1$);$a/b = 2$ 时,两个半波 $m = 2$,等等。当 $a/b > 1$ 时,板虽挠曲几个半波,但系数 k 基本为常数;只有当 $a/b < 1$ 时,才能使临界应力提高。要使 $a/b < 1$,需设置较多的横向加劲肋,并不经济。通常都不设加劲肋,腹板的长宽比 a/b 大于 1,因而取 $k_{min} = 4$,同时考虑到翼缘板对腹板的弹性嵌固作用。经理论分析,屈曲系数可提高 30%,这样腹板的临界应力由式(4.37)决定:

$$\sigma_{cr} = 1.3 \times 4 \frac{\pi^2 E \sqrt{\eta}}{12(1 - \nu^2)} \left(\frac{t_w}{h_0} \right)^2 \tag{4.38}$$

137

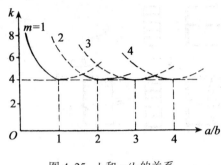

图 4.25　k 和 a/b 的关系

式中:t_w 和 h_0 分别是腹板的厚度和宽度(高度)。

η 是进入弹塑性状态的弹性模量折减系数:

$$\eta = 0.1013\lambda^2(1 - 0.0248\lambda^2 f_y/E)f_y/E \tag{4.39}$$

由式(4.38)可见,要想提高腹板的临界应力只有两种方法:一是加大板厚 t_w,二是减小 h_0。减小 h_0 对提高 σ_{cr} 很有效,方法是在腹板中央设置一道纵向加劲肋,使 h_0 减小一半,σ_{cr} 可提高到原来的 4 倍。然而,这样做也不经济,通常都采用一定厚度的腹板来提高临界应力以保证稳定。但究竟要把临界应力提高到什么程度为合适? 设计规范按照等稳定设计的原则,根据腹板局部稳定的临界应力等于轴心受压构件整体稳定临界应力的条件,来确定腹板需要的厚度。即令式(4.38)腹板局部屈曲的临界应力等于轴心受压构件整体的临界应力 φf_y。把附二中的 φ 值代入,可得到 h_0/t_w 与 λ 的关系(式中 ν 取 0.3)。此关系为非线性的,为了使用方便,近似地取为线性关系:

$$h_0/t_w \leqslant (25 + 0.5\lambda)\sqrt{235/f_y} \tag{4.40}$$

式中:λ——构件对两个主轴方向的较大的长细比(当 $\lambda < 30$ 时,取 $\lambda = 30$;当 $\lambda > 100$ 时,取 $\lambda = 100$);

f_y——构件所用钢材的屈服点(N/mm^2);

$\sqrt{235/f_y}$——不同钢材的换算。

设计时,如构件的实际应力小于临界应力,即 $\sigma < \varphi f$,可采用更薄一些的腹板。只需把公式(4.40)算得的 h_0/t_w 值乘以 $\sqrt{\varphi f/\sigma}$ 即可。

腹板虽是翼缘板的一个支承边,但它在平面外的刚度很小,因而对翼缘板无嵌固作用。可将一半翼缘板的受力状况简化为三边简支、一边自由的均匀受压板,如图 4.24(b)所示。它的屈曲系数为

$$k = 0.425 + (b_1/a)^2 \tag{4.41}$$

式中:a——纵向边的长度;

b_1——荷载边的宽度,即翼缘板宽度之半。

a 一般大于 b_1,a 往往是构件的长度。按最不利情况考虑,取 $a/b_1 = \infty$,则 $k = 0.425$。

翼缘板的临界应力为

$$\sigma_{cr} = 0.425 \frac{\pi^2 E\sqrt{\eta}}{12(1 - \nu^2)}\left(\frac{t}{b_1}\right)^2 \tag{4.42}$$

为了提高翼缘板的临界应力,并充分利用它的承载力,合理的办法是采用一定的厚度来保证它的稳定。和腹板一样,使翼缘板的临界应力等于构件的临界应力。令式(4.42)等于 φf_y,式中取 $\nu = 0.3$,即可导出符合等稳定要求的翼缘板宽厚比。同样,把所得的较复杂的公式简化后得下式:

$$b_1/t \leqslant (10 + 0.1\lambda)\sqrt{235/f_y} \tag{4.43}$$

式中:构件长细比 λ 的规定同式(4.40)。

138

（2）箱形截面　箱形截面的轴心受压构件腹板的临界应力仍用式（4.37）计算。由于它的翼缘板常比工字形截面中的翼缘板薄些，因而偏安全计不考虑翼缘板对腹板的嵌固作用。

$$\sigma_{cr} = 4\frac{\pi^2 E\sqrt{\eta}}{12(1-\nu^2)}(\frac{t_w}{h_0})^2 \tag{4.44}$$

同理，根据与构件整体等稳定条件，导得 h_0/t_w 与 λ 的关系。为方便计，规范取定值：

$$h_0/t_w \leqslant 40\sqrt{235/f_y} \tag{4.45}$$

翼缘板的中间部分 b_0 和它的腹板一样，也属于四边简支的均匀受压板。同理，宽厚比的要求为

$$b_0/t \leqslant 40\sqrt{235/f_y} \tag{4.46}$$

翼缘板的悬伸部分和工字形截面的悬伸翼缘板完全相同，属三边简支、一边自由的均匀受压板。和受弯构件的受压翼缘一样，按翼缘板的压应力达钢材屈服点 $0.95f_y$ 确定 $b_1/t \leqslant 15\sqrt{235/f_y}$，如考虑塑性发展，则

$$b_1/t \leqslant 13\sqrt{235/f_y} \tag{4.47}$$

参看图 4.26。

（3）T 形截面（图 4.26(c)）　焊接 T 形截面中的腹板和翼缘板都属于三边简支、一边自由的均匀受压板，都根据板件临界应力和构件整体稳定临界应力相等的等稳定条件，来确定宽厚比：

$$h_0/t_w \leqslant (13+0.17\lambda)\sqrt{235/f_y} \tag{4.48a}$$

$$b_1/t \leqslant (10+0.1\lambda)\sqrt{235/f_y} \tag{4.49}$$

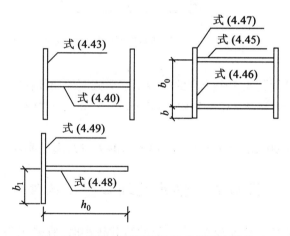

图 4.26　各种截面局部稳定对板厚的要求

对于热轧 T 字形截面（热轧剖分 T 形钢）：

$$h_0/t \leqslant (15+0.2\lambda)\sqrt{235/f_y} \tag{4.48b}$$

上述工字形（H 形）、箱形和 T 形截面，都采用一定的板厚来保证其局部稳定，使其临界应力和整体稳定的临界应力相等。这些都是用增加板厚来保证稳定的方法。在一些截面高度较大的柱子中，腹板高度 h_0 较大，根据等稳定条件来确定腹板的厚度，有时也比较厚，显得不够经济。遇到这种情况，如经计算认为合理时，可在腹板中央沿腹板全长设置一根纵向加劲肋，

139

这样,式(4.38)和式(4.44)中的 h_0 减小一半,σ_{cr} 可大大提高,腹板厚度就可大为减小。

当设置纵向加劲肋也不经济时,也可采用很薄的腹板,任凭 t_w 不满足式(4.40)和式(4.45)的要求而失稳。这时,认为腹板不参加工作,只考虑边缘各 $20t_w\sqrt{235/f_y}$ 的部分截面参加承受荷载来计算,如图 4.27 所示。这 $20t_w$ 宽的腹板属三边简支、一边自由的均匀受压板,前面已经导得保证稳定的宽厚比是 $15t_w\sqrt{235/f_y}$,此处取了 $20t_w\sqrt{235/f_y}$,这是考虑到翼缘板对腹板的嵌固作用的缘故。

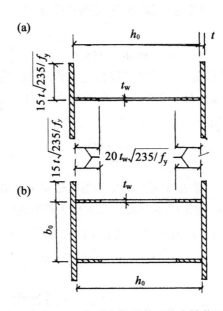

图 4.27　工字形和箱形截面的有效截面

例题 4.4　试验算例题 4.3 中选定的焊接工字形截面的局部稳定。

解:(1)腹板 $h_0/t_w=350/8=43.75$,由式(4.40),$25+0.5\lambda=25+0.5\times70=60$,$h_0/t_w<60$,满足要求;

(2)翼缘板　$b_1/t=90/16=5.6<(10+0.1\lambda)=10+7=17$,满足要求。

第四节　格构式轴心受压构件

当轴心受压构件或柱的长度较大,或所受的荷载较小时,宜采用格构式截面。图 4.28 所示为轴心受压构件常用的格构式截面形式,有双肢、三肢和四肢等。对于这些截面的轴心受压构件,只能产生**弯曲屈曲**。

格构式构件由柱肢和缀材组成。通过柱肢的轴称为实轴,通过缀材平面的轴称为虚轴。三肢和四肢截面的两根主轴都是虚轴。

第三节之一在推导实腹式轴心受压构件的弯曲屈曲临界力时,忽略了临界状态时,剪力对变形的影响。这是因为实腹式构件在微微弯曲的临界平衡状态时,产生的剪力由腹板承受,此剪力不大,而腹板的剪切刚度又很大,使腹板产生的剪切变形就很小,因此可以忽略不计。但对于由缀材组成的格构式截面,此剪力将引起缀材产生变形,变形较大不能忽略。因而在求解临界力

140

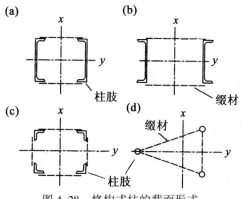

图 4.28　格构式柱的截面形式

时,必须计入剪切变形。考虑临界状态的剪切变形后,构件的临界力降低了,相当于长细比增大了,因此,对格构式轴心受压构件,虚轴的临界力,应采用换算长细比来计算稳定承载力。

构件对实轴屈曲时(图 4.28(a)、(b)中的 y 轴)和实腹式截面一样,可忽略剪切应变的影响,即

$$N_{\mathrm{cr},y} = \frac{\pi^2 E \tau I_y}{l_{0y}^2} \tag{4.50}$$

$$\sigma_{\mathrm{cr},y} = \frac{\pi^2 E \tau}{\lambda_y^2} \tag{4.51}$$

对虚轴屈曲时(图 4.28(a)、(b)中的 x 轴,(c)、(d)中的 x 轴和 y 轴),不能忽略剪切应变的影响,这时有:

$$N_{\mathrm{cr},x} = \frac{\pi^2 E \tau I_x}{(\mu l_{0x})^2} \tag{4.52}$$

$$\sigma_{\mathrm{cr},x} = \frac{\pi^2 E \tau}{(\mu \lambda_x)^2} = \frac{\pi^2 E \tau}{\lambda_{0x}^2} \tag{4.53}$$

式中:λ_{0x}——对虚轴 x 的换算长细比。

$$\mu = \sqrt{1 + \frac{\pi^2 E \tau I_x}{l_{0x}^2} \gamma_1} \tag{4.54}$$

式中:μ 称为格构式受压构件计算长度放大系数,取决于构件弯曲屈曲时的单位剪切角 γ_1,与所用缀材体系有关。图 4.29 示出常用的两种缀材体系。图 4.29(a)称为缀条式(也称斜腹杆式),缀条和柱肢铰接组成平行弦桁架体系;图 4.29(b)称为缀板式(也称平腹杆式),缀板和柱肢固接,和柱肢组成多层刚架体系。

现以双肢柱为例,介绍计算长度放大系数 μ 的确定方法。

一、双肢缀条式柱

缀条式柱常用三角式的缀条体系(图 4.30)。图 4.30(a)示出柱处于临界状态微微弯曲的情况。由于弯曲而产生剪力,图 4.30(b)取一个节间,确定在单位剪力 $V = 1$ 作用下产生的

剪切角 γ_1。有两个缀条面,每个缀条面受 $V_1 = 1/2$ 剪力作用,产生相对剪切位移 Δ。

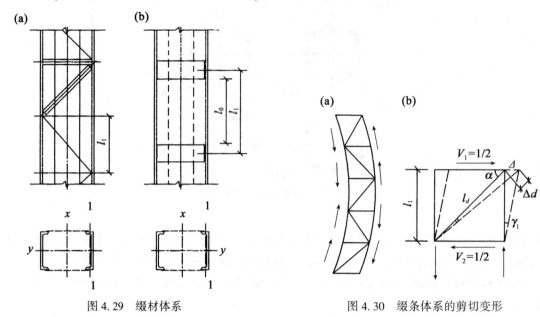

图 4.29　缀材体系　　　　　　　　　图 4.30　缀条体系的剪切变形

由图得　$\tan\gamma_1 = \Delta/l_1$,因 γ_1 角很小,可取:

$$\gamma_1 = \Delta/l_1 = \Delta d/(l_1\cos\alpha)$$

斜杆在 $V_1 = 1/2$ 作用下产生的拉力为

$$S_d = 1/(2\cos\alpha)$$

斜杆伸长　　　　　$\Delta d = S_d l_d/EA_d = l_1/(2EA_d\sin\alpha\cos\alpha)$

故　　　　　　　　$\gamma_1 = 1/(2EA_d\sin\alpha\cos^2\alpha)$

式中:A_d、l_d 分别是斜杆的面积和长度;α 是斜杆与水平线的夹角。

将 γ_1 代入式(4.54),且取 $\tau = 1$,得

$$\mu = \sqrt{1 + \frac{\pi^2 I_x}{2l_{0x}^2 A_d \sin\alpha\cos^2\alpha}} = \sqrt{1 + \frac{\pi^2 A}{2\lambda_x^2 A_d \sin\alpha\cos^2\alpha}}$$

通常 $\alpha = 40° \sim 70°$,取 $\sin\alpha\cos^2\alpha = 0.35$,代入上式得

$$\mu = \sqrt{1 + 27\frac{A}{A_1\lambda_x^2}}$$

式中:A——两根柱肢的毛截面面积;

　　A_1——两根斜杆的毛截面面积。

最后得两肢缀条柱对虚轴的换算长细比:

$$\lambda_{0x} = \mu\lambda_x = \sqrt{\lambda_x^2 + 27A/A_1} \tag{4.55}$$

设计时,先假设缀条截面和面积,有了 A_1,才能计算 λ_{0x},根据 λ_{0x} 查稳定系数 φ_x 值,验算构件对虚轴的稳定承载力

$$\sigma = \frac{N}{A} \leqslant \varphi_x f \tag{4.56}$$

142

格构式轴心受压构件除整体稳定外,还存在单肢稳定问题,图 4.31 所示为单肢失稳的情况。单肢如果屈曲,柱子整体也将破坏,因而单肢稳定也必须保证。设计规范规定单肢长细比 $\lambda_1 = l_1/i_1$ 小于或等于柱子两个主轴方向中最大长细比的 0.7 倍时($\lambda_1 \leqslant 0.7\lambda_{max}$),认为单肢不会先于整体失去稳定,这时就不必验算单肢稳定。这里单肢的计算长度 l_1 是一个节间的长度,i_1 是一个槽钢的回转半径,见图 4.29。

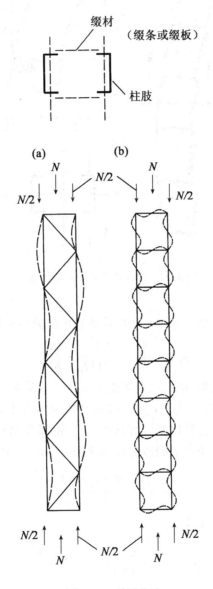

图 4.31　单肢失稳

二、双肢缀板式柱

图 4.32 所示为双肢缀板式柱。缀板是一块钢板,与柱肢固接(参见图 4.29),缀板和柱肢

组成多层框架体系。通常两肢截面相等,各横杆(缀板)的刚度相同且等距离布置。当柱子达临界状态绕虚轴整体弯曲时,体系中的所有杆件都按S形弯曲,零弯矩点在缀板中点和柱肢上两缀板间的中点位置(图4.32(a)),在零弯矩点只作用着因杆件弯曲而产生的剪力。

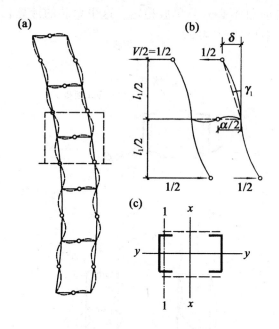

图4.32 缀板式体系的临界状态

假设剪力平均分配于两柱肢。在 $V=1$ 时,柱肢的单位剪切角按下式计算:

$$\gamma_1 \approx \tan\gamma_1 = \frac{l_1^2}{24EI_1} + \frac{al_1}{6EI_b}$$

上式等号右侧第一项是柱肢变形,第二项是缀板变形。当前后两块缀板的线刚度之和为单肢线刚度的6倍时,第二项可忽略。式中 $I_1 = Ai_1^2/2$ 是单肢对本身1-1轴的惯性矩,A 是两根柱肢的面积,I_b 是缀板的惯性矩,l_1 是节间长。焊接时 l_1 是相邻两缀板的净距离;螺栓连接时,为相邻两缀板边缘螺栓的距离。单肢节间段的长细比为 $\lambda_1 = l_1/i_1$,代入式(4.54),同样取 $\tau=1$。

$$\mu = \sqrt{1 + \frac{\pi^2 EI_x}{l_{0x}^2} \cdot \frac{\lambda_1^2}{12EA}}$$

因为 $I_x = Ai_x^2$,$\lambda_x = l_{0x}/i_x$,代入得

$$\mu = \sqrt{1 + \frac{\pi^2}{12} \frac{\lambda_1^2}{\lambda_x^2}} \approx \sqrt{1 + \frac{\lambda_1^2}{\lambda_x^2}}$$

最后,得两肢缀板柱对虚轴的换算长细比:

$$\lambda_{0x} = \mu\lambda_x = \sqrt{\lambda_x^2 + \lambda_1^2} \tag{4.57}$$

由 λ_{0x} 查稳定系数 φ_x,验算公式同前:

$$\sigma = N/A \leqslant \varphi_x f \tag{4.58}$$

设计时应先假设 λ_1,才能计算换算长细比。为了确实保证单肢不先于整体失去稳定,规

144

范规定：λ_1 不应大于 40，并不应大于构件最大长细比 $\lambda_{\max}$ 的 0.5 倍。当 $\lambda_{\max}<50$ 时，按 $\lambda_{\max}=$ 50 计算。符合以上条件时，可不计算单肢的稳定性。否则，应进行验算。应注意的是：单肢属于压弯构件，除有轴心压力外，尚有局部弯矩。局部弯矩的确定，将在下面介绍。缀板式柱单肢失稳情况如图 4.31(b)所示。

上面推导单位剪切角 γ_1 时，忽略了缀板的变形，但要求两块缀板的线刚度之和不小于单肢线刚度的 6 倍，这一条件必须满足。

其他三肢柱和四肢柱换算长细比的推导和二肢柱类似，不再一一推导，其结果一并列入表 4.6 中。

表 4.6 　　　　　　　　　　　**格构式构件换算长细比计算公式**

构件截面形式	缀材种类	计算公式	符　号　意　义
（图）	缀板	$\lambda_{0x}=\sqrt{\lambda_x^2+\lambda_1^2}$	λ_1——单肢对 1-1 轴的长细比，计算长度焊接时取缀板间的净距离
	缀条	$\lambda_{0x}=\sqrt{\lambda_x^2+27A/A_1}$	见公式(4.55)
（图）	缀板	$\lambda_{0x}=\sqrt{\lambda_x^2+\lambda_1^2}$ $\lambda_{0y}=\sqrt{\lambda_y^2+\lambda_1^2}$	λ_1 意义同上
	缀条	$\lambda_{0x}=\sqrt{\lambda_x^2+40A/A_{1x}}$ $\lambda_{0y}=\sqrt{\lambda_y^2+40A/A_{1y}}$	A_{1x}——构件横截面所截垂直于 x-x 轴的平面内各斜缀条毛截面面积之和；A_{1y}——构件横截面所截垂直于 y-y 轴的平面内各斜缀条毛截面面积之和
（图）	缀条	$\lambda_{0x}=\sqrt{\lambda_x^2+\dfrac{42A}{A_1(1.5-\cos^2\theta)}}$ $\lambda_{0y}=\sqrt{\lambda_y^2+\dfrac{42A}{A_1\cos^2\theta}}$	A——柱肢总面积；A_1——同上面的 A_{1x} 和 A_{1y}

三、缀材计算

1. 剪力值的确定

当轴心受压格构式柱达临界状态绕虚轴微微弯曲时，轴心压力因挠曲而产生弯矩，从而出现了横向剪力，此剪力将由缀材承受。

图 4.33(a)所示为一轴心受压杆在临界荷载 N_{cr} 作用下处于弯曲平衡的临界状态。设杆轴线挠曲成正弦半波，$y=y_m\sin\pi z/L$，则

$$M=N_{cr}y=N_{cr}y_m\sin\pi z/L$$

$$V = \mathrm{d}M/\mathrm{d}z = N_{\mathrm{cr}}\frac{\pi y_{\mathrm{m}}}{L}\cos\pi z/L$$

在 $z=0$ 和 $z=L$ 处,剪力达最大值:

$$V_{\max} = N_{\mathrm{cr}}\frac{\pi y_{\mathrm{m}}}{L} \tag{4.59}$$

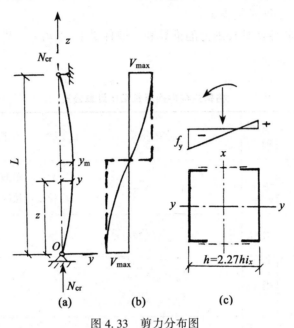

图 4.33　剪力分布图

剪力沿杆长的分布见图 4.33(b)。根据纤维屈服的条件来确定杆中挠度 y_{m}。杆件由两槽钢组成,临界状态时,截面受压力 N_{cr} 和弯矩 $N_{\mathrm{cr}}y_{\mathrm{m}}$ 作用,最大纤维压应力为(图 4.33(c))

$$\sigma_{\max} = \frac{N_{\mathrm{cr}}}{A} + \frac{N_{\mathrm{cr}}y_{\mathrm{m}}}{I_x/(h/2)} = f_y$$

因为 $I_x = Ai_x^2$,对常用的槽钢组合截面,$h \approx 2.27i_x$(参看附四),且 $N_{\mathrm{cr}}/Af_y = \varphi$,由上式

$$\frac{N_{\mathrm{cr}}}{Af_y} + \frac{N_{\mathrm{cr}}y_{\mathrm{m}}/f_y}{Ai_x^2/(1.135i_x)} = 1$$

$$\varphi + \frac{1.135\varphi y_{\mathrm{m}}}{i_x} = 1$$

解得

$$y_{\mathrm{m}} = 0.88i_x\left(\frac{1}{\varphi}-1\right)$$

代入式(4.59),得

$$V_{\max} = \frac{0.88\pi N_{\mathrm{cr}}}{\lambda_x}\left(\frac{1-\varphi}{\varphi}\right) = \frac{N_{\mathrm{cr}}}{K\varphi}$$

式中:　$K = \lambda_x/[0.88\pi(1-\varphi)]$。

常遇到的情况是 $\lambda_x = 40\sim160$,经分析,当采用 Q235 钢时,缀板柱 K 的平均值为 81;采用双肢和四肢缀条柱时,K 的平均值一般为 $79\sim98$。为统一起见,对 Q235 钢,统一取 $K = 85$。由

146

此得最大剪力值:

$$V_{max} = \frac{Af}{85}\sqrt{\frac{f_y}{235}} \qquad (4.60)$$

式中:f——Q235 钢的强度设计值;

$\sqrt{f_y/235}$——不同钢材的强度换算系数。

此剪力假设沿构件全长不变,由承受剪力的缀材分担(如图 4.33(b)中虚线所示)。

2. 缀条计算

图 4.34(a)所示为剪力分配到两个缀材平面内,各为 $V_1 = V_{max}/2$。图中 4.34(b)所示为缀条体系受剪力的作用,斜缀条受到的轴心力为

$$N_t = V_1/\cos\alpha$$

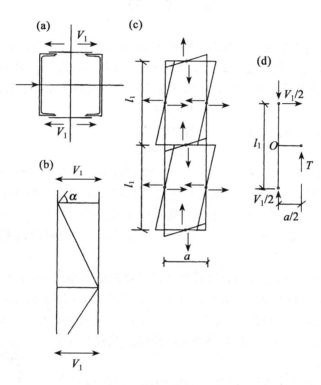

图 4.34 缀材体系受剪力作用

构件达临界状态弯曲时,绕虚轴可向左弯曲,也可向右弯曲,因而缀条可能受拉,也可能受压,故应按压杆设计:

$$\sigma = N_t/A \le \varphi f \qquad (4.61)$$

缀条常用单角钢(参见后图 4.36)。缀条实际系偏心受压,将发生弯扭屈曲。为了简化设计,规范规定仍按轴心受压杆计算,根据 $\lambda = l_1/i_1$ 查稳定系数值 φ,这里 l_1 是斜缀条的几何长度,i_1 是单角钢的最小回转半径。但应将强度设计值 f 乘以下列折减系数以考虑偏心的不利影响。折减系数为:

等边角钢 $0.6+0.0015\lambda$,但不大于 1.0;

短边相连的不等边角钢　$0.5+0.0025\lambda$,但不大于 1.0;

长边相连的不等边角钢　0.70。

其中:λ——对于中间无联系的单角钢压杆,按最小回转半径计算长细比。

当 $\lambda<20$ 时,取 $\lambda=20$;缀条中间和邻杆相连时,取和角钢连接边平行的回转半径计算长细比。

单面连接的单个角钢按轴心受力计算强度和连接焊缝时,强度设计值应乘以折减系数 0.85,以考虑偏心影响。

缀条体系中的横杆不受力,主要用来减小柱肢在平面内的计算长度,以提高单肢的稳定承载力。一般采用和斜缀条相同的截面,因它比斜缀条短,不必验算承载力。

不论斜缀条或横杆,都应满足容许长细比的要求:

$$\lambda \leqslant [\lambda] = 150 \tag{4.62}$$

3. 缀板计算

图 4.34(c)是缀板体系在剪力作用下的内力分布。由柱肢和缀板的零弯点取出脱离体,如图 4.34(d)所示,处于平衡状态,水平剪力 $V_1 = V_{max}/2$ 是作用于一根柱肢上的剪力,有两个缀板平面,因而与一块缀板剪力 T 相平衡的剪力是 $V_1/2$。对 O 点取矩,得缀板所受剪力为

$$T = V_1 l_1 / a \tag{4.63}$$

缀板和柱肢系固接,节点处有剪力 T 和弯矩 M:

$$M = Ta/2 = V_1 l_1 / 2 \tag{4.64}$$

缀板用角焊缝和柱肢相连,搭接长度一般为 $20\sim30\text{mm}$。焊缝按 T 和 M 计算,缀板按 T 和 M 验算强度。通常这些内力都不大,缀板尺寸都按构造要求确定。即前面已经提到的,两块缀板的线刚度不得小于柱肢线刚度的 6 倍。通常柱子截面的高宽度大致相等,当 $\lambda_{0x} \approx \lambda_y$ 时,取缀板宽度 $d_s > 2a/3$,厚度 $t_s \geqslant d_s/40$ 及 $t_s > 6\text{mm}$ 时,就可满足上述对缀板刚度的要求。

4. 横隔

为了保证格构式柱在运输和吊装过程中具有必要的截面刚度,防止因碰撞而使截面歪扭变形,沿柱身每隔 8m 或柱截面较大宽度的 9 倍处应设置横隔;且每个运输单元①不得少于两个横隔。当在柱身某一位置直接受较大的集中力作用时,该处也应设横隔,以免柱肢局部受弯。

横隔分隔板和隔材两种,如图 4.35 所示,其作用是使柱子截面成为几何不变体系。

例题 4.5　有一轴心受压柱,已知 $l_{0x}=l_{0y}=6\text{m}$,各种荷载产生的设计轴心压力 $N=1\,700\text{kN}$。采用 Q235B 钢,允许平面外设置支撑。焊条为 E43 型。

试选截面:(1)焊接工字形截面;(2)二槽钢组成的缀条柱;(3)二槽钢组成的缀板柱。

解:(1)焊接工字形

假设长细比 $\lambda=100$,属 b 类截面,查得稳定系数 $\varphi=0.555$。需要的截面面积和回转半径:

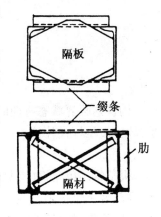

图 4.35　横隔构造

---

① 指在工厂制成而运送至现场的单元体。

$$A_s = N/\varphi f = 1\,700 \times 10^3/(0.555 \times 215) = 14\,247(\text{mm}^2)$$

$$i_{xs} = l_{0x}/\lambda = 600/100 = 6(\text{cm})$$

$$i_{ys} = l_{0y}/\lambda = 600/100 = 6(\text{cm})$$

由附四，$i_x = 0.43h$；$i_y = 0.24b$ 需要的截面轮廓尺寸为

$$h_s = i_x/0.43 = 14(\text{cm})$$

$$b_s = i_y/0.24 = 25(\text{cm})$$

根据 A_s、h_s 和 b_s 组成截面，但 h_s 往往太小，无法施焊翼缘和腹板的焊缝，需放大。应保证宽度 b 接近 b_s。

组成截面如图 4.36(a) 所示。

$$A = 2 \times 1.6 \times 20 + 1 \times 45 = 109(\text{cm}^2)$$

$$I_x = 2 \times 1.6 \times 20 \times 23.3^2 + \frac{1}{12} \times 1 \times 45^3 = 42\,338(\text{cm}^4)$$

$$i_x = \sqrt{I_x/A} = 19.71(\text{cm})$$

$$I_y = \frac{2}{12} \times 1.6 \times 20^3 = 2\,133(\text{cm}^4)$$

$$i_y = \sqrt{I_y/A} = 4.42(\text{cm})$$

$$\lambda_x = l_{0x}/i_x = 600/19.71 = 30$$

$$\lambda_y = l_{0y}/i_y = 600/4.42 = 136 < [\lambda]$$

翼缘经火焰切割，属 b 类截面，查得 $\varphi_y = 0.361$。

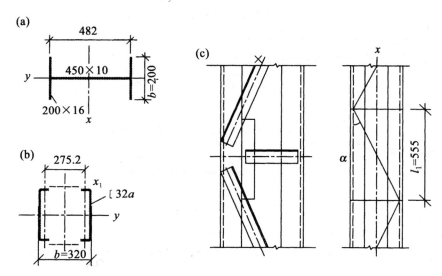

图 4.36　例题 4.5

验算整体稳定承载力：

$$\sigma = N/A = 1\,700 \times 10^3/10\,900 = 156(\text{N/mm}^2)，\varphi_y f = 0.361 \times 215 = 78(\text{N/mm}^2)$$

因 $\sigma > \varphi_y f$，不满足要求，故在 x 轴方向在柱长度中点设一道支撑，l_{0y} 减为 3m，$\lambda_y = 300/4.42 = 68$，$\varphi_y = 0.763$。此时

$$\sigma = 156N/mm^2, \varphi_y f = 0.763 \times 215 = 164N/mm^2$$

因 $\sigma = \varphi_y f$，故所选截面满足要求。

验算局部稳定：

腹板

$$h_0/t_w = 450/10 = 45 < (25 + 0.5\lambda_y)$$

翼缘板

$$b_1/t = 100/16 = 6.25 < (10 + 0.1\lambda_y)$$

都满足要求。

（2）双肢缀条柱

设 $\lambda = 100, A_s = 142.5cm^2, i_{ys} = 6cm$。

①按实轴 y 选槽钢截面。

根据 A_s 和 i_{ys} 选择截面，并无同时满足 A_s 和 i_{ys} 的截面。试选 2[32a，$A = 2 \times 48.7 = 97.4$ $(cm^2) < A_s; i_y = 12.5cm > i_{ys}$。

②验算。

$$\lambda_y = l_{0y}/i_y = 600/12.5 = 48 < [\lambda]$$

查得　$\varphi_y = 0.865$（b 类）

$$\sigma = N/A = 1\,700 \times 10^3/9\,740 = 175(N/mm^2), \varphi_y f = 0.865 \times 215 = 186(N/mm^2)$$

σ 与 φ_y 间相差 6%，但无更合适的槽钢截面。

③按等稳定条件确定二肢距离。

缀条所受剪力

$$V = Af/85 = 9\,740 \times 215/85 = 24\,636(N)$$

暂取 L45×4 作缀条，查得 $A_1' = 3.49cm^2, i_1 = 0.89cm$。

由换算长细比公式，按双向等稳定的要求：

$$\lambda_{0x} = \sqrt{\lambda_x^2 + 27A/A_{1'}} = \lambda_y = 48$$

得

$$\lambda_x = \sqrt{\lambda_y^2 - 27A/A_1} = \sqrt{48^2 - 27 \times 97.4/(2 \times 3.49)} = 44$$

需要的绕虚轴 x 轴的回转半径：

$$i_{xs} = l_{0x}/\lambda_x = 600/44 = 13.64(cm)$$

由附四：

$$b_s = i_{xs}/0.44 = 13.64/0.44 = 31(cm)$$

取 $b = 320mm$，如图 4.36(b)所示。

因为截面回转半径与轮廓尺寸间的关系是近似的，所取 b 值和需要值虽然接近，但仍应进行验算。

按选定截面尺寸计算如下：

$$I_x = 2 \times (305 + 48.7 \times 13.76^2) = 19\,051(cm^4)$$

$$i_x = \sqrt{I_x/A} = \sqrt{19\,051/(2 \times 48.7)} = 13.99(cm)$$

$$\lambda_x = l_{0x}/i_x = 600/13.99 = 43$$

$$\lambda_{0x} = \sqrt{\lambda_x^2 + 27A/A_1} = \sqrt{43^2 + 27 \times 48.7/3.49} = 47$$

属 b 类截面,查得 $\varphi_x = 0.87$,截面应力为

$$\sigma = N/A = 1\,700 \times 10^3/9\,740 = 175(\text{N/mm}^2),\varphi_x f = 0.87 \times 215 = 187(\text{N/mm}^2)$$

$\sigma < \varphi_x f$,故满足要求。

单肢长细比 $\qquad \lambda_1 = l_1/i_1 = 555/25 = 22 < 0.7\lambda_{\max}(\lambda_{\max} = 48)$

满足要求,不必验算单肢稳定。

④验算缀条承载力。

缀条与柱肢夹角 α,如图 4.36(c)所示。

$$\tan\alpha = 27.5/55.5 = 0.4955;\quad \alpha = 26.4°$$

缀条长度 $\qquad l_0 = b/\sin 26.4° = 27.5/0.4446 = 61.8(\text{cm})$

缀条长细比 $\qquad \lambda_0 = 0.9 l_0/i_1 = 0.9 \times 61.8/0.89 = 62$

（单角钢属斜向屈曲,计算长度为 $0.9 l_0$,见第七章）

截面属 b 类,查得 $\varphi_1 = 0.797$。

这是等边单角钢单面连接,应乘折减系数

$$k = 0.6 + 0.0015\lambda_0 = 0.6 + 0.0015 \times 62 = 0.693$$

缀条所受剪力引起的轴心压力

$$N_d = \frac{V}{2}/\sin\alpha = \frac{Af}{2 \times 85}/\sin 26.4° = \frac{9\,740 \times 215}{2 \times 85}/0.4446 = 27.7(\text{kN})$$

验算缀条稳定承载力

$$\sigma_1 = N_d/A_1' = 27\,700/349 = 79(\text{N/mm}^2),\varphi_1 k f = 0.797 \times 0.693 \times 215 = 118.7(\text{N/mm}^2)$$

因 $\sigma_1 < \varphi_1 k f$,故满足要求,有富余。所选截面已属最小截面。

缀条与柱肢的连接采用角焊缝,$h_f = 4\text{mm}$,需要的焊缝长度

$$\sum l_w = N_d/(0.7 h_f \times 0.85 f_f^w) = 27\,700/(0.7 \times 4 \times 0.85 \times 160) = 73(\text{mm})$$

分母中的 0.85 是单面连接单角钢按轴心受力计算连接时的强度折减系数。

角钢肢背需要的焊缝长度

$0.7\sum l_w + 8 = 59.1\text{mm}$,取 60mm。

角钢肢尖需要的焊缝长度

$0.3\sum l_w + 8 = 29.9\text{mm}$,取 40mm。

为了布置焊缝,允许将缀条轴线汇交于槽钢外边缘,如图 4.36(c)所示。如仍布置不下,应增设节点板。图中所示为横杆加设节点板的情况,节点板与柱肢用对接焊缝的对接连接。

（3）双肢缀板柱

同上,已选定 2[32a,见图 4.37。

①按等稳定条件确定两肢距离,由换算长细比:

$$\lambda_{0x} = \sqrt{\lambda_x^2 + \lambda_1^2} = \lambda_y = 48$$

假设 $\lambda_1 = 25$,则

$$\lambda_x = \sqrt{\lambda_y^2 - \lambda_1^2} = \sqrt{48^2 - 25^2} = 41$$

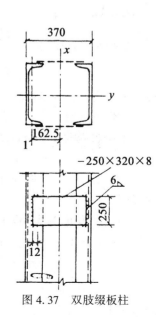

图 4.37 双肢缀板柱

$$i_x = l_{0x}/\lambda_x = 600/41 = 14.6(\text{cm})$$

$$b_s = i_x/0.44 = 14.6/0.44 = 33.2(\text{cm}), \text{取 } b = 370\text{mm}$$

所选 b 比 b_s 大得多，故不必验算。

单肢长细比 $\lambda_1 = 25 \approx 0.5\lambda_{max} = 0.5 \times 50 = 25$，满足要求。不必验算单肢稳定。

②缀板设计。缀板间距(缀板间净距离) $l_{01} = i_1\lambda_1 = 2.5 \times 25 = 62.5(\text{cm})$，式中 $i_1 = 2.5\text{cm}$ 是 [32a 对本身 1-1 轴的回转半径。

柱的两肢相同，且横截面接近正方形时，可按下列规定确定缀板尺寸：

缀板宽度 $d_s = \dfrac{2}{3}a = \dfrac{2}{3} \times 370 = 247(\text{mm})$，取 250mm

缀板厚度 $t_s \geqslant 250/40 = 6.25(\text{mm})$，取 8mm

缀板尺寸为 $-8\text{mm} \times 250\text{mm} \times 320\text{mm}$

缀板刚度 $I_d = \dfrac{1}{12} \times 8 \times 250^3 \times 10^{-4} = 1\,042(\text{cm}^4)$

柱肢对 1-1 轴的惯性矩，查槽钢表 $I_{1x} = 305\text{cm}^4$

$$2I_d/b = 2 \times 1\,042/37 = 56.3$$

$$6I_{x1}/l_{01} = 6 \times 305/62.5 = 29.3(\text{cm}^3)$$

因 $2I_d/b > 6I_{x1}/l_{01}$，故满足要求。

$$l_1 = l_{01} + d_s = 62.5 + 25 = 87.5(\text{cm})$$

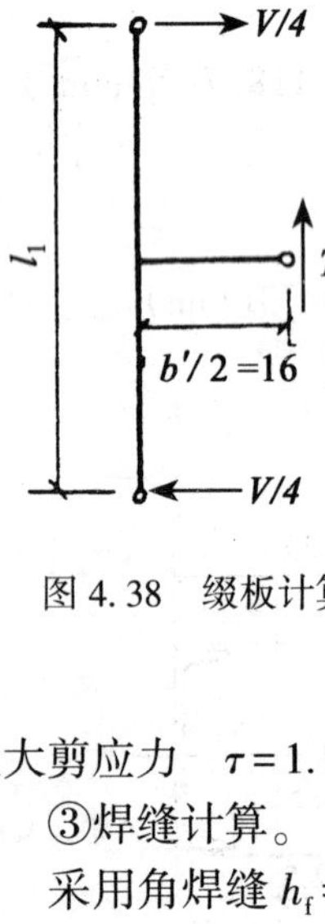

取脱离平衡体如图 4.38 所示。

平衡条件为

$$T\frac{b'}{2} = \frac{V}{4}l_1$$

$$T = Vl_1/2b' = 24\,636 \times 87.5/(2 \times 32) = 33\,682(\text{N})$$

缀板和柱肢相连处的弯矩

$$M = Tb'/2 = 33\,682 \times 160 = 5\,389\,120(\text{N} \cdot \text{mm})$$

最大弯应力

$$\sigma = 6M/t_s d_s^2 = 6 \times 5\,389\,120/(8 \times 250^2) = 65(\text{N/mm})^2,$$

$$f = 215\text{N/mm}^2, \sigma < f$$

图 4.38 缀板计算

最大剪应力 $\tau = 1.5T/t_s d_s = 1.5 \times 33\,682/(8 \times 250) = 25(\text{N/mm}^2)$，$f_v = 125\text{N/mm}^2, \tau < f_v$

③焊缝计算。

采用角焊缝 $h_f = 6\text{mm}$，绕角焊，$l_w = d_s = 250\text{mm}$

$$A_f = 0.7h_f \cdot d_s = 0.7 \times 6 \times 250 = 1\,050(\text{mm}^2)$$

$$W_f = 0.7h_f d_s^2/6 = 0.7 \times 6 \times 250^2/6 = 43\,750(\text{mm})^3$$

焊缝应力：

$$\sigma_f = M/W_f = 5\,389\,120/43\,750 = 123(\text{N/mm}^2)$$

$$\tau_f = T/A_f = 33\,682/1\,050 = 32(\text{N/mm}^2)$$

$$\sqrt{\left(\frac{\sigma_f}{1.22}\right)^2 + \tau_f^2} = \sqrt{\left(\frac{123}{1.22}\right)^2 + 32^2} = 106(\text{N/mm}^2) < f_f^w(f_f^w = 160\text{N/mm}^2)$$

满足要求。

以上三个方案的结果列入表4.7。

表4.7

方　　案	$A(\mathrm{cm}^2)$	λ_x	λ_y	$\sigma = N/A$	φf	比较
焊接工字形	109	30	68	156	164	加一道支撑
双肢缀条柱	97.4	48	48	175	187	用缀条
双肢缀板柱	97.4	48	48	175	187	用缀板

由表4.7可见,采用格构式柱比实腹式柱经济,做到了两主轴方向等稳定。

四、支撑计算

前面已经提到过,为了提高轴心受压构件的稳定承载力,可以在构件长度中点设一道支撑,把构件的计算长度减为$l/2$,以提高构件的稳定承载力,也可在长度的$l/3$和$2l/3$处设两道支撑,稳定承载力提高更多。支撑轴线应通过被撑构件截面的剪心(双轴对称截面,剪心与形心重合;单轴对称的T形及角形截面,剪心在两组成板件轴线的交点处)。

1. 在压杆长度中点设一道支撑

设压杆有初弯曲δ_0,受压力后增加挠度δ,增加的挠度就是支撑的轴向变形。根据变形协调条件,支撑所受的轴心压力为:

$$F_{\mathrm{b1}} = N/60 \tag{4.65}$$

式中:N——被撑构件的最大轴心压力。

2. 在距压杆端部αl处设一道支撑($0<\alpha<1$)

根据αl处压杆的挠度,由变形协调条件,支撑所受的轴心压力为:

$$F_{\mathrm{b1}} = \frac{N}{240\alpha(1-\alpha)} \tag{4.66}$$

3. 单根压杆设m道等间距支撑

由变形协调条件得各支撑所受的压力为:

$$F_{\mathrm{bm}} = N[30(m+1)] \tag{4.67}$$

当非等间距布置,但不等间距和等间距相比相差不超过20%时,支撑压力可按式(4.67)计算。

4. 多根压杆在长度中点设一道支撑

设多根压杆同时达临界状态的最不利情况,由变形协调条件得支撑所受的压力为:

$$F_{\mathrm{bm}} = \frac{\sum N_i}{60}\left(0.6 + \frac{0.4}{n}\right) \tag{4.68}$$

式中:n——压杆根数;

$\sum N_i$——被撑压柱同时存在的轴心压力设计值之和。

支撑根据上述所受的支撑压力按轴心受压构件设计。如支撑同时还承担结构上其他作用的效应时(如风荷载),其所受的轴力可不与上述支撑力叠加,只按这些作用算出的轴力设计。

例题4.6　例题4.5中,采用焊接工字形截面时,在x轴方向的柱子长度中点设置了一道支撑,以减小柱子在x轴方向的计算长度。试设计此支撑的截面。已知支撑长度为6m,选Q235B钢材。

解:支撑所受的轴心压力按式(4.65)计算:

$$F_{b1} = N/60 = 1\ 700/60 = 28.33(kN)$$

支撑两端皆为铰接,因承受压力,采用二等边角钢组成十字形截面,x 轴和 y 轴方向皆属 b 类。

假设 $\lambda = 100$,$\varphi = 0.555$,则

需要的截面面积和回转半径分别为

$$A_s = \frac{F_{b1}}{\varphi f} = \frac{28\ 330}{0.555 \times 215} = 237(mm^2)\ ;i_s = \frac{l_0}{\lambda} = \frac{600 \times 0.9}{100} = 5.4(cm)$$

取 2L63×5,$A = 2 \times 6.143 = 12.286(cm^2)$。

$$i = 2\sqrt{\frac{I_1}{A}} = 2\sqrt{\frac{41.73}{6.143}} = 5.2(cm)$$

$$\lambda = 600 \times 0.9/5.2 = 104 < [\lambda]\ ;\varphi = 0.529$$

$$\sigma = \frac{F_{b1}}{A} = \frac{28\ 330}{1\ 228.6} = 23(N/mm^2) < \varphi f = 0.529 \times 215 = 114(N/mm^2)$$

第五节　柱头和柱脚

当轴心受压构件用做柱子时,它的任务是把上面结构(梁)传来的荷载通过它传给基础。因而柱端应设计一个柱头和梁相连,下端设计一个柱脚,把荷载可靠地传给基础。因而,柱子由柱头、柱身和柱脚等三部分组成(图4.39)。

柱头和柱脚的设计包括:构造设计,传力过程分析和各零部件与连接的计算。设计原则是:应做到传力明确,传力过程简捷,安全可靠,经济合理,有足够的刚度而构造又不复杂。

一、柱头

轴心受压柱和梁的连接都采用铰接,只承受由上部横梁传来的轴心压力 N。图4.40所示为典型的柱头构造,图(a)为实腹式柱的柱头构造,图(b)则为格构式柱的柱头构造。

1. 构造设计

为了安放梁,应在柱顶设一块顶板,梁的全部压力由梁端突缘压在柱顶板中部,使压力沿柱身轴线下传,以保证柱子轴心受压。但是顶板下面的支承是柱子截面,实腹式柱腹板外的顶板悬空,格构式柱中部是空的,梁传来的压力分布在一个条形区,使顶板受弯。为了防止顶板受弯而挠曲,必须提高顶板的抗弯刚度。提高刚度不能依靠加厚顶板,这样做很不经济。通常都在顶板上加焊一块条形垫板,使梁

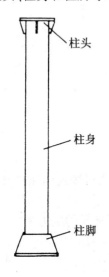

图 4.39　柱子的构成

传来的压力明确地分布在顶板的这一范围内。此垫板也叫集中垫板。然后,对于实腹式工字形截面柱,在顶板下垂直于腹板前后各设置一根加劲肋以撑住顶板;对于格构式截面柱,则在顶板下的中心位置设置一根中部加劲肋以撑住顶板,加劲肋则连接在前后两块缀板上。所以柱头构造是由集中垫板、顶板、加劲肋有时再加上柱端缀板等构成。做到了传力明确,保证柱子轴心受压。

现对图 4.40(a)的实腹式柱柱头的构造进行分析如下。

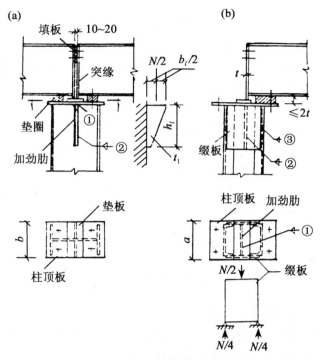

图 4.40 典型的柱头构造

2. 传力过程分析

由梁传来的全部压力 N 经梁端突缘和垫板间的端面承压传给垫板,垫板再以局部承压把 N 力传给顶板,垫板只需用一些构造焊缝($h_f=4mm$)和顶板相焊,固定其位置即可。顶板的大小也决定于构造,以盖住柱子截面为准。宽度稍比柱截面宽 50mm 左右,长度应根据螺栓的布置而定。图 4.40(a)中螺栓布置在柱子截面的内侧,故顶板比柱截面高度超过 50mm 左右即可。顶板厚度按构造要求取 $t \geqslant 14mm$。螺栓只起固定梁位置的作用,常用 C 级螺栓 $d=16\sim20mm$。

顶板将 N 力分别传给前后两根加劲肋,每根肋传 $N/2$ 力,可以靠角焊缝传力(当压力不大时),也可靠加劲肋上端刨平顶紧顶板用端面承压的方式传力。当然,后者费工,通常宜采用焊缝传力。如图中的焊缝①,故焊缝①受均布向下的剪力作用。加劲肋用焊缝②和柱身腹板相连,属悬臂梁的工作,本身受弯和受剪,焊缝②也受偏心力 $N/2$ 的作用。

传力过程和传力方式可表示如下:

$$N \xrightarrow{\text{端面}\atop\text{承压}} 垫板 \xrightarrow{\text{端面}\atop\text{承压}} 顶板 \xrightarrow{\text{端面承压}\atop\text{或焊缝①}} 加劲肋 \xrightarrow{\text{焊缝}\atop\text{②}} 柱身$$

3. 计算

计算按上述传力过程进行。

N 力经梁端突缘传给垫板,设计梁时,已按 N 力确定梁端突缘的端面承压面积。由于垫板面积大于突缘面积,因而垫板不再需要计算。同理,垫板以底面承压的方式,把 N 力传给顶板,顶板面积又大于垫板,也不需计算。所以,计算从加劲肋开始。

（1）端面承压计算　加劲肋宽度 b_l 由顶板宽度确定，只需确定其厚度 t_l：

$$t_l = \left(\frac{N}{2}\right) \bigg/ b_l f_{ce} \tag{4.69}$$

式中：f_{ce}——钢材端面承压强度设计值。

（2）焊缝①计算　为了加工方便，通常都宜设计为由焊缝传力，不采用端面承压传力的方式。焊缝长度已知为 b_l，属正面角焊缝工作。

$$\sigma_f = N / [4 \times 0.7 h_f (b_l - 2h_f)] \leqslant 1.22 f_f^w \tag{4.70}$$

由上式可确定焊脚尺寸 h_f，但应满足最小厚度和最大厚度的构造要求。

（3）加劲肋验算　加劲肋属悬臂梁工作，受均布荷载作用，合力为 $N/2$（见图 4.40（a））。已知宽度 b_l，其厚度应满足局部稳定和构造要求：

$$t_l \geqslant b_l/15 \text{ 及 } t_l > 10\text{mm} \tag{4.71}$$

验算固定端的抗弯强度和抗剪强度：

$$\sigma = \frac{6 \times b_l N/4}{t_l h_l^2} \leqslant f \tag{4.72}$$

$$\tau = \frac{1.5 N/2}{t_l h_l} \leqslant f_v \tag{4.73}$$

通常先取一个 h_l 值进行验算，再调整之。

应注意的是，确定厚度 t_l 时，尚应考虑到和柱子厚度相协调。如果根据计算要求 t_l 比柱子腹板厚度大很多，应将柱头部分的腹板局部换成较厚的板，见图 4.45。

（4）焊缝②计算　焊缝②是加劲肋的固定端，把加劲肋中的弯矩和剪力传给柱子腹板。它的长度就是加劲肋的高度 h_l，取角焊缝的焊脚尺寸为 h_f，按下式验算：

$$\sqrt{\left(\frac{\sigma_f}{1.22}\right)^2 + \tau_f^2} = \sqrt{\left(\frac{b_l N/4}{1.22 W_f}\right)^2 + \left(\frac{N/2}{A_f}\right)^2} \leqslant f_f^w \tag{4.74}$$

焊缝②的有效截面面积 $A_f = 2 \times 0.7 h_f (h_l - 2h_f)$；

焊缝②的有效截面模量 $W_f = \frac{1}{6} \times 2 \times 0.7 h_f (h_l - 2h_f)^2$。

为了固定柱顶板的位置，顶板和柱身间应采用构造焊缝进行围焊连接。

上述实腹式柱子的柱头设计完全符合构造设计的原则，做到了传力明确，传力过程简捷，构造简单，同时在两主轴方向具有足够的刚度，满足了安全可靠、经济合理的要求。

下面再对图 4.40(b) 的格构式柱子的柱头构造设计进行介绍。

传力过程和传力方式如下：

$$N \xrightarrow{\text{端面承压}} \text{垫板} \xrightarrow{\text{端面承压}} \text{顶板} \xrightarrow[\text{或焊缝①}]{\text{端面承压}} \text{加劲肋} \xrightarrow{\text{焊缝②}} \text{柱端缀板} \xrightarrow{\text{焊缝③}} \text{柱身}$$

同前所述，垫板和顶板不需要计算，按构造要求确定尺寸。垫板与顶板间以及顶板与柱身间采用构造焊缝相连。顶板上备有螺栓孔联系梁和柱。计算从加劲肋开始。

（1）端面承压计算　加劲肋宽度 b_l 已知，和柱子槽钢的高度相同，按下式确定厚度：

$$t_l = N/b_l f_{ce} \tag{4.75}$$

因施工复杂，尽量不采用。

（2）焊缝①计算　有两条焊缝，长度皆为 b_l，属正面角焊缝工作。

$$\sigma_{f_1} = N / [2 \times 0.7 h_{f_1} (b_l - 2h_f)] \leqslant 1.22 f_f^w$$

$$h_{f_1} = \frac{N}{1.4(b_l - 2h_f) \times 1.22 f_f^w} \tag{4.76}$$

（3）加劲肋计算　加劲肋属简支梁工作，受均布荷载 $q = N/b_l$ 作用，肋高 h_l，则

$$\sigma = \frac{6qb_l^2}{8t_l h_l^2} \leqslant f \tag{4.77}$$

$$\tau = \frac{1.5(qb_l/2)}{t_l h_l} \leqslant f_v \tag{4.78}$$

加劲肋厚度应满足局部稳定要求：

$$t_l \geqslant b_l/40 \text{ 且 } \geqslant 10\text{mm}$$

由式（4.77）和式（4.78）可决定加劲肋的高度 h_l。一般都假设 h_l 和 t_l 进行验算，再调整之。

（4）焊缝②计算　焊缝②作为加劲肋（简支梁）的支座，传递简支梁的支座反力 $N/2$，则

$$\tau_f = \frac{N/2}{2 \times 0.7 h_{f_2}(h_l - 2h_f)} \leqslant f_f^w$$

得

$$h_{f_2} = \frac{N/2}{1.4(h_l - 2h_f)f_f^w} \tag{4.79}$$

（5）柱端缀板计算　近似按简支梁计算，支座是焊缝③，跨度 l_1，跨中承受由加劲肋传来的集中力 $N/2$，见图 4.40（b）。

缀板高度和加劲肋一样也是 h_l，则

$$\sigma = \frac{Nl_1/8}{t_2 h_l^2/6} \leqslant f \tag{4.80}$$

$$\tau = \frac{1.5N/4}{t_2 h_l} \leqslant f_v \tag{4.81}$$

先假设缀板厚度 t_2 值，代入以上两式验算，再调整之。同时应满足局部稳定和构造要求：$t_2 \geqslant l_1/40$ 及 $\geqslant 10\text{mm}$，这里 l_1 是柱端缀板的跨度。

（6）焊缝③计算　焊缝③受简支梁（柱端缀板）的支反力 $N/4$ 的作用，焊缝强度应满足：

$$\tau_f = \frac{N/4}{0.7 h_{f_3}(h_l - 2h_f)} \leqslant f_f^w$$

故

$$h_{f_3} \geqslant \frac{N/4}{0.7(h_l - 2h_f)f_f^w} \tag{4.82}$$

这里缀板高度和加劲肋高度相同，因而焊缝③的长度也是 h_l。

同时应满足构造要求。

以上介绍了两种常见的柱头设计，掌握了设计原则和方法，对其他情况就可进行具体的分析和具体的设计。

图 4.41 所示是另一种柱头构造，比较简单。为了使梁支座反力的作用点位置明确，在正对梁端加劲肋处，梁的下翼缘之下贴焊一条集中垫板，使传力位置明确。荷载主要靠顶板与柱子翼缘之间的角焊缝传递给柱身，没有任何零部件，构造简单，省钢材。其缺点是当左、右梁传来的力不

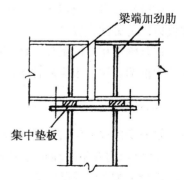

图 4.41　柱头形式之二

相等时,柱子将受偏心力作用。因而应按一侧的梁无活荷载时,对柱子可能产生的偏心压力,按偏心受压柱来验算柱子的承载力。

图 4.42 所示是梁从柱侧面和柱铰接的构造。当梁传来的支座压力不大时,可采用图 4.42(a)的构造,这时支反力经由承托传给柱子,但还应在梁的上翼缘设一短角钢,用螺栓或焊缝和柱身相连,以防止梁端向平面外移动,但又不能限制梁端发生转角。图中(b)的构造适用于梁的支反力较大的情况。

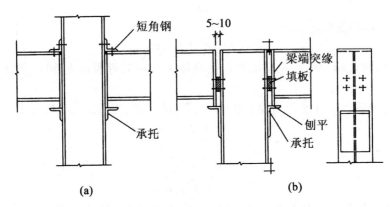

图 4.42　梁和柱侧面铰接的构造

梁和柱子侧面连接时,对梁长度的制造精度要求很高。为了简化制造和便利施工,可采用如图 4.42(b)所示的承托,梁端突缘安放在承托上,靠端面承压传力。因承托表面积大于梁端突缘的面积,故不需验算端面承压的强度,但应使承托的宽度比突缘板的宽度加宽 10mm。承托可用厚角钢或一块厚钢板,用角焊缝和柱身相连,考虑到传来的支反力对承托可能有偏心,承托两侧焊缝受力可能不一样,为安全计,将支反力 N 加大 25% 来计算此角焊缝,因而焊缝应力为

$$\tau_f = \frac{1.25N}{2 \times 0.7h_f(l_f - 2h_f)} \leqslant f_f^w \qquad (4.83)$$

式中:h_f 和 l_f——分别是角焊缝的焊脚尺寸和长度。

h_f 应参考承托厚度确定。由上式可确定 l_f,焊缝同时应满足最大、最小焊脚尺寸的构造要求。

梁端和柱身间应留 5~10mm 的空隙,作为调节梁长之用,安装时根据情况加填板和构造螺栓以固定梁的位置。

这种侧面相连的梁柱连接,除按轴心受压计算柱身外,尚应按一侧梁无活荷载时对柱子可能产生的偏心压力来验算柱子的承载力。

二、柱脚

轴心受压柱的柱脚常设计成铰接,它的任务是把由柱身传来的上部荷载传给混凝土基础。图 4.43 所示为常用的轴心受压柱柱脚的一种构造。和柱头一样,设计内容包括构造设计,传力过程分析和零部件的计算。

158

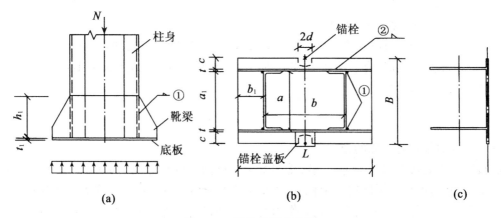

图 4.43　铰接柱脚构造之一

1. 构造设计

由于混凝土基础的抗压强度比钢材低很多,因而必须扩大基础的受压面,在柱脚处加一块较大的底板,把柱子内力分布到较大面积的混凝土基础上。这样,荷载通过底板均布地传给基础。根据作用力和反作用力相等的关系,底板承受着来自基础向上的均布荷载的作用,而底板的支座是柱身(图中所示的槽钢)。这样的底板,四周都有悬伸部分,在基础向上反力的作用下受弯;为了保证底板不发生塑性弯曲变形,满足基础反力始终分布均匀地作用于底板,底板需要很大的厚度,不经济。为了节省钢材和满足压力均布的假设,合理的方法是加两块靴梁,来加强底板(有时还得再加一些隔板,把底板分成更小的区域,参见图4.44),以改善底板的受力状态,如图所示。

因此,柱脚由一块底板、两块靴梁和两个锚栓构成。锚栓的作用只是固定柱子的位置。

2. 传力过程分析

传力过程如下:

$$N \xrightarrow{\text{焊缝①}} \text{靴梁} \xrightarrow{\text{焊缝②}} \text{底板} \xrightarrow{\text{抗压}} \text{基础}$$

柱身内力 N 经靴梁、底板传给基础。但从柱子的柱脚来说,所受外力是来自基础的反力 N,此反力 N 经底板,再经靴梁,最后传给柱身,传力过程刚好相反。因此,柱脚的设计是反向进行的。

3. 计算

(1)底板尺寸的确定　假设基础的反力是均匀分布的,基础所受的压应力为

$$\sigma_c = \frac{N}{BL} \leqslant f_c \tag{4.84}$$

由此得

$$BL = N/f_c \tag{4.85}$$

式中:B 和 L——分别是底板的宽度和长度;

　　　f_c——混凝土的抗压强度设计值:C20、C30 混凝土,f_c 分别为 10N/mm^2 和 $15\ \text{N/mm}^2$。

底板宽度 B 由构造要求确定,原则是使底板在靴梁外侧的悬臂部分尽可能小,

$$B = a_1 + 2t + 2c \tag{4.86}$$

159

式中: a_1——柱截面尺寸;

　　　t——靴梁厚度,通常为 10~14mm;

　　　c——底部悬伸部分的宽度,从经济角度出发,c 应尽可能小些,通常根据锚栓的构造要求来定,取锚栓直径的 3~4 倍。轴心受压柱的锚栓常用 $d = 20$~24mm。

　　由此可确定底板长度

$$L \geqslant \left(\frac{N}{f_c} - \bar{a} \right) / B \tag{4.87}$$

式中: $\bar{a}$——安放锚栓处切除的面积。

　　底板厚度由其抗弯强度确定。底板受混凝土基础向上的均布反力 q 的作用,柱身和靴梁是它的支承边,这就形成了四边支承板、三边支承板和悬臂板等三种受力状态的板块区域。近似地按照各不相关的受向上均布荷载 q 作用的板块来进行抗弯计算,得各板块中单位宽度板条的最大弯矩如下:

　　悬臂部分:

$$M_1 = qc^2/2 \tag{4.88}$$

三边支承板部分:

$$M_3 = \beta q a_1^2 \tag{4.89}$$

式中: q——基础实际的向上反力,$q = \dfrac{N}{BL - \bar{a}}(\text{N/mm}^2)$;

　　　a_1——自由边的长度;

　　　β——系数,根据板的边长比例 b_1/a_1 值,由表 4.8 查得,b_1 是垂直于自由边的板宽,见图 4.43(b)。

表 4.8　　　　　　　　　　　　　　$\boldsymbol{\beta}$　值　表

b_1/a_1	0.3	0.4	0.5	0.6	0.7	0.8	0.9	1.0	1.2	≥1.4
β	0.026	0.042	0.058	0.072	0.085	0.092	0.104	0.111	0.120	0.125

　　系数 β 是考虑第三个支承边对跨度为 a_1 的简支板所受弯矩的影响系数。因此,M_3 小于简支梁式板的弯矩,b_1 越小,影响就越大,β 就越小;b_1 越大,第三个支承边的作用就越小。当 $b_1 \geqslant 1.4a_1$ 时,此影响接近于零,板所受的最大弯矩为 $qa_1^2/8$。因此,当 b_1/a_1 过大时,为了减轻底板工作,可再加一块隔板,进一步把此区域划分为较小的一块四边支承板和一块三边支承板。

　　四边支承板部分:

$$M_4 = \alpha q a^2 \tag{4.90}$$

式中: a——较短边的长度;

　　　α——系数,根据长边 b 和短边 a 之比由表 4.9 查得。

表 4.9　　　　　　　　　　　　　　$\boldsymbol{\alpha}$　值　表

b/a	1.0	1.1	1.2	1.3	1.4	1.5	1.6	1.7	1.8	1.9	2.0	3.0	≥4.0
α	0.048	0.055	0.063	0.069	0.075	0.081	0.086	0.091	0.095	0.099	0.101	0.119	0.125

和系数 β 一样,系数 α 是考虑长边 b 对短边 a 的影响。长边越短,影响越大;长边越长,影响越小。当 $b/a \geqslant 4.0$ 时,影响几乎接近于零,这时板块变成跨度为 a 的单向简支板,$\alpha = 1/8$。最有利的情况是正方形。

图 4.43 中两槽钢之间的底板属于四边支承板,当长短边边长之比大于 2 时,为了减轻底板的工作,可在中间加一隔板,把它进一步分割成两块较小的四边支承板,这样 M_4 就可大大减小。

求得各区域板块所受的弯矩 M_1、M_3 和 M_4 后,按其中的最大值确定底板的厚度:

$$t_1 = \sqrt{6M_{max}/f} \tag{4.91}$$

这里按 1mm 宽的板条计算,它的截面模量 $W = 1 \times t_1^2/6$。

显然,合理的设计是使 M_1、M_3 和 M_4 尽可能接近,可通过调整底板尺寸和设置隔板等办法来实现。

底板厚度 t_1 一般为 20~40mm,以保证必要的刚度,满足基础反力为均匀分布的假设。对于轻钢结构的柱脚,t_1 可小些,但不得小于 14mm。

(2)靴梁计算 把靴梁近似地看做支承在柱身焊缝①上的双悬伸梁,基础反力经底板通过焊缝②作用于靴梁上,每根靴梁承受 $B/2$ 宽度内的基础反力。验算悬伸段支承点处(焊缝①处)靴梁截面的强度,该处的弯矩和剪力为

$$M = \frac{1}{2}\left(q\frac{B}{2}\right)b_1^2, \quad V = \left(q\frac{B}{2}\right)b_1$$

应力为

$$\sigma = M/W = \frac{6M}{th_1^2} \leqslant f \tag{4.92}$$

$$\tau = 1.5V/A = \frac{1.5V}{th_1} \leqslant f_v \tag{4.93}$$

若不满足,应调整 h_1 或 t。

以上是验算靴梁悬伸臂支座处的截面。为什么不验算两支座间的跨中截面?因为计算证明,跨中截面的弯矩都不大,不起控制作用。

有时也可把底板看成是悬臂梁截面的一部分,按双腹板的槽形截面进行强度验算,但为了简化计算,槽形截面的截面模量取靴梁和底板各自的截面模量之和,见图 4.43(c):

$$W = \frac{th_1^2}{3} + \frac{Bt_1^2}{6} \tag{4.94}$$

这时支座弯矩 $M = \frac{1}{2}qBb_1^2$。

剪力仍由靴梁承受,不考虑底板。

基础反力经焊缝②传给靴梁,焊缝长度已知为

$$\sum l_{w2} = 2L + 4b_1 - 6h_f$$

柱身范围内的靴梁内侧,因不便于施焊,不考虑。由下式确定焊脚尺寸:

$$h_{f2} = \frac{N}{0.7 \sum l_{w2} f_f^w} \tag{4.95}$$

(3)焊缝①计算 全部基础反力 N 经由 4 根焊缝①由靴梁传入柱身,因槽钢内侧施焊不

方便,不易保证质量,只按外侧4根角焊缝计算。通常焊缝长度 h_1 在验算靴梁时已定,应确定焊脚尺寸:

$$h_{f_1} = \frac{N}{4 \times 0.7(h_1 - 2h_f)f_f^w} \tag{4.96}$$

(4)锚栓设置 轴心受压柱的锚栓并不传力,只是为了固定柱子位置,因而按构造要求设置。一般宜安设在顺主梁方向的底板中心处。在底板上开缺口,便于安装柱子。最后用垫圈和螺帽直接固定在底板上。这样的锚栓不能抵抗弯矩的作用,却保证了柱脚铰接的要求,见图4.43。

柱脚处的剪力由底板和基础间的摩擦力平衡。摩擦系数取0.4。一般都能满足,不需要计算。

柱身与底板间应采用最小的构造焊缝焊连,成为底板的支承边,但不考虑传递柱身内力。这样,柱子长度的精确度要求可以放宽,对制造有利。

图4.44(a)所示柱脚底板是正方形的,这里出现了互相垂直的支承边的底板部分,另两边为自由边,也按三边支承板计算。近似地取对角线之长为 a_1,由内角顶点到对角线的垂直距离是 b_1,由 b_1/a_1 的比值查系数 β 值,由公式(4.89)即可确定该底板区的弯矩。这里还出现了一些悬臂肋,承受由底板传来的反力作用,并传给靴梁,如图中阴影所示。按这部分基础反力计算悬臂肋与底板的焊缝,验算悬臂肋的强度,以及计算肋与靴梁间的焊缝。

底板与悬臂肋间的角焊缝,可按肋端的最大反力计算(正面角焊缝):

$$\sigma_f = q(c_1 + c_2)/(2 \times 0.7h_f \times 1) \leqslant 1.22f_f^w \tag{4.97}$$

由此确定焊脚尺寸:

$$h_f \geqslant q(c_1 + c_2)/1.71f_f^w \tag{4.98}$$

为了方便设计,悬臂肋的固端弯矩和剪力可按下列公式计算:

$$M_1 = \frac{1}{2}ql_1^2\left(\frac{C_1}{2} + C_2\right); V_1 = ql_1\left(\frac{C_1}{2} + C_2\right) \tag{4.99}$$

式中:q——基础的实际反力(N/mm^2);

$q\left(\dfrac{C_1}{2}+C_2\right)$——均布线荷载($N/mm$);

$q(C_1+C_2)$——肋端线荷载(N/mm)。

悬臂肋的强度验算:

$$\sigma = 6M_1/t_1h_1^2 \leqslant f \tag{4.100}$$

$$\tau = 1.5V_1/t_1h_1 \leqslant f_v \tag{4.101}$$

悬臂肋与靴梁间用两根角焊缝相连,按下式验算焊缝强度:

$$\sqrt{\left(\frac{M_1}{1.22W_f}\right)^2 + \left(\frac{V_1}{A_f}\right)^2} \leqslant f_f^w \tag{4.102}$$

式中:$W_f = \dfrac{1}{3} \times 0.7h_f(h_1-2h_f)^2$;$A_f = 2 \times 0.7h_f(h_1-2h_f)$。

如果按式(4.100)、(4.101)和式(4.102)验算不满足,应调整 h_1、h_f 或 t_1。其他部分的计算同前,不再重复。

图4.44(b)的柱脚构造特别简单,沿柱身用角焊缝和底板相连,直接将内力经底板传给基

162

础。主要用于内力很小的轻钢结构的轻型柱子。内力较大时,需要的底板很厚,就显得不合理了,而且对柱子长度及柱子下端平面制造的精度要求也很高。

例题 4.7 图 4.45 所示为一轴心受压工字形实腹式柱。采用 Q235B 钢,内力计算值 $N=$ 1 300kN,焊条为 E43 型,基础混凝土 C20,$f_c=10N/mm^2$。试设计柱头和柱脚。

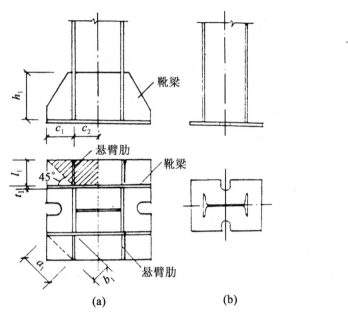

图 4.44 铰接柱脚构造之二

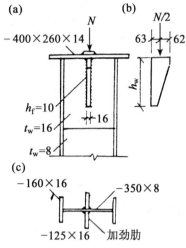

图 4.45 例题 4.7 柱头图

解:首先设计柱头。

(1)构造设计 轴心压力作用于柱子轴线位置,柱子上端设置一块顶板,顶板上、下在柱子轴线处分别设置集中垫板和加劲肋,如图 4.45(a)所示。

(2)传力过程和传力方式

$$N\xrightarrow[\text{承压}]{\text{端面}}\text{垫板}\xrightarrow[\text{承压}]{\text{端面}}\text{顶板}\xrightarrow[\text{承压}]{\text{端面}}\text{加劲肋}\xrightarrow{\text{角焊缝}}\text{柱身}$$

(3)计算

①垫板和顶板不需计算。

顶板大小以盖住柱子全截面为标准,并按构造要求适当加大一些。与梁的连接螺栓设在柱子截面内侧,顶板长度取 350+2×16+2×9=400(mm),二侧超出柱翼缘 9mm,留出构造焊缝的位置。顶板的宽度应适当超出柱翼缘的宽度,具体应超出多少,尚取决于加劲肋的尺寸要求。

②加劲肋计算。

根据加劲肋端面承压强度确定肋需要的宽度和厚度:

$$A_{ce}=\frac{N}{f_{ce}}=\frac{1\ 300\times10^3}{320}=4\ 063(mm^2)=40.6(cm^2)$$

宽度 b 可适当超过柱子翼缘宽,也可不超过,视 N 的大小而定。现取 125mm,需要的厚度为

$$t = A_{ce}/2 \times 12.5 = 40.5/25 = 1.62(\text{mm}),\ \text{取}\ 16\text{mm}。$$

$$b/t = 125/16 = 7.8 < 15 \qquad \text{满足局部稳定要求。}$$

由于加劲肋厚度 $t = 16\text{mm}$，柱子腹板厚 8mm，二者相差过大，焊接时容易损坏腹板，因而在柱头部分将柱腹板换成 $t_w = 16\text{mm}$，如图 4.45 中所示。这里采用了加劲肋局部承压传力，如采用角焊缝传力，焊脚尺寸很大，不太合理。读者可计算一下，看看结果如何。

确定了加劲肋的宽度后，选顶板尺寸为 $-400 \times 260 \times 14$。

再确定加劲肋的长度 h。

每根加劲肋按悬臂梁工作，承受的最大弯矩和剪力分别为（见图 4.45(b)）：

$$M = \frac{N}{2} \cdot \frac{b}{2} = \frac{1\,300 \times 12.5}{4} = 4\,062.5(\text{kN} \cdot \text{cm})$$

$$V = \frac{N}{2} = \frac{1\,300}{2} = 650(\text{kN})$$

$$\sigma = \frac{M}{W} = \frac{6 \times 4\,062.5 \times 10^4}{16h^2} = f = 215(\text{N/mm}^2)$$

求出 $h = 266\text{mm}$。

$$\tau = \frac{1.5V}{A} = \frac{1.5 \times 650 \times 10^3}{16h} = f_v = 125(\text{N/mm}^2)$$

求出 $h = 488\text{mm}$。决定于抗剪强度，取 $h_w = 490\text{mm}$，则加劲肋尺寸为 $-490 \times 125 \times 16$。

③焊缝（加劲肋与柱子腹板连接的角焊缝）计算。

此焊缝受上面确定的 M 和 V 作用，把它们由加劲肋传给柱子腹板。已知 $l_w = 490 - 2h_f = 470(\text{mm})$，共两条焊缝。取 $h_f = 10(\text{mm})$，最小焊脚尺寸 $h_{min} = 1.2\sqrt{16} = 4.8(\text{mm})$，最大焊脚尺寸 $h_{max} = 1.2 \times 16 = 19.2(\text{mm})$，符合要求。因 $l_w = 480 < 60h_f$，故角焊缝全长有效。

$$W_f = \frac{2}{6} \times 0.7h_f l_w^2 = \frac{2}{6} \times 0.7 \times 10 \times 470^2 = 515\,433(\text{mm}^3)$$

$$A_f = 2 \times 0.7h_f l_w = 2 \times 0.7 \times 10 \times 470 = 6\,580(\text{mm}^2)$$

焊缝强度验算

$$\sqrt{\left(\frac{\sigma_f}{1.22}\right)^2 + \tau_f^2} = \sqrt{\left(\frac{4\,062.5 \times 10^4}{1.22 \times 515\,433}\right)^2 + \left(\frac{650 \times 10^3}{6\,580}\right)^2}$$

$$= 118(\text{N/mm}^2) < f_f^w(\text{为}\ 160\text{N/mm}^2)$$

将 h_f 减为 8mm，$W_f' = \frac{2}{6} \times 0.7 \times 8 \times 474^2 = 419\,395(\text{mm}^3)$

$$A_f' = 2 \times 0.7 \times 8 \times 474 = 5\,309(\text{mm}^2)$$

$$\sqrt{\left(\frac{4\,062.5 \times 10^4}{1.22 \times 419\,395}\right)^2 + \left(\frac{650 \times 10^3}{5\,309}\right)^2} = 146(\text{N/mm}^2) < f_f^w$$

经计算，h_f 改为 6mm 时，应力超过 f_f^w，因而决定采用 8mm。$l_w = 480\text{mm} = 60f_f$，符合要求。

下面设计柱脚。

(1)构造设计　柱脚由两块靴梁、一块底板和两个锚栓组成，见图 4.46。

(2)传力过程和传力方式

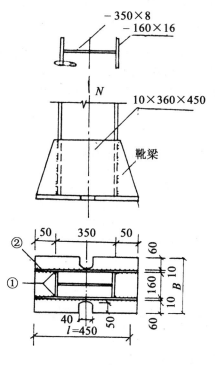

图 4.46 柱脚构造

$$N \xrightarrow[①]{\text{焊缝}} \text{靴梁} \xrightarrow[②]{\text{焊缝}} \text{底板} \xrightarrow{\text{承压}} \text{基础}$$

(3)计算　和上列传力过程反向进行。

①确定底板尺寸。

宽度：$B = 16 + 2 \times (1+6) = 30 (\text{cm})$

长度：$L = \dfrac{N}{Bf_c} = \dfrac{1\ 300 \times 10^3}{300 \times 10} = 433 (\text{mm})$，取 $L = 450\text{mm}$

扣除锚栓处底板上的缺口，底板的实际面积为

$$A = 45 \times 30 - 2 \times 4 \times 5 = 1\ 310 (\text{cm}^2)$$

基础实际反力：

$$q = \frac{N}{A} = \frac{1\ 300 \times 10^3}{1\ 310 \times 10^2} = 9.92 (\text{N/mm}^2)$$

按 $q = 10\text{N/mm}^2$ 计算。

确定底板厚度。

悬臂板部分：

$$M_1 = \frac{qc^2}{2} = \frac{10 \times 60^2}{2} = 18\ 000 (\text{N} \cdot \text{mm})$$

三边支承板部分：$a_1 = 160\text{mm}$，$b_1 = 50\text{mm}$，$b_1/a_1 = 0.313$，由表 4.7，$\beta = 0.028$，

$$M_3 = \beta q a_1^2 = 0.028 \times 10 \times 160^2 = 7\ 168 (\text{N} \cdot \text{mm})$$

四边支承板部分：$a = 76\text{mm}$，$b = 350\text{mm}$，$b/a = 4.605$，由表 4.8，$\alpha = 0.125$，

$$M_4 = \alpha q a^2 = 0.125 \times 10 \times 76^2 = 7\,220(\text{N} \cdot \text{mm})$$

$$t = \sqrt{6M_{max}/f} = \sqrt{6 \times 18\,000/215}$$

$$= 22.4(\text{mm}) > 16\text{mm} \quad 属第二组钢材$$

$$t = \sqrt{6 \times 18\,000/200} = 23.24(\text{mm}), 取\ t = 24\text{mm}$$

底板厚度决定于悬臂板部分,可见悬挑宽度 C 应尽可能取小些。

②计算焊缝②。

设 $h_f = 10\text{mm}$,已知焊缝长度:

$$\sum l_w = 2[(45-2)+2(5-2)] = 98(\text{cm}), 求焊脚尺寸:$$

$$h_{f_2} = \frac{N}{0.7\sum l_w \times 1.22 f_f^w}$$

$$= \frac{1\,300 \times 10^3}{0.7 \times 980 \times 1.22 \times 160} = 9.7(\text{mm})$$

取 $h_{f_2} = 10\text{mm}$,满足要求。

③验算靴梁强度。

按双悬伸梁计算,每块靴梁的悬伸部分承受的荷载: $q' = \dfrac{B}{2} q = \dfrac{300}{2} \times 10 = 1\,500(\text{N/mm})$,产生的弯矩和剪力分别为

$$M = q'\frac{a^2}{2} = 1\,500 \times \frac{50^2}{2} = 1\,875\,000(\text{N} \cdot \text{mm})$$

$$V = q'a = 1\,500 \times 50 = 75\,000(\text{N})$$

靴梁为矩形截面:

$$A = 10 \times 360 = 3\,600(\text{mm}^2), W = \frac{10}{6} \times 360^2 = 216\,000(\text{mm}^2)$$

$$\sigma = \frac{M}{W} = \frac{1\,875\,000}{216\,000} = 9(\text{N/mm}^2) < f \quad (f\ 为\ 215\text{N/mm}^2)$$

$$\tau = \frac{1.5V}{A} = \frac{1.5 \times 75\,000}{3\,600} = 31(\text{N/mm}^2) < f_v \quad (f_v\ 为\ 125\text{N/mm}^2)$$

靴梁强度很富余,但其长度决定于焊缝①。

④计算焊缝①。

共 4 根焊缝,取 $h_{f_1} = 10\text{mm}$,则

$$l_{w_1} = \frac{N}{4 \times 0.7 h_{f_1} f_f^w} = \frac{1\,300 \times 10^3}{4 \times 0.7 \times 10 \times 160} = 290(\text{mm}) < 60h_{f_1}$$

全长有效。取 $l_{w_1} = 360\text{mm}$,此即靴梁高度。

锚栓取两个 $d(24)$,柱脚构造见图 4.46。

在框架结构中,钢柱和基础的连接常采用固接连接。图 4.47 和图 4.48 表示两种固接的插入式和外包式柱脚构造。插入式柱脚是在混凝土基础中预留杯口,把钢柱插入后二次浇灌混凝土。钢柱插入杯口的最小深度见表 4.10,但不宜小于 500mm,也不宜小于吊装时钢柱长度的 1/20。插入式柱脚由杯口壁混凝土抗压来承受柱脚的弯矩。整个柱基础应按偏心受压设计。

表 4.10	钢柱插入杯口的最小深度	
柱截面形式	实腹柱	双肢格构柱(单杯口或双杯口)
最小插入深度 d_m	$1.5h_c$ 或 $1.5d_c$	$0.5h_c$ 和 $1.5b_c$(或 d_c)的较大值

注：①h_c 为柱截面高度(长边尺寸)，b_c 为柱截面宽度，d_c 为圆管柱的外径。

②钢柱底端至基础杯口底的距离一般采用50mm，当有柱底板时，可采用200mm。

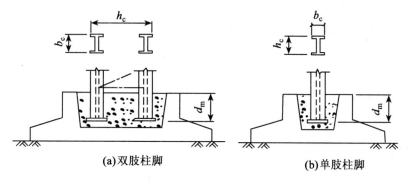

(a)双肢柱脚   (b)单肢柱脚

图 4.47　插入式柱脚

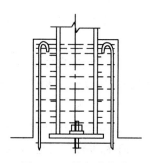

图 4.48　外包式柱脚

把钢柱置于基础上，从基础中伸出钢筋，在钢柱四周外包一段钢筋混凝土的称为外包式柱脚，由外部伸出钢筋和箍筋承受柱脚弯矩和剪力。外包高度可取钢柱截面高度的2~3倍，外包混凝土的厚度不应小于180mm。当柱脚内力很大时，宜在柱翼缘上设置圆柱头栓钉，其直径不得小于16mm，栓钉的水平和竖向中心距不得大于200mm。插入式柱脚当内力很大时，也可设栓钉。

这两种钢柱与基础固接的柱脚构造简单，节约钢材，是近年来多数高层建筑中采用的新型柱脚形式。尤以插入式柱脚的施工更为简便。

习　题　四

一、填空题

4.1　轴心受拉构件的承载能力极限状态是_____。

4.2 轴心受压构件的承载能力极限状态有:(1)＿＿＿＿;(2)＿＿＿＿。

二、选择题

4.3 轴心受力构件的正常使用极限状态是( )。

    A. 构件的变形规定

    B. 构件的容许长细比

    C. 构件的刚度规定

4.4 普通双轴对称的轴心受压钢构件的承载力经常决定于( )。

    A. 扭转屈曲

    B. 强度

    C. 弯曲屈曲

    D. 弯扭屈曲

三、问答题

4.5 轴心受力构件的截面形式和构件的受力状态有何关系? 如何正确选择截面?

4.6 什么叫做第一类稳定问题? 其特征是什么?

4.7 在求解轴心受压钢构件的弯曲屈曲临界力时,作了六点基本假定,试解释各条假定的依据和目的。

4.8 什么叫轴心受压构件等稳定设计? 其内容有哪些?

4.9 现行钢结构设计规范如何确定轴心受压构件的临界应力? 设计时如何应用公式和系数?

4.10 研究证明,焊接残余应力对轴心受压构件稳定承载力影响很大,为什么对不同截面的影响不同? 为什么对同一截面的不同主轴的影响也不同?

4.11 为了提高轴心受压构件的稳定承载力,可采取哪些措施?

4.12 什么叫局部稳定? 实腹式轴心受压构件有哪几种局部稳定?

4.13 工字形截面的腹板和翼缘板的高(宽)厚比是如何确定的?

4.14 箱形和 T 形截面的腹板和翼缘板的高(宽)厚比又是如何确定的?

4.15 为了保证实腹式轴压构件组成板件的局部稳定,有几种处理方法?

4.16 格构式和实腹式轴心受压构件临界力的确定有什么不同? 应用双肢缀条式和双肢缀板式柱的换算长细比的计算公式时,应满足哪些构造要求?

4.17 什么是单肢稳定? 应满足哪些要求才能保证单肢不先于整体失稳?

4.18 缀条式格构式柱按桁架式体系分析内力,缀板式格构式柱按多层框架式体系分析内力,其根据是什么?

4.19 轴心受压构件所受的剪力是怎样产生的? 根据哪些条件确定?

4.20 缀条式格构式轴心受压柱都采用单角钢作缀条,设计时有哪些规定?

4.21 设计轴心受压柱的柱头和柱脚时,如何保证梁柱铰接和柱脚铰接?

4.22 柱脚底板设计中采用了哪些近似假设和计算?

4.23 为减小单根柱的计算长度而设置支撑时,对支撑有哪些要求?

四、计算题

4.24　对例题 4.5 中选定的双肢缀条柱,试设计其柱头,说明其构造和传力过程,并进行计算。

4.25　对例题 4.5 中选定的双肢缀板柱,试设计其柱脚,说明其构造和传力过程,并进行计算。

第五章 受弯构件

第一节 梁的种类和梁格布置

受弯构件一般叫做梁,主要用来承受在弱轴 y 平面内的横向荷载。常用的梁截面如图 5.1 所示。

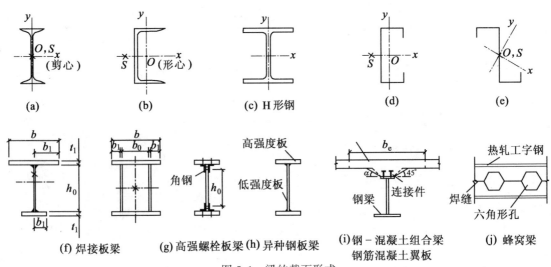

图 5.1 梁的截面形式

当梁的跨度或荷载较小时,可直接采用热轧型钢梁(图 5.1(a)、(b)),或冷弯薄壁型钢(图 5.1(d)、(e))。图 5.1(c)是 H 形钢,对 y 轴的惯性矩大,用作梁时,增加了平面外刚度,因而提高了梁的整体稳定性。采用冷弯薄壁型钢作双向受弯的檩条或墙架横梁时,比较经济,但应注意防锈。一般来说,型钢梁加工方便,成本较低,应优先采用。

当型钢梁不能满足强度和刚度要求时,必须采用组合梁。组合梁有板梁(图 5.1(f)、(g)、(h))、钢-混凝土组合梁(图 5.1(i))和蜂窝梁(图 5.1(j))等。当荷载或跨度很大而梁高又受限制,或要求截面具有较大的抗扭刚度时,可采用箱形截面(图 5.1(f))。1987 年为全国第六届运动会建成的广州天河体育中心运动场看台外伸钢梁(悬臂 25m)就采用了箱形截面,以增强抗扭刚度。

梁格是由纵横交错的主、次梁组成的平面体系。荷载通过板、梁、墙或柱,最后传给基础。
梁格有三种类型:

(1)简式梁格(图 5.2(a)) 板直接放在主梁上,适用于小跨度的楼盖和平台结构。

（2）普通式梁格（图 5.2（b）） 在各主梁之间设置若干横向次梁，将板划分成较小区格，以减小板的跨度。

（3）复式梁格（图 5.2（c）） 在普通式梁格的横向次梁之间，再设置纵向次梁，或称小梁，使板的区格尺寸与厚度保持在经济合理的范围内。

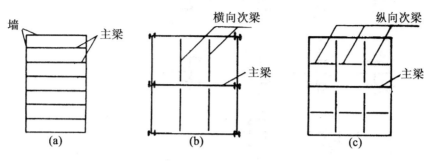

图 5.2　梁格布置的种类

目前，高层钢结构房屋楼盖，常采用钢梁与钢筋混凝土板用连接件相连的组合梁（图 5.1（i））。当钢梁上铺钢板时，一般将板与梁焊牢，但在计算梁的强度时，可不考虑钢板与钢梁的共同工作。

第二节　梁的强度与刚度的计算

梁的承载能力极限状态包括强度与稳定两个方面。强度承载力包括截面的抗弯强度、抗剪强度和局部承压处的抗压强度（含疲劳强度，参见第二章第二节之四）。稳定承载力包括梁的整体稳定和组成板件的局部稳定。

梁的正常使用极限状态是控制梁的最大挠度不超过容许挠度。

一、梁的强度计算

梁在横向荷载作用下，截面上将产生弯矩 M 和剪力 V（图 5.3（a）），前者引起正应力 σ（图 5.3（b）），后者引起剪应力 τ（图 5.3（c））。正应力随弯矩的增大而发展，可分三个阶段：①弹性阶段，最大纤维应力 $\sigma \leqslant f_y$ 时，截面为弹性工作，正应力呈三角形分布；②弹塑性阶段，最大纤维应力达屈服点 f_y，截面发展塑性；按照理想弹性塑性体（（图 5.3（d）），这时截面一部分为塑性，中间部分仍属弹性；③塑性阶段，荷载继续增大，截面的塑性区继续向内发展，直到弹性核心几乎消失，正应力将形成两个矩形分布，形成塑性铰。

钢梁达塑性状态是梁的强度承载力极限。对于直接承受动力荷载的梁，不能利用塑性，只能按边缘纤维屈服的弹性阶段设计，即以边缘纤维屈服为正应力极限状态，这时梁所承受的弯矩称屈服弯矩 $M_y = W_{nx} f_y$。非直接承受动力荷载和承受静力荷载的梁，虽然塑性阶段是其极限状态，但这时梁的变形太大，设计规范规定以弹塑性阶段为极限状态，梁所承受的弯矩为 $M = \gamma_x W_{nx} f_y$，γ_x 是截面塑性发展系数，大于 1。所以，通常梁的抗弯承载力极限 M 介于屈服弯矩 M_y 和塑性弯矩 $M_p = W_{nxp} f_y$ 之间。这里 W_{nx} 和 W_{nxp} 分别是弹性净截面模量和塑性净截面模量。不同截面的塑性发展系数不同，见表 5.1。

表 5.1

项次	截 面 形 式	γ_x	γ_y
1			1.2
2		1.05	1.05
3			1.2
4		$\gamma_{x1}=1.05$ $\gamma_{x2}=1.2$	1.05
5		1.2	1.2
6		1.15	1.15
7			1.05
8		1.0	1.0

注:当梁或压弯构件受压翼缘的自由外伸宽度 b_1 与其厚度 t_1 之比在下列范围:$13\sqrt{235/f_y}<\dfrac{b_1}{t_1}\leqslant 15\sqrt{235/f_y}$ 时,应取 $\gamma_x=1.0$。

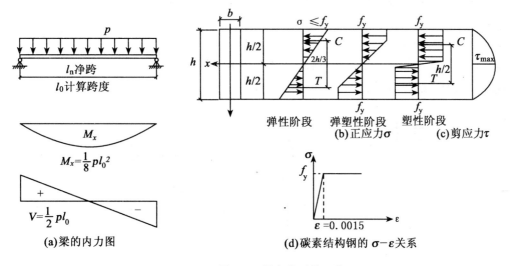

图 5.3　梁弯曲时的工作

1. 弯曲正应力和剪应力

(1)承受静力荷载或间接承受动力荷载的钢梁　当梁只在一个主平面内受弯矩 M_x 和剪力 V 作用时,应分别按下列两式验算弯曲正应力和剪应力:

$$\sigma = \frac{M_x}{\gamma_x W_{nx}} \leqslant f \tag{5.1}$$

$$\tau = \frac{V S_x}{I_x t_w} \leqslant f_v \tag{5.2}$$

当梁在两个主平面内受弯(双向受弯檩条)时,应将两主轴方向的弯矩 M_x 和 M_y 所产生的弯曲正应力叠加,用下式验算:

$$\sigma = \frac{M_x}{\gamma_x W_{nx}} + \frac{M_y}{\gamma_y W_{ny}} \leqslant f \tag{5.3}$$

式中:M_x、M_y——绕强轴 x、弱轴 y 的计算弯矩;

W_{nx}、W_{ny}——对 x、y 轴的净截面模量;

V——截面承受的计算剪力;

S_x——计算剪应力处以外毛截面对中和轴的面积矩,对称截面为半个截面对中和轴的面积矩;

I_x——净截面对 x 轴的惯性矩;

t_w——梁腹板厚度;

f、f_v——钢材的抗弯、抗剪强度设计值(附一表 1.2);

γ_x、γ_y——截面塑性发展系数(表 5.1)。

(2)需要计算疲劳的梁　同样可采用式(5.1)、(5.2)和式(5.3)计算,但不考虑塑性发展,取 $\gamma_x = \gamma_y = 1.0$。

必须指出,上述梁的计算只限于产生弯曲(单向或双向)而不产生扭转的情况。即作用在

173

梁上的横向荷载必须通过截面弯曲中心(即剪切中心)。对于截面剪切中心S的位置,有三点一般规律:

①双轴对称截面,截面剪心S与形心重合(图5.1(a));

②单轴对称截面,剪心S一定在对称轴上(图5.1(b));

③由矩形薄板相交于一点组成的截面,剪心S必在交点上(图5.4)。

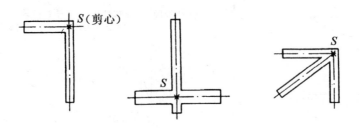

图5.4　剪切中心S的位置

2. 局部压应力

梁在固定集中荷载(包括支座反力)处无支承加劲肋(图5.5(a)),或受到移动的吊车轮压作用时(图5.5(b)),应验算腹板上边缘处的局部压应力。

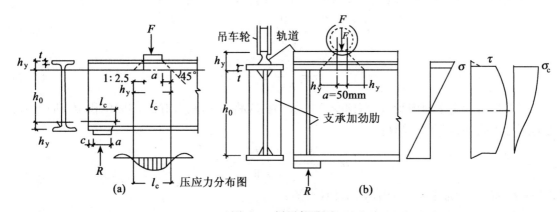

图5.5　梁局部承压

在集中荷载作用下,翼缘板(在吊车梁中还应包括轨道)类似于支承在腹板边缘上的弹性地基梁(图5.5(a))。为简化计算,假定集中荷载从作用处吊车轨道顶以45°角向两侧扩散,而在h_y范围以1:2.5坡度向两侧扩散,均匀分布于腹板上边缘,其假定分布长度为

在梁中部　　　　　　　　　　$l_c = a + 5h_y + 2h_R$

在支座处　　　　　　　　　　$l_c = a + c + 2.5h_y$

式中:a——集中荷载沿梁跨度方向的实际支承长度,对于吊车轮压,取$a = 50\text{mm}$;

　　　h_R——轨道的高度,对梁顶无轨道的梁,$h_R = 0$;

　　　h_y——由梁的顶面或吊车梁轨顶到腹板计算高度h_0边缘处的距离,h_0按下列规定采用:

①热轧型钢取腹板与上、下翼缘相连处两内弧起点间的距离(图5.5(a));

174

②焊接组合梁取腹板高度(图 5.5(b));

③用高强度螺栓或铆钉连接的组合梁,取腹板与上、下翼缘连接螺栓或铆钉线间的最近距离(图 5.1(g))。

腹板计算高度上的边缘局部压应力,按下式验算:

$$\sigma_c = \frac{\psi F}{t_w l_c} \leqslant f \tag{5.4}$$

式中: F——集中荷载,支座处为支座反力 R(图 5.5(a)),对动力荷载应考虑动力系数;

ψ——集中荷载增大系数,对重级工作制吊车梁,$\psi = 1.35$;对其他梁,$\psi = 1.0$;支座处,$\psi = 1.0$。

3. 折算应力

在组合梁的腹板计算高度 h_0 边缘某点处,同时受到较大的正应力 σ、剪应力 τ 和局部压应力 σ_c,或同时受到较大的 σ 和 τ(如连续梁支座处或梁的翼缘截面改变处等),都应按多轴应力状态下钢材的屈服准则(能量强度理论)验算折算应力:

$$\sigma_{eq} = \sqrt{\sigma^2 + \sigma_c^2 - \sigma\sigma_c + 3\tau^2} \leqslant \beta_1 f \tag{5.5}$$

式中: σ 和 σ_c 以拉应力为正值,压应力为负值。

考虑到 σ_{eq} 值的最大值只发生在特定截面中特定纤维的局部点,故公式(5.5)中引入强度设计值增大系数 β_1。由于 σ、σ_c 异号时的塑性变形能力比同号时的高,故规范规定:

当 σ 与 σ_c 异号时,取 $\beta_1 = 1.20$;

当 σ 与 σ_c 同号或 $\sigma_c = 0$ 时,取 $\beta_1 = 1.10$。

例题 5.1 已知某楼盖次梁 I40a(Q235B),跨中受集中荷载 $F = \gamma_G G_K + \gamma_Q Q_K = 1.2 \times 40 + 1.4 \times 80 = 160$(kN),试验算梁腹板计算高度 h_0 边缘"i"处的折算应力 σ_{eq}。集中荷载分布长度 $a = 90$mm。计算跨度 $l = 6$m。

解: $h_y = t + r = 16.5 + 12.5 = 29$(mm), $l_c = a + 5h_y = 90 + 5 \times 29 = 235$(mm)

$h_0 = h - 2h_y = 400 - 2 \times 29 = 342$(mm), $y_i = 171$mm, $R = F/2 = 80$kN(支座反力)

跨中 $M_x = R(l/2) + \gamma_G G_K l^2/8 = 80 \times 3 + 1.2 \times 0.067\ 6 \times 9.81 \times 6^2/8$

$$= 243.581(\text{kN} \cdot \text{m})$$

$$V = 80\text{kN}$$

边缘"i"处应力(图 5.6):

$$\sigma_i = \frac{M_x}{I_x/y_i} = \frac{243.581 \times 10^6 \times 171}{21\ 720 \times 10^4} = 191.8(\text{N/mm}^2)$$

$$\tau_i = \frac{VS_x}{I_x t_w} = \frac{80 \times 10^3}{34.1 \times 10 \times 10.5} = 22.3(\text{N/mm}^2)$$

$$\sigma_c = \frac{\psi F}{t_w l_c} = \frac{1 \times 160 \times 10^3}{10.5 \times 235} = 64.8(\text{N/mm}^2)$$

代入式(5.5),得

$$\sigma_{eq} = \sqrt{\sigma_i^2 + \sigma_c^2 - \sigma_i\sigma_c + 3\tau_i^2}$$

$$= \sqrt{191.8^2 + 64.8^2 - 191.8 \times 64.8 + 3 \times 22.3^2} = 173.3(\text{N/mm}^2)$$

$$\beta_1 f = 1.1 \times 215 = 236.5(\text{N/mm}^2) > \sigma_{\text{eq}}$$

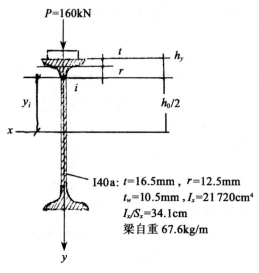

图 5.6 例题 5.1 图

二、梁的刚度

梁的刚度不足,就不能保证梁的正常使用。如楼盖梁的挠度过大,就会给人一种不安全的感觉,而且还会使天花板抹灰等脱落,影响整个结构的使用功能;而吊车梁的挠度过大,还会加剧吊车运行的冲击和震动,甚至使吊车不能运行等。因此,限制梁在使用时的最大挠度,就显得十分必要了。验算梁的刚度,属于正常使用极限状态。

梁的刚度要求是:

$$v \leqslant [v_{\text{T}}] \text{ 或} [v_{\text{Q}}] \tag{5.6}$$

式中:$[v_{\text{T}}]$ 和 $[v_{\text{Q}}]$——受弯构件的容许挠度(表 5.2)。

表 5.2　　　　　　　　　　　　　　受弯构件挠度容许值

项次	构件类别	挠度容许值	
		$[v_{\text{T}}]$	$[v_{\text{Q}}]$
1	吊车梁和吊车桁架(按自重和起重量最大的一台吊车计算挠度) (1)手动吊车和单梁吊车(含悬挂吊车) (2)轻级工作制桥式吊车 (3)中级工作制桥式吊车 (4)重级工作制桥式吊车	$l/500$ $l/800$ $l/1\ 000$ $l/1\ 200$	—

176

项次	构件类别	挠度容许值	
		$[v_T]$	$[v_Q]$
2	手动或电动葫芦的轨道梁	$l/400$	
3	有重轨(重量等于或大于38kg/m)轨道的工作平台梁	$l/600$	—
	有轻轨(重量等于或小于24kg/m)轨道的工作平台梁	$l/400$	
4	楼(屋)盖梁或桁架、工作平台梁(第3项除外)和平台板		
	(1)主梁或桁架(包括设有悬挂起重设备的梁和桁架)	$l/400$	$l/500$
	(2)抹灰顶棚的次梁	$l/250$	$l/350$
	(3)除(1)、(2)款外的其他梁(包括楼梯梁)	$l/250$	$l/300$
	(4)屋盖檩条		
	支承无积灰的瓦楞铁和石棉瓦屋面者	$l/150$	—
	支承压型金属板、有积灰的瓦楞铁和石棉瓦等屋面者	$l/200$	—
	支承其他屋面材料者	$l/200$	—
	(5)平台板	$l/150$	—
5	墙架构件(风荷载不考虑阵风系数)		
	(1)支柱	—	$l/400$
	(2)抗风桁架(作为连续支柱的支承时)	—	$l/1\,000$
	(3)砌体墙的横梁(水平方向)	—	$l/300$
	(4)支承压型金属板、瓦楞铁和石棉瓦墙面的横梁(水平方向)	—	$l/200$
	(5)带有玻璃窗的横梁(竖直方向和水平方向)	$l/200$	$l/200$

注:①l 为受弯构件的跨度(对悬臂梁和伸臂梁为悬伸长度的2倍)。

　　②$[v_T]$ 为永久和可变荷载标准值产生的挠度值(如有起拱应减去拱度)的容许值;

　　　$[v_Q]$ 为可变荷载标准值产生的挠度的容许值。

对于均布线荷载标准值 P_k 作用下的对称简支梁,梁的最大挠度可按下列近似公式计算:

$$v = \frac{5P_k l^4}{384EI_x}(1 + k\alpha) \tag{5.7}$$

式中:$\alpha = (I_x - I'_x)/I'_x$,其中:$I_x$、$I'_x$ 分别表示梁的跨中、支座毛截面惯性矩;

　　k 为系数,随截面改变方式而定(表5.3)。对等截面梁,$k=0$。

表5.3　　　　　　　　　　　　　　　　k　　值

截面改变方式 ＼ 截面改变位置	$l/6$	$l/5$	$l/4$	$l/2$
改变翼缘宽度(图5.48(a))	0.0519	0.0870	0.1625	
改变梁高(图5.48(b))	0.0054	0.0092	0.0175	0.1200

对于集中荷载标准值 P_k 作用下的等截面简支梁,挠度公式列于表5.4。

表 5. 4 P_k 作用下的挠度 v 表达式

P_k 作用位置	二等分梁处	三等分梁处	四等分梁处
v 值表达式	$\dfrac{P_k l^3}{48EI_x}$	$\dfrac{23P_k l^3}{648EI_x}$	$\dfrac{19P_k l^3}{384EI_x}$

例题5. 2　验算例题5. 1次梁的刚度。

解　由表 5. 2 查出：$[v_T] = l/250 = 6×10^3/250 = 24(\text{mm})$；$[v_Q] = l/350 = 17(\text{mm})$。

永久荷载与可变荷载：跨中集中力 $P_G = 40\text{kN}$，次梁自重（I40a）$G_k = 0.067\,6×9.8 = 0.66$（N/m）

$$v_T = \frac{P_G l^3}{48EI_x} + \frac{5G_k l^4}{384EI_x} = \frac{1}{EI_x}\left[\frac{(40+80)×10^3×6^3×10^9}{48} + \frac{5×0.000\,66×6^4×10^{12}}{384}\right]$$

$$= (540\,000 + 11.137\,5)/(2.06×21\,720) = 12.1(\text{mm}) < 24(\text{mm})$$

可变荷载：跨中集中力　$Q_k = 80\text{kN}$

$$v_Q = \frac{Q_k l^3}{48EI_x} = \frac{80×10^3×6^3×10^9}{48×2.06×21\,720×10^9} = 8(\text{mm}) < 17(\text{mm})$$

第三节　梁的整体稳定

一、基本概念

两端"叉"形支座（也称"夹"支座）简支梁，在跨中有横向荷载作用时，跨中弯矩 M_x 和跨中挠度 v 的关系曲线如图 5.7 所示。如果梁的承载力只取决于强度，弯矩随荷载的增加应按曲线 a 经弹性阶段、弹塑性阶段，最后达到塑性阶段，即达到塑性弯矩 M_{px}，形成塑性铰而破坏。如果截面的侧向抗弯刚度和抗扭刚度不足，如窄而高的工字形截面（开口薄壁截面），则

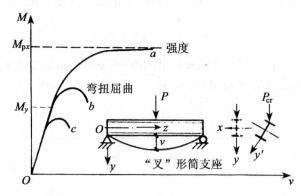

图 5. 7　梁的 M-v 关系

会在截面形成塑性铰以前，甚至在弹性阶段，梁就有可能发生绕弱轴 y 的侧向弯曲，且同时伴随扭转变形而破坏。这时梁的承载力低于按强度计算的承载能力，如图 5.7 中曲线 b 或 c 所

示。梁的这种破坏形式,称为梁的弯扭屈曲或**梁丧失整体稳定**。当梁的两端只有弯矩 M_x 作用时,同样也会发生这种破坏现象,如图 5.8 所示。这种使梁丧失整体稳定的外荷载或外弯矩,称为**临界荷载**或**临界弯矩**。

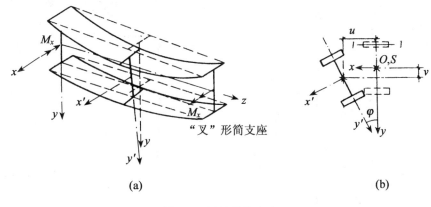

(a)   (b)

图 5.8   梁的整体失稳

对于平面弯曲的梁会发生平面外的侧向弯扭屈曲,可以这样来解释:从性质的近似性出发,可以把梁的受压翼缘视为一轴心压杆。如第四章所述,达临界状态时,受压翼缘将向其刚度较小的方向(图 5.8(b)中绕 1-1 轴)弯曲屈曲。但是,由于梁的腹板对该翼缘提供了连续的支持作用,使此屈曲不可能发生,因此,当压力增大到一定数值时,受压的上翼缘就只能绕 y 轴侧向弯曲,而梁截面的受拉部分又对其侧向弯曲产生约束,因而,必将带动梁的整个截面一起发生侧向位移并伴随扭转,即梁发生弯扭屈曲。这就是钢梁丧失整体稳定的原因和实质。

二、双轴对称工字形截面简支梁在纯弯矩作用下的临界弯矩 $M_{\mathrm{cr},x}$

作为一种基本情况,先研究一根受纯弯矩 M_x 的双轴对称工字形截面"叉"形支座简支梁的弯扭屈曲(图 5.9)。

推导临界弯矩时采用五点假定:①两端为铰接叉支座。这种支座只能绕 x 轴或 y 轴转动,而不能绕 z 轴转动——即受压翼缘不能侧向水平移动,相当于有一个侧向支承点;②理想直梁;③荷载作用在梁的最大刚度平面内,弯扭屈曲前只发生平面弯曲;④理想弹性体;⑤临界状态时属小变形。

图 5.9 中取 xyz 为固定坐标系(右手法则),截面发生位移后的活动坐标相应取为 $x'y'z'$。假定截面剪心 S 沿 x、y 轴方向的位移分别为 u、v,沿坐标轴的正向为正;截面的扭转角为 φ,图示旋转方向为正;由于小变形,xz 和 yz 平面内的曲率分别为 $\dfrac{\mathrm{d}^2 u}{\mathrm{d}z^2}$ 和 $\dfrac{\mathrm{d}^2 v}{\mathrm{d}z^2}$,并认为在 $x'z'$ 和 $y'z'$ 平面内的曲率分别与之相等,在角度关系方面可取 $\sin\theta \approx \theta = \dfrac{\mathrm{d}u}{\mathrm{d}z}$,$\sin\varphi \approx \varphi$,$\cos\theta \approx 1$,$\cos\varphi \approx 1$。从而,由图 5.9(b)、(c)可得

绕 x' 轴的弯矩 $M'_{x'} = (M_x\cos\theta)\cos\varphi \approx M_x$

绕 y' 轴的弯矩 $M'_{y'} = (M_x\cos\theta)\sin\varphi \approx M_x\varphi$

绕 z' 轴的弯矩(扭矩) $M'_{z'} = (M_x\sin\theta) \approx M_x\dfrac{\mathrm{d}u}{\mathrm{d}z}$

179

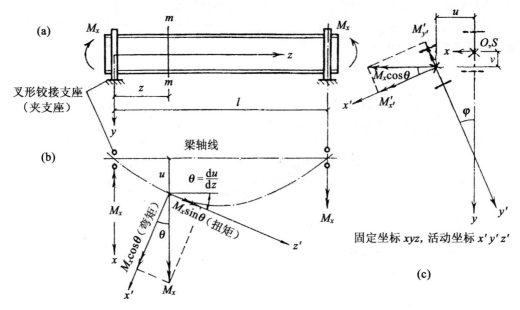

图 5.9 纯弯曲时、双轴对称工字形截面的弯扭屈曲

根据材料力学中弯矩与曲率之关系,得

$$EI_x \frac{\mathrm{d}^2 v}{\mathrm{d}z^2} = -M'_{x'} = -M_x \qquad (5.8)$$

$$EI_y \frac{\mathrm{d}^2 u}{\mathrm{d}z^2} = -M'_{y'} = -M_x \varphi \qquad (5.9)$$

第四章已导得开口薄壁杆件扭转屈曲的平衡微分方程,由公式(4.15),这时的外扭矩是 $M'_{x'}$,得

$$EI_\omega \varphi''' - GI_t \varphi' = M'_{z'} = M_x \frac{\mathrm{d}u}{\mathrm{d}z} \qquad (5.10)$$

式(5.8)只是位移 v 的函数,可以独立求解,而式(5.9)和式(5.10)均为 u 和 φ 的函数,必须联立求解。将式(5.10)对 z 求导,并利用式(5.9)消去 $\dfrac{\mathrm{d}^2 u}{\mathrm{d}z^2}$,可得关于扭转角 φ 的四阶线性齐次常微分方程,即纯弯曲梁达临界状态时的弯扭屈曲平衡微分方程:

$$EI_\omega \varphi'''' - GI_t \varphi'' - \frac{M_x^2}{EI_y} \varphi = 0 \qquad (5.11)$$

四阶方程的通解包含的四个积分常数,可由梁支座的四个边界条件——当 $z = 0$ 或 $z = l$ 时,$u = v = \varphi = 0$ 和 $\varphi'' = 0$ 来解决。第四个边界条件 $\varphi'' = 0$ 表示梁支座截面翘曲不受约束,绕 x、y 轴能自由转动,从而可解得临界弯矩如下:

$$M_{\mathrm{cr},x} = \frac{\pi^2 EI_y}{l^2} \sqrt{\frac{I_\omega}{I_y}\left(1 - \frac{l^2}{\pi^2}\frac{GI_t}{EI_\omega}\right)} \qquad (5.12)$$

或

$$M_{\mathrm{cr},x} = \frac{\pi}{l} \sqrt{EI_y GI_t} \sqrt{1 + \frac{\pi^2 EI_\omega}{l^2 GI_t}} \qquad (5.13)$$

180

式中:l——应理解为侧向支承点之间的距离 l_1。

令 $\psi = \dfrac{EI_\omega}{l^2 GI_t}$, $k = \pi\sqrt{1+\pi^2\psi}$,则式(5.13)变成

$$M_{cr,x} = \frac{k}{l}\sqrt{EI_y GI_t} \tag{5.14}$$

式中:k——梁整体稳定屈曲系数,随不同的荷载种类和荷载作用位置而异(表5.5)。

表5.5 k 值

荷载种类 荷载作用位置	M_x $\overset{}{\underset{l}{\smile}}$ M_x	p $\overset{\downarrow\downarrow\downarrow\downarrow}{\underset{l}{}}$	$P\downarrow$ $\underset{l}{}$
截面形心上	$\pi\sqrt{1+\pi^2\psi}$	$3.54\sqrt{1+11.9\psi}$	$4.23\sqrt{1+12.9\psi}$
上 下 翼缘上		$3.54(\sqrt{1+11.9\psi}$ $\mp 1.44\sqrt{\psi})$	$4.23(\sqrt{1+12.9\psi}$ $\mp 1.74\sqrt{\psi})$

由表5.5可见:①纯弯曲(作用在形心)时 k 值最低。因纯弯曲时(图5.10(a))梁的弯矩沿梁跨不变,所有截面上的弯矩均一样大,即受压翼缘所受的压力沿梁跨不变,而其余两种荷载情况(图5.10(b)、(c)),梁的弯矩仅在跨中最大,而其他截面上的弯矩值均较小,即受压翼缘的压力沿梁跨变化。②荷载作用在上翼缘比荷载作用在下翼缘的 k 值低。这是因为:梁一旦发生弯扭,作用在上翼缘的荷载 p 或 P(图5.11(a))对剪心 S 将产生不利的附加扭矩 pe 或 Pe,使梁的扭转加剧,助长屈曲,从而降低梁的临界值。而荷载作用在下翼缘时(图5.11(b)),附加扭矩会减小梁的扭转,从而可提高梁的整体稳定性。

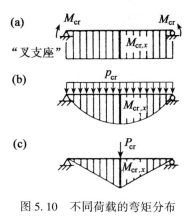

图5.10 不同荷载的弯矩分布

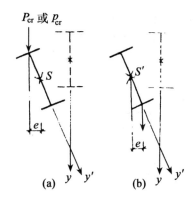

图5.11 荷载作用位置的影响

三、单轴对称工字形截面简支梁在横向荷载作用下的临界弯矩 $M_{cr,x}$

单轴对称工字形截面(图5.12(b)、(c))的剪力中心 S 与形心 O 不重合,可用能量法求临界弯矩的近似值:

$$M_{cr,x} = C_1\frac{\pi^2 EI_y}{l^2}\left[C_2 a + C_3\beta_y + \sqrt{(C_2 a + C_3\beta_y)^2 + \frac{I_\omega}{I_y}\left(1 + \frac{l^2 GI_t}{\pi^2 EI_\omega}\right)}\right] \tag{5.15}$$

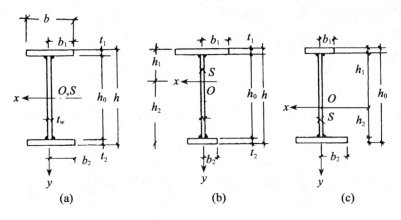

图 5.12 焊接工字形截面

式中: I_ω——扇形惯性矩, $I_\omega = \dfrac{I_1 I_2}{I_y} h^2 = \alpha_b (1 - \alpha_b) I_y h^2$, 其中 $\alpha_b = \dfrac{I_1}{I_1 + I_2} = \dfrac{I_1}{I_y}$,

　　　　I_1、I_2 分别表示受压、受拉翼缘对 y 轴的惯性矩;

　　β_y——反映截面单轴对称特性的系数:

$$\beta_y = \frac{1}{2I_x} \int_A y(x^2 + y^2)\,\mathrm{d}A - y_0 \tag{5.16}$$

　　　　双轴对称, $\beta_y = 0$, 单轴对称: 受压翼缘加强时, $\beta_y > 0$ (图 5.12(b)), 受拉翼缘加强时, $\beta_y < 0$ (图 5.12(c));

　　y_0——剪心 S 的纵坐标, $y_0 \approx -\dfrac{I_1 h_1 - I_2 h_2}{I_y}$;

　　a——荷载作用点至剪心 S 的距离, 作用点位于剪心 S 下方时, a 为正;

　　C_i——随荷载类型和支座约束情况而异的系数, 表 5.6 仅列出三种荷载作用下, 支座绕 x、y 轴能自由转动的 C_i 值($i = 1, 2, 3$)。

表 5.6　　　　　　　　　　　　　　　　C_i　　值

系　数 荷载类型	C_1	C_2	C_3
纯弯曲	1	0	1
全跨均布荷载	1.13	0.46	0.53
跨中集中荷载	1.35	0.55	0.40

四、整体稳定系数 φ_b

　　式(5.15)已为国内外许多试验所证实, 并为许多国家制定设计规范时采用, 为了便于应用, 我国规范(GB 50017—2003)对此作了两点简化假定:

　　(1)经计算分析, 式(5.16)中的积分项小小于 y_0 , 可取

182

$$\beta_y = -y_0 = + \left. \frac{I_1 h_1 - I_2 h_2}{I_y} \right|_{h_1 = h_2 \approx h/2} = \frac{h}{2} \left(\frac{I_1 - I_2}{I_y} \right) = \frac{h}{2} (2\alpha_b - 1) \qquad (5.17)$$

（2）对图 5.12（b）、（c），求扭转常数：

$$I_t = \frac{1}{3} (2b_1 t_1^3 + 2b_2 t_2^3 + h_0 t_w^3)$$

$$\approx \frac{1}{3} (2b_1 t_1 + 2b_2 t_2 + h_0 t_w) t_1^2 = \frac{1}{3} A t_1^2 \qquad (5.18)$$

式中：A——梁的截面面积。

对双轴对称工字形截面简支梁，由式（5.17），$\beta_y = 0$；纯弯矩作用在剪心，$a = 0$；由表 5.6，$C_1 = 1.0$，$C_3 = 1.0$。从而式（5.15）变成

$$M_{cr,x} = \frac{\pi^2 E I_y}{l^2} \sqrt{\frac{I_\omega}{I_y} \left(1 + \frac{l^2}{\pi^2} \frac{GI_t}{EI_\omega} \right)} \qquad (5.19)$$

相应的临界应力

$$\sigma_{cr,x} = M_{cr,x} / W_x \qquad (5.20)$$

保证整体稳定的条件

$$\frac{M_x}{W_x} \leqslant \frac{\sigma_{cr,x}}{\gamma_R} = \frac{\sigma_{cr,x}}{f_y} \cdot \frac{f_y}{\gamma_R} = \varphi_b f \qquad (5.21)$$

或

$$\frac{M_x}{\varphi_b W_x} \leqslant f \qquad (5.22)$$

式中：φ_b——梁整体稳定系数：

$$\varphi_b = \frac{\sigma_{cr,x}}{f_y} = \frac{M_{cr,x} / W_x}{f_y} = \frac{\pi^2 E I_y}{l^2 W_x f_y} \sqrt{\frac{I_\omega}{I_y} \left(1 + \frac{l^2 G I_t}{\pi^2 E I_\omega} \right)}$$

将 $I_t = \frac{1}{3} A t_1^2$，$I_\omega = \frac{I_y h^2}{4}$，$f_y = 235 \text{N/mm}^2$，$E = 206 \times 10^3 \text{N/mm}^2$ 和 $G = 79 \times 10^3 \text{N/mm}^2$ 代入上式，可得纯弯矩作用下双轴对称焊接工字形截面"叉支座"简支梁的整体稳定系数（Q235 钢材）

$$\varphi_b = \frac{4\,320}{\lambda_y^2} \frac{Ah}{W_{1x}} \sqrt{1 + \left(\frac{\lambda_y t_1}{4.4h} \right)^2} \qquad (5.23)$$

式中：W_{1x}——按受压翼缘确定的梁毛截面模量，$W_{1x} = I_x / y_1$（y_1 值即图 5.12 中的 h_1）；

λ_y——梁在侧向支承点间对截面 y 轴的长细比，$\lambda_y = l_1 / i_y$。其中，l_1 为梁受压翼缘的自由长度，即梁侧向支承点间的距离，图 5.9 中，$l_1 = l$，i_y 为梁的毛截面对 y 轴的回转半径，$i_y = \sqrt{I_y / A}$。

对于单轴对称工字形截面（图 5.12（b）、（c）），应考虑：① 截面形心 O 与剪心 S 不重合的影响系数 η_b；② 荷载种类和荷载作用位置不同的系数 β_b；③ 不同钢号的系数 $235/f_y$。从而，可写出焊接工字形截面简支梁整体稳定系数的通式为

$$\varphi_b = \beta_b \cdot \frac{4\,320}{\lambda_y^2} \cdot \frac{Ah}{W_{1x}} \left[\sqrt{1 + \left(\frac{\lambda_y t_1}{4.4h} \right)^2} + \eta_b \right] \frac{235}{f_y} \qquad (5.24)$$

式中：η_b——系数，对图 5.12（a），$\eta_b = 0$，对图 5.12（b），$\eta_b = 0.8 (2\alpha_b - 1)$，对图 5.12（c），$\eta_b = 2\alpha_b - 1$，其中 $\alpha_b = I_1 / I_y$；

β_b——系数(附二表2.5)。

式(5.24)也适用于 H 形钢和等截面铆接(或高强度螺栓连接)简支梁,后者的受压翼缘厚度 t_1 包括翼缘角钢厚度在内。

对于双轴对称焊接工字形截面悬臂梁,φ_b 值仍可按式(5.24)计算,但式中系数 β_b 应按附二表2.6查得。$\lambda_y = l_1/i_y$ 中的 l_1 为悬臂梁的悬伸长度。

热轧普通工字钢简支梁,由于翼缘有斜坡,翼缘与腹板交接处有圆角,其截面特性与三块钢板组合而成的焊接板梁不同。规范根据型钢的不同规格和 l_1,计算出不同荷载下的稳定系数 φ_b,设计时可直接从附二表2.7中查出。

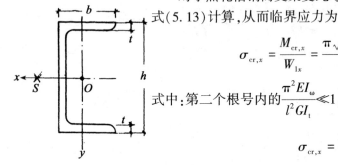

图 5.13 槽钢截面

对于热轧槽钢简支梁受纯弯矩时的临界弯矩 $M_{\mathrm{cr},x}$,可近似地用式(5.13)计算,从而临界应力为

$$\sigma_{\mathrm{cr},x} = \frac{M_{\mathrm{cr},x}}{W_{1x}} = \frac{\pi\sqrt{EI_y GI_t}}{lW_{1x}}\sqrt{1 + \frac{\pi^2 EI_\omega}{l^2 GI_t}}$$

式中:第二个根号内的 $\dfrac{\pi^2 EI_\omega}{l^2 GI_t} \ll 1$,可略去不计。从而上式变成

$$\sigma_{\mathrm{cr},x} = \frac{\pi\sqrt{EI_y GI_t}}{l_1 W_{1x}} \tag{5.25}$$

由图 5.13 可近似取:$I_y \approx 2(tb^3/12) = tb^3/6$,$I_x \approx 2bt(h/2)^2 = bth^2/2$,$W_{1x} \approx bth$,$I_t \approx 2bt^3/3$,以及 $E = 206 \times 10^3 \mathrm{N/mm^2}$,$G = 79 \times 10^3 \mathrm{N/mm^2}$等,代入式(5.25),得

$$\varphi_\mathrm{b} = \frac{\sigma_{\mathrm{cr},x}}{f_y} = \frac{570bt}{l_1 h} \cdot \frac{235}{f_y} \tag{5.26}$$

规范规定,对于热轧槽钢简支梁的 φ_b 值,不论荷载的形式和荷载作用点在截面高度上的位置如何,均可按式(5.26)计算。

以上是按弹性阶段确定梁的整体稳定系数。但很多情况下,梁是在弹塑性阶段丧失整体稳定的。考虑到钢梁的弹塑性性能,并计入残余应力的影响,对焊接的和热轧的工字形截面梁受纯弯曲时的临界弯矩进行回归分析,最后可得稳定系数 φ'_b 与弹塑性阶段的临界弯矩 $M'_{\mathrm{cr},x}$ 的关系为:

$$\varphi'_\mathrm{b} = \frac{M'_{\mathrm{cr},x}}{M_y} = 1.07 - \frac{0.282}{\varphi_\mathrm{b}} \leqslant 1.0 \tag{5.27}$$

式中:M_y——屈服弯矩,$M_y = W_{nx}f_y$。

上式 φ'_b 值与 φ_b 的对应关系见表5.7。规范规定,当求得的 $\varphi_\mathrm{b} > 0.6$ 时,说明梁在弹塑性阶段失稳,应用 φ'_b 代替 φ_b 作为梁的整体稳定系数。

表 5.7　　　　　　　　　　φ'_b 与 φ_b 的对应关系

φ_b	0.6	0.7	0.8	0.9	1.0	1.1	1.2	1.3	1.4	1.5	1.6
φ'_b	0.600	0.667	0.718	0.759	0.788	0.814	0.835	0.853	0.869	0.882	0.894
φ_b	1.7	1.8	1.9	2.0	2.25	2.5	2.75	3.0	3.25	3.5	≥4.0
φ'_b	0.904	0.913	0.922	0.929	0.945	0.957	0.967	0.976	0.983	0.989	1.000

φ_b 值主要用于梁的整体稳定计算,但也用于压弯构件在弯矩作用平面外的稳定计算(见式(6.16)),对于后者,规范 GB 50017—2003 给出了 φ_b 值的近似计算公式。

五、整体稳定的保证

简支钢梁符合下列条件之一者,就不必验算梁的整体稳定性。

条件1 有铺板(各种钢筋混凝土板或钢板)密铺在梁的受压翼缘上并与其牢固相连,能阻止梁受压翼缘的侧向位移时。

条件2 H 形钢或等截面工字形简支梁受压翼缘的自由长度 l_1 与其宽度 b_1 之比不超过表 5.8 所规定的数值(参见图 5.12)。

表 5.8 **H 形钢或等截面工字形简支梁不需计算整体稳定性的最大 l_1/b_1 值**

钢号	跨中无侧向支承点的梁		跨中受压翼缘有侧向支承点的梁,不论荷载作用于何处
	荷载作用在上翼缘	荷载作用在下翼缘	
Q235	13.0	20.0	16.0
Q345	10.5	16.5	13.0
Q390	10.0	15.5	12.5
Q420	9.5	15.0	12.0

注:b_1 是受压翼缘板的全宽。

对跨中无侧向支承点的梁,l_1 为其跨度;对跨中有侧向支承点的梁,l_1 为受压翼缘侧向支承点间的距离(梁的支座处视为侧向支承)。

符合上述条件 1 的箱形截面简支梁,可不计整体稳定性。不符合上述条件 1 的箱形截面简支梁(见图 5.14),满足下列条件:

$$h/b_0 \leqslant b; \quad l_1/b_0 \leqslant 95(235/f_y)$$

可不计算整体稳定性。

当简支钢梁不满足上述两条件的任一条件时,应进行梁的整体稳定验算:

在最大刚度平面内弯曲时

$$\frac{M_x}{\varphi_b W_{1x}} \leqslant f \quad (5.28)$$

在两个主平面弯曲时

$$\frac{M_x}{\varphi_b W_{1x}} + \frac{M_y}{\gamma_y W_y} \leqslant f \quad (5.29)$$

式中:W_{1x}、W_y——按受压纤维确定的对 x、y 轴的毛截面模量;

M_x、M_y——绕 x、y 轴的弯矩;

φ_b——绕强轴 x 弯曲所确定的整体稳定系数。

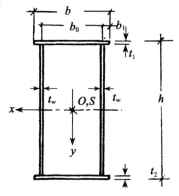

图 5.14 箱形截面

式(5.29)是一个经验公式,式中左边第二项分母中引进绕弱轴 y 的截面塑性发展系数 γ_y,(表5.1),并不意味着绕 y 轴弯曲时会出现塑性,而是适当降低第二项的影响,并使该公式与压弯构件的公式在形式上相协调。

例题 5.3 已知次梁传给焊接组合板梁（Q235 钢,密度 $\gamma = 77\text{kN/m}^3$）的集中荷载 $P = 200\text{kN}$（图5.15）,试验算板梁的整体稳定性。

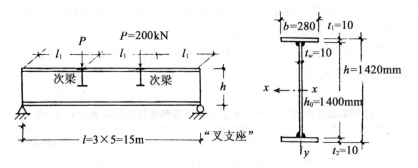

图 5.15 例题 5.3 图

解:因为 $l_1/b = 5\times10^3/280 = 17.9 > 13$（表5.7）,故必须验算梁的整体稳定性。

板梁自重:
$$g = \nu_G g_k = 1.2 \times [2(0.28 \times 0.01) + 1.4 \times 0.01] \times 77 = 1.811(\text{kN/m})$$

最大弯矩:$M_x = 200\times5 + 1.811\times15^2/8 = 1\,050.934(\text{kN} \cdot \text{m})$

截面几何参数:$A = 2(28 \times 1) + 140 \times 1 = 196(\text{cm}^3)$;$I_x = \dfrac{28\times142^3 - 27\times140^3}{12} = 507\,005(\text{cm}^4)$;

$W_x = I_x/y_1 = 507\,005/71 = 7\,141(\text{cm}^3)$;$I_y = 2(1\times28^3/12) = 3\,659(\text{cm}^4)$;$i_y = \sqrt{I_y/A} = 4.32(\text{cm})$;

$\lambda_y = l_1/i_y = 5\times10^2/4.32 = 115.7$。

由附二表 2.5,$\beta_b = 1.20$。

由式(5.24),$\varphi_b = 1.2\times\dfrac{4\,320}{115.7^2}\times\dfrac{196\times142}{7\,141}\left[\sqrt{1+\left(\dfrac{115.7\times1}{4.4\times142}\right)^2}+0\right]\times\dfrac{235}{235} = 1.54 > 0.6$,说明梁已进入弹塑性工作阶段。

由式(5.27),得
$$\varphi'_b = 1.07 - 0.282/1.54 = 0.887$$

由式(5.21),$\sigma = \dfrac{1\,050.934\times10^6}{7\,141\times10^3} = 147.2(\text{N/mm}^2)$,$\varphi'_b f = 0.887\times215 = 191(\text{N/mm}^2)$,因为 $\sigma < \varphi'_b f$,所以梁的整体稳定有保证。

若将本例钢梁材料改为 Q345,即 $f_y = 345\text{N/mm}^2$,整体稳定系数将变成 $\varphi_b = 1.54\times\dfrac{235}{345} = 1.05$,故
$$\varphi'_b = 1.07 - 0.282/1.05 = 0.801$$

从而,$\sigma = 147.2\text{N/mm}^2$,$\varphi'_b f = 0.801\times310 = 248(\text{N/mm}^2)$,因为 $\sigma < \varphi'_b f$,整体稳定也能保证。

例题 5.4 某焊接简支板梁（钢材 Q235B）,$l = 4\text{m}$,均布荷载作用在上翼缘上所产生的最大计算弯矩 $M_x = 1\,128\text{kN} \cdot \text{m}$,通过满应力强度设计,所选截面如图5.16所示。试验算该梁的

整体稳定性。

解：由图 5.16 算得：$A = 150.4\text{cm}^2$，$I_x = 374\ 333\text{cm}^4$，$W_{1x} = 5\ 257\text{cm}^3$，$I_y = 819.2\text{cm}^4$，$i_y = 2.334\text{cm}$，$\lambda_y = l_1/i_y = 4 \times 10^2/2.334 = 171$。

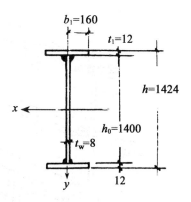

图 5.16　例题 5.4 图

因为　$\xi = \dfrac{l_1 t_1}{2b_1 h} = \dfrac{4 \times 10^2 \times 1.2}{2 \times 16 \times 142.4} = 0.105 < 2.0$，故由附二表 2.5，得

$$\beta_b = 0.69 + 0.13\xi = 0.69 + 0.13 \times 0.105 = 0.703\ 7$$

由式（5.24）得

$$\varphi_b = 0.703\ 7 \times \frac{4\ 320}{171^2} \times \frac{150.4 \times 142.4}{5\ 257} \times$$

$$\left[\sqrt{1 + \left(\frac{171 \times 1.2}{4.4 \times 142.4} \right)^2} + 0 \right] \times \frac{235}{235} = 0.395 < 1.0$$

说明梁的承载力取决于整体稳定，该梁只能承受按强度设计的荷载的 0.395 倍，显然很不经济。为了提高梁的整体稳定承载力，可在跨中设置一个可靠的侧向支承点，这时，$l_1 = l/2 = 4/2 = 2.0(\text{m})$，$\lambda_y = 171/2 = 86$，由附二表 2.5 查出，$\beta_b = 1.15$，从而由式（5.24）可算得 $\varphi_b = 2.43 > 0.6$。再由式（5.27）得到

$$\varphi'_b = 1.07 - 0.282/2.43 = 0.954 \approx 1.0$$

这样，梁的抗弯强度不但能充分利用（满应力），而且整体稳定性也正好能保证。

第四节　梁的局部稳定和加劲肋设计

为了提高焊接组合板梁的强度和刚度，腹板宜选得高一些；而为了提高梁的整体稳定性，翼缘板宜选得宽一些。然而，若所选板件过于宽薄，矛盾就会转化，常会在梁发生强度破坏或丧失整体稳定性之前，梁的组成板件就偏离原来的平面位置而发生波形鼓曲（图 5.17），这种现象称为梁**丧失局部稳定性**或称板的屈曲。梁的翼缘或腹板屈曲后，使梁的工作性能恶化，由于板屈曲部位退出工作，截面变得不对称，就有可能导致梁的过早破坏。

对于热轧型钢梁，翼缘和腹板都较厚，一般不需要进行局部稳定性验算。对于冷弯薄壁型钢梁，按照"冷弯薄壁型钢结构技术规范（GB 50018—2002）"的规定，常按有效截面进行设计，用以考虑局部截面因屈曲退出工作对梁承载能力的影响，故也不验算局部稳定性。通常只有组合梁需要验算局部稳定性。

第四章中已经导出板受压时的临界应力公式：

$$\sigma_{cr} = \frac{N_{cr}}{t} = k \frac{\pi^2 E}{12(1 - \nu^2)} \left(\frac{t}{b} \right)^2 \tag{4.37}$$

将 $E = 206 \times 10^3 \text{N/mm}^2$ 和泊松比 $\nu = 0.3$ 代入上式，得

$$\sigma_{cr} = 18.6k \left(\frac{t}{b} \right)^2 \times 10^4 (\text{N/mm}^2) \tag{5.30}$$

式中：　b、t——分别是板加载边的宽度和厚度；

k——板的屈曲系数，与荷载种类、分布状态和板的边长比 $\beta = a/b$ 有关，其中 b 为短边长。

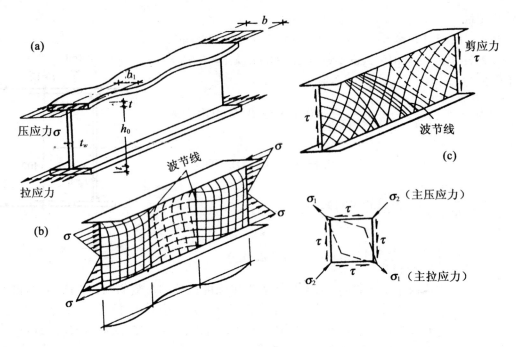

图 5.17　组成板件的局部屈曲

上式不仅适用于中面力①作用下的四边简支板,也适用于其他支承情况的板。

一、受压翼缘板的屈曲和宽厚比限值

工字形截面梁的受压翼缘板与轴心受压柱的翼缘板相似,为三边简支一边自由(注意:一对加载边视为简支边),所受的压应力基本上均匀分布,屈曲形态如图 5.17(a)所示。

由公式(4.42),翼缘板的临界应力(屈曲系数 $k = 0.425$)为

$$\sigma_{cr} = 0.425\,\frac{\pi^2 E\sqrt{\eta}}{12(1 - \nu^2)}\left(\frac{t}{b_1}\right)^2 \tag{4.42}$$

对于梁的翼缘板,要求充分发挥其强度承载力,故令 $\sigma_{cr} = 0.95 f_y$,并取弹塑性模量比 $\sqrt{\eta} = 0.63,\nu = 0.3$,代入式(4.42)并整理后,可得梁受压翼缘板保证稳定要求的宽厚比:

$$\frac{b_1}{t_1} \leqslant 15\sqrt{235/f_y} \tag{5.31}$$

当梁截面发展部分塑性时,比值应取

$$\frac{b_1}{t_1} \leqslant 13\sqrt{235/f_y} \tag{5.32}$$

对于箱形截面(图 5.14),受压翼缘的悬伸部分与工字形截面的相同(式(5.31)或式(5.32))。受压翼缘的中间部分 b_0 属于均匀受压四边简支板,第四章中已导得公式为

---

①　指力作用于板厚度中心的平面内。

188

$$\frac{b_0}{t_1} \leqslant 40\sqrt{235/f_y} \tag{4.46}$$

翼缘板自由外伸宽度 b_1 的取值为:焊接构件,取腹板边至翼缘板边的距离,对轧制构件,取内圆弧起点至翼缘板边的距离。

二、腹板屈曲的计算与加劲肋的配置

对于梁的腹板,采用加厚板的办法来防止板的局部屈曲显然不经济,通常采用设置加劲肋的办法。加劲肋有横向加劲肋、纵向加劲肋和短加劲肋等几种(图5.18),通过加劲肋,把腹板划分成较小的区格。加劲肋就是每个区格的边支承。

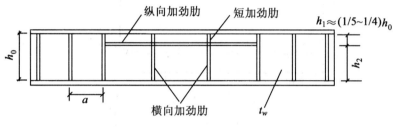

图5.18 加劲肋的布置

1. 在纯弯矩作用下(图5.19)

图5.19所示为一块四边简支矩形板,在竖向边上作用弯曲正应力 σ,上半部的压应力可

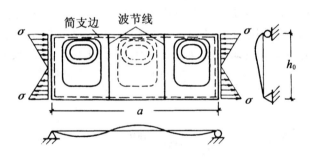

图5.19 弯应力作用下板的屈曲

能使板屈曲。沿竖向形成一个半波,沿水平方向则为若干个长度相等的半波,并形成竖向的波节线。这种情况的临界应力由式(5.30)得

$$\sigma_{cr} = 18.6k\left(\frac{t_w}{h_0}\right)^2 \times 10^4 \text{N/mm}^2 \tag{5.33}$$

式中:k——屈曲系数(表5.9)。

表5.9				屈曲系数 k 值					
a/h_0	0.4	0.5	0.6	0.667	0.75	0.8	1.0	1.33	1.5
k	29.1	25.6	24.1	23.9	24.1	24.4	25.6	23.9	24.1

k 值还与四边的支承条件有关(图 5.20)。当非加载边简支时,$k_{min}=23.9$;当非加载边固定时,$k_{min}=39.6$。

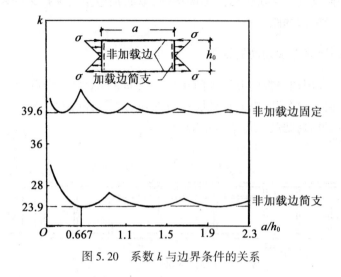

图 5.20　系数 k 与边界条件的关系

对于梁的腹板,a 是横向加劲肋的间距,沿计算高度 h_0 方向为加载边(简支),腹板厚度为 t_w。

该区格板段的加载边支承在横向加劲肋上,从肋和腹板的相对刚度来看,可认为腹板简支在肋上。翼缘板截面则有一定的抗扭刚度,当受压翼缘扭转受到约束,如连有刚性铺板、制动板或焊有钢轨时对腹板屈曲时沿非加载边的转动有约束作用,属于弹性嵌固。根据试验结果分析,当翼缘与腹板的连接采用角焊缝满焊或采用 K 形对接焊缝时,可采取弹性嵌固系数 $\chi=1.66$,即考虑翼缘弹性嵌固的影响时,$k=23.9\times1.66=39.67$。把 k 值代入式(5.33),得

$$\sigma_{cr}=18.6\times39.67\left(\frac{100t_w}{h_0}\right)^2=737.8\left(\frac{100t_w}{h_0}\right)^2$$

取

$$\sigma_{cr}=735\left(\frac{100t_w}{h_0}\right)^2$$

根据腹板的受弯屈曲**不先于**屈服破坏的原则,即 $\sigma_{cr}\geqslant f_y$,得 $h_0/t_w\leqslant177\sqrt{235/f_y}$,取

$$\frac{h_0}{t_w}\leqslant170\sqrt{\frac{235}{f_y}} \tag{5.34}$$

可见,当 $h_0/t_w\leqslant170\sqrt{235/f_y}$ 时,腹板抗弯属于强度破坏;当 $h_0/t_w>170\sqrt{235/f_y}$ 时,则为受弯屈曲破坏,应设置纵向加劲肋。由于减小了式(5.34)中的 h_0,可以大大提高腹板的临界应力,故纵向加劲肋应设置在受压区内,取 $h_1=(1/5\sim1/4)h_0$(图 5.18)。因弯曲应力在跨中较大,故纵肋只需布置在梁的跨度中间段。

当受压翼缘扭转未受到约束时,翼缘板对腹板的弹性嵌固系数 $\chi=1.23$,则 $k=23.9\times1.23=29.4$。由此导得 $h_0/t_w=152$,规范取 150。因此,当 $h_0/t_w>150\sqrt{235/f_y}$ 时,应设置纵向加劲肋。

以上导得的在弯矩作用下腹板的临界应力是按弹性稳定理论导出的,即在临界应力公式

(4.37)中把 $E = 206 \times 10^3 \mathrm{N/mm^2}$ 代入,得公式(5.30)。这只适用于弹性阶段。为了求得弹塑性阶段的临界应力,采用了通用宽厚比。

由式(4.37),用于腹板弯曲临界应力时写成下式:

$$\sigma_{cr} = k \frac{\pi^2 E \sqrt{\eta}}{12(1 - \nu^2)} \left(\frac{t_w}{h_0} \right)^2 \tag{5.35}$$

式中引入了弹塑性模量比$\sqrt{\eta} = E_t / E$,上式可用来计算弹塑性阶段的临界应力。

引入通用宽厚比$\lambda_b = \sqrt{f_y / \sigma_{cr}}$。当$\lambda_b = 1.25$时,$\sigma_{cr} = 0.64 f_y$;当$\lambda_b > 1.25$时,腹板为弹性阶段屈曲;当$\lambda_b = 1$时,$\sigma_{cr} = f_y$,为强度破坏。不过设计是以强度设计值为标准的,即要求$\sigma_{cr} = f_y / \gamma_R$;也就是$\lambda_b = 1/\gamma_R$时,$\sigma_{cr} = f$,为强度破坏。而$1/\gamma_R < \lambda_b < 1.25$为弹塑性阶段屈曲,见图5.21所示($\gamma_R$是钢材的材料分项系数)。

由此,腹板的弯应力临界应力可分为三段:

$\lambda_b \leqslant 0.85$时

$$\sigma_{cr} = f \tag{5.36a}$$

$0.85 < \lambda_b \leqslant 1.25$时

$$\sigma_{cr} = [1 - 0.75(\lambda_b - 0.85)] f \tag{5.36b}$$

$\lambda_b > 1.25$时

$$\sigma_{cr} = 1.1 f / \lambda_b^2 \tag{5.36c}$$

式中:$1.1f$——考虑腹板在弹性阶段屈曲时存在着较大的屈曲后强度,安全系数可取小一些。

当梁受压翼缘扭转受到约束时,有

$$\lambda_b = \frac{2h_c / t_w}{177} \sqrt{\frac{f_y}{235}} \tag{5.37a}$$

当梁受压翼缘扭转未受到约束时,有

$$\lambda_b = \frac{2h_c / t_w}{153} \sqrt{\frac{f_y}{235}} \tag{5.37b}$$

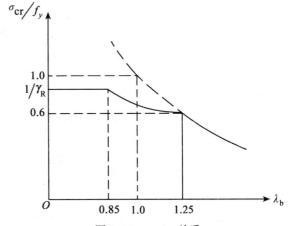

图5.21 σ_{cr}-λ_b 关系

式中:h_c——梁腹板弯曲受压区高度,对双轴对称截面,$2h_c = h_0$。

2. 在纯剪切作用下(图5.22)

图5.22所示的腹板板段为四边简支并受均布剪应力τ作用,属于纯剪状态。板中的主应力与剪应力大小相等并互成45°角,主压应力σ_2能引起板呈大约45°倾斜的波形凹凸(图5.22(b))。

(1)当$a/h_0 > 1$时(h_0是短边),参照式(5.30),可得弹性阶段的剪切临界应力

$$\tau_{cr} = 18.6 k \left(\frac{100 t_w}{h_0} \right)^2 \tag{5.38}$$

式中的k值只与板的边长比a/h_0有关,一般可用相当精确的经验公式表达:

$$k = 5.34 + \frac{4}{(a/h_0)^2} \tag{5.39}$$

由于翼缘对腹板的弹性嵌固作用,一般可使τ_{cr}提高24%。将式(5.39)代入式(5.38),并

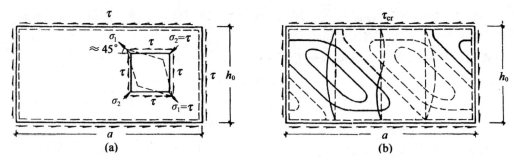

图 5.22 腹板纯剪作用时的屈曲

考虑 $\chi = 1.24$，得

$$
\begin{aligned}
\tau_{\mathrm{cr}} &= 18.6\left[5.34 + \frac{4}{(a/h_0)^2}\right] \times 1.24\left(\frac{100t_{\mathrm{w}}}{h_0}\right)^2 \\
&= \left[123 + \frac{92}{(a/h_0)^2}\right]\left(\frac{100t_{\mathrm{w}}}{h_0}\right)^2 \\
&= k_{\tau}\left(\frac{100t_{\mathrm{w}}}{h_0}\right)^2
\end{aligned}
\tag{5.40}
$$

（2）当 $a/h_0 \leqslant 1$ 时（a 是短边），同样可按上述步骤，由经验公式 $k = 4 + 5.34/(a/h_0)^2$，可导得

$$
\tau_{\mathrm{cr}} = \left[\frac{123}{(a/h_0)^2} + 92\right]\left(\frac{100t_{\mathrm{w}}}{h_0}\right)^2
\tag{5.41}
$$

式中：$k_{\tau} = 123/(a/h_0)^2 + 92$。

由式（5.41）可见，当 $a/h_0 > 2$ 时，τ_{cr} 值变化不大，即横向加劲肋的作用不大，故规范规定，横向加劲肋的最大间距取 $2h_0$。

式（5.40）和式（5.41）也是按弹性稳定理论导得的。和上述相同，引入通用宽厚比 $\lambda_{\mathrm{s}} = \sqrt{f_{\mathrm{y}}/\tau_{\mathrm{cr}}}$，$\tau_{\mathrm{cr}}$ 与 λ_{s} 的关系和图 5.21 相似，只是弹塑性的界限稍有区别。同理，把腹板的临界剪应力也分成三段：

$\lambda_{\mathrm{s}} \leqslant 0.8$ 时

$$
\tau_{\mathrm{cr}} = f_{\mathrm{v}}
\tag{5.42a}
$$

$0.8 < \lambda_{\mathrm{s}} \leqslant 1.2$ 时

$$
\tau_{\mathrm{cr}} = \left[1 - 0.59 \times (\lambda_{\mathrm{s}} - 0.8)\right]f_{\mathrm{v}}
\tag{5.42b}
$$

$\lambda_{\mathrm{s}} > 1.2$ 时

$$
\tau_{\mathrm{cr}} = 1.1f_{\mathrm{v}}/\lambda_{\mathrm{s}}^2
\tag{5.42c}
$$

式中：λ_{s}——腹板受剪时的通用宽厚比。

当 $a/h_0 \leqslant 1.0$ 时

$$
\lambda_{\mathrm{s}} = \frac{h_0/t_{\mathrm{w}}}{41\sqrt{4 + 5.34(h_0/a)^2}}\sqrt{\frac{f_{\mathrm{y}}}{235}}
\tag{5.43a}
$$

当 $a/h_0 > 1.0$ 时

$$
\lambda_{\mathrm{s}} = \frac{h_0/t_{\mathrm{w}}}{41\sqrt{5.34 + 4(h_0/a)^2}}\sqrt{\frac{f_{\mathrm{y}}}{235}}
\tag{5.43b}
$$

当腹板不设横向加劲肋时，$a/h_0 \to \infty$，由式（5.40），$\tau_{cr} = 123\left(\dfrac{100t_w}{h_0}\right)^2$。

根据对试验结果的分析，腹板非弹性屈曲的剪切临界应力是

$$\tau'_{cr} = \sqrt{f_p \tau_{cr}}$$

式中：f_p——剪切比例极限，$f_p = 0.8f'_y = 0.8f_y/\sqrt{3} = 0.462f_y$。$f_y$ 是剪切屈服点。

把 $\tau_{cr} = 123 \times \left(\dfrac{100t_w}{h_0}\right)^2$ 代入，得

$$\tau'_{cr} = \sqrt{0.462f_y \times 123} \times \frac{100t_w}{h_0} = \sqrt{568\,260f_y}\,(t_w/h_0) \tag{5.44}$$

按照腹板受纯剪时屈曲不先于屈服破坏的原则，由式（5.42a），得

$$\tau'_{cr} = \sqrt{568\,260f_y}\,(t_w/h_0) = f'_y = f_y/\sqrt{3} \tag{5.45}$$

可解得

$$\frac{h_0}{t_w} \leqslant \frac{\sqrt{3} \times \sqrt{568\,260f_y}}{f_y} = 85.2\sqrt{\frac{235}{f_y}}$$

考虑到实际的腹板中还有一定的弯曲应力，有时还可能有局部压应力，规范将上式界限比取为

$$\frac{h_0}{t_w} \leqslant 80\sqrt{\frac{235}{f_y}} \tag{5.46}$$

即当 $h_0/t_w \leqslant 80\sqrt{235/f_y}$ 时，腹板属于剪切强度破坏；而当 $h_0/t_w > 80\sqrt{235/f_y}$ 时，腹板将发生纯剪屈曲。为了提高腹板的剪切临界应力，可设置横向加劲肋以减小板段长度 a。

3. 在横向压力作用下

在横向集中荷载（图5.5）或均布荷载（图5.23）作用下，若腹板太薄，可能引起腹板发生横向屈曲。图5.23是横向压应力沿腹板高度衰减变化的示意图。

四边简支矩形板均匀受压时的临界应力仍可参照式（5.33）求得

$$\sigma_{c,cr} = 18.6k\chi\left(\frac{100t_w}{a}\right)^2 \tag{5.47a}$$

改写为

$$\sigma_{c,cr} = 18.6k\chi\left(\frac{h_0}{a}\right)^2\left(\frac{100t_w}{h_0}\right)^2 \tag{5.47b}$$

式中：χ 是考虑到翼缘板对腹板的嵌固影响，取

$$\chi = 1.81 - 0.255h_0/a$$

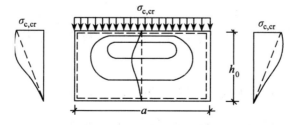

图5.23　横向压应力作用下腹板的屈曲

屈曲系数 k 与板的边长比有关。

当 $0.5 \leqslant a/h_0 \leqslant 1.5$ 时，$k = \dfrac{7.4}{a/h_0} + \dfrac{4.5}{(a/h_0)^2}$ \qquad (5.48a)

当 $1.5 \leqslant a/h_0 \leqslant 2.0$ 时，$k = \dfrac{11}{a/h_0} - \dfrac{0.9}{(a/h_0)^2}$ \qquad (5.48b)

同理，引入通用宽厚比 $\lambda_c = \sqrt{f_y/\sigma_{c,cr}}$。同样，可把临界应力分成三段：

当 $\lambda_c \leqslant 0.9$ 时

$$\sigma_{c,cr} = f \qquad (5.49a)$$

当 $0.9 < \lambda_c \leqslant 1.2$ 时

$$\sigma_{c,cr} = [1 - 0.79(\lambda_c - 0.9)]f \qquad (5.49b)$$

当 $\lambda_c > 1.2$ 时

$$\sigma_{c,cr} = 1.1f/\lambda_c^2 \qquad (5.49c)$$

通用宽厚比为：

当 $0.5 \leqslant a/h_0 \leqslant 1.5$ 时

$$\lambda_c = \frac{h_0/t_w}{28\sqrt{10.9 + 13.4(1.83 - a/h_0)^3}}\sqrt{\frac{f_y}{235}} \qquad (5.50a)$$

当 $1.5 < a/h_0 \leqslant 2$ 时

$$\lambda_c = \frac{h_0/t_w}{28\sqrt{18.9 - 5a/h_0}}\sqrt{\frac{f_y}{235}} \qquad (5.50b)$$

根据临界应力不小于屈服应力的原则，按 $a/h_0 = 2$ 考虑，由式(5.50b)，得

$$\lambda_c = \frac{h_0/t_w}{28\sqrt{18.9 - 5a/h_0}} = \sqrt{\frac{f_y}{\sigma_{c,cr}}} = 1$$

导得 \qquad $h_0/t_w \leqslant 83.5\sqrt{\dfrac{235}{f_y}}$，取 $80\sqrt{\dfrac{235}{f_y}}$。 \qquad (5.51)

如不满足此条件，说明局部压应力作用下的临界应力低于强度承载力。为了提高局部压应力的临界应力，应把横向加劲肋的间距减小，或设置短加劲肋。

4. 腹板加劲肋的配置

在焊接梁的设计中，翼缘板的屈曲常用限制宽厚比的办法来保证，而腹板的屈曲则采用配置加劲肋(图5.18)的办法来解决。

加劲肋作为腹板的支承，将腹板分成尺寸较小的板段，以提高临界应力。横肋对提高梁支承附近剪力较大板段的临界应力是有效的；而纵肋对提高梁跨中附近弯矩较大板段的稳定性特别有利；短加劲肋则常用于局部压应力 σ_c 较大的情况(如在吊车梁中)。

为了保证焊接板梁腹板的局部稳定性，应根据腹板高厚比 h_0/t_w 的不同情况配置加劲肋。

(1)当 $\dfrac{h_0}{t_w} \leqslant 80\sqrt{\dfrac{235}{f_y}}$ 时，对无局部压应力的梁，即 $\sigma_c = 0$ 的梁，不需配置加劲肋；对 $\sigma_c \neq 0$ 的梁(如吊车梁)，宜按构造配置横向加劲肋，其横肋间距 a 应满足 $0.5h_0 \leqslant a \leqslant 2h_0$ (图5.24(a))。

194

（2）当 $h_0/t_w > 80\sqrt{235/f_y}$ 时，应配置横向加劲肋。其中，当 $h_0/t_w > 170\sqrt{235/f_y}$（受压翼缘扭转受到约束，如连有刚性铺板、制动板或焊有钢轨时）或 $h_0/t_w > 150\sqrt{250/f_y}$（受压翼缘扭转未受到约束时）时，按计算需要，应在弯应力较大区格的受压区增加配置纵向加劲肋。局部压应力很大的梁，必要时尚应在受压区配置短加劲肋。

任何情况下，h_0/t_w 均不应超过 250，以免焊接时腹板产生翘曲变形。

此处 h_0 为腹板的计算高度（对单轴对称梁，当确定是否要配置纵向加劲肋时，h_0 应取腹板受压区高度 h_c 的 2 倍），t_w 是腹板的厚度。

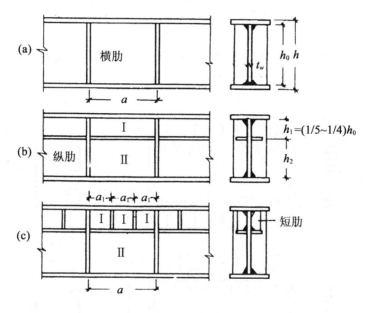

图 5.24　加劲肋配置

（3）梁的支座处或上翼缘受到较大固定集中荷载的地方，还应设置支承加劲肋（横肋）并按轴心压杆计算（图 5.28、图 5.30）。

5. 在几种应力共同作用下

（1）只用横肋加强的腹板（图 5.24（a））　图 5.25 所示为两横肋之间的腹板段同时受到弯曲正应力 σ、均布剪应力 τ 和局部压应力 σ_c 的作用。当这些应力分别达到某种组合的一定值时，腹板将达到屈曲的临界状态。保证腹板不屈曲的相关方程为

$$\left(\frac{\sigma}{\sigma_{cr}}\right)^2 + \left(\frac{\tau}{\tau_{cr}}\right)^2 + \frac{\sigma_c}{\sigma_{c,cr}} \leqslant 1 \tag{5.52}$$

式中：σ——腹板上边缘的最大弯曲压应力，按腹板段范围内的平均弯矩计算；

τ——腹板的平均剪应力 $\tau = \dfrac{V}{h_0/t_w}$，$V$ 是腹板段范围内的平均剪力；

σ_c——腹板上边缘的局部压应力，按式（5.4）计算，但系数 $\psi = 1.0$；

σ_{cr}、τ_{cr} 和 $\sigma_{c,cr}$ 分别是各种应力单独作用时的临界应力。

上式各项的分母应除以抗力分项系数，对腹板屈曲的计算，可近似取分项系数为 1。

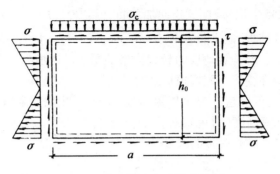

图 5.25　仅用横向加劲肋的腹板

（2）同时用横肋和纵肋加强的腹板（图5.24(b)）　纵肋将腹板板段分隔成两个区格Ⅰ和Ⅱ（图5.26）。下面分别计算各区格的屈曲。

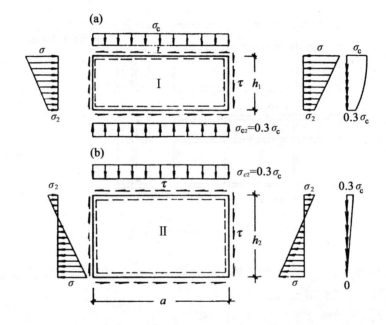

图 5.26　用纵向加劲肋分隔的腹板

1）受压翼缘与纵肋之间的区格Ⅰ

区格Ⅰ的受力情况（图5.26(a)）与图5.27接近,而后者的临界条件是

$$\frac{\sigma}{\sigma_{cr}} + \left(\frac{\sigma_c}{\sigma_{c,cr}}\right)^2 + \left(\frac{\tau}{\tau_{cr}}\right)^2 \leqslant 1$$

从而,可以近似地按下式计算区格的屈曲:

$$\frac{\sigma}{\sigma_{cr\,I}} + \left(\frac{\sigma_c}{\sigma_{c,cr\,I}}\right)^2 + \left(\frac{\tau}{\tau_{cr\,I}}\right)^2 \leqslant 1 \tag{5.53}$$

式中:$\sigma_{cr\,I}$、$\sigma_{c,cr\,I}$ 和 $\tau_{cr\,I}$ 分别按下列方法计算:

①$\sigma_{cr\,I}$ 按公式(5.36)计算,但式中的 λ_b 改用 $\lambda_{b\,I}$:

196

当梁受压翼缘扭转受到约束时：

$$\lambda_{b\mathrm{I}} = \frac{h_1/t_w}{75}\sqrt{\frac{f_y}{235}} \qquad (5.54a)$$

当梁受压翼缘扭转未受到约束时：

$$\lambda_{b\mathrm{I}} = \frac{h_1/t_w}{64}\sqrt{\frac{f_y}{235}} \qquad (5.54b)$$

式中：h_{I}——纵向加劲肋至腹板计算高度受压边缘的距离。

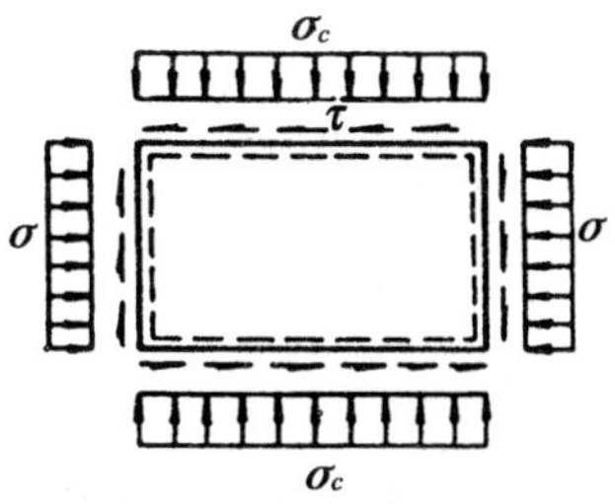

②$\tau_{cr\mathrm{I}}$ 按式(5.42)、式(5.43)计算,将式中的 h_0 改为 h_{I}。

③$\sigma_{c,cr\mathrm{I}}$ 按式(5.49)、式(5.50)计算,将式中的 λ_c 改为 $\lambda_{c\mathrm{I}}$。

图 5.27　受均匀 σ、τ 和 σ_c 的薄板

当梁受压翼缘扭转受到约束时：

$$\lambda_{c\mathrm{I}} = \frac{h_1/t_w}{56}\sqrt{\frac{f_y}{235}} \qquad (5.55a)$$

当梁受压翼缘扭转未受到约束时：

$$\lambda_{c\mathrm{I}} = \frac{h_1/t_w}{40}\sqrt{\frac{f_y}{235}} \qquad (5.55b)$$

2)纵肋与受拉翼缘之间的区格Ⅱ

区格Ⅱ的受力状态如图5.26(b)所示。板为纵向偏心受拉,最大压应力是 σ_{II},上边缘受局部压应力 $\sigma_{c\mathrm{II}} = 0.3\sigma_c$,下边缘 $\sigma_c = 0$,同时还有剪应力 τ 作用。区格Ⅱ的稳定条件可近似地按式(5.56)写出

$$\left(\frac{\sigma_{\mathrm{II}}}{\sigma_{cr\mathrm{II}}}\right)^2 + \left(\frac{\tau}{\tau_{cr\mathrm{II}}}\right)^2 + \frac{\sigma_{c\mathrm{II}}}{\sigma_{c,cr\mathrm{II}}} \leqslant 1.0 \qquad (5.56)$$

式中：σ_{II}——所计算区格内由平均弯矩产生的腹板在纵向加劲肋处的弯曲压应力；

$\sigma_{c\mathrm{II}}$——腹板在纵向加劲肋处的横向压应力,取 $0.3\sigma_c$。

$\sigma_{cr\mathrm{II}}$ 按式(5.36)、式(5.37)计算,但式中的 λ_b 用 $\lambda_{b\mathrm{II}}$ 代替。

$$\lambda_{b\mathrm{II}} = \frac{h_2/t_w}{194}\sqrt{\frac{f_y}{235}}$$

$\tau_{cr\mathrm{II}}$ 按式(5.42)、式(5.43)计算,但式中的 h_0 应改为 $h_{\mathrm{II}}(h_{\mathrm{II}} = h_0 - h_1)$。

$\sigma_{c,cr\mathrm{II}}$ 按式(5.49)、式(5.50)计算,但式中的 h_0 应改为 h_{II},当 $a/h_{\mathrm{II}} > 2$ 时,取 $a/h_{\mathrm{II}} = 2$。

(3)同时用横肋、纵肋和短加劲肋加强的腹板,如图5.24(c)所示,图中区格Ⅰ腹板的局部稳定按式(5.53)验算。

$$\frac{\sigma}{\sigma_{cr\mathrm{I}}} + \left(\frac{\sigma_c}{\sigma_{c,cr\mathrm{I}}}\right) + \left(\frac{\tau}{\tau_{cr\mathrm{I}}}\right)^2 \leqslant 1$$

这时,$\sigma_{cr\mathrm{I}}$ 仍按式(5.36)和式(5.54)计算;$\tau_{cr\mathrm{I}}$ 仍按式(5.42)、(5.43)计算,但将 h_0 和 a 改为 h_1 和 a_1；$\sigma_{c,cr\mathrm{I}}$ 仍按式(5.36)和式(5.37)计算,但式中的 λ_b 用 λ_{c1} 代替。

当梁受压翼缘扭转受到约束时

$$\lambda_{c1} = \frac{a_1/t_w}{87}\sqrt{\frac{f_y}{235}} \qquad (5.57a)$$

当梁受压翼缘扭转未受到约束时

$$\lambda_{c1} = \frac{a_1/t_w}{73}\sqrt{\frac{f_y}{235}} \tag{5.57b}$$

如果 $a_1/h_1 > 1.2$，则式(5.57)的等号后应乘以 $1\Big/\left(0.4+0.5\dfrac{a_1}{h_1}\right)^{1/2}$。

按上述计算梁腹板局部屈曲时,必须先假定横向加劲肋的间距 a,然后才能对每个板段(或区格)进行验算。如果某板段不能满足稳定条件,则应调整横肋间距 a,重新进行计算。

三、腹板加劲肋的构造和计算

1. 构造

加劲肋按其作用可分为两种:一种是为了把腹板分隔成几个板段(区格),以提高腹板的稳定性,称为**间隔加劲肋**;另一种主要是传递固定集中荷载或支座反力,称为支承加劲肋(图5.28(a))。

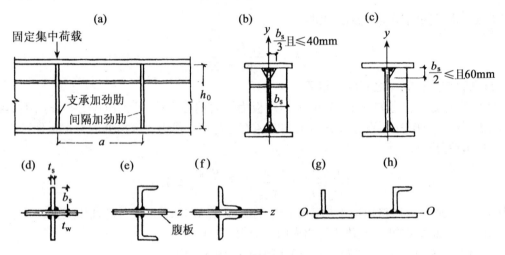

图 5.28　加劲肋的构造与尺寸

加劲肋宜在腹板两侧成对配置(图5.28(b)、(d)、(e)、(f)),也可单侧配置(图5.28(c)、(g)、(h)),但支承加劲肋和重级工作制吊车梁的加劲肋不应单侧配置。

横向加劲肋的最小间距应为 $0.5h_0$,最大间距应为 $2h_0$。对无局部压应力的梁,当 $h_0/t_w \leqslant 100$ 时,最大间距可为 $2.5h_0$。

加劲肋应有足够的刚度,使其成为腹板的不动支承边,为此要求:

①两侧成对配置钢板横肋时(图5.28(b)、(d)):

肋宽 $\qquad\qquad\qquad\qquad\qquad b_s \geqslant \dfrac{h_0}{30} + 40mm \tag{5.58}$

肋厚 $\qquad\qquad\qquad\qquad\qquad t_s \geqslant \dfrac{b_s}{15} \tag{5.59}$

②单侧配置钢板横肋时(图5.28(c)、(g)),肋宽应大于按式(5.58)算得值的1.2倍,厚度不小于本身宽度的1/15。

③在同时采用横肋、纵肋加强的腹板中,应在二者相交处将纵肋断开,横肋保持连续(图

5.28(a))。这时横肋兼起纵肋支座的作用,其横肋截面尺寸除应满足式(5.58)、(5.59)要求外,肋截面绕 z 轴(图 5.28(d))的惯性矩还应满足下式要求:

$$I_z = \frac{t_s(2b_s + t_w)^3}{12} \geqslant 3h_0 t_w^3 \tag{5.60}$$

纵肋截面绕 y 轴的惯性矩(图 5.28(b)、(c))为

$$I_y \geqslant 1.5h_0 t_w^3 \quad (\text{当 } a/h_0 \leqslant 0.85 \text{ 时}) \tag{5.61}$$

$$I_y \geqslant (2.5 - 0.45a/h_0)\left(\frac{a}{h_0}\right)^2 h_0 t_w^3 \quad (\text{当 } a/h_0 > 0.85 \text{ 时}) \tag{5.62}$$

④短横向加劲肋的最小间距为 $0.75h_1$,钢板短横肋的肋宽取 $(0.7\sim1.0)b_s$,厚度不应小于短横肋宽的 1/15。

⑤用型钢(H 形钢、工字钢、槽钢或角钢)做成的加劲肋,截面惯性矩不得小于相应钢板加劲肋的惯性矩。

注意,在腹板单侧配置的加劲肋,截面惯性矩应按与加劲肋相连的腹板边缘为轴线 O—O 进行计算(图 5.28(g)(h))。

为了避免焊缝的集中和交叉,减少焊接应力,横肋的端部应切去宽 $\dfrac{b_s}{3}$(但 $\not> 40mm$)、高 $\dfrac{b_s}{2}$(但 $\not> 60mm$)的斜角(图 5.28(b)、(c)),以利于梁的翼缘焊缝连续通过。在纵肋与横肋相交处,应将纵肋两端切去相应的斜角,使横肋与腹板连接的焊缝连续通过。

横肋与上、下翼缘焊牢能增加梁的抗扭刚度,但会降低疲劳强度。在吊车梁中,肋的下端不应与受拉翼缘焊接,一般在距离受拉翼缘 50~100mm 处断开(图 5.29(a)),以免受拉翼缘由于焊接处的应力集中与焊接应力而产生脆性疲劳破坏。为了提高梁的抗扭刚度,也可另加短角钢与加劲肋下端焊牢,但顶紧于受拉翼缘而不焊(图 5.29(b))。

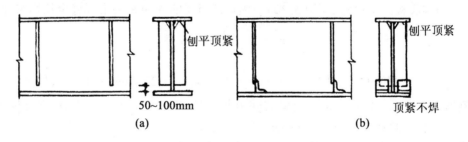

图 5.29　吊车梁横肋构造

2. 支承加劲肋的计算

支承加劲肋除应满足上述刚度要求外,还需进行如下的验算。

(1)稳定性验算　在支座反力或固定荷载作用下,支承加劲肋连同其附近的腹板,可能在腹板平面外(图 5.30 绕 z 轴)屈曲失稳。因此,应按轴心压杆验算稳定性,即

$$\sigma = \frac{N}{A} \leqslant \varphi f \tag{5.63}$$

式中:N——支座反力和固定集中荷载;

A——包括加劲肋和肋两侧 $15t_w\sqrt{235/f_y}$ 范围内的腹板面积(图 5.30 中用斜线表示);

φ——轴心受压构件稳定系数,由 $\lambda_z = h_0/i_z$ 和截面类型由附二表 2.1 至表 2.4 查出。

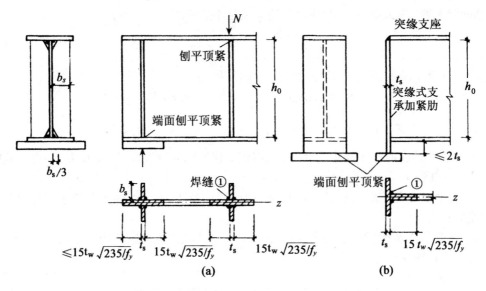

图 5.30　支承加劲肋

（2）端面承压验算　当支承加劲肋端部刨平顶紧时,其端面承压应力按下式验算:

$$\sigma_{ce} = N/A_{ce} \leqslant f_{ce} \tag{5.64}$$

式中:A_{ce}——端面承压（刨平顶紧）面积,即支承加劲肋与翼缘接触（图 5.30(a)）,或与垫块接触（图 5.30(b)）的净面积,如图 5.30(a),$A_{ce} = 2(b_s - b_s/3)t_s$;

f_{ce}——钢材端面承压强度设计值,由附一表 1.1 查得。

（3）肋与腹板的角焊缝①（图 5.30）　因焊缝所受的 N 可视为沿焊缝全长均匀分布,故

$$\tau_f^w = \frac{N}{0.7h_f \sum l_w} \leqslant f_f^w \tag{5.65}$$

式中:$\sum l_w$——焊缝总长,对图 5.30(a),$\sum l_w = 4(h_0 - 2h_f)$mm,应再减去切角。

例题 5.5　设计工字形焊接板梁的间隔加劲肋和支承加劲肋。已知:支座反力计算值 $R = 501$kN,材料 Q235,E43,$h_0 = 1\,000$mm。

解:（1）间隔加劲肋（图 5.31(b)）　由式(5.58)和式(5.59)得

$$b_s = \frac{1\,000}{30} + 40 = 73.3(\text{mm}),取 b_s = 80\text{mm}$$

$$t_s = \frac{80}{15} = 5.3(\text{mm}),取 t_s = 6\text{mm}$$

（2）支承加劲肋（图 5.31(a)）

①由附一表 1.1 查得:$f_{ce} = 325$N/mm²,所需的端面承压面积:

$$A_{ce} = \frac{R}{f_{ce}} = \frac{501 \times 10^3}{325} = 1\,541.5(\text{mm}^2)$$

采用钢板加劲肋-8×130,实际承压面积:

$$2 \times (130 - 30) \times 8 = 1\,600(\text{mm}^2) > 1\,541.5(\text{mm}^2)$$

200

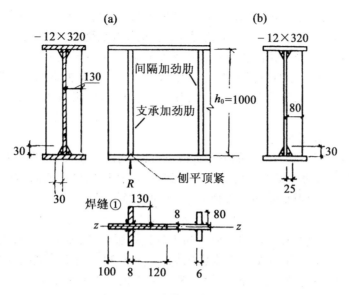

图 5.31　设计横肋,例题 5.5 图

②肋与腹板的角焊缝①验算,设 $h_f = 6$mm,则由式(5.65)得

$$\tau_f^w = \frac{R}{0.7h_f \times 4 \times (h_0 - 72)} = \frac{501 \times 10^3}{4.2 \times 4 \times (1\,000 - 72)} = 32(\text{N/mm}^2) \quad (由附一表1.3查得)$$

$f_f^w = 160$,故 $\tau_f^w < f_f^w$。

③验算十字形截面(图 5.31(a))对 z 轴的整体稳定性。由表 4.3 知:十字形截面属于 b 类截面。其截面的特性为

$$A = 2 \times (0.8 \times 13) + 0.8 \times (10 + 0.8 + 12) = 39.04(\text{cm}^2)$$

$$I_z \approx \frac{0.8 \times (13 + 0.8 + 13)^3}{12} = 1\,283.26(\text{cm}^4)$$

$$i_z = \sqrt{I_z/A} = 5.73\text{cm}$$

$$\lambda_z = h_0/i_z = 100/5.73 = 17.45$$

由附二表 2.2 得　　　$\varphi_z = 0.978 - \dfrac{0.978 - 0.976}{10} \times 0.45 = 0.977$

由式(5.63)得

$$\sigma = \frac{R}{A_n} = \frac{501 \times 10^3}{39.04 \times 10^2} = 128(\text{N/mm}^2), \varphi_z f = 0.977 \times 215 = 210(\text{N/mm}^2)$$

所以 $\sigma < \varphi_z f$。

第五节　梁腹板的屈曲后强度

上节介绍了梁的腹板在弯曲压应力、剪应力及横向局部压应力作用下,如果腹板厚度较薄,将会局部屈曲而产生平面外的挠曲变形。根据稳定理论确定了腹板微微挠曲平衡状态的相应临界应力,为了保证腹板不发生局部屈曲,应设置加劲肋和适当加厚腹板的厚度。

理论分析和试验证明,梁的腹板在弯曲压应力和剪应力的作用下,只要横向加劲肋和受压翼

缘板保持一定的刚度不变,则腹板即使屈曲,全梁的承载力仍可增大。这说明腹板局部屈曲后仍可继续承受增加的荷载,这部分增加的承载力称为腹板**屈曲后强度**,可以加以利用,以节省钢材。

从理论方面而言,上节介绍的腹板局部屈曲是在假设小变形的基础上导出相应的临界应力的。研究和利用腹板的屈曲后强度则属于大变形问题。只要板格的边缘保持不变,随着板的挠度的增加,在板的中面将产生薄膜张力,使整个板格出现张力场而能继续承受增加的荷载。

1. 腹板受剪的屈曲后强度

腹板在剪应力作用下其主应力的分布如图 5.22 所示,主应力 σ_1 为沿对角线方向的拉应力,σ_2 为沿对角线方向的压应力。当剪应力达临界应力时,板格将斜向(45°)屈曲,称为腹板因剪应力而失稳,这时腹板承受的剪力为 V_{cr}。前面已经导得

$$V_{cr} = \tau_{cr} t_w h_0$$

如果 $\tau_{cr} < f_y$,腹板虽然屈曲,但主拉应力尚未到达屈服点,因而仍可增加剪力。最终各腹板格只有斜向张力场在起作用,尤如一个平面桁架,见图 5.32。随着荷载的继续增加,张力场的张力也不断增大,直到腹板屈服为止。显然,考虑了腹板受剪屈曲后张力场的效果,梁的抗剪力将大大提高。极限剪力为:

$$V_u = V_{cr} + V_t \tag{5.66}$$

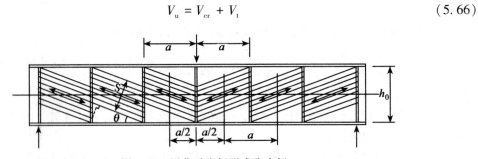

图 5.32　屈曲后腹板形成张力场

图 5.33(a)是相邻两个腹板格在 V_t 作用下形成张力场的内力平衡图。取出中间加劲肋左、右各半个板格的平衡体,如图 5.33(b)所示。

斜向受拉应力 σ_t 的作用力总和为 $\sigma_t(h_0\cos\theta - a\sin\theta)t_w$,竖向分力为

$$V_t' = \sigma_t t_w (h_0\cos\theta - a\sin\theta)\sin\theta$$

$$= \sigma_t t_w \left(\frac{h_0}{2}\sin2\theta - a\sin^2\theta\right)$$

对 θ 取导数,得最大的张力的倾斜角 θ:

$$\tan2\theta = h_0/a$$

则

$$\sin2\theta = \frac{1}{\sqrt{1+(a/h_0)^2}} = \frac{h_0}{\sqrt{h_0^2+a^2}}$$

见图 5.34。

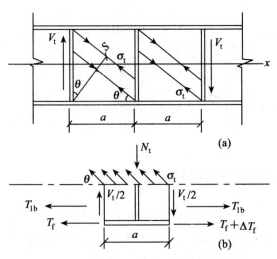

图 5.33　剪切屈曲后腹板强度的计算

如图 5.33 所示,由弯矩产生的水平剪力主要由翼缘承受,即图中的 T_f 和 $T_f+\Delta T_f$,可

认为腹板中的水平力 T_w 不变。

由 $\sum X = 0$ 的平衡条件，得

$$\Delta T_f = (\sigma_t t_w a \sin\theta)\cos\theta = \frac{1}{2}\sigma_t t_w a \sin2\theta$$

对 O 点取矩，$\sum M_0 = 0$

$$\Delta T_f(h_0/2) = V_t \cdot a/2$$

代入上式，得

$$V_t = \sigma_t t_w \frac{h_0}{2}\sin2\theta = \frac{1}{2}\sigma_t t_w h_0 \cdot \frac{1}{\sqrt{1 + (a/h_0)^2}} \tag{5.67}$$

腹板屈曲时，这时腹板的应力状态如图 5.35 所示。可见，屈曲后增加的拉力 σ_t 和屈曲时的 τ_{cr} 引起的主应力方向并不一致。为简化计算，假设二者是一致的，即可把二者叠加，则腹板的屈服条件为：

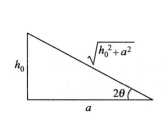

图 5.34　倾角 2θ 关系

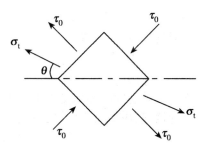

图 5.35　屈曲后腹板的应力状态

$$\tau_{cr} + \sigma_t/\sqrt{3} = f_y^v$$
$$\sigma_t = (f_y^v - \tau_{cr})\sqrt{3}$$

代入式(5.67)，得

$$V_t = \frac{\sqrt{3}}{2}t_w h_0 \frac{f_y^v - \tau_{cr}}{\sqrt{1 + (a/h_0)^2}} \tag{5.68}$$

这样，考虑腹板受剪屈曲后强度时，腹板承受的总剪力由式(5.66)计算：

$$V_u = \tau_{cr} \cdot t_w h_0 + \frac{\sqrt{3}}{2}t_w h_0 \frac{f_y^v - \tau_{cr}}{\sqrt{1 + (a/h_0)^2}}$$

$$= \left[\tau_{cr} + \frac{f_y^v - \tau_{cr}}{1.15\sqrt{1 + (a/h_0)^2}}\right]t_w h_0 \tag{5.69}$$

腹板越薄，τ_{cr} 越低，考虑了屈曲强度后，抗剪承载力提高越多，见图 5.36。当临界剪应力已达 f_y^v 时，屈曲后强度即为 0。

式(5.69)比较繁复，现行规范采用了下列简化公式：

当 $\lambda_s \leqslant 0.8$ 时

$$V_u = h_0 t_w f_v \tag{5.70a}$$

当 $0.8 < \lambda_s \leqslant 1.2$ 时

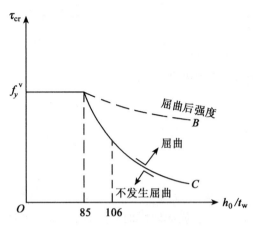

图 5.36　剪应力作用下的屈曲后强度

$$V_u = h_0 t_w f_v [1 - 0.5(\lambda_s - 0.8)] \quad (5.70b)$$

当 $\lambda_s > 1.2$ 时

$$V_u = h_0 t_w f_v / \lambda_s^{1.2} \quad (5.70c)$$

λ_s 是用于抗剪计算的腹板通用高厚比,按式(5.43)计算。当腹板只设置支座加劲肋而不设中间加劲肋时,式(5.43b)中的 h_0/a 等于 0。

考虑腹板受剪时的屈曲后强度,腹板中的斜向张力将对横向加劲肋产生一个垂直压力 N_t,按张力场拉力的垂直分力计算:

$$N_t = \sigma_t t_w a \sin\theta \sin\theta = \sigma_t t_w a \sin^2\theta$$

把 $\sigma_t = (f_y^v - \tau_{cr})\sqrt{3}$ 和 $\sin^2\theta$ 值代入,得

$$N_t = \frac{a t_w}{1.15}(f_y^v - \tau_{cr})\left[1 - \frac{a/h_0}{\sqrt{1 + (a/h_0)^2}}\right]$$

$$(5.71)$$

为了简化计算,规范取

$$N_t = V_u - \tau_{cr} h_0 t_w \quad (5.72)$$

式中:V_u 按式(5.70)计算,τ_{cr} 按式(5.42)计算。

当横向加劲肋同时还承受集中力 F 作用时,如中间加劲肋上端有集中压力,支座加劲肋有支反力的情况,应加入式(5.72)中,然后验算加劲肋在腹板平面外的稳定。

$$N_t = V_u - \tau_{cr} h_0 t_w + F \quad (5.73)$$

加劲肋的验算截面中应计入肋左、右的 $15 t_w$ 腹板部分,组成十字形截面(这时加劲肋必须在腹板前后成对布置)。

同时,张力场拉力对加劲肋产生一水平分力 H,水平分力 H 可认为作用于 $h_0/4$ 处。

$$H = \sigma_t t_w a \sin\theta \cos\theta$$

规范为了简化计算,取近似值为

$$H = (V_u - \tau_{cr} h_0 t_w)\sqrt{1 + (a/h_0)^2} \quad (5.74)$$

此水平分力对中间加劲肋可认为两相邻区格的水平力相互抵消。但对支座加劲肋来说,必须考虑此水平力的作用,按压弯构件验算支座加劲肋在腹板平面外的稳定。这时,为了加强支座加劲肋抗 H 力的刚度,应设封头肋板,如图 5.37 所示。设封头肋板后,支座加劲肋可只按受支座反力的轴心压杆验算腹板平面外的稳定。但封头肋板的截面面积不小于下式:

$$A_c = \frac{3 h_0 H}{16 ef} \quad (5.75)$$

式(5.74)中的 a 取值方法如下:当有中间加劲肋时,a 取支座处腹板格的加劲肋间距;当不设中间加劲肋时,a 取梁支座至跨内剪力为零的距离。

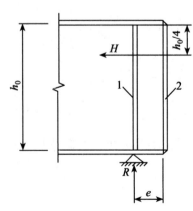

1—支座加劲肋；　2—封头肋板

图 5.37　设封头肋板的梁端构造

204

2. 腹板受弯屈曲后梁的极限弯矩

对工字形截面的焊接组合梁,当梁的腹板在弯曲应力作用下受压边缘的最大压应力达 σ_{cr},而 $\sigma_{cr} < f_y$ 时,腹板虽发生局部屈曲,但由于产生了薄膜张力,仍能承受增加的弯矩,一直到边缘压应力到达屈服点。不过增加的弯曲压力不再按线性分布,如图 5.38 所示。

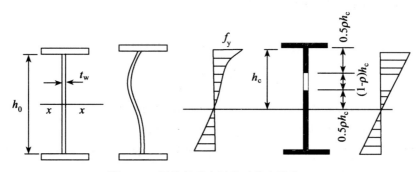

图 5.38 梁腹板受弯屈曲后的有效截面

受压区弯应力分布不均匀,故中和轴下移。引入有效截面概念,认为腹板受压区的上、下两部分有效,中间部分退出工作,受拉部分全有效。按有效截面计算梁利用腹板屈曲后强度的极限弯矩,可按下列近似式计算:

$$M_{eu} = \gamma_x \alpha_e W_x f \tag{5.76}$$

式中:α_e——考虑腹板有效高度时截面模量的折减系数;

γ_x——梁截面塑性发展系数。

$$\alpha_e = 1 - \frac{(1-\rho)h_c^3 t_w}{2I_x} \tag{5.77}$$

式中:I_x——按梁截面全部有效算得的绕 x 轴的惯性矩;

h_c——按梁截面全部有效算得的腹板受压区高度;

ρ——腹板受压区有效高度系数。

当 $\lambda_b \leqslant 0.85$ 时

$$\rho = 1.0 \tag{5.78a}$$

当 $0.85 < \lambda_b \leqslant 1.25$ 时

$$\rho = 1 - 0.82(\lambda_b - 0.85) \tag{5.78b}$$

当 $\lambda_b > 1.25$ 时

$$\rho = \frac{1}{\lambda_b}\left(1 - \frac{0.2}{\lambda_b}\right) \tag{5.78c}$$

λ_b 按式(5.37)计算。

图 5.39 示出梁腹板在弯矩压应力作用下,临界应力 σ_{cr} 与 h_0/t_w 的关系曲线。当为弹性阶段发生局部屈曲时,利用屈曲后强度可把临界应力提高到 $B\text{-}D$ 线。σ_{cr} 越低,考虑屈曲后强度提高得越大。

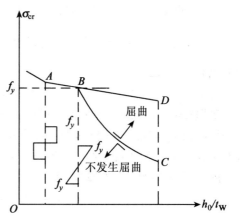

图 5.39 梁考虑屈曲后强度时承载力的提高

3. 组合梁腹板考虑屈曲后强度的计算

在组合梁的腹板中,通常都同时存在着弯矩和剪力。对直接承受动力荷载的梁,不能考虑腹板的屈曲后强度,一律按以前介绍的强度、整体稳定和局部稳定的设计公式进行设计。对于非直接受动力荷载的组合梁,则可考虑腹板的屈曲后强度,考虑方法如下:

(1)当剪力 $V \leqslant 0.5V_u$ 时,梁的极限弯矩取

$$M_{eu} = \gamma_x \alpha_e W_x f \qquad (5.79)$$

(2)当梁所受的弯矩 $M \leqslant M_f$(两个翼缘的抗弯承载力)时,有

$$M_f = \left(A_{f_1} \frac{h_1^2}{h_2} + A_{f_2} h_2 \right) f \qquad (5.80)$$

式中:A_{f_1}、h_1——较大翼缘截面面积及其形心至梁中和轴的距离;

A_{f_2}、h_2——较小翼缘截面面积及其形心至梁中和轴的距离。

可认为腹板所受弯矩很小,不参与承担弯矩,梁的抗剪能力为 V_u,V_u 按式(5.70)计算。

(3)当 $V > 0.5V_u$ 或 $M > M_f$ 时,按下式验算腹板的抗弯和抗剪承载能力:

$$\left(\frac{V}{0.5V_u} - 1 \right)^2 + \frac{M - M_f}{M_{eu} - M_f} \leqslant 1 \qquad (5.81)$$

式中:M 和 V——分别是所计算板格内,同一截面的弯矩和剪力设计值。计算时,当 $V < 0.5V_u$ 时,取 $V = 0.5V_u$;当 $M < M_f$ 时,取 $M = M_f$。

当只有梁端支承加劲肋而不能满足式(5.81)时,应设两侧成对配置的中间横向加劲肋。

第六节　型钢梁设计

在工程中应用最多的型钢梁是普通热轧工字形和 H 形截面(图5.1(a)、(c))。型钢梁的设计应满足强度、刚度和整体稳定性要求。由于型钢梁受轧制条件限制,腹板和翼缘的宽厚比都不太大,不必进行局部稳定验算。

一、单向弯曲型钢梁

设计步骤如下:

(1)根据梁的跨度、支座情况和荷载,计算梁的最大内力 M_x 和 V。

(2)由式(5.1)求所需的截面模量 $W_x \geqslant \dfrac{M_x}{\gamma_x f}$,然后由 W_x 查附三表3.1或表3.6,选出适当的型钢号。

(3)分别按式(5.1)、(5.2)、(5.7)和式(5.22)验算梁的抗弯强度、刚度和整体稳定性。

例题5.6　某车间工作平台的梁格布置如图5.40所示。平台上无直接动力荷载,其静力荷载的标准值 $g_k = 3kN/m^2$(包括钢板的自重),活荷载标准值 $q_k = 4.5 \ kN/m^2$。假定次梁上的铺板能保证次梁的整体稳定性,试选择中间型钢梁 A 的型号(钢材 Q235B)。

解:(1)次梁所受的线荷载

$$p = (\gamma_G g_k + \gamma_Q q_k)a = (1.2 \times 3 + 1.4 \times 4.5) \times 3 = 29.7(kN/m)$$

弯矩:
$$M_x = \frac{1}{8}pl^2 = \frac{1}{8} \times 29.7 \times 6^2 = 133.65(kN \cdot m)$$

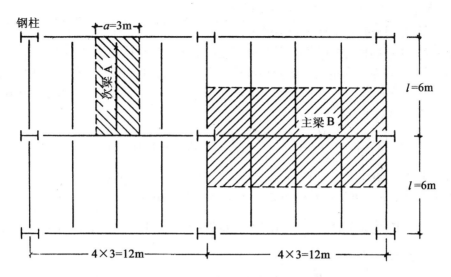

图 5.40 设计工作平台型钢次梁,例题 5.6 图

剪力:
$$V = \frac{1}{2}pl = \frac{1}{2} \times 29.7 \times 6 = 89.1(\text{kN})$$

(2)所需净截面模量
$$W_{nx} = \frac{M_x}{\gamma_x f} = \frac{133.65 \times 10^6}{1.05 \times 215} \times 10^{-3} = 592(\text{cm}^3)$$

由附三表 3.1 选用 I32a:
$$W_x = 692\text{cm}^3 > 592\text{cm}^3$$
$$I_x = 11\,080\text{cm}^4$$
$$I_x/S_x = 27.5\text{cm}$$
$$t_w = 9.5\text{mm}$$
（单位长度重量:0.517kN/m）

(3)验算

考虑梁的自重后,荷载在梁内产生的总弯矩和总剪力为
$$M_x = 133.65 + \frac{1}{8} \times 1.2 \times 0.517 \times 6^2 = 136.442(\text{kN} \cdot \text{m})$$
$$V = 89.1 + 1.2 \times 0.517 \times 3 = 90.961(\text{kN})$$

由式(5.1)得
$$\sigma = \frac{M_x}{\gamma_x W_x} = \frac{136.442 \times 10^6}{1.05 \times 692 \times 10^3} = 187.8(\text{N/mm}^2) < f \quad (f \text{ 为 215N/mm}^2)$$

由式(5.2),得
$$\tau = \frac{VS_x}{I_x t_w} = \frac{90.961 \times 10^3}{27.5 \times 10 \times 9.5} = 34.8(\text{N/mm}^2) \ll f_v \quad (f_v \text{ 为 125N/mm}^2)$$

可见,由于型钢梁腹板较厚,剪应力不起控制作用。

验算活荷载产生的挠度:$q_k = 4.5\text{kN/m}^2$,$Q_k = 4.5 \times 3 = 13.5(\text{kN/m}) = 13.5(\text{N/mm})$。

$$v_Q = \frac{5Q_k l^4}{384 EI_x} = \frac{5 \times 13.5 \times 6^4 \times 10^{12}}{384 \times 2.06 \times 11\,080 \times 10^9} = 9.98(\text{mm}) \quad < [v_Q] = l/300 = 20(\text{mm})$$

例题5.7 条件同例题5.6,但平台铺板不能保证次梁的整体稳定,试重选型钢号。

解:对于热轧普通工字钢简支梁的整体稳定系数,可由附二表2.7查得。根据工字钢型号 I22~I40 之间、均布荷载作用在上翼缘以及梁的自由长度 $l_1 = l = 6\text{m}$,可查得 $\varphi_b = 0.6$,因而,可由式(5.22)求出所需毛截面模量:

$$W_x = \frac{M_x}{\varphi_b f} = \frac{133.65 \times 10^6}{0.6 \times 215} \times 10^{-3} = 1\,036(\text{cm}^3)$$

由附三表3.1选用 I40a:$W_x = 1\,090\text{cm}^3 > 1\,036\text{cm}^3$;单位自重 67.6kg/m。

考虑梁的自重 $g_{kb} = 67.6 \times 9.8 = 662.5(\text{N/m})$ 后,总弯矩为

$$M_x = 133.65 + \frac{1}{8} \times 1.2 \times 0.662\,5 \times 6^2 = 137.231(\text{kN} \cdot \text{m})$$

由式(5.22)得

$$\sigma = \frac{M_x}{W_x} = \frac{137.231 \times 10^6}{1\,090 \times 10^3} = 125.9(\text{N/mm}^2)$$

因为 $\varphi_b f = 0.6 \times 215 = 129(\text{N/mm}^2)$,所以 $\sigma < \varphi_b f$。

从以上计算可见,由强度条件选用工字钢为 I32a,由整体稳定条件需增大型钢号为 I40a,用钢量增加 $\frac{67.6 - 52.7}{52.7} = 0.283 = 28.3\%$。因此,应尽可能将平台板设计成刚性,并使之与梁有可靠的连接,用以保证梁的整体稳定性。

二、双向弯曲型钢梁

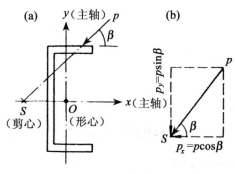

图 5.41 双向弯曲

当荷载作用线通过截面的剪心 S 而又不与截面的形心主轴 x、y 平行时,该梁将产生双向弯曲而不扭转,也叫斜向弯曲(图5.41),选择双向弯曲梁的型钢号步骤基本上与单向弯曲梁的相同,不同点是:

(1)仍用式(5.1)计算 W_x,考虑到 M_y 的作用,可适当加大 W_x 值来选用型钢,一般用 $(1.1 \sim 1.2)W_x$。

(2)用式(5.3)和式(5.2)验算强度,而整体稳定应按下式验算:

$$\frac{M_x}{\varphi_b W_x} + \frac{M_y}{\gamma_y W_y} \leqslant f \qquad (5.82)$$

式中:W_x、W_y——按受压纤维确定的对 x 轴和 y 轴毛截面的弹性截面模量;

φ_b——绕强轴 x 弯曲所确定的整体稳定系数,槽钢梁按式(5.26)计算。

(3)刚度验算:

$$v = \sqrt{v_x^2 + v_y^2} \leqslant [v_T] \text{ 和} [v_Q] \qquad (5.83)$$

式中：v_x、v_y——沿两个主轴 x、y 方向的分挠度，它们分别由荷载的标准值 p_{xk} 和 p_{yk} 计算。

第七节　焊接梁设计

当型钢梁不能满足受力和使用要求时，一般采用工字形焊接板梁。在选择梁截面尺寸时，要同时考虑安全和经济两个因素。梁的用钢量与截面面积 A 成正比，梁的承载力则与截面的截面模量 W 成正比。因而，可用 $\rho = W/A$ 作为衡量经济的指标，即梁的截面面积一定时，ρ 值愈大愈经济。这就是为什么钢梁截面采用工字形而不采用实心矩形截面的缘故。

设计组合梁的截面时，先确定梁高 h（或腹板高度 h_0），然后再决定其他尺寸，如腹板厚度 t_w、翼缘宽度 b 和厚度 t 等。

一、梁的高度 h

梁的高度应由建筑高度、刚度要求和经济条件三者来确定。建筑高度是指梁格底面最低表面到楼板顶面之间的高度，它的限制决定了梁的**最大可能高度** h_{max}，一般由建筑师提出；刚度要求是要求梁的挠度 $v \leqslant [v_T]$，它决定了梁的最小高度 h_{min}；由经济条件可定出梁的经济高度 h_e，一般以梁的用钢量为最小来确定。

1. 最小高度 h_{min}

现以均布荷载 p 作用下的对称等截面简支梁为例，说明求 h_{min} 的方法。

计算梁的挠度采用荷载标准值，假定荷载分项系数平均值 $(\gamma_G + \gamma_Q)/2 = (1.2 + 1.4)/2 = 1.3$，则荷载标准值 $p_k = p/1.3$。

等截面简支梁的跨中最大挠度由式（5.7）计算：

$$v = \frac{5p_k l^4}{384EI_x} = \frac{5(p/1.3)l^4}{384EI_x} = \frac{1}{1.3} \times \frac{5}{48} \times \frac{pl^2}{8} \times \frac{I_x}{W_x(h/2)} \times \frac{l^2}{EI_x}$$

$$= 0.08 \times \frac{M}{W_x} \times \frac{2l^2}{hE} = 0.16\sigma \frac{l^2}{hE} \qquad (5.84)$$

为了使梁充分发挥强度，令 $\sigma = f$，由刚度条件 $v = [v_T]$，并代入式（5.84），可得

$$h_{min} = 0.16 \frac{fl^2}{[v_T]E} \qquad (5.85\text{a})$$

式（5.85a）也可近似用于几个集中荷载作用下的单向受弯简支梁；也可适当地把 f 代以 $(0.6 \sim 0.8)f$，而用于双向受弯简支梁。

参考式（5.85a）和式（5.7），可得对称截面简支梁的最小高度公式：

$$h_{min} = 0.16 \frac{fl^2}{[v_T]E}(1 + k\alpha) \qquad (5.85\text{b})$$

式中，α、k 的意义见式（5.7）。

2. 经济高度 h_e

从用料最少的条件出发，可以得到经济梁高。如以相同的抗弯承载力选择梁高，梁愈高，腹板用钢量 G_w 则愈多，而翼缘用钢量 G_f 愈少，如图 5.42 所示。由图可见，梁的高度大于或小于经济高度 h_e 时，都会使梁的单位长度用钢量 G 增加。

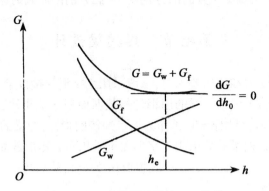

图 5.42　工字形截面梁的 G-h 关系

设钢材的密度为 γ（单位:kg/m³），由图 5.42 可得

$$G = G_f + G_w = (2A_f + \beta t_w h_0) \times 1 \times \gamma \tag{5.86}$$

式中：A_f——一个翼缘的面积；

β——构造系数，视加劲肋的情况而定，只有横肋时，$\beta = 1.2$；有纵、横肋时，$\beta = 1.3$。

因为 $I = I_f + I_w = 2A_f\left(\dfrac{h_f}{2}\right)^2 + \dfrac{t_w h_0^3}{12}$，并近似取 $h_f \approx h \approx h_0$，从而有

$$A_f = \frac{2I}{h_0^2} - \frac{t_w h_0}{6} = \frac{W_x}{h_0} - \frac{t_w h_0}{6} \tag{5.87}$$

将式(5.87)代入式(5.86)：

$$G = \left(\frac{2W_x}{h_0} - \frac{t_w h_0}{3} + \beta t_w h_0\right)\gamma$$

欲使 G 为最小，取

$$\frac{\mathrm{d}G}{\mathrm{d}h_0} = 0 \quad （图 5.42 中的水平线）$$

即

$$\left(-\frac{2W_x}{h_0^2} - \frac{t_w}{3} + \beta t_w\right)\gamma = 0$$

解出

$$h_e = \sqrt{\frac{2W_x}{t_w(\beta - 1/3)}} = K\sqrt{\frac{W_x}{t_w}} \tag{5.88}$$

式中：K——系数，$K = \sqrt{\dfrac{2}{(\beta - 1/3)}}$，对只有横肋的梁，$K = 1.52$，对有纵、横肋的梁，$K = 1.44$；

W_x——由梁的最大弯矩算得的截面模量。

腹板厚度与高度有关，可取经验公式 $t_w = \sqrt{h}/11$，并代入式(5.88)，得

$$h_e = (11K^2 W_x)^{2/3} = 4.95(K^2 W_x)^{2/3} \tag{5.89}$$

如嫌式(5.89)不便使用，也可改用如下经验公式：

$$h_e = 7\sqrt[3]{W_x} - 30 \quad （\mathrm{cm}） \tag{5.90}$$

前面已经提到过，若采用的梁高大于或小于经济高度 h_e，都会增加梁的用钢量(图 5.42)。但在实际设计中，一般宜选择 $h \approx h_e$，根据钢板规格可在下列范围内调整 $h_{\max} > h > h_{\min}$。通常腹

板的高度取 50mm 的倍数(符合钢板规格)。

一般来说,梁的腹板重量与翼缘重量接近时,梁的重量最轻。

二、腹板和翼缘尺寸

梁腹板的用料占比例较大,宜采用薄一些的钢板,但它应满足抗剪强度和局部稳定的要求。腹板的经济厚度 $t_w = (1/110 \sim 1/260)h_0$ 之间,并可按下列经验公式估计:

$$t_w = 7 + \frac{3h_0}{1\,000} \quad (\text{mm}) \tag{5.91a}$$

或

$$t_w = \sqrt{h_0}/11 \quad (\text{cm}) \tag{5.91b}$$

式中: h_0 的单位为 cm;腹板厚度宜为 $t_w = 6 \sim 22\text{mm}$。

在箱形截面的简支梁中,两腹板的间距 b_0(图 5.14)通常取 $b_0 \geq l/60$,或 $b_0 \geq h/3.5$。

在已知腹板的尺寸后,可由式(5.87)求出需要的一个翼缘面积 A_f(图 5.43),然后选定翼缘宽度 b 和厚度 t 中任一值,即可求得另一数值。一般取 $b = (1/3 \sim 1/5)$ h,即可求得 $t = A_f/b$。根据局部稳定的要求,翼缘外伸宽度比应满足: $b_1/t \leq 15 \sqrt{235/f_y}$。若能使 $b_1/t \leq 13$ $\sqrt{235/f_y}$,则利用截面的部分塑性性能,往往可以取得较好的经济效果。翼缘板的规格化,一般宽度取 100mm 的倍数;厚度取 2mm 的倍数。

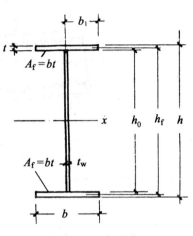

图 5.43 工字形截面

初步选定梁截面后,要进行强度和稳定(整体和局部)的验算,而不必进行刚度验算。

三、翼缘焊缝的计算

焊接梁的翼缘和腹板之间必须用焊缝连接,使截面组合成一个整体。否则,在梁受弯曲时,翼缘和腹板就会相对滑移(图 5.44(a))。因此,翼缘焊缝的主要作用就是阻止这种滑移而承受接缝处的水平剪力 V_h(图 5.44(b)),以保证梁截面成为整体而共同工作。沿梁单位长度的水平剪力为

$$V_h = \tau t_w \times 1 = \frac{VS_x}{I_x t_w} \times t_w = \frac{VS_x}{I_x} \quad (\text{N/mm}) \tag{5.92}$$

式中: S_x——一个翼缘面积 A_f 对梁的中和轴的面积矩;

V——梁的最大剪力;

I_x——梁截面的惯性矩。

梁的翼缘焊缝一般采用焊在腹板两侧的连续角焊缝(图 5.45(a))。单位长度(1mm)焊缝的强度条件为:

$$\frac{VS_x}{I_x} \leq 2(0.7h_f \times 1 \times f_f^w)$$

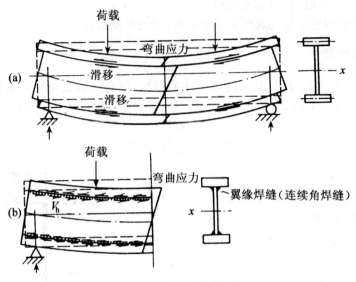

图 5.44 翼缘焊缝的工作

可得角焊缝的焊脚尺寸为：

$$h_f \geqslant \frac{VS_x}{1.4f_f^w I_x} \qquad (5.93)$$

式中：f_f^w——角焊缝的强度设计值，由附一表 1.3 查得。

为了便于施工，全梁采用同一的焊脚尺寸 h_f。

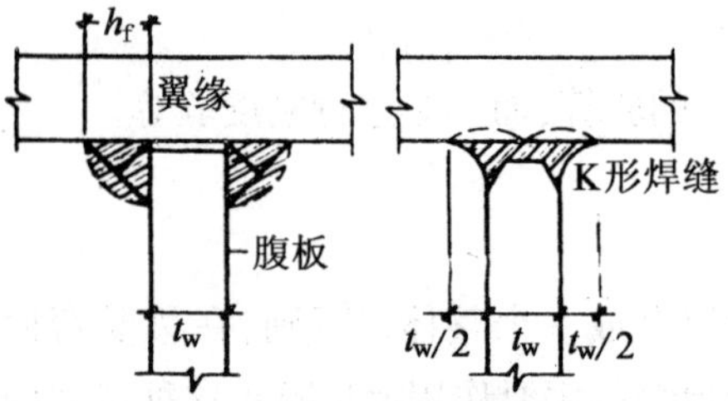

当梁的上翼缘上有固定集中荷载而又未设置支承加劲肋，或有移动集中荷载（如吊车轮压）时，上翼缘和腹板之间的连接角焊缝不仅承受水平剪力 V_h，同时还承受由集中荷载引起的竖向剪力 V_v。焊缝单位长度上的竖向剪力为

图 5.45 焊缝剖面形式

$$V_v = \sigma_c t_w \times 1 = \frac{\psi F}{t_w l_c} \times t_w = \frac{\psi F}{l_c} \qquad (5.94a)$$

式中：σ_c——局部压应力，由式(5.4)确定。

V_h 和 V_v 的合力应满足：$\sqrt{V_h^2 + V_v^2} \leqslant 2(0.7h_f \times 1 \times f_f^w)$。从而，有

$$h_f \geqslant \frac{\sqrt{V_h^2 + V_v^2}}{1.4f_f^w} = \frac{1}{1.4f_f^w} \sqrt{\left(\frac{V_{max}S_x}{I_x}\right)^2 + \left(\frac{\psi F}{l_c}\right)^2} \qquad (5.94b)$$

对于直接承受很大集中动力荷载的梁（如重级工作制吊车梁，或透平机支承梁等），上翼缘与腹板的连接角焊缝容易产生疲劳破坏，应改用 K 形坡口焊缝（图 5.45(b)）（对接与角接组合焊缝）。可以认为这种焊缝与腹板等强度，不必进行验算。

例题 5.8 根据例题5.6的条件和结果，设计图 5.46 所示的主梁 B。

解：(1)初选截面

主梁 B 的计算简图如图 5.46 所示。

两侧次梁对主梁 B 产生的计算压力：

212

$$P = 2 \times 89.1 + 1.2 \times 0.517 \times 6$$
$$= 181.9(\text{kN})$$

主梁的支座反力(不包括主梁自重):
$$R = 1.5 \times 181.9 = 272.85(\text{kN})$$

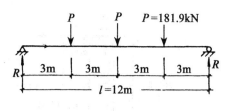

图 5.46　主梁 B 的计算简图

梁跨中最大弯矩:
$$M_x = 272.85 \times 6 - 181.9 \times 3 = 1\ 091.4(\text{kN} \cdot \text{m})$$

所需的梁净截面模量:
$$W_{nx} = \frac{M_x}{\gamma_x f} = \frac{1\ 091.4 \times 10^6}{1.05 \times 215} \times 10^{-3} = 4\ 834.6(\text{cm}^3)$$

梁的高度可参考下列两值取用:

由式(5.85):
$$h_{\min} = 0.16\ \frac{fl^2}{[v_T]E} = 0.16\ \frac{215l \times 12 \times 10^3}{(l/400) \times 206 \times 10^3} = 802(\text{mm})$$

由式(5.90):
$$h_e = 7\sqrt[3]{W_x} - 30 = 7\sqrt[3]{4\ 834.6} - 30 = 88.4(\text{cm})$$

取 $h_0 = 100\text{cm}$。

腹板厚度参考下列两值取用:

由式(5.91):
$$t_w = 7 + \frac{3 \times 100}{1\ 000} = 7.3(\text{mm})$$
$$t_w = \sqrt{100}/11 = 0.91(\text{cm})$$

取 $t_w = 8\text{mm}$。

翼缘面积由式(5.87)计算:
$$A_f = \frac{4\ 834.6}{100} - \frac{0.8 \times 100}{6} = 35(\text{cm}^2)$$

由 $b = (1/3 \sim 1/5) \times 100 = 33.3 \sim 20(\text{cm})$,取 $b = 28\text{cm}$,从而,$t = \frac{A_f}{b} = \frac{35}{28} = 1.25(\text{cm})$,采用 $t = 1.4\text{cm}$。

验算翼缘外伸宽厚比:
$$\frac{b_1}{t} = \frac{28/2}{1.4} = 10 < 13\sqrt{235/235} \quad (可考虑截面发展塑性)$$

(2)强度验算

截面几何特性(图5.47(a)):
$$A = 2(28 \times 1.4) + 100 \times 0.8 = 158.4(\text{cm}^2)$$
$$I_x = \frac{28 \times 102.8^3 - 27.2 \times 100^3}{12} = 268\ 205.9(\text{cm}^4)$$
$$W_x = \frac{268\ 205.9}{51.4} = 5\ 218(\text{cm}^3)$$

主梁自重:
$$g_k = 158.4 \times 10^{-4} \times 77 \times 1.2 = 1.464(\text{kN/m})$$

213

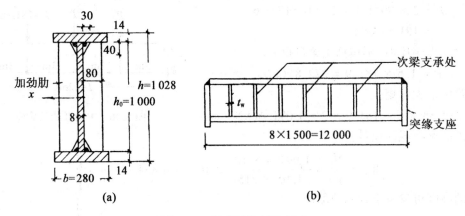

图 5.47 梁截面和横肋布置

式中:1.2——构造系数;

77——钢的密度 $\gamma = 7\ 850 \times 9.8\text{N/m}^3 = 77\text{kN/m}^3$。

梁跨中最大弯矩和支座最大剪力分别为

$$M_x = 1\ 091.4 + \frac{1}{8} \times 1.2 \times 1.464 \times 12^2 = 1\ 123.022(\text{kN} \cdot \text{m})$$

$$V = 272.85 + 1.2 \times 1.464 \times 6 = 283.391(\text{kN})$$

式中:1.2——恒载的分项系数,即 $\gamma_G = 1.2$。

强度验算:

$$\sigma = \frac{M_x}{\gamma_x W_x} = \frac{1\ 123.022 \times 10^6}{1.05 \times 5\ 218 \times 10^3} = 205(\text{N/mm}^2) \ < f \quad (f\ 为\ 215\text{N/mm}^2)$$

$$\tau = \frac{1.5V}{h_0 t_w} = \frac{1.5 \times 283.391 \times 10^3}{1\ 000 \times 8} = 53.1(\text{N/mm}^2) \ < f_v \quad (f_v\ 为\ 125\text{N/mm}^2)$$

次梁作用处应设置支承加劲肋,故不必验算主梁的腹板局部压应力。

次梁可以作为主梁的侧向支承点,因此,主梁受压翼缘自由长度 $l_1 = 3\text{m}$,从而

$\dfrac{l_1}{b} = \dfrac{3 \times 10^3}{280} = 10.7 < 16$(表 5.8),可见,不需验算主梁的整体稳定性。

(3)刚度验算

验算活荷载引起的挠度:

$P_k = 4.5 \times 3 \times 6 = 81\text{kN}$,分别作用于二分点和四分点处。

由表 5.4:

$$v_Q = \frac{P_k l^3}{48EI_x} + \frac{19P_k l^3}{384EI_x} = \frac{P_k l^3}{EI_x}\left(\frac{1}{48} + \frac{19}{384}\right)$$

$$= \frac{81 \times 10^3 \times 12^3 \times 10^9}{2.06 \times 268\ 205.9 \times 10^9} \times 0.07$$

$$= 17.7(\text{mm}) \ < [v_Q] = l/500 = 24(\text{mm})$$

(4)翼缘焊缝的验算

采用 E43 型焊条,由附一表 1.3 查得 $f_f^w = 160\text{N/mm}^2$。

214

由图 5.47(a)：

$$S_x = (28 \times 1.4)\left(\frac{100 + 1.4}{2}\right) = 1\,987.44(\text{cm}^3)$$

由式(5.93)：

$$h_f \geqslant \frac{VS_x}{1.4f_f^w I_x} = \frac{283.391 \times 10^3 \times 1\,987.44 \times 10^3}{1.4 \times 160 \times 268\,205.9 \times 10^4} = 0.94(\text{mm})$$

所需焊脚尺寸 h_f 很小，按规范规定：

$$h_{f,min} = 1.5\sqrt{t_{max}} = 1.5\sqrt{14} = 5.6(\text{mm})$$

$$h_{f,max} = 1.2t_{min} = 1.2 \times 8 = 9.6(\text{mm})$$

取 $h_f = 6$，沿梁长满焊。

(5)腹板的加劲肋设计(图 5.47)

腹板的高厚比：

$$\frac{h_0}{t_w} = \frac{1\,000}{8} = 125$$

因为

$$80\sqrt{235/235} < h_0/t_w < 170$$

所以横向加劲肋的间距 a 应通过计算确定。

加劲肋布置首先应和次梁位置配合，次梁间距 3m。如按 $a = 3$m 布置，则 $a/h_0 = 3 > 2$。因而再增加一个，布置如图 5.47(b)。验算接近支座处的第一板格(剪应力最大)，和接近跨中的第四板格(弯应力最大)。

按式(5.52)，这里 $\sigma_c = 0$，故

$$\left(\frac{\sigma}{\sigma_{cr}}\right)^2 + \left(\frac{\tau}{\tau_{cr}}\right)^2 \leqslant 1 \tag{5.95}$$

第一板格：$M_1 = 283.391 \times 0.75 - 1.464 \times 0.75 \times (0.75/2) = 212.13(\text{kN} \cdot \text{m})$

$$V_1 = 283.391 - 1.464 \times 0.75 = 282.293(\text{kN})$$

$$\sigma = \frac{M_1}{W_x} \cdot \frac{h_0}{h} = 212.13 \times 1\,000 \times 10^6/(5\,218 \times 1\,028 \times 10^3) = 39.5(\text{N/mm}^2)$$

$$\tau = \frac{V_1 S_x}{I_x t_w}; \qquad S_x = 14 \times 280 \times 507 = 1\,987\,440(\text{mm}^3)$$

得

$$\tau = 282\,293 \times 1\,987\,440/(268\,205.9 \times 10^4 \times 8) = 26.1(\text{N/mm}^2)$$

由式(5.37a) $\quad \lambda_b = \dfrac{2h_c/t_w}{177} = (2 \times 500/8)/177 = 0.706 < 0.85$

由式(5.36a) $\quad \sigma_{cr} = f = 215\text{N/mm}^2$

因为 $a/h_0 = 1.5$，由式(5.43b)：

$$\lambda_s = \frac{h_0/t_w}{41\sqrt{5.34 + 4(h_0/a)^2}} = \frac{1\,000/8}{41\sqrt{5.34 + 4(1/1.5)^2}} = \frac{125}{109.385} = 1.14$$

由式(5.42b)，得

$$\tau_{cr} = [1 - 0.59(\lambda_s - 0.8)]f_v = [1 - 0.59(1.14 - 0.8)] \times 125 = 100(\text{N/mm}^2)$$

代入式(5.95)：

$$(39.5/215)^2 + (26.1/100)^2 = 0.183\,7^2 + 0.261^2 = 0.1 < 1$$

局部稳定保证。

第四板格: $M_1 = 283.391 \times 5.25 - 2.25P = 283.391 \times 5.25 - 2.25 \times 181.9 = 1\,078.5(\text{kN} \cdot \text{m})$

$$V_1 = 283.391 - P - 1.464 \times 5.25 = 283.391 - 181.9 - 7.686 = 93.8(\text{kN})$$

$$\sigma = \frac{M_1}{W_x} \cdot \frac{h_0}{h} = 1\,078.5 \times 1\,000 \times 10^6/(5\,218 \times 1\,028 \times 10^3) = 201(\text{N/mm}^2)$$

$$\tau = \frac{V_1 S_x}{I_x t_w} = 93.8 \times 10^3 \times 1\,987\,440/(268\,205.9 \times 10^4 \times 8) = 8.7(\text{N/mm}^2)$$

由式(5.37a): $\qquad\qquad\qquad \lambda_b = \frac{2h_c/t_w}{177} = \frac{1\,000/8}{177} = 0.706 < 0.85$

由式(5.36a): $\qquad\qquad\qquad \sigma_{cr} = f = 215\text{N/mm}^2$

由式(5.43b): $\qquad\qquad\qquad \lambda_s = 1.14$

由式(5.42b):

$$\tau_{cr} = [1 - 0.59(\lambda_s - 0.8)]f_v = 100(\text{N/mm}^2)$$

代入式(5.95):

$$\left(\frac{201}{215}\right)^2 + \left(\frac{8.7}{100}\right)^2 = 0.874 + 0.007\,57 = 0.88 < 1$$

腹板局部稳定能保证。

横向加劲肋尺寸分别按式(5.58)、(5.59)计算:

$$b_s \geqslant \frac{h_0}{30} + 40 = \frac{1\,000}{30} + 40 = 73.3\text{mm} \ (\text{取} \ b_s = 80\text{mm})$$

$$t_s \geqslant \frac{b_s}{15} = \frac{80}{15} = 5.3\text{mm} \ (\text{采用} \ t_s = 6\text{mm})$$

梁端突缘支座设计见图5.47(b)。

支座传递反力 $R = 283.391\text{kN}$。可参看例题5.5和图5.30(b),由读者自行设计。

四、焊接梁的截面改变

为了节约钢材,焊接板梁的截面可随弯矩图的变化而加以改变(图5.48)。但对跨度较小的梁,变更截面的经济效益并不显著,反而增加制造工作量,因此,除构造上需要外,一般只对跨度较大的梁采用变截面。

改变梁截面的方法有两种:①改变梁的翼缘宽度(图5.48(a))、厚度或层数(图5.49);②改变梁的腹板高度(图5.48(b))。不论如何改变,都要使截面的变化比较平缓,以防止截面突变而引起严重的应力集中。截面变更处均应按式(5.5)验算折算应力。

图5.48(a)所示为简支梁改变翼缘宽度的情况,对称改变一次可节约钢材10%~20%,如做两次改变,效果就不显著,最多只能再节约4%。对于承受均布荷载或多个集中荷载的简支梁,在距离支座 $l/6$ 处改变截面较为经济。改变后的翼缘宽度 b' 应由截面改变处的弯矩 M' 确定。为了减小应力集中,宽板应从变截面处的两边向弯矩减小的一方斜切1:4,然后与窄板对接。对接焊缝一般用正对接焊缝,只有在三级焊缝质量时,才采用斜对接焊缝(图5.50(a))。翼缘板也可连续改变(图5.50(b)),靠近两端的翼缘板是由一整块钢板斜向切割而成的。中间的翼缘板端部须作相应的斜切,以便布置对接斜焊缝。

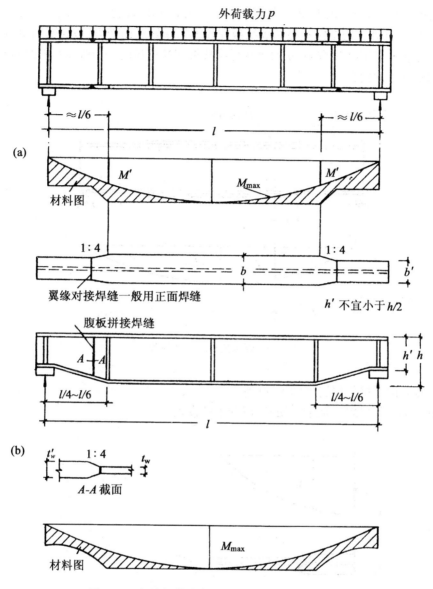

图 5.48　焊接梁翼缘宽度的改变和腹板高度的改变

简支梁腹板高度改变的起点,一般取在离支座(1/4~1/6)l 处(图 5.48(b))。支座处的梁高,由受剪条件决定:

$$\tau = 1.5 \frac{V_{max}}{t'_w h'_0} \leq f_v \qquad (5.96)$$

式中:h'_0、t'_w——分别代表简支梁支座处的腹板高度和厚度。

如果梁的支承端的剪力很大,在梁高改小后,按原来腹板的厚度难以满足剪切条件,可将靠近支承端的一段腹板,改用较厚的钢板(图 5.48(b)的 A-A 截面);若 $t'_w - t_w > 4mm$,则应将较厚腹板在拼接处的边缘按 1:4 的坡度刨成与较薄腹板等厚,再行对接,以减轻焊缝附近的应力集中。

当改变翼缘板层数时(图 5.49),外层板与内层板的厚度之比宜为 0.5~1.0,外层板理论切断点由弯矩 M' 计算。为了保证被切翼缘板在理论切断处参加受力,被切断的钢板应向弯矩较小的一方延伸一定距离,此距离 a 的翼缘焊缝按被切断钢板的一半强度($Af/2$)进行计算,这里 A 是被切断钢板的面积。

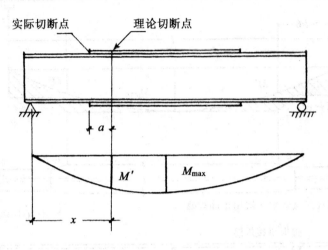

图 5.49　焊接梁翼缘厚度的改变

翼缘变宽处的对接斜焊缝如图 5.50 所示。

焊接吊车梁的外层翼缘板不宜切断,以利于铺设钢轨。

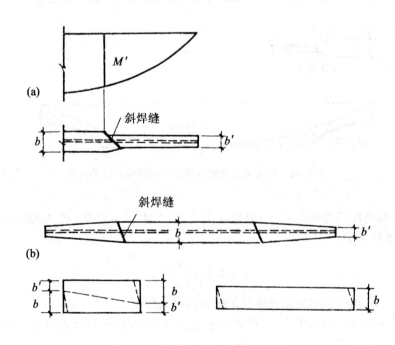

图 5.50　翼缘变宽处的对接斜焊缝

218

第八节　梁的拼接、支座和主、次梁的连接

一、拼接

梁的拼接有工厂拼接和工地拼接两种。前者是受钢板规格的限制,需将钢材拼大或接长,这种拼接是在工厂中进行的;后者是受运输和安装条件的限制,将梁在工厂做成几段(运输单元或安装单元)运至工地后进行的拼接。

1. 工厂拼接

在梁的工厂拼接中,翼缘和腹板的拼接位置最好错开,并避免与加劲肋或次梁的连接重合,以防止焊缝密集。腹板的拼接焊缝和邻近的加劲肋的距离至少为 $10t_w$(图 5.51)。

翼缘或腹板的拼接焊缝一般采用正对接焊缝,且在施焊时使用引弧板。这时,只有对三级焊缝质量的受拉焊缝才需进行计算。计算应保证受拉翼缘拼接处的应力 σ 或腹板拼接处受拉边缘应力 σ_0(图 5.51)小于对接焊缝抗拉强度设计值 f_t^w。当正对接焊缝强度不足时,可采用斜对接焊缝。如果斜缝与正应力方向的夹角 $\theta \leqslant \arctan 1.5$,则强度定能满足,不必验算。但是,斜缝费料费工,应尽量避免采用。

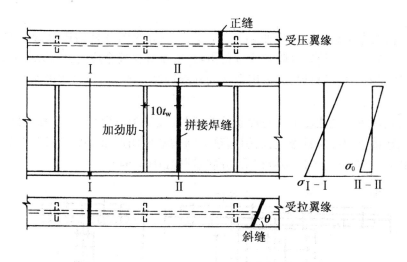

图 5.51　梁的工厂拼接

当腹板采用正对接焊缝不能满足强度要求时,宜将其拼接位置调整到弯曲正应力较低处。采用正对接焊缝并同时用拼接板加强图 5.52 的构造,在用料(钢板和焊缝)、加工(铲平焊缝表面)和受力(应力集中)等方面都不合理,一般不宜采用。

2. 工地拼接

工地拼接的位置由运输和安装条件确定。梁的翼缘和腹板一般在同一截面处断开(图 5.53(a)),以减少运输时受损伤,但不足之处是对接焊缝全部在同一截面上,形成薄弱环节。图 5.53(b)所示的翼缘和腹板的对接接头略为错开一些,受力情况较好,但运输单元端部的突出部分,要加以特别保护。以上两种工地拼接位置均应布置在弯矩较小处。

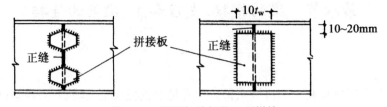

图 5.52 腹板加盖板的工厂拼接

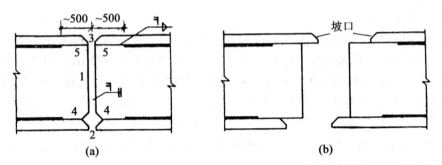

图 5.53 梁的工地拼接

大梁拼接接头在工地施焊时不便翻身,应将上、下翼缘断开处的边缘做成向上的 V 形坡口,以便俯焊。另外,为了使焊缝收缩比较自由,以减小焊接残余应力,应将翼缘焊缝留一段不在工厂焊接,待工地拼接后再焊,并采用合适的施焊顺序。图 5.53(a)中的编号即为施焊顺序的一种实例。

由于现场施焊条件往往比工厂施焊条件差,焊接质量难以保证,在工程实践中,曾经发生过由于梁的工地拼接焊接质量很差,而引起整个结构破坏的严重事故,所以,对较重要的或受直接动力荷载的大型钢梁,工地拼接宜采用高强螺栓(图 5.54)。

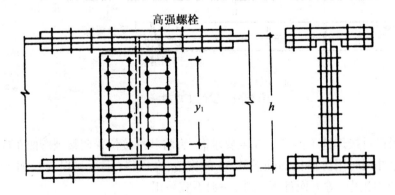

图 5.54 用螺栓或铆钉的工地拼接

二、支座

为了能有效地把梁上的荷载传给柱或墙,梁需设置支座。支座有三种形式:平板支座、弧形支座和辊轴支座(图5.55)。

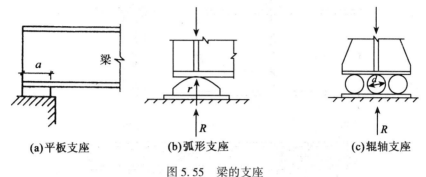

(a)平板支座　　　(b)弧形支座　　　(c)辊轴支座

图 5.55　梁的支座

平板支座转动不灵活,一般用于跨度 $l<20m$ 的梁中;弧形支座比较接近于铰支计算图式,常用于 $l=20\sim40m$ 的梁;辊轴支座是以滚动摩擦代替滑动摩擦,能自由移动和转动,最接近可动铰支承的计算简图,可消除梁由于挠度或温度变化引起的附加应力,用于 $l>40m$ 的梁支座。

平板支座应有足够面积将支座压力传给砌体或混凝土,厚度应根据支座反力对底板产生的弯矩进行计算。见第四章中有关柱脚底板的设计。

弧形支座和辊轴支座中圆柱形弧面与平板为线接触,其支反力 R 应满足下式要求:

$$R \leqslant 40ndlf^2/E \tag{5.97}$$

式中:d——辊轴支座时为辊轴直径,弧形支座时为弧形表面接触点曲率半径 r 的 2 倍;

　　　n——辊轴数目,对弧形支座 $n=1$;

　　　l——弧形表面或辊轴与平板的接触长度;

　　　f——弧形支座或辊轴支座材料的抗拉强度设计值。

应注意的是:在梁的支座处应采取措施,以防止梁端截面产生扭转。

三、主梁与次梁的连接

主梁与次梁间的相互连接,除了必须确保传力安全可靠外,尚应充分考虑用料经济、制造简易和安装方便等因素。

次梁一般采用与主梁铰接,也有把次梁设计成连续梁的形式。

按连接的相对位置来说,主、次梁间的铰接形式可分为叠接(图5.56(a))和平接(图5.56(b)、(c))两种。

叠接是把次梁直接放在主梁上,用焊缝或螺栓相连。这种连接构造简单,但结构所占空间大。平接可降低结构所占高度,次梁顶面一般与主梁顶面同高,也可略高于或略低于主梁顶面。次梁可侧向连接在主梁的横肋上(图5.56(b))。而当次梁的支座反力较大时,通常应设置承托(图5.56(c))。

连续次梁的连接形式,主要是在次梁上翼缘设置连接盖板,在次梁下面的承托上也设有水平承托板(图5.57),以便传递弯矩。为了避免仰焊,盖板的宽度比次梁上翼缘板稍窄,而承托板的宽度则应比次梁的下翼缘稍宽。连接盖板的截面及其连接焊缝按轴力 $N=M/h$ 计算(M

221

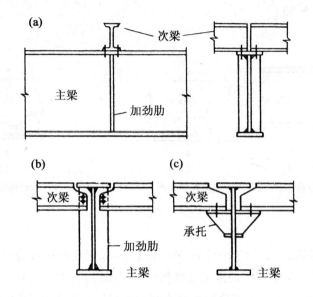

图 5.56　主、次梁的连接

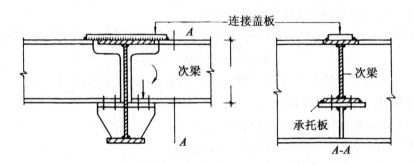

图 5.57　采用连续次梁的平接

为支座弯矩,h 为次梁高度)。连接盖板与主梁的连接焊缝不受力,可采用构造焊缝;承托板与主梁腹板之间的连接焊缝也按 N 力计算。

习　题　五

一、选择题

5.1　当焊接工字形板梁的腹板高厚比 $h_0/t_w > 170\sqrt{235/f_y}$ 时,为了保证腹板的稳定性
（　　）。

A. 应设置横向加劲肋　　　　　　　　B. 应设置纵向加劲肋

C. 应同时设置横肋和纵肋　　　　　　D. 应同时设置纵肋和短加劲肋

5.2　图 5.58 所示的槽钢檩条(跨中设一道拉条),按式(5.3)进行强度验算时,计算的位

置是(　　)。

　　A. a 点　　　　B. b 点　　　　C. c 点　　　　D. d 点

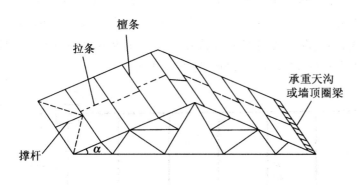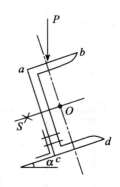

图 5.58　檩条双向弯曲

二、问答题

　　5.3　梁有哪些类型？梁格有几种布置形式？

　　5.4　试述工字形热轧型钢梁和焊接板梁的设计步骤。

　　5.5　梁在对称轴平面内的弯矩作用下,截面中的弯曲正应力的发展分几个阶段？何时采用截面塑性发展系数 $\gamma_x > 1$？何时 $\gamma_x = 1$？

　　5.6　何谓截面形状系数 S_f？矩形截面 S_f 等于多少？工字形截面 S_f 的大致范围如何？

　　5.7　为何梁截面的翼缘厚度应大于腹板厚度 $t \geq t_w$？

　　5.8　何谓间隔加劲肋和支承加劲肋？后者要计算哪些内容？

　　5.9　为了提高简支梁的整体稳定性,侧向支承点应设在上翼缘还是下翼缘？用公式说明。

　　5.10　如何提高梁的整体稳定性？梁的整体稳定性属于第几类稳定？

　　5.11　何谓焊接板梁的最大高度 h_{max} 和最小高度 h_{min}？梁的经济高度 h_e 的范围如何？腹板太厚或太薄会出现什么问题？

　　5.12　焊接梁翼缘与腹板间的角焊缝如何计算？它的计算长度是否受 $60h_f$ 的限制？为什么？

　　5.13　梁的腹板在纯剪应力、纯弯曲应力或局部压应力分别作用下的屈曲波形如何？请绘图说明。

　　5.14　验算梁的截面是否安全可靠时,要验算哪几项后才能得出结论？

　　5.15　板梁腹板 h_0/t_w 小于何值时,不会丧失局部稳定？

　　5.16　当板梁的腹板高厚比范围在 $80\sqrt{235/f_y} < h_0/t_w \leq 170\sqrt{235/f_y}$ 时,应配何种加劲肋？

　　5.17　有哪几种应力会引起梁腹板局部屈曲？又有哪些措施可提高腹板的稳定性？

　　5.18　什么叫腹板的屈曲后强度？利用屈曲后强度有何好处？什么情况下可以利用？

　　5.19　次梁与主梁的连接形式有哪几种？各有哪些优缺点？

三、计算题

5.20 某平台梁格布置如图 5.59 所示,次梁 A 叠接在主梁 B 上,支承在主梁上的长度 $a = 180\text{mm}$,主梁两端采用突缘肋传力。次梁上铺预制钢筋混凝土板,并与次梁连牢(焊接或螺栓)。平台上无直接动力荷载作用,其静力荷载标准值是:恒载(不包括梁的自重)为 10kN/m^2,活载为 20kN/m^2。钢材型号为 Q345,焊条为 E50 型,手工焊接。

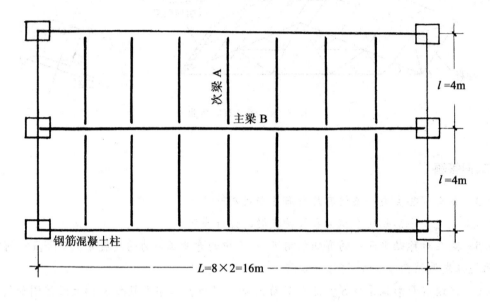

图 5.59 平台梁格布置,习题 5.20 图

要求:(1)选用热轧工字形钢梁 A,包括:①选择型钢号;②验算抗弯、抗剪、支座处局部压应力 σ_c 和挠度。

(2)设计工字形变截面焊接板梁 B,包括:①梁跨中的截面设计;②验算抗弯和整体稳定性;③改变翼缘宽度的截面尺寸;④验算截面改变处的抗弯和折算应力;⑤支座处的抗剪验算;⑥翼缘焊缝设计;⑦刚度验算;⑧腹板稳定验算及加劲肋设计。

5.21 已知某简支焊接板梁(Q345 钢,密度 $\gamma = 77\text{kN/m}^3$),荷载和尺寸如图 5.60 所示。

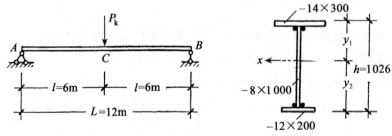

图 5.60 求 P_k 的大小,习题 5.21 图

224

其中荷载标准值为 P_k:恒载 G_k 占 30%;活荷载 Q_k 占 70%。梁能承受的 P_k 为多少?

要求:①写出梁截面的几何特性;

②计算 C 截面处有侧向支撑时梁的整体稳定性和抗弯强度;

③计算 C 截面处无侧向支撑时梁的整体稳定性和抗弯强度;

④讨论设计结果。

第六章 拉弯和压弯构件

同时承受拉力或压力和弯矩的构件,称拉弯和压弯构件,后者又叫做梁-柱构件,统称为偏心受力构件。它们所受的弯矩 M 可以是由轴向荷载的偏心作用引起的,也可以是由杆端弯矩作用或杆中横向荷载作用引起的。

拉弯和压弯构件广泛用于各种结构中,如框架柱和有集中荷载作用于节间的桁架弦杆,以及承受风荷载作用的墙架柱等。

和其他受力构件一样,设计偏心受力构件时,应同时满足承载能力极限状态和正常使用极限状态。前者包括强度和稳定,对于拉弯构件通常只有强度问题,而对于压弯构件应同时满足强度和稳定承载力的要求。此外,对于实腹式截面还必须保证组成截面板件的局部稳定;对于格构式截面还必须保证单肢稳定。正常使用极限状态是通过构件的长细比不超过容许长细比来保证的。

第一节 拉弯、压弯构件的截面形式和特点

偏心受力构件的截面正应力是不均匀分布的,当采用对称截面时并不经济,因而通常都采用单轴对称截面,且使弯矩 M 作用于弱轴 y 平面内,使构件绕 x 轴受弯。若采用格构式截面,使弯矩变成力偶,截面各肢只受轴心力作用,则更为经济合理。截面形式如图 6.1 所示。但对弯矩很小的压弯构件,仍常用双轴对称截面。

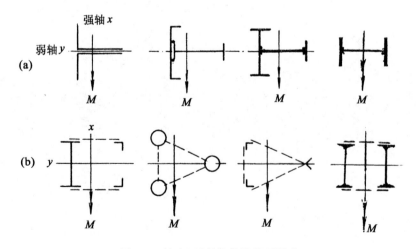

图 6.1 拉弯、压弯构件的截面形式

第二节 拉弯、压弯构件的强度和刚度计算

在钢结构中,拉弯构件比较少见,而压弯构件则用得较多。

一、拉弯、压弯构件的破坏形式

图 6.2(a)所示为偏心受拉杆(两端偏心距 e 相等),它的等效受力形式如图 6.2(b)所示。这种杆件受到轴心拉力 N 和杆端弯矩 M 的共同作用,故叫拉弯构件。同理,偏心受压杆的等效受力形式如图 6.3(a)所示,称为压弯构件。图 6.3(b)、(c)、(d)所示的杆件,也是压弯杆,前者的弯矩由横向荷载 p 或 P 引起,而图 6.3(d)构件受到不相等杆端弯矩的作用。

实腹式拉弯构件的截面出现塑性铰是构件承载能力的极限状态。但对格构式拉弯杆或冷弯薄壁型钢截面拉弯杆,常把截面边缘开始屈服视为构件的极限状态。以上都属于强度的破坏形式。对于轴心拉力很小而弯矩很大的拉弯杆也可能存在和梁类似的弯扭失稳的破坏形式。

压弯杆的破坏复杂得多。它不仅取决于杆件的受力条件,而且还取决于杆件的长度、支承条件、截面的形式和尺寸等。对粗短杆或截面有严重削弱的杆可能产生强度破坏。但钢结构中的大多数压弯杆总是整体失稳破坏。组成压弯杆的板件,还有局部稳定问题,板件屈曲将促使构件提前丧失稳定性。

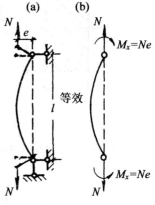

图 6.2 拉弯构件

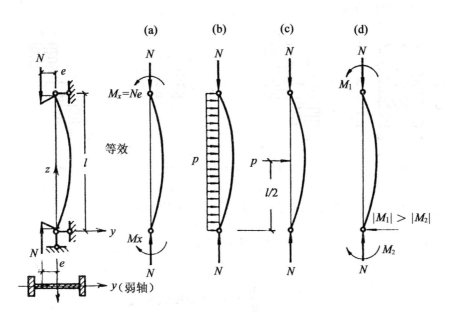

图 6.3 压弯构件

二、拉弯、压弯构件的强度和刚度计算

拉弯、压弯杆的强度承载能力极限状态是截面上出现塑性铰。图 6.4 所示为压弯杆随 N 和 M 逐渐增加时的受力状态。图 6.4(a) ~ (d) 分别是弹性状态、压区部分塑性状态、拉压区部分塑性状态和整个截面进入塑性状态,即出现塑性铰。

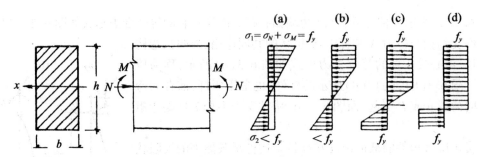

图 6.4　压弯杆的工作阶段

按照图 6.5 所示矩形截面的塑性状态,分别可得轴心压力和弯矩:

$$N = (2y_0) bf_y \tag{6.1}$$

$$M = \left(\frac{h - 2y_0}{2}\right) bf_y \left(\frac{h + 2y_0}{2}\right) = \left(\frac{h^2 - 4y_0^2}{4}\right) bf_y$$

$$= \frac{bh^2}{4} f_y \left(1 - \frac{4y_0^2}{h^2}\right) = M_P \left(1 - \frac{4y_0^2}{h^2}\right) \tag{6.2}$$

式中:M_P——塑性弯矩,$M_P = W_P f_y$,即 $N = 0$ 时,截面所能承受的最大弯矩;
W_P——截面塑性模量。

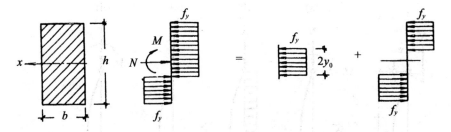

图 6.5　塑性状态的分解

由式(6.1)解出 y_0,并代入式(6.2),可得 N 与 M 的相关式如下:

$$M = M_P \left(1 - \frac{N^2}{N_P^2}\right)$$

即

$$\left(\frac{N}{N_P}\right)^2 + \frac{M}{M_P} = 1 \quad （矩形截面） \tag{6.3}$$

式中:N_P——$M = 0$ 时,截面所能承受的最大轴力,$N_P = bhf_y$。

由式(6.3)绘出的相关曲线(无量纲)如图 6.6 所示。对于工字形截面压弯杆的相关公式,

228

可用同样的方法导出。由于工字形截面翼缘和腹板尺寸的变化,N 和 M 的相关曲线会在一定范围内变动,图 6.6 中绘出了工字形截面对强轴x和弱轴y的相关曲线区。规范偏于安全地采用直线式:

$$\frac{N}{N_P} + \frac{M}{M_P} = 1 \qquad (6.4)$$

将 $N_P = A_n f_y$ 和 $M_P = \gamma_x W_{nx} f_y$(考虑截面塑性发展)代入式(6.4),以 f 代 f_y,并考虑截面只是部分发展塑性,可得单向拉弯和压弯杆的强度验算公式:

$$\frac{N}{A_n} \pm \frac{M_x}{\gamma_x W_{nx}} \leqslant f \qquad (6.5a)$$

因拉力作用使弯曲变形减小,因此,用式(6.5a)验算拉弯杆的强度时,更偏于安全。式中弯曲正应力一项带有正负号,应对两项应力代数和之绝对值为最大的点进行验算。

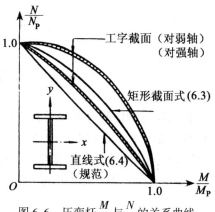

图 6.6 压弯杆$\dfrac{M}{M_P}$与$\dfrac{N}{N_P}$的关系曲线

将式(6.5a)推广到双向拉弯、压弯杆:

$$\frac{N}{A_n} \pm \frac{M_x}{\gamma_x W_{nx}} \pm \frac{M_y}{\gamma_y W_{ny}} \leqslant f \qquad (6.5b)$$

式中:γ_x、γ_y——截面塑性发展系数。对静力荷载或间接承受动力荷载的构件,γ_x、γ_y 按表 5.1 采用;对需要计算疲劳的构件,$\gamma_x = \gamma_y = 1.0$;对绕虚轴的格构式构件,$\gamma_y = 1.0$。

A_n、W_n——截面的净截面面积和净截面模量。

对拉弯、压弯杆,都应满足正常使用极限状态,验算构件的长细比不超过规范规定的容许长细比:

$$\lambda \leqslant [\lambda] \qquad (6.6)$$

例题6.1 验算如图 6.7 所示的拉弯杆,用 Q235B 钢,杆件自重不计,$[\lambda] = 300$,受静荷载。

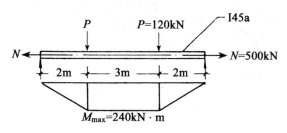

图 6.7 拉弯杆验算,例题 6.1 图

解:由附三表 3.1 查得 I45a,$A = 102\text{cm}^2$,$W_x = 1\ 430\text{cm}^3$,$i_y = 2.89\text{cm}$,并由表 5.1,查得 $\gamma_x = 1.05$。

由式(6.5a):

$$\sigma = \frac{500 \times 10^3}{102 \times 10^2} + \frac{240 \times 10^6}{1.05 \times 1\ 430 \times 10^3}$$

$$= 209(\text{N/mm}^2) < f \quad (f \text{ 为 } 215\text{N/mm}^2)$$

刚度：

$$\lambda_{\max} = \lambda_y = \frac{l_{0y}}{i_y} = \frac{7 \times 10^2}{2.89} = 242 < [\lambda]$$

第三节 实腹式压弯构件的整体稳定

通常,压弯构件的弯矩 M 作用在弱轴 y 平面内,使构件截面绕强轴 x 受弯(见图6.1)。这样,构件可能在弯矩作用平面内弯曲屈曲,也可能在弯矩作用平面外弯扭屈曲。失稳的可能形式与构件的抗扭刚度和侧向支承的布置等情况有关。必须指出,若弯矩作用在 x 轴平面内,压弯构件就不可能产生弯矩作用平面外的弯扭屈曲,这时,只需验算弯矩作用平面内的稳定性即可。

一、弯矩作用平面内的稳定验算

对于偏心受压的压弯构件,可以绘出压力 N 与杆中点挠度 δ 的关系曲线(见图6.8)。图中虚线是把压弯杆视为完全弹性体时的 N-δ 关系曲线,以 $N = N_E$(欧拉力)时的水平线为渐近线。实曲线 $Oabc$ 则代表弹塑性杆的 N-δ 关系曲线,曲线的上升段 Oab 表示杆处于稳定平衡状态,下降段 bc 则为不稳定状态。这种只有一种稳定平衡状态的问题属于第二类稳定问题。曲线的 b 点表示压弯杆达到了承载能力的极限状态,N_u 为极限荷载,或称**压溃荷载**,杆在这点丧失稳定(屈曲),变形发展很快。失稳时构件截面可能边缘屈服(绕虚轴 y 的格构式截面或冷弯薄壁截面),也可能发展部分塑性(实腹截面),具体取决于杆的截面形状和尺寸、杆的长细比和缺陷的大小等。

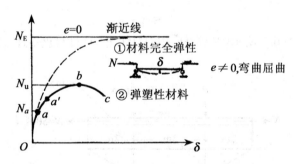

图6.8 偏心受压杆的 N-δ 关系曲线

图6.9表示两端作用着等弯矩的等截面偏心受压杆。在 N 和 M_x 的共同作用下,杆中点 $(z = l/2)$ 挠度 δ 可由下式计算：

$$\delta = \frac{M}{N}\left[\sec\left(\frac{\pi}{2}\sqrt{N/N_E}\right) - 1\right] \tag{6.7}$$

式中：
$$\sec\left(\frac{\pi}{2}\sqrt{N/N_E}\right) \approx \frac{1}{1 - N/N_E}$$

230

杆中央截面的最大弯矩：

$$M_{x,\max}=M_x+N\delta=M_x+N\times\frac{M_x}{N}\left[\sec\left(\frac{\pi}{2}\sqrt{N/N_E}\right)-1\right]$$

$$=M_x\left(\frac{1}{1-N/N_E}\right)=M_x\eta_1 \tag{6.8}$$

式中：η_1——偏压杆的挠度增大系数，$\eta_1=\dfrac{1}{1-N/N_E}$，其中欧拉力 $N_E=\dfrac{\pi^2EI}{l_0^2}=\dfrac{\pi^2EI}{l_0^2}\times\dfrac{A}{A}=\dfrac{\pi^2E}{\lambda^2}A$；

　　M_x——端弯矩，$M_x=Ne$。

式(6.8)可用图 6.10 表示。

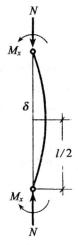

图 6.9　偏压构件的弯曲屈曲

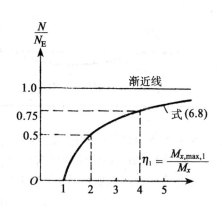

图 6.10　偏压杆的 N/N_E-η_1 关系曲线

由图 6.10 可见，N 与 $M_{x,\max}$ 不成线性关系，这是偏心受压杆的一个重要特点。

图 6.3 中的其他几种常见荷载作用下的压弯构件，其最大弯矩 $M_{x,\max,i}=\eta_i M_x$ 的近似值列于表 6.1。其等效弯矩系数 β_{mi} 可按式(6.9)计算：

$$\beta_{mi}=\frac{M_{x,\max,i}}{M_{x,\max,1}} \tag{6.9}$$

表 6.1　　　　　　　　　　　　　　　　$\boldsymbol{\eta_i}$ 和 $\boldsymbol{\beta_{mi}}$ 值

i	荷载作用简图	$M_{x,\max,i}=\eta_i M_x$	β_{mi}
1		$\left(\dfrac{1}{1-N/N_E}\right)M_x$	1

i	荷载作用简图	$M_{x,\max,i} = \eta_i M_x$	β_{mi}
2		$\left(\dfrac{1}{1-N/N_E}\right)M_x$ 其中：$M_x = Pl^2/8$	1
3		$\left(\dfrac{k_1}{1-N/N_E}\right)M_x$ 其中：$k_1 = 1-0.2N/N_E$ $M_x = Pl/4$	k_1
4	$|M_1| > |M_2|$	$\left(\dfrac{k_2}{1-N/N_E}\right)M_x$ 其中：$k_2 = 0.65+0.35M_2/M_1$ 且 $k_2 \geqslant 0.4$	k_2

可见,表 6.1 所列的后三种荷载,等效弯矩系数分别是：$\beta_{m2} = 1.0$、$\beta_{m3} = 1-0.2N/N_E$ 和 $\beta_{m4} = 0.65+0.35M_2/M_1$。对弹性的压弯构件,若以截面的边缘纤维应力开始屈服(见图 6.8 中 a 点,N_a 被称为边缘纤维屈服荷载)作为失稳准则,可得

$$\frac{N}{A} + \frac{\beta_m M_x + Ne}{(1-N/N'_E)W_x} = f_y \tag{6.10}$$

式中：Ne——引入的缺陷偏心弯矩；$N'_E = \dfrac{\pi^2 EI_x}{1.1l_{0x}^2} = \dfrac{\pi^2 EA}{1.1\lambda_x^2}$。

当 $M_x = 0$ 时,构件实际上就是带有缺陷偏心 e 的轴心压杆,此时杆的临界力 $N = N_x = \varphi_x A f_y$。由式(6.10)得

$$\frac{N}{A} + \frac{Ne}{\left(\dfrac{N'_E - N}{N'_E}\right)W_x} = f_y$$

可得

$$e = \frac{(Af_y - N_x)(N'_E - N_x)}{N_x N'_E} \times \frac{W_x}{A} \tag{6.11}$$

将式(6.11)代入式(6.10),整理后得

$$\frac{N}{\varphi_x A} + \frac{\beta_{mx} M_x}{W_{1x}\left(1-\varphi_x\dfrac{N}{N'_E}\right)} = f_y \tag{6.12}$$

式(6.12)由边缘纤维屈服准则导出,可用来计算格构式或冷弯薄壁型钢压弯构件的稳定。对实腹式压弯构件,规范采用压溃理论确定临界力。为了限制偏心或长细比较大的构件的变形,只允许截面塑性发展总深度 $\leqslant h/4$(h 是截面高度),即临界力取图 6.8 中的 a' 点。根据对 11 种常见截面形式进行的计算比较,规范对式(6.12)作了修正,用来验算实腹式压弯构

件在弯矩作用平面内的稳定性:

$$\frac{N}{\varphi_x A} + \frac{\beta_{mx} M_x}{\gamma_{x1} W_{1x}(1 - 0.8N/N'_{Ex})} \leq \frac{f_y}{\gamma_R} = f \qquad (6.13)$$

式中: N ——构件所受的压力;

φ_x ——在弯矩作用平面内的轴心压杆稳定系数,由附二表 2.1、2.2 至表 2.3、2.4 查得;

M_x ——构件对 x 轴的最大弯矩;

N'_{Ex} ——对 x 轴的欧拉力: $N'_{Ex} = \dfrac{\pi^2 EI_x}{1.1 l_{0x}^2} = \dfrac{\pi^2 EA}{1.1 \lambda_x^2}$;

W_{1x} ——弯矩作用平面内较大受压边缘纤维的毛截面模量: $W_{1x} = I_x/y_1$;

γ_{x1} ——截面塑性发展系数(见表 5.1);

β_{mx} ——计算弯矩作用平面内稳定时的等效弯矩系数,按下列规定采用:

(1)无侧移框架柱和两端支承的构件:

①无横向荷载作用时, $\beta_{mx} = 0.65 + 0.35 \dfrac{M_2}{M_1}$, M_1 和 M_2 为端弯矩(表 6.1)。它们使构件产生同向曲率(无反弯点)时取同号,产生反向曲率(有反弯点)时取异号, $|M_1| \geq |M_2|$。

②有端弯矩和横向荷载作用时,产生同向曲率时, $\beta_{mx} = 1.0$,反向曲率时, $\beta_{mx} = 0.85$。

③无端弯矩但有横向荷载作用时, $\beta_{mx} = 1.0$。

(2)悬臂构件和分析内力未考虑二阶效应的无支撑纯框架和弱支撑框架柱, $\beta_{mx} = 1.0$。

式(6.13)计算所得某工字形截面压弯构件的 N/N_P 与 M/M_P 的相关曲线见图 6.11。由图知在常用长细比 $\lambda \approx 100$ 范围内,式(6.13)与理论值(用数值积分法求出)能较好地符合。

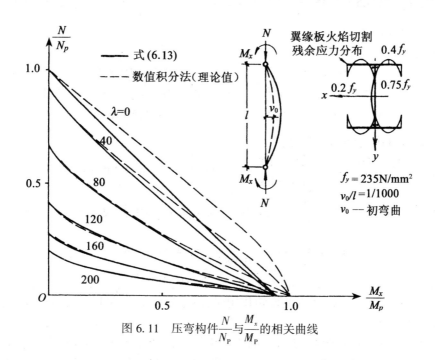

图 6.11 压弯构件 $\dfrac{N}{N_P}$ 与 $\dfrac{M_x}{M_P}$ 的相关曲线

例题 6.2 分别验算图6.12所示(a)、(b)两种端弯矩(计算值)作用情况下压弯构件(普通热轧 I10,Q235)的承载力(假定图示侧向支承保证不发生弯扭屈曲)。

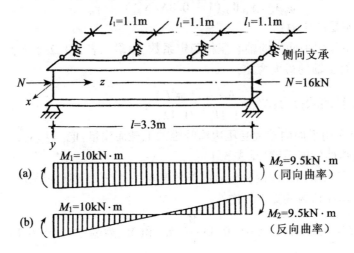

图 6.12 验算压弯构件的弯曲屈曲(例题 6.2 图)

解:由附三表 3.1 查得 I10 的截面几何特性:$A = 14.3\text{cm}^2$,$W_x = 49\text{cm}^3$,$i_x = 4.14\text{cm}$。

由表 4.3 知,热轧工字形钢截面对 x 轴属于 a 类。因而,当 $\lambda_x = l_{0x}/i_x = 3.3 \times 10^2/4.14 = 80$ 时,由附二表 2.1 得 $\varphi_x = 0.783$。由表 5.1 查得 $\gamma_x = 1.05$。

情况①:$\beta_{mx} = 0.65 + 0.35\left(\dfrac{9.5}{10}\right) = 0.982\ 5$,$N'_{Ex} = \dfrac{\pi^2 E}{1.1\lambda_x^2}A = \dfrac{\pi^2 \times 206 \times 10^3}{1.1 \times 80^2} \times 14.3 \times 10^2 = 412\ 981(\text{N}) = 413(\text{kN})$。

稳定由式(6.13)验算:

$$\sigma = \frac{16 \times 10^3}{0.783 \times 14.3 \times 10^2} + \frac{0.982\ 5 \times 10 \times 10^6}{1.05 \times 49 \times 10^3(1 - 0.8 \times 16/413)}$$
$$= 14.3 + 197 = 211(\text{N/mm}^2) < f \quad (f\ \text{为}\ 215\text{N/mm}^2)$$

杆端截面强度由式(6.5a)验算:

$$\sigma = \frac{16 \times 10^3}{14.3 \times 10^2} + \frac{10 \times 10^6}{1.05 \times 49 \times 10^3} = 11.2 + 194.4 = 205.6(\text{N/mm}^2) < f$$

情况②:$\beta_{mx} = 0.65 + 0.35\left(\dfrac{-9.5}{10}\right) = 0.317\ 5 < 0.4$,取 $\beta_{mx} = 0.4$(见表 6.1)。

稳定: $\qquad\sigma = 14.3 + 197 \times \dfrac{0.4}{0.982\ 5} = 94.5(\text{N/mm}^2) < f$

强度: $\qquad\sigma = 205.6\text{N/mm}^2 < f$

由上述计算可见,当同向曲率的弯矩作用时,由稳定承载力控制杆的截面设计;当反向曲率时,则由强度控制之。

对于单轴对称截面(见图 6.13(a))的压弯构件,当弯矩作用在对称轴平面内,且使较大翼缘受压时,构件达到临界状态时的应力分布可能在拉、压两侧都出现塑性(见图 6.13(b)),也可能只在受拉一侧出现塑性(见图 6.13(c))。对于前者,平面内的稳定仍按式(6.13)验算;

234

对于后者,因受拉塑性区的开展会导致构件失稳,因此,对图 6.13(c)除应按式(6.13)计算外,尚应按式(6.14)进行补充验算:

$$\left| \frac{N}{A} - \frac{\beta_{mx}M_x}{\gamma_{x2}W_{2x}(1 - 1.25N/N'_{Ex})} \right| \leqslant f \qquad (6.14)$$

式中:W_{2x}——受拉一侧的边缘纤维毛截面模量,即 $W_{2x} = I_x/y_2$。

式中第二项分母内的常数 1.25,也是对 11 种常用截面形式的计算比较而引入的一个最优修正值。

例题 6.3 验算图6.14所示压弯杆(钢材 Q235BF,密度 $\gamma = 77\text{kN/m}^3$)在弯矩作用平面内的稳定性。

解:(1)截面几何特性

$$A = 1 \times 8 + 1 \times 12 = 20(\text{cm}^2) = 0.002(\text{m}^2)$$

$$y_1 = \frac{1 \times 8 \times 0.5 + 1 \times 12 \times 7}{20} = 4.4(\text{cm})$$

$$y_2 = h - y_1 = 13 - 4.4 = 8.6(\text{cm})$$

$$I_x = 1 \times 8 \times 3.9^2 + \frac{1}{12} \times 1 \times 12^3 + 1 \times 12 \times 2.6^2$$

$$= 346.8(\text{cm}^4),$$

$$i_x = \sqrt{I_x/A} = 4.16(\text{cm})$$

$$W_{1x} = I_x/y_1 = 78.82(\text{cm}^3)$$

$$W_{2x} = I_x/y_2 = 40.3(\text{cm}^3)$$

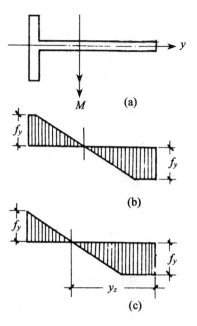

图 6.13 单轴对称截面

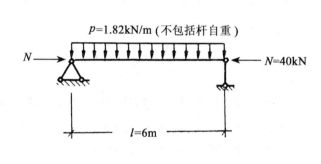

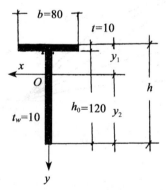

图 6.14 例题 6.3 图

(2)求 φ_x 值 由表4.3知,对 x、y 轴的截面类型分别为 b、c 类,由 $\lambda_x = \dfrac{l_{0x}}{i_x} = \dfrac{6 \times 10^2}{4.16} = 144$ 和 b 类截面,查附二表2.2得 $\varphi_x = 0.329$。

(3)弯矩 $\qquad M_x = \dfrac{1}{8}(1.82 + 1.2 \times 0.002 \times 77) \times 6^2 = 9(\text{kN} \cdot \text{m})$

(4)欧拉力 $\qquad N'_{Ex} = \dfrac{\pi^2 EA}{1.1\lambda_x^2} = \dfrac{\pi^2 \times 206 \times 10^3 \times 20 \times 10^2}{1.1 \times 144^2} = 178.3(\text{kN})$

(5)由式(6.13)知$\beta_{\mathrm{m}x}=1.0$,由表5.1查出:$\gamma_{x1}=1.05$,$\gamma_{x2}=1.20$。

(6)验算弯矩作用平面内的稳定性　由式(6.13)、(6.14)得

$$\frac{N}{\varphi_x A}+\frac{\beta_{\mathrm{m}x}M_x}{\gamma_{x1}W_{1x}(1-0.8N/N'_{\mathrm{E}x})}$$

$$=\frac{40\times10^3}{0.329\times20\times10^2}+\frac{1\times9\times10^6}{1.05\times78.82\times10^3(1-0.8\times40/178.3)}$$

$$=60.8+132.5=193(\mathrm{N/mm^2})<f\quad(f\text{为}215\mathrm{N/mm^2})$$

$$\left|\frac{N}{A}-\frac{\beta_{\mathrm{m}x}M_x}{\gamma_{x2}W_{2x}(1-1.25N/N'_{\mathrm{E}x})}\right|$$

$$=\left|\frac{40\times10^3}{20\times10^2}-\frac{1\times9\times10^6}{1.2\times40.3\times10^3(1-1.25\times40/178.3)}\right|$$

$$=|20-259|=239(\mathrm{N/mm^2})>f,\text{不满足,应修改截面,减小}y_2,\text{增大}W_{2x}。$$

二、弯矩作用平面外的稳定验算

当压弯构件的抗扭能力差,或垂直于弯矩作用平面内的抗弯刚度(绕y轴,见图6.1)也不大,且侧向又没有设置足够多的支撑来阻止构件的受压翼缘侧移时,压弯构件就可能因弯扭屈曲而在弯矩作用平面外失稳。

由第四章中介绍的弯扭屈曲的临界力计算公式(4.20),可导得N/N_y和$M_x/M_{\mathrm{cr},x}$的相关曲线,如图6.15所示。由图可见,$\dfrac{N_\omega}{N_y}$愈大,压弯构件弯扭屈曲的承载力愈高。一般情况下,双轴对称工字形截面的$\dfrac{N_\omega}{N_y}$恒大于1,偏于安全地取$\dfrac{N_\omega}{N_y}=1$,相关曲线成为直线式:

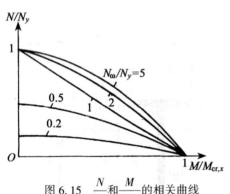

图6.15　$\dfrac{N}{N_y}$和$\dfrac{M}{M_{\mathrm{cr},x}}$的相关曲线

$$\frac{N}{N_y}+\frac{M_x}{M_{\mathrm{cr},x}}=1\qquad(6.15)$$

只有冷弯开口薄壁型钢构件的$\dfrac{N_\omega}{N_y}<1$,它的相关曲线在直线之下(N_ω是约束扭转临界力),N_y是对y轴的弯曲屈曲临界力,见公式(4.20)。

虽然式(6.15)来源于弹性杆的弯扭屈曲,但经计算可知,它也可用于弹塑性压弯构件的弯扭屈曲计算。把$N_y=\varphi_y f_y A$,$M_{\mathrm{cr},x}=\varphi_b f_y W_{1x}$代入式(6.15),并引入等效弯矩系数$\beta_{\mathrm{t}x}$和抗力分项系数$\gamma_R$,可得压弯构件在弯矩作用平面外的稳定计算式:

$$\frac{N}{\varphi_y A}+\eta\frac{\beta_{\mathrm{t}x}M_x}{\varphi_b W_{1x}}\leqslant f\qquad(6.16)$$

式中：　φ_y——弯矩作用平面外的轴心受压构件稳定系数,如系单轴对称截面,应考虑弯扭屈曲;

φ_b——只考虑弯矩作用时受弯构件的整体稳定系数,对工字形和T形截面可按附二表2.8的近似公式计算(当$\varphi_b>1.0$时,不需计算φ_b^l;如$\varphi_b>1.0$,取$\varphi_b=1.0$);

η——截面影响系数,闭口截面$\eta=0.7$,其他截面$\eta=1.0$;

236

β_{tx}——计算弯矩作用平面外稳定时的等效弯矩系数,应按下列规定采用:

(1)在弯矩作用平面外有支承的构件,应根据两相邻支承点间构件段内的荷载和内力情况确定:

①所考虑构件段无横向荷载作用时,$\beta_{tx}=0.65+0.35M_2/M_1$,$M_1$ 和 M_2 是端弯矩,使构件产生同向曲率时取同号,产生反向曲率时取异号,$|M_1|\geqslant|M_2|$;

②所考虑构件段内有端弯矩和横向荷载同时作用,使构件段产生同向曲率时 $\beta_{tx}=1.0$,产生反向曲率时 $\beta_{tx}=0.85$;

③所考虑构件段内无端弯矩但有横向荷载作用时 $\beta_{tx}=1.0$。

(2)悬臂构件 $\beta_{tx}=1.0$。

相关公式(6.19)对单轴对称构件也可近似采用,多数偏于安全。

例题6.4 验算例题6.3图6.14所示压弯构件在弯矩作用平面外的稳定性(假定构件三分点处有侧向支承,即 $l_{0y}=l_1=2$m)。

解:$I_y=\dfrac{1\times8^3+12\times1^3}{12}=43.67(\text{cm}^4)$, $i_y=\sqrt{I_y/A}=\sqrt{43.67/20}=1.48(\text{cm})$,

$\lambda_y=l_{0y}/i_y=2\times10^2/1.48=135.14$,为 c 类截面,查附二表2.3得

$$\varphi_y=0.325-\frac{0.325-0.322}{10}\times1.4=0.324$$

由附二表2.8查得

$$\varphi_b=1-0.0022\times135.14\sqrt{235/235}=0.703$$

由式(6.16)

$$\sigma=\frac{40\times10^3}{0.324\times20\times10^2}+1\times\frac{1\times9\times10^6}{0.703\times78.82\times10^3}=224.1(\text{N/mm}^2)$$

$f=215$,$\sigma>f$,相差 4.5%,可认为满足要求。

例题6.5 验算图6.16构件(Q235B)的稳定性。

解:$l_{0x}=l_{0y}=4.2$m, 取 2L110×70×6

由附三表3.5得截面参数:

$$A=21.27\text{cm}^2$$
$$I_x=267\text{cm}^4$$
$$i_x=3.54\text{cm}$$
$$i_y=2.88\text{cm}$$

$$\lambda_x=\frac{l_{0x}}{i_x}=\frac{4.2\times10^2}{3.54}=119$$,b 类截面,查附二表2.2

得:

$$\varphi_x=0.442$$

$$\lambda_y=\frac{l_{0y}}{i_y}=\frac{4.2\times10^2}{2.88}=146<[\lambda](\text{为}150)$$

查得 $\varphi_y=0.322$(b 类截面)

$$W_{1x}=\frac{I_x}{y_1}=\frac{267}{3.53}=75.6(\text{cm}^3)$$

$$W_{2x}=\frac{I_x}{y_2}=\frac{267}{7.47}=35.7(\text{cm}^3)$$

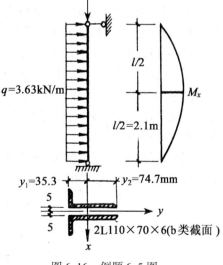

图 6.16 例题 6.5 图

$$M_x = \frac{1}{8}ql^2 = \frac{1}{8} \times 3.63 \times 4.2^2 = 8.004(\text{kN} \cdot \text{m})$$

$$N'_{Ex} = \frac{\pi^2 EA}{1.1\lambda_x^2} = \frac{\pi^2 \times 206 \times 10^3 \times 21.27 \times 10^2}{1.1 \times 119^2} \times 10^{-3} = 277.6(\text{kN})$$

(1)验算弯矩作用平面内的稳定性($f = 215\text{N/mm}^2$)

$$\sigma = \frac{42 \times 10^3}{0.442 \times 21.27 \times 10^2} + \frac{1 \times 8.004 \times 10^6}{1.05 \times 75.6 \times 10^3(1 - 0.8 \times 42/277.6)}$$

$$= 159(\text{N/mm}^2) < f$$

$$\sigma = \left| \frac{42 \times 10^3}{21.27 \times 10^2} - \frac{1 \times 8.004 \times 10^6}{1.20 \times 35.7 \times 10^3(1 - 1.25 \times 42/277.6)} \right|$$

$$= 250(\text{N/mm}^2) > f$$

(2)验算弯矩作用平面外的稳定性

$$\varphi_b = 1 - 0.0017\lambda_y\sqrt{\frac{f_y}{235}} = 1 - 0.0017 \times 146\sqrt{\frac{235}{235}} = 0.7518$$

$$\sigma = \frac{42 \times 10^3}{0.322 \times 21.27 \times 10^2} + \frac{1 \times 1 \times 8.004 \times 10^6}{0.7518 \times 75.6 \times 10^3} = 201.9(\text{N/mm}^2) < f$$

弯矩作用平面内的稳定不够,应适当增大截面。

三、框架柱的计算长度

上面介绍的压弯构件稳定承载力计算中,构件在平面内的计算长度都是按两端理想的固定条件嵌固端和铰接端来确定的。在实际工程中,构件两端的边界条件要复杂得多。

1. 单层和多层框架中的等截面柱

单层和多层框架中的等截面柱在框架平面内的计算长度与支撑情况有关,计算长度等于该层柱的高度 l 乘以计算长度系数 μ:

$$l_0 = \mu l \tag{6.17}$$

无支撑的纯框架采用一阶弹性分析方法计算内力时,柱的计算长度按有侧移框架计算。计算长度系数 μ 值和上、下端所连横梁的刚度有关:K_1 是柱上端相连的各横梁的线刚度之和与柱线刚度比,K_2 是柱下端相连的各横梁的线刚度之和与柱线刚度之比。当与横梁铰接时,取横梁的线刚度为零,与基础铰接时 $K_2 = 0$,刚接时 $K_2 = 10$。根据 K_1 与 K_2 值,可由钢结构设计规范附录 D 表 D-1 查得柱子计算长度系数 μ 值。

框架中设置支撑时,柱的计算长度系数 μ 值决定于支撑的抗侧移刚度,分强支撑框架和弱支撑刚架两种情况。

当支撑结构(如支撑桁架、剪力墙、电梯井等)的侧移刚度产生单位侧倾角的水平力 S_b 满足下式要求时,为强支撑框架

$$S_b \geq 3(1.2\sum N_{bi} - \sum N_{0i}) \tag{a}$$

式中:$\sum N_{bi}$ 和 $\sum N_{0i}$——第 i 层层间所有框架柱用无侧移框架柱和有侧移框架柱计算长度系数算得的轴压杆稳定承载力之和。

这时,框架柱的计算长度系数 μ 按无侧移框架柱的计算长度系数确定(规范附录 D 表

D-1)。

当支撑结构的侧移刚度 S_b 不满足上式时,为弱支撑框架,框架柱的轴压杆稳定系数 φ 按(b)式计算:

$$\varphi = \varphi_0 + (\varphi_1 - \varphi_0) \frac{S_b}{3(1.2 \sum N_{bi} - \sum N_{0i})} \tag{b}$$

式中:φ_1 和 φ_0 分别是框架柱用规范附录 D 中无侧移框架柱和有侧移框架柱计算长度系数算得的轴心压杆稳定系数。

2. 单阶柱

在单层工业厂房中,常设有起重设备,因而框架柱常采用变截面柱,如单阶柱。单阶柱上柱较窄,上端与屋架相连,下端和下柱段固接;在支承吊车部位把柱加宽以支承吊车梁,如图 6.17 所示。柱分上、下两柱段,柱的计算长度不但和横梁及基础的连接有关,而且还和上、下柱段轴心力大小有关。经分析,钢结构设计规范给出了下柱计算长度系数 μ_2 的值,它和下列参数有关:①上、下柱段的线刚度比 K_1;②与上、下柱段的轴向力及线刚度比有关的系数 η_1,同时也和上柱柱端是否自由或可移动但不能转动的嵌固情况有关。

设计时可算出 K_1 和 η_1 的值,直接由钢结构设计规范附录表中查得系数 μ_2 的值。可得下柱的计算长度为

$$l_{\text{下}} = \mu_2 l_2 \tag{6.18}$$

而上柱的计算长度为

$$l_{\text{上}} = \frac{\mu_2}{\eta_1} l_1 \tag{6.19}$$

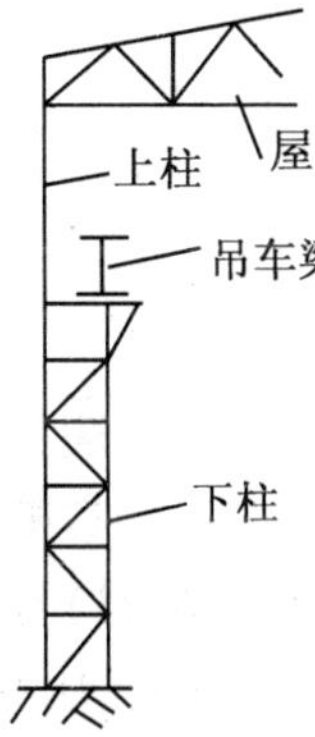

式中:l_2 和 l_1 分别是下柱和上柱的实际长度。考虑到厂房框架的空间工作,下柱计算长度系数 μ_2 可适当折减,参见规范中的有关规定。

框架柱(不论定截面柱和变截面柱)的平面外计算长度都取决于平面外的支撑构件,按铰接考虑。

图 6.17　厂房单阶柱

第四节　压弯构件的局部稳定

实腹式压弯构件的受压翼缘和腹板在弯曲压应力和剪应力作用下,也将发生局部屈曲。为了保证其稳定性,也都采用限制板件的宽厚比的方法。

1. 受压翼缘板的宽厚比

压弯构件在弯矩作用平面内承载力的计算公式(6.13)和(6.14)都考虑了截面发展部分的塑性,因而受压翼缘板的外伸板的宽厚比限制同公式(5.32)(见图 6.18(a)):

$$\frac{b_1}{t_1} \le 13\sqrt{235/f_y} \tag{6.20}$$

箱形截面受压翼缘板中间部分的宽厚比同式(4.46):

$$\frac{b_0}{t_1} \le 40\sqrt{235/f_y}$$

239

2. 工字形和 H 形截面的腹板

工字形和 H 形截面的压弯构件中的腹板,同时承受着非均匀分布的弯应力以及剪应力的作用,弯应力的分布如图 6.18(b)所示。正应力分布梯度为

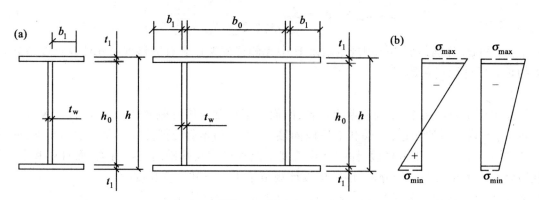

图 6.18　截面尺寸

$$\alpha_0 = \frac{\sigma_{max} - \sigma_{min}}{\sigma_{max}} \tag{6.21}$$

式中:σ_{max}——腹板计算高度边缘的最大压应力;

σ_{min}——腹板计算高度另一边缘的应力,皆以压应力为正,拉应力为负。

由式(6.21)可见,$\alpha_0 = 0$ 时,为均布压应力;$\alpha_0 = 2$ 时为受弯;$0 < \alpha_0 < 2$ 时为偏心受压。

分析证明,压弯构件腹板的局部稳定与剪应力的关系不大,主要决定于压应力分布梯度 α_0 值。根据弹塑性稳定理论,临界压应力为

$$\sigma_{cr} = k \frac{\pi^2 E t_w^2}{12(1 - v^2) h_0^2} \tag{6.22}$$

式中:k 是塑性屈曲系数,与 α_0 及受压区的塑性发展有关。

由上式计算得到的 h_0/t_w 比值列入表 6.2。

表 6.2　　　　　　　　　　　**压弯构件腹板的 k 和 h_0/t_w 限值**

α_0	0	0.2	0.4	0.6	0.8	1.0	1.2	1.4	1.6	1.8	2.0
k	4	3.914	3.874	4.242	4.681	5.214	5.886	6.678	7.576	9.738	11.301
h_0/t_w	56.24	55.64	55.35	57.92	60.84	64.21	68.23	72.67	77.40	87.76	94.54

由公式(6.22)得到的 h_0/t_w 限值,规范采用了近似的关系式表示如下:

当 $0 \leq \alpha_0 < 1.6$ 时,$\qquad \dfrac{h_0}{t_w} \leq (16\alpha_0 + 0.5\lambda + 25)\sqrt{\dfrac{235}{f_y}} \tag{6.23a}$

当 $1.6 < \alpha_0 \leq 2.0$ 时,$\qquad \dfrac{h_0}{t_w} \leq (48\alpha_0 + 0.5\lambda - 26.2)\sqrt{\dfrac{235}{f_y}} \tag{6.23b}$

式中:λ 是构件在弯矩作用平面内的长细比。当 $\lambda < 30$ 时,取 $\lambda = 30$;当 $\lambda > 100$ 时,取 $\lambda = 100$。

式(6.23a、b)中考虑了不同长细比构件设计中,塑性在腹板中发展的不同程度的影响,因

240

而引入了构件长细比 λ。由公式(6.23)知,当 $\alpha_0=0$ 时,为轴心受压构件的腹板,式(6.23a)同式(4.40);当 $\alpha_0=2$ 时,为受弯构件的腹板,这时式(6.23b)和受弯构件腹板在弯剪共同作用下高厚比的要求一致。

3. 箱形截面的腹板

箱形截面腹板的受力状态同工字形截面的腹板,但考虑到两块腹板受力可能不一致,因而把式(6.23)乘以0.8。

当 $0\leqslant\alpha_0<1.6$ 时: $\qquad h_0/t_w\leqslant 0.8(16\alpha_0+0.5\lambda+25)\sqrt{235/f_y}$ $\qquad$ (6.24a)

当 $1.6<\alpha_0\leqslant 2.0$ 时: $\qquad h_0/t_w\leqslant 0.8(48\alpha_0+0.5\lambda-26.2)\sqrt{235/f_y}$ $\qquad$ (6.24b)

式(6.24a、b)右端算得的 $h_0/t_w<40\sqrt{235/f_y}$ 时,应取 $h_0/t_w\leqslant 40\sqrt{235/f_y}$。

4. T形截面的腹板

(1)弯矩作用使腹板自由边受拉时

这种情况下,腹板的局部稳定比轴心受压时有利,为安全计,规范采用和轴心受压构件腹板相同的公式:

热轧剖分T形钢:

$$h_0/t_w\leqslant (15+0.2\lambda)\sqrt{235/f_y} \qquad (6.25a)$$

焊接T形钢:

$$h_0/t_w\leqslant (13+0.17\lambda)\sqrt{235/f_y} \qquad (6.25b)$$

(2)弯矩作用使腹板自由边受压时

这时T形截面腹板的受力状态,比受弯构件中受压翼缘的受力状态有利些,特别是当 $\alpha_0>1$ 时。因而规范规定:

当 $\alpha_0\leqslant 1$ 时: $\qquad h_0/t\leqslant 15\sqrt{235/f_y} \qquad$ (6.26a)

当 $\alpha_0>1$ 时: $\qquad h_0/t\leqslant 18\sqrt{235/f_y} \qquad$ (6.26b)

在以上各种情况下,当截面组成板件的宽(高)厚比不满足要求时,应调整宽厚比。对工字形和箱形截面的腹板也可设纵向加劲肋,或任其不满足稳定要求,只计算高度两侧边缘各 $20t_w$ $\sqrt{235/f_y}$ 的部分参加工作(计算构件的稳定系数时,仍按全部截面面积计算),参见图4.27。

例题6.6 某压弯构件(Q345钢) $N=800$kN, $M_x=400$kN·m, $\lambda_x=95$,截面尺寸如图6.19所示,验算翼缘和腹板的宽厚比限值。

解:由图6.19得

$A=2(25\times 1.2)+76\times 1.2=151.2(\text{cm}^2)$

$I_x=\dfrac{25\times 78.4^3-23.8\times 76^3}{12}=133\ 302.4(\text{cm}^4)$

(1)翼缘板

由式(6.20)得

$\dfrac{b_1}{t}=\dfrac{125}{12}=10.4<13\sqrt{\dfrac{235}{345}}$

(2)腹板

腹板边缘应力(见图6.19):

$\sigma_{\max}_{\min}=\dfrac{N}{A}\pm\dfrac{M_x y_{01}}{I_x}$

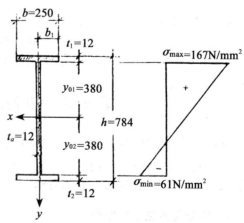

图6.19 例题6.6图

$$= \frac{800 \times 10^3}{151.2 \times 10^2} \pm \frac{400 \times 10^6 \times 380}{133\ 302.4 \times 10^4}$$

$$= 167(\text{N/mm}^2) \text{；} -61(\text{N/mm}^2)$$

$$\alpha_0 = \frac{167 - 61}{167} = 0.63$$

$$h_0/t_w = \frac{760}{12} = 63.3 < (16\alpha_0 + 0.5\lambda_x + 25)\sqrt{\frac{235}{345}} = 68.2$$

例题6.7 某压弯构件(Q235)内力为：$N = 3\ 000\text{kN}$, $M_x = 400\text{kN·m}$, $\lambda_x = 38$, 其箱形截面如图6.20所示，验算构件的局部稳定性。

解：截面几何特性：

$$A = 2 \times (50 \times 1.2 + 50 \times 1.2) = 240(\text{cm}^2)$$

$$I_x = \frac{50 \times 52.4^3 - 47.6 \times 50^3}{12} = 103\ 657.6(\text{cm}^4)$$

$$W_{1x} = I_x/25 = 4\ 146.3(\text{cm}^3)$$

$$\sigma_{\max} = \frac{N}{A} + \frac{M_x}{W_{1x}} = \frac{3\ 000 \times 10^3}{240 \times 10^2} + \frac{400 \times 10^6}{4\ 146.3 \times 10^3} = 125 + 96.5 = 221.5(\text{N/mm}^2)$$

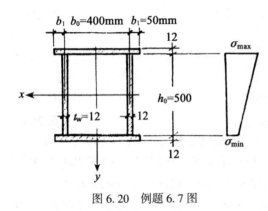

图6.20　例题6.7图

$$\sigma_{\min} = 125 - 96.5 = 28.5(\text{N/mm}^2)$$

$$\alpha_0 = \frac{221.5 - 28.5}{221.5} = 0.87 < 1.6$$

由式(6.25a)：

$$\frac{h_0}{t_w} = \frac{500}{12} = 41.7$$

$$0.8(16 \times 0.87 + 25 + 0.5 \times 38)\sqrt{\frac{235}{235}} = 46.3 > 41.7$$

由式(4.46)：

$$\frac{b_0}{t} = \frac{400}{12} = 33.3 < 40$$

由式(6.20)：

$$\frac{b_1}{t} = \frac{50}{12} = 4.2 < 13$$

第五节　格构式压弯构件的计算

格构式压弯构件广泛地用于厂房的框架柱和高大的独立支柱。构件的截面可以设计成双轴对称的或单轴对称的(见图6.1(b))。由于在弯矩作用平面内的截面宽度较大，故肢件之间的联系缀材常采用缀条，较少用缀板。

一、弯矩绕实轴 y 的作用

当弯矩作用在实轴 y 平面内时，受力性能和实腹式压弯构件完全相同(见图6.21(a))。

242

因此,应采用式(6.13)验算弯矩作用平面内的稳定性。

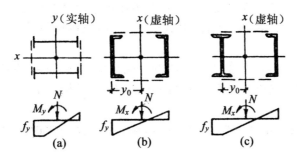

图 6.21 格构式压弯构件的计算简图

二、弯矩绕虚轴 x 的作用

1. 在弯矩作用平面内的稳定

格构式压弯构件绕虚轴 x 受弯时,产生弯曲屈曲(见图 6.21(b)、(c)),以截面边缘纤维屈服为设计准则,可按式(6.12)写出验算条件

$$\frac{N}{\varphi_x A} + \frac{\beta_{mx} M_x}{W_{1x}(1 - \varphi_x N/N'_{Ex})} \leqslant \frac{f_y}{\gamma_R} = f \qquad (6.27)$$

式中： W_{1x}——毛截面对 x 轴(见图 6.21(b)、(c))的截面模量, $W_{1x} = I_x/y_0$;

φ_x——由换算长细比 λ_{0x} 和截面类型确定的轴心压杆稳定系数 φ 。

2. 单肢计算

弯矩绕虚轴 x 作用时,除了用式(6.27)作整体稳定计算外,还要对缀条式压弯构件的单肢像桁架弦杆一样验算稳定性。单肢的轴心压力按图 6.22 所示的简图确定:

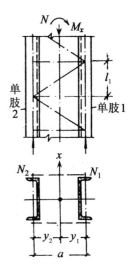

单肢 1： $$N_1 = \frac{M_x + N y_2}{a} \qquad (6.28)$$

单肢 2： $$N_2 = N - N_1 \qquad (6.29)$$

单肢按轴心压杆设计,它在缀条平面内的计算长度,取缀条体系的节间长度 l_1 ,而在缀条平面外,则取侧向固定点之间的距离。

当采用缀板式时,单肢除受 N_1 和 N_2 压力外,还有剪力引起的局部弯矩,见式(4.64)。计算中视缀板式构件为刚架,反弯点在缀板间距的中央,剪力 V 取值可按实际荷载和按式(4.60)计算值中的较大值。

三、缀材计算

格构式压弯构件的缀材计算方法与格构式轴心受压柱的缀材计算相同。

四、构件在弯矩作用平面外的稳定性

图 6.22 单肢计算简图

对于弯矩绕虚轴 x 作用的压弯构件(见图 6.21(b)、(c)),肢件在弯矩作用平面外的稳定性已经在计算中得到了保证,因此,不必再计算整个构件在弯矩作用

平面外的稳定性。

如果弯矩绕实轴 y 作用(见图6.21(a)),弯矩作用平面外的稳定性验算与实腹式闭合箱形截面压弯构件一样按式(6.16)进行,但式中的 φ_y 值应按换算长细比 λ_{0x} 确定,且取 $\varphi_b = 1.0$。

例题 6.8 某压弯构件(Q235)在 y 方向的上端自由,下端固定(见图6.23(a))。在 x 方向的上、下端均有不动铰支承。缀条布置见图6.23(b)。试按稳定条件确定该压弯构件能承受的 M_x 的大小。

解:肢件截面(2I25a)几何特性:$A = 2 \times 48.5 = 97(\text{cm}^2)$,$I_{x1} = 280 \text{cm}^4$,$I_x = 2(280 + 48.5 \times 11^2)$
$= 12\,297(\text{cm}^4)$,$i_x = \sqrt{\dfrac{I_x}{A}} = 11.3(\text{cm})$,$W_{1x} = \dfrac{I_x}{y_1} = 1\,117.9(\text{cm}^3)$。

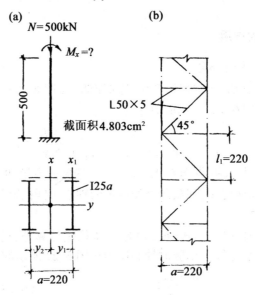

图6.23 例题6.8图

(1)整体稳定性

$$\lambda_x = \frac{l_{0x}}{i_x} = \frac{2 \times 5 \times 10^2}{11.3} = 88.5,$$

缀条用 L50 × 5,

$$A_1 = 2 \times 4.803 = 9.606(\text{cm}^2)$$

由式(4.55):

$$\lambda_{0x} = \sqrt{\lambda_x^2 + 27\frac{A}{A_1}}$$

$$= \sqrt{88.5^2 + 27 \times \frac{97}{9.606}} = 90 \quad (\text{由 b 类截面查附二表2.2 得 } \varphi_x = 0.621)$$

$$N'_{Ex} = \frac{\pi^2 EA}{1.1\lambda_{0x}^2} = \frac{\pi^2 \times 206 \times 10^3 \times 97 \times 10^2}{1.1 \times 90^2} \times 10^{-3}$$

$$= 2\,213.4(\text{kN})$$

由式(6.27):

$$\frac{N}{\varphi_x A} + \frac{\beta_{mx} M_x}{W_{1x}(1 - \varphi_x N/N'_{Ex})}$$

$$= \frac{500 \times 10^3}{0.621 \times 97 \times 10^2} + \frac{1 \times M_x \times 10^6}{1\,117.9 \times 10^3 (1 - 0.621 \times 500/2\,213.4)}$$

即

$$83 + 1.04 M_x \leqslant 215$$

解得

$$M_x \leqslant 126.9 \text{kN} \cdot \text{m}$$

(2)单肢稳定性

由附三表 3.1 查出单肢:$i_{x1} = 2.4 \text{cm}$,$i_{y1} = 10.18 \text{cm}$,从而

$$\lambda_{x1} = \frac{l_{x1}}{i_{x1}} = \frac{22}{2.4} = 9.17$$

$$\lambda_{y1} = \frac{l_{y1}}{i_{y1}} = \frac{5 \times 10^2}{10.18} = 49.12 (较大值)$$

轧制工字形钢,对 y 轴属 a 类截面。由 $\lambda_{y1} = 49.12$ 和 a 类截面查附二表 2.1,得

$$\varphi_{y1} = 0.919$$

单肢轴力由式(6.28)计算:

$$N_1 = \frac{M_x + N y_2}{a} = \frac{M_x \times 10^2 + 500 \times 11}{22} = \frac{50 M_x}{11} + 250$$

由式(4.10):

$$\frac{N_1}{\varphi_{y1}(A/2)} = \frac{\left(\dfrac{50 M_x}{11} + 250\right) \times 10^3}{0.918 \times 48.5 \times 10^2} \leqslant 215$$

解出:

$$M_x \leqslant 155.594 \text{kN} \cdot \text{m}$$

由上述计算可见,此压弯构件能承受的计算弯矩为 $M_x = 126.9 \text{kN} \cdot \text{m}$。

第六节 压弯构件的柱脚设计

偏心受压柱(压弯构件)的柱脚可做成铰接或刚接(一般是刚接)。铰接柱脚的构造和计算方法与第四章轴心受压柱的柱脚相同。刚接柱脚的构造要求能同时传递轴力 N 和弯矩 M_x,保证传力明确,与基础的连接要坚强,且便于制造和安装。

当 N 与 M 都较小,且底板与基础之间只承受压应力时,可采用图 6.24(a)或(b)所示的构造方案。图 6.24(a)和轴心受压柱的柱脚类同,图 6.24(b)中底板的宽度 B 根据构造要求确定,其中板的悬伸部分 C 不宜超过 20~30mm。B 决定后,底板的长度 L 可根据底板应力不超过基础混凝土抗压强度设计值 f_c 的要求算出,即

$$\sigma_{max} = \frac{N}{BL} + \frac{6M}{BL^2} \leqslant f_c \tag{6.30}$$

式中:N、M——使底板产生最大压应力的最不利的内力组合。

当 N 与 M 都较大时,为使传到基础上的力分布开来和加强底板的抗弯能力,可以采用图 6.24(c)或(d)所示带靴梁的构造方案。由于有弯矩作用,柱身左、右翼缘与靴梁连接的侧焊缝的受力是不相等的,但是对于像图 6.24(c)那样的构造方案,左、右两侧焊缝的尺寸应该一样,都按受力最大的右端焊缝确定,以便于制作。

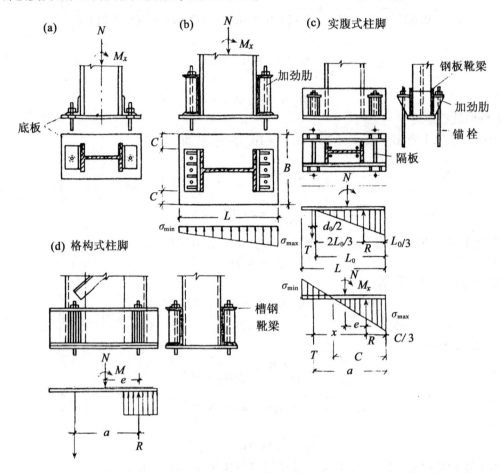

图 6.24 偏心受压柱的柱脚

由于底板与基础间不能承担拉应力,因此,当最小应力出现负值,即 $\sigma_{min}<0$ 时,认为拉应力的合力由锚栓承担。为了保证柱脚嵌固于基础,锚栓的零件应有足够的刚度。图 6.24(c)和(d)分别是实腹式和格构式压弯构件的整体式柱脚。

当锚栓的拉力 T 不很大时,可根据图 6.24(c)中所示的应力分布图来确定 T 值,对基础受压区的合力点取矩,得

$$T = \frac{M - Ne}{\frac{2}{3}L_0 + \frac{d_0}{2}} \tag{6.31}$$

式中:e ——柱脚底板中心到受压区合力 R 的距离;

d_0 ——锚栓孔的直径;

L_0 ——底板边缘至锚栓孔边缘的距离。

底板的长度 L 要根据最大压应力 $\sigma_{max} \leq f_c$ 来确定。

另一种近似计算方法是先将柱脚与基础之间看做是能承受压应力和拉应力的弹性体,算出在弯矩 M 和压力 N 共同作用下的最大压应力 σ_{max},而后找出压应力区的合力点,该点至柱截面形心轴之间的距离为 e,至锚栓的距离为 x,根据力矩平衡条件(见图 6.24(c) 中的第二个应力分布图),对合力 R 点取矩:

$$T = \frac{M - Ne}{x} \tag{6.32}$$

式中:$e = \dfrac{L}{2} - \dfrac{c}{3}$,$x = a - \dfrac{c}{3}$,$c = \dfrac{\sigma_{max}}{\sigma_{max} + |\sigma_{min}|} \times L$。

两种计算方法得到的锚栓拉力都偏大,算得的最大压应力 σ_{max} 都偏小。而后一种计算方法在轴线方向的力是不平衡的。

如果锚栓的拉力过大,则所需直径太大。当锚栓直径 $d > 60mm$ 时,可根据底板受力的实际情况,如图 6.24(d) 中所示的应力分布图,像计算钢筋混凝土偏压构件中的钢筋一样来确定锚栓直径。锚栓的尺寸及其零件应符合锚栓规格的要求。

底板的厚度原则上和轴心受压柱的柱脚底板一样确定。偏心受压柱底板各区格所承受的压应力虽然不均匀,但在计算各区格底板的弯矩时,可以偏于安全地取该区格的最大压应力来计算。

对于柱肢轴线距离大于 1.5m 的格构式偏心受压柱,可以在每个肢的端部设置如图 6.25 所示的独立柱脚,称为分离式柱脚。每个独立柱脚都根据分肢可能产生的最大压力按轴心受压柱脚设计,而锚栓的直径则根据分肢可能产生的最大拉力确定。采用分离式柱脚,可以节约钢材,且使制造简便。

为了保证运输和安装时柱脚的整体刚性,可在分离式柱脚的底板之间设置如图 6.25 所示的联系杆。

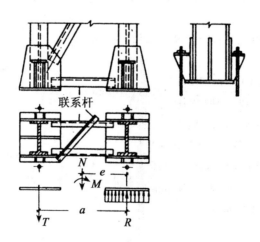

图 6.25　格构式偏心受压柱的分离式柱脚

例题6.9　设计图 6.26 所示偏心受压柱的柱脚。已知作用在基础面上的计算压力 $N = 500kN$,弯矩 $M_x = 130kN \cdot m$,混凝土强度等级为 C20,锚栓为 Q235 钢,焊条为 E43 型。

解:考虑混凝土局部抗压强度的提高,取 $f_c = 11N/mm^2$。为了提高柱下端的刚度,靴梁采用

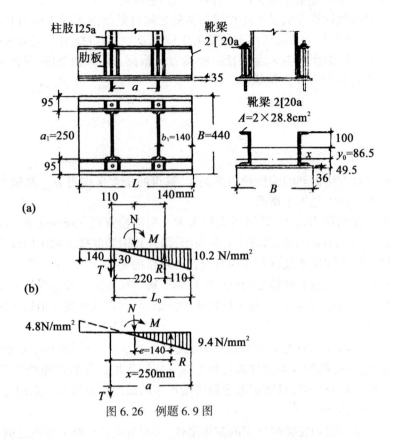

图 6.26 例题 6.9 图

两根热轧槽钢 2[20a,在锚栓处加肋板,锚栓孔直径 $d_0 = 60mm$。

（1）底板 $B \times L$

按构造要求确定底板宽度：$B = 2 \times 9.5 + 25 = 44（cm）$

由式（6.30）：

$$\sigma_{max} = \frac{500 \times 10^3}{44L \times 10^2} + \frac{6 \times 130 \times 10^6}{44L^2 \times 10^3} \leqslant 11（N/mm^2）$$

解出　　$L = 45.6cm$，取 $L = 50cm$，从而

$$\sigma_{max} = \frac{500 \times 10^3}{44 \times 50 \times 10^2} + \frac{6 \times 130 \times 10^6}{44 \times 50^2 \times 10^3} = 2.3 + 7.1 = 9.4（N/mm^2）$$

$$\sigma_{min} = 2.3 - 7.1 = -4.8（N/mm^2）$$

σ_{min} 为负值,说明需要由锚栓承担拉力。

（2）锚栓直径 d

由式（6.31）：

$$T = \frac{M - Ne}{\frac{2}{3}L_0 + \frac{d_0}{2}} = \frac{130 - 500 \times 0.14}{\frac{2}{3} \times 0.33 + \frac{0.06}{2}} = 240（kN）$$

或由式（6.32）：

248

$$T = \frac{M - Ne}{x} = \frac{130 - 500 \times 0.14}{0.25} = 240(\text{kN})$$

式中: $x = a - c/3 = 360 - 330/3 = 250(\text{mm})$;

$e = L/2 - c/3 = 500/2 - 330/3 = 140(\text{mm})$;

$c = \dfrac{\sigma_{max}}{\sigma_{max} + |\sigma_{min}|} \times L = \dfrac{9.4}{9.4 + 4.8} \times 500 = 330(\text{mm})$ (图6.26中为 L_0)

所需锚栓净截面面积:

$$A_n = \frac{T}{f_t^b} = \frac{240 \times 10^3}{140} = 1\,714(\text{mm}^2) = 17.14(\text{cm}^2)$$

查附三表3.7,得 $d = 56\text{mm}$, $A_n = 26.3\text{cm}^2 > 17.14\text{cm}^2$。

(3)底板厚度 t

基础反力: $R = N + T = 500 + 240 = 740(\text{kN})$

基础面最大压应力:

$$\sigma_{max} = \frac{R}{0.5BL_0} = \frac{740 \times 10^3}{0.5 \times 440 \times 330} = 10.2(\text{N/mm}^2) \quad < f_c$$

因此,底板厚度用 $\sigma_{max} = 10.2\text{N/mm}$ 计算,比 9.4N/mm^2 安全。

图6.26:三边支承板 $b_1 = 140\text{mm}$, $a_1 = 250\text{mm}$,查表4.7得 $\beta = 0.066$。从而,由式(4.89)求板的最大弯矩:

$$M_3 = \beta q a_1^2 = 0.066 \times 10.2 \times 250^2 = 42\,075(\text{N} \cdot \text{mm})$$

由式(4.91)计算底板厚度:

$$t = \sqrt{\frac{6M_3}{f}} = \sqrt{\frac{6 \times 42\,075}{205}} = 35.0(\text{mm}) \quad (取 t = 36\text{mm})$$

因钢板厚 $t = 36\text{mm}$,在 $20 \sim 40\text{mm}$ 之间,属于第2组(附一表1.1), $f = 205\text{N/mm}^2$。

四边支承板受力很小,不起控制作用。

(4)靴梁验算

靴梁截面考虑槽钢和底板共同工作。先确定截面形心轴线 x 的位置:

$$y_0 = \frac{44 \times 3.6(10 + 1.8)}{2 \times 28.8 + 44 \times 3.6} = 8.65(\text{cm})$$

截面惯性矩:

$$I_x = 2(1\,780 + 28.8 \times 8.65^2) + 44 \times 3.6(1.35 + 1.8)^2 = 9\,441.5(\text{cm}^4)$$

靴梁承受基础反力,按双悬伸梁考虑,在和柱肢相连处的内力最大。

靴梁承受的剪力和弯矩(偏于安全地按最大压应力均布计算):

$$V = 10.2 \times 140 \times 440 \times 10^{-3} = 628.32(\text{kN})$$

$$M = 628.32 \times \frac{0.14}{2} = 43.982(\text{kN} \cdot \text{m})$$

弯曲应力:

$$\sigma = \frac{M}{I_x/186.5} = \frac{43.982 \times 10^6 \times 186.5}{9\,441.5 \times 10^4} = 86.9(\text{N/mm}^2) \quad < f \quad (f 为 215\text{N/mm}^2)$$

(5)焊缝

由式(6.28)求右侧柱肢承受的最大压力:

$$N_1 = \frac{M_x + Ny_2}{a} = \frac{130 + 500 \times 0.11}{0.22} = 840.909(\text{kN})$$

柱肢工字形钢与靴梁间的竖向焊缝的焊脚尺寸:

$$h_f = \frac{N_1}{0.7f_w^f \sum l_\omega} = \frac{840.909 \times 10^3}{0.7 \times 160 \times 4(200 - 20)} = 10.4(\text{mm}) \quad (\text{取} \ h_f = 10\text{mm})$$

因剪力不大,槽钢与底板的连接焊缝的焊脚尺寸采用 $h_f = 8\text{mm}$。

近年来,工程中采用了插入式柱脚,把钢柱插入混凝土基础杯口中,构造简单,节省钢材,可以应用。

习 题 六

一、问答题

6.1 为什么压弯构件又叫梁-柱构件?

6.2 为什么在压弯构件的稳定计算中,要引入等效弯矩系数 β 和挠度增大系数 η_1?

6.3 当弯矩作用在实腹式截面的弱轴平面内时,为什么要分别进行在弯矩作用平面内、外的两类稳定验算? 它们分别属于第几类稳定问题?

6.4 当弯矩绕格构式柱的虚轴作用时,为什么不验算弯矩作用平面外的稳定性?

6.5 对于弯矩作用在对称轴内的 T 形截面,在验算弯矩作用平面内的稳定性时,除了应按式(6.13)验算外,还需用式(6.14)进行补充验算,为什么?

6.6 拉弯构件和压弯构件是以什么样的极限状态为根据的?

6.7 压弯构件在弯矩作用平面内的整体稳定公式 $\dfrac{N}{\varphi_x A} + \dfrac{\beta_{mx} M_x}{\gamma_{x1} W_{1x}(1 - 0.8N/N'_{Ex})} \leqslant f$ 中各符号的意义如何?

6.8 对比压弯构件和轴心受压构件腹板、翼缘宽厚比限值有何区别。

6.9 分析对比一下压弯构件和轴心受压构件与梁的连接以及柱脚设计有何区别。

6.10 格构式压弯构件和格构式轴心受压构件缀条计算有何异同?

6.11 试述偏压柱的整体式柱脚的设计步骤。

6.12 试述偏压柱的分离式柱脚的设计步骤。

二、选择题

6.13 两根几何尺寸完全相同的压弯构件,一根端弯矩使之产生反向曲率,一根产生同向曲率,则前者的稳定性比后者的( )。

A. 好   B. 差   C. 无法确定   D. 相同

6.14 一根 T 形截面压弯构件受轴心压力 N 和 M 作用,当 M 作用于腹板平面内且使翼缘板受压,或 M 作用于腹板平面内而使翼缘板受拉,则前者的稳定性比后者的( )。

A. 差   B. 相同   C. 高

三、计算题

6.15　求图6.27所示拉弯杆 ab(热轧 I25a，Q235 钢)的最大荷载 N。

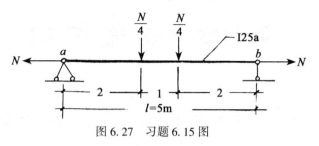

图 6.27　习题 6.15 图

6.16　验算图6.28所示两端叉形铰接压弯构件(Q345 钢,构件三分点处设侧向支承点)的稳定性。

6.17　已知某压弯构件 ab(钢材 Q235)如图 6.29 所示，$l_{0y} = l = 10.8$m，$l_{0x} = 28$m。试验算构件的整体稳定、局部稳定(设计加劲肋)和刚度。

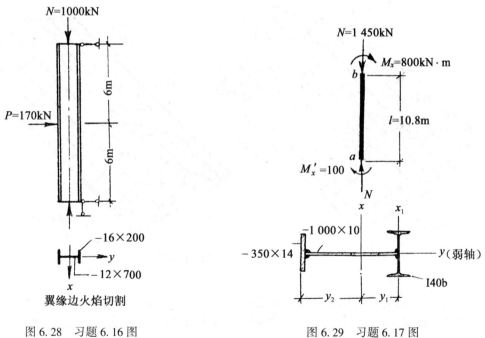

图 6.28　习题 6.16 图　　　　　图 6.29　习题 6.17 图

第七章 屋 盖 结 构

第一节 屋盖结构组成的种类、特点和用途

钢屋盖结构一般由屋面材料、檩条、屋架、托架、天窗架和支撑等构件组成。根据屋面材料的不同可分为两类。一类是屋面材料采用钢筋混凝土大型屋面板，并直接放置在屋架上，称为**无檩屋盖**(图7.1(a))；另一类是采用瓦楞铁、石棉瓦、压型钢板、压型钢板复合保温板或压型铝合金板等轻型屋面材料，铺放在设于屋架上弦的檩条上，称为**有檩屋盖**(见图7.1(b))。

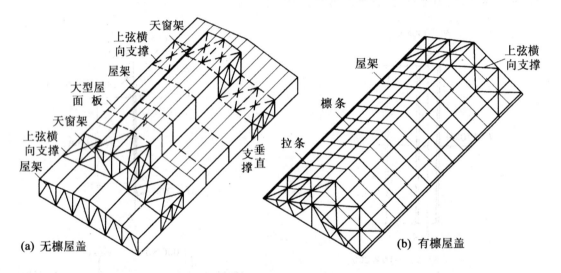

图7.1 屋面结构布置图

无檩屋盖的特点是：构件的种类和数量少，构造简单，施工速度快，易于铺设保温层和防水层。尤其是屋盖刚度大，整体性好，较为耐久。但因大型屋面板的自重大，致使屋架和下部结构的用料相应增加，且对抗震不利，运输和吊装也较笨重。另外，因受大型屋面板尺寸(常用1.5m×6m)限制，屋架间距必须是6m，跨度一般取3m的倍数。

无檩屋盖常用于刚度要求较高的工业厂房及采用轻屋面的建筑中。

有檩屋盖的特点是，可供选用的屋面材料种类较多且自重轻，用料省，运输和吊装轻便。屋架间距等于檩条长度，可结合檩条的形式和间距根据省钢的原则确定，比较灵活，常用4～6m。但屋盖刚度较差，构件种类和数量多，构造复杂。

有檩屋盖常用在对刚度要求不高，特别是不需要保暖的中小型厂房和民用建筑中。不过近年来，采用压型金属板的有檩屋盖已逐渐用于大型的工业厂房和公共建筑中，且日益增多。

252

设计时究竟采用哪种方案,应根据建筑物的受力特点、使用要求、材料供应情况、运输和施工条件以及地基条件等具体情况确定。

在工业厂房的某些局部,常因工艺要求需少放一根或几根柱,此时为保持屋架的间距不变,需在这些局部设置托架以支承中间屋架,如图7.2所示。

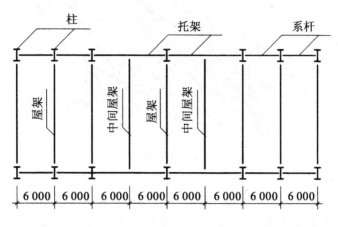

图 7.2　托架和中间屋架布置图

天窗用于有通风和采光需要的房屋,其形式多采用沿房屋纵向设置的纵向天窗,如图7.1(a)所示。

第二节　屋盖结构的支撑体系

屋盖的支撑体系虽不是重要的承重构件,但对屋盖结构的安全工作却是十分必要的。在以往发生的钢屋盖坍塌事故中,屋盖支撑设置不当常是导致事故的主要原因之一。设计时,正确地设置支撑体系问题应引起足够的重视。

一、屋盖支撑的种类、构成和作用

根据支撑所在位置的不同,屋盖支撑可分为上弦横向水平支撑、下弦横向水平支撑、下弦纵向水平支撑、垂直支撑和系杆5种(见图7.3)。

上弦横向水平支撑是在两相邻屋架上弦平面内沿屋架全跨(房屋横向)设置的平行弦桁架。其弦杆由两相邻屋架的上弦杆兼任,腹杆采用十字交叉斜杆和横杆组成。节间长度常取屋架上弦节间的2～4倍,高度就是屋架间距。它在屋架上弦平面内的刚度很大,在屋盖纵向水平力(如风荷载等)作用下产生的弯曲变形很小,故其各节点可视为是屋架上弦沿房屋纵向的不动点。下弦横向水平支撑是在两相邻屋架下弦平面内沿屋架全跨设置的平行弦桁架,它的弦杆由相邻屋架的下弦杆充当,腹杆的构成、节间长度等均与上弦横向水平支撑相同。它的各节点也可视为屋架下弦沿纵向的不动点。下弦纵向水平支撑是位于屋架下弦端节间沿房屋纵向通长设置的平行弦桁架,其横腹杆就是屋架下弦端节间弦杆,弦杆和十字交叉斜腹杆是另加的。通常它与下弦横向水平支撑组成封闭的环框。垂直支撑是以两相邻屋架相应竖杆(或斜杆)为竖杆,上、下弦横向水平支撑相应的横杆为弦杆,另加腹杆组成的垂直(或倾斜)放置

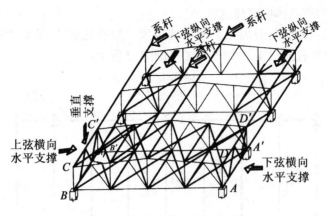

图 7.3 屋盖支撑种类和组成

的平行弦桁架。垂直支撑的腹杆形式,应根据其宽度和高度的比例分别采用十字交叉形、V 形或 W 形(图 7.4)。系杆是从上、下弦横向水平支撑的节点出发,连接其他未设支撑的屋架相应节点的纵向杆件。

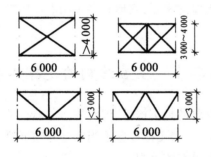

图 7.4 垂直支撑的腹杆形式

支撑体系的作用如下:

(1)保证屋盖结构的空间几何稳定性和整体刚度

仅由平面钢屋架(无论它与柱铰接还是刚接)以及檩条或大型屋面板所组成的屋盖结构,沿屋盖的纵向是几何可变体系,在纵向水平荷载作用下甚至在安装时,所有屋架就可能向一侧倾倒,如图 7.5 所示。但在两个屋架之间设置了上、下弦横向水平支撑和垂直支撑,就在屋盖结构中组成了一个空间的几何不变六面体,如图 7.3 中的 *ABCDA'B'C'D'* 所示。再用系杆将六面体的节点与其他屋架的对应节点相连接,这样整个屋盖结构就形成了空间几何不变的稳定结构。当不设下弦横向水平支撑时,图 7.3 的 *ABCDA'B'C'D'* 仍可组成空间的几何不变体,只是此时必须把设于下弦平面的系杆与垂直支撑的下部节点相连接。

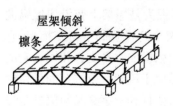

图 7.5 无支撑屋盖屋架倾倒示意图

上、下弦水平支撑和垂直支撑在各自的平面内都具有很大的抗弯刚度,使屋盖无论在垂直荷载还是在纵、横向水平荷载作

254

用下,仅产生较小的弹性变形,保证了屋盖必要的刚度。下弦纵向水平支撑还可将个别横向框架承受的横向水平力(如吊车横向制动力)部分地传递到相邻的框架上,从而减小直接承受荷载框架的内力和变形,这就是框架的空间整体工作。

(2)为屋架弦杆提供侧向支承点

屋盖结构中未设支撑体系时,屋架弦杆在侧向无支承点,弦杆在屋架平面外的计算长度应取屋架跨度 L(图7.6);当设有支撑体系时,由于系杆与上、下弦横向水平支撑的节点(纵向不动点)相连接,可为弦杆提供侧向支承点,从而使弦杆在平面外的计算长度减小到系杆之间的距离 l_1(参见图7.31(b))。提高了受压弦杆平面外的稳定承载力,增大了受拉下弦杆的侧向刚度,减小其在动力荷载作用下产生的侧向振动。

(3)承受并传递水平荷载

作用于山墙的风荷载、屋架下弦悬挂吊车的水平制动力、地震作用等都将通过支撑体系传递到屋盖的下部结构。

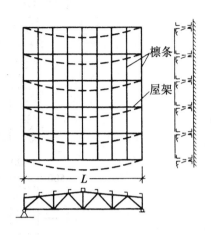

图7.6　不设支撑时上弦杆屈曲情况

(4)保证屋盖结构安装时的稳定与方便

下面概括一下各种支撑的主要作用。

上弦横向水平支撑是组成几何不变六面体(图7.3中 $ABCDA'B'C'D'$)的必要构件,将两相邻屋架上弦的侧向自由长度减小到支撑节间长度,并为系杆提供纵向的不动点,传递屋盖的纵向水平力,提高屋盖的刚度。下弦横向水平支撑的作用与上弦横向水平支撑相同,只是有时可以不设此支撑。下弦纵向水平支撑与下弦横向水平支撑构成封闭的环框,能显著提高屋盖的空间刚度和整体性,还能使结构起到空间工作的作用。垂直支撑是保证屋盖结构几何稳定性必不可少的构件,还是上弦横向水平支撑在端部的支座。系杆能保证未设横向支撑的所有屋架的几何稳定性,减小弦杆平面外的计算长度,承受并传递纵向水平力。第一柱间的刚性系杆能把山墙抗风柱的风荷载传到横向支撑上。

二、屋盖支撑的布置

1. 上弦横向水平支撑

无论在有檩屋盖或无檩屋盖中,都应在屋架上弦和天窗架上弦设置横向水平支撑。

在无檩屋盖中,如能保证每块大型屋面板有三点与屋架焊牢,屋面板就可起到上弦横向水平支撑的作用。但考虑到高空焊接的质量不易保证,一般只考虑大型屋面板起系杆的作用。

上弦横向水平支撑最好设在房屋两端或温度区段两端的第一柱间(图7.7(a)),这样传递山墙风荷载最为直接。但当温度区段较长时,中部需增设横向支撑,且两端第一柱间比中部缩进0.5m时(封闭结合),也常设在端部第二柱间(图7.7(c)),以便统一支撑规格。当屋盖的纵向天窗从端部第二柱间开始向中部设置时,宜将屋架上弦和天窗架上弦的横向水平支撑设在同一柱间,都设在第二柱间(见图7.1(a))。

横向水平支撑的间距不宜大于60m,当一个温度区段较长时,除两端设置外,尚应在中部增设一道或几道(图7.7)。

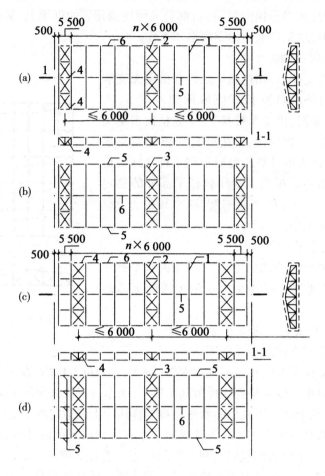

（a）、（c）上弦支撑布置图 （b）、（d）下弦支撑布置图
1. 屋架;2. 上弦横向水平支撑;3. 下弦横向水平支撑;
4. 垂直支撑;5. 刚性系杆;6. 柔性系杆
图 7.7 屋盖支撑布置图

2. 下弦横向水平支撑

一般情况下应该设置下弦横向水平支撑。只是当屋架跨度小于 18m,无悬挂吊车,厂房内又没有较大震动设备时,可以不设。

下弦横向水平支撑应与上弦横向水平支撑设在同一柱间(图 7.7),以便形成稳定的空间结构体系。

3. 下弦纵向水平支撑

一般房屋的屋盖可以不设纵向水平支撑。当房屋有特重级桥式吊车(如夹钳、刚性料耙等吊车)、壁行吊车或双层吊车,或有较大吨位的重级、中级工作制桥式吊车,或有锻锤等较大振动设备以及房屋的高度或跨度较大或对空间刚度要求较高时,均应在屋架下弦平面(三角形屋架亦可在上弦平面)设置通长的纵向水平支撑(图 7.8)。当屋盖设有托架时,为保证托架的侧向刚度和稳定性,以及传递侧向水平力,应在托架及其两端各至少延伸一个柱间的范围内设置下弦纵向水平支撑(图 7.8(b))。

单跨房屋的下弦纵向水平支撑一般设于房屋两侧(图 7.8(a))。多跨房屋应根据跨数、各跨是否等高以及吊车等设备情况,或沿所有纵向柱列,或沿部分纵向柱列,设置下弦纵向水平支撑(图 7.8(b))。

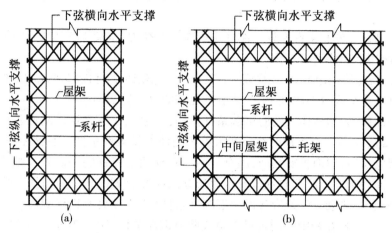

图 7.8　纵向水平支撑布置图

4. 垂直支撑

垂直支撑是保证屋盖结构空间稳定性必不可少的构件,所有的屋盖均需设置。

凡是设有横向支撑的柱间都要设置垂直支撑。梯形屋架、人字形屋架或其他端部有一定高度的多边形屋架除应在两端各设一道垂直支撑外,当跨度 $L \leqslant 30m$ 时应在跨度中央增设一道;当跨度 $L > 30m$ 时宜在跨度 1/3 附近屋架竖杆位置(有天窗时宜在天窗架侧柱下)各增设一道(图 7.9(a)~(c))。三角形屋架没有端部竖杆,故端部不设垂直支撑,仅在中部设置。当跨度 $L \leqslant 18m$ 时在跨度中央设一道;当 $L > 18m$ 时,宜在跨度 1/3 附近屋架竖杆位置(有时可在斜杆位置)各设一道(图 7.9(d)~(f))。天窗架的垂直支撑一般设在两侧,当天窗宽度 $L_1 \geqslant 12m$ 时还应在中央加设一道(图 7.9(c))。

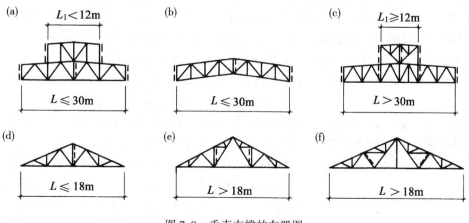

图 7.9　垂直支撑的布置图

当屋架下弦有悬挂吊车或厂房内有锻锤等较大振动设备时,应视具体情况适当多设垂直支撑。

为保证安装时屋盖的稳定性和位置的准确,每隔4~5个柱间还应在上述相应位置加设垂直支撑。

应当注意垂直支撑与屋架连接的节点,应该也是横向水平支撑的节点。

5. 系杆

系杆分为刚性系杆和柔性系杆。刚性系杆能承受拉力,也能承受压力;柔性系杆只能承受拉力,在压力作用下屈曲退出工作。

系杆必须与上、下弦横向水平支撑或垂直支撑的节点相连接,才能起到前面所述的系杆作用。

凡是垂直支撑平面内的屋架上、下弦节点处应设置通长的系杆。

在上弦平面内,大型屋面板的肋可起系杆作用,一般只在屋脊处设刚性系杆,两端设柔性系杆(图7.7(a)、(c))。有天窗时还应在天窗架侧柱下设柔性系杆。有檩屋盖中的檩条可兼做系杆。屋架就位后,屋面板安装前,屋脊与两端系杆间上弦杆的平面外长细比不宜过大,以保证适当的平面外刚度。原苏联规范要求此长细比不大于220,否则应另加上弦系杆。

在下弦平面内,两端支座处应各设一道刚性系杆(当支座处有钢筋混凝土圈梁时,此处刚性系杆可省去)。一般在跨中或附近设一道或两道柔性系杆(图7.7(b)、(d))。此外,在弯折下弦屋架的弯折处、跨度大于18m的芬克式三角形屋架主斜杆与下弦连接处都应设置柔性系杆。

当上、下弦横向水平支撑设在第二柱间时,应在第一柱间设置刚性系杆,以传递风荷载产生的压力和吸力(图7.7(d))。

当房屋处于地震区时,屋盖支撑的布置要有所加强,具体方法应符合《建筑抗震设计规范》GB 50011—2001的要求。

三、支撑的计算与构造

如上所述,屋盖支撑除系杆外都是平行弦桁架,承受纵向或横向水平荷载,如风荷载、悬挂或桥式吊车的水平制动力、地震作用等。

屋盖支撑受力较小,一般不作内力计算,而根据构造要求和容许长细比来确定杆件截面。支撑桁架中的十字交叉斜腹杆,通常都设计成柔性杆件(只能受拉,受压时视为屈曲退出工作)。所以,十字交叉斜腹杆和柔性系杆按拉杆设计(容许长细比为400,有重级工作制吊车的厂房为350),常采用单角钢制成;非十字交叉斜杆、横杆、纵向和垂直支撑的弦杆以及刚性系杆,按压杆设计(容许长细比为200),采用双角钢组成的T形或十字形截面。

当支撑受力较大,如横向水平支撑传递较大的山墙风荷载,或厂房结构按空间工作计算

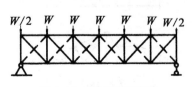

图7.10 横向水平支撑
计算简图

时,以及纵向水平支撑需作为柱子的弹性支座等情况时,支撑杆件除需满足容许长细比要求之外,尚应按桁架体系计算内力,并据以选择截面。具有交叉斜腹杆的支撑桁架是超静定结构,在节点荷载作用下,可近似地按图7.10所示的简图分析杆件内力。此时,只考虑图中实线所示的斜腹杆受拉,而认为虚线所示斜腹杆因受压屈曲退出工作。这就简化成为静定桁架。在反向荷载作用时,实线和虚线

所示斜杆的拉、压性质互易。于是,全部斜腹杆都按拉杆设计。

为安装方便,支撑杆件和系杆端部一般都焊有连接板,常以 M20C 级螺栓与屋架连接,与天窗架连接的螺栓可减小至 M16。每块连接板上的螺栓数不宜少于两个,螺栓间距一般取 $(3.5 \sim 4.0) d_0$(d_0 为螺栓孔直径)。当厂房中吊车起重量大,或工作繁重,或有较大振动设备时,支撑和系杆与屋架下弦的连接宜采用摩擦型连接高强度螺栓,或采用 C 级螺栓后另加焊接,此时螺栓起安装定位作用。仅用 C 级螺栓连接而不加焊缝时,在构件定位后,可将螺纹处打毛或将栓杆与螺母焊接,以防松动。

为避免上弦横向水平支撑与檩条或大型屋面板相冲突,其交叉斜杆的角钢应肢尖向下,且与上弦的连接位置应离开屋架节点中心适当距离(这样受力上稍有偏心)(图 7.11)。斜杆在

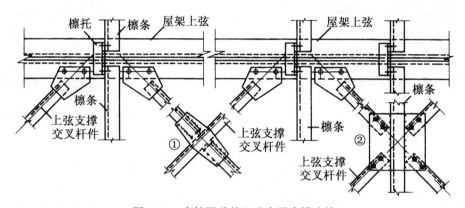

图 7.11 有檩屋盖的上弦水平支撑连接

交叉点处将其中一杆切断,另设节点板用焊缝或螺栓连接(图 7.11)。在有檩屋盖中,支撑横杆可用相应位置的檩条(其长细比应符合刚性系杆的要求)代替。

通过交叉点的檩条与交叉点连接时(图 7.11),可作为上弦平面外的支承点。在无檩屋盖中,支撑横杆和系杆应连于预先焊在上弦下方的竖直连接板上(图 7.12),以免这些杆件突出上弦表面与屋面板相冲突。

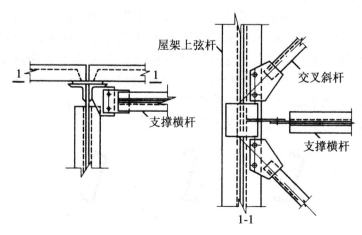

图 7.12 无檩屋盖的上弦水平支撑连接

下弦横向和纵向水平支撑的斜杆在连接处应紧靠节点,以减小偏心。通常斜杆连接在下弦杆上,横杆和系杆连接在预先焊在下弦上部的连接板上(见图7.13)。交叉斜杆中一根角钢肢尖向上,另一根角钢肢尖向下,交叉处不切断而各自直通,用小填板连接(见图7.13①)。

垂直支撑通常连接在上、下弦节点处预先焊接的支撑连接板上(见图7.14)。有时也直接连接于屋架竖杆上,但竖杆角钢需有较大的肢宽,以满足螺栓的线距要求。

轻钢屋架支撑的交叉斜杆可采用圆钢,但应采用花篮螺栓或端部螺帽将圆钢张紧。

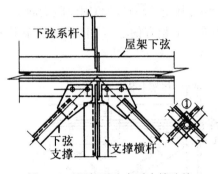

图 7.13　屋架下弦水平支撑连接

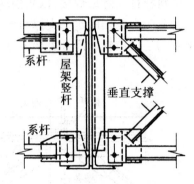

图 7.14　垂直支撑与屋架的连接

第三节　檩　条

檩条的用钢量在屋盖结构中占有很大的比例,采用槽钢做檩条时,通常可达50%,因此减少檩条的用钢量对节约钢材有重要的意义。减少檩条用钢量的有效措施是减小屋面材料重量、增大檩条间距(简称檩距)以及选用合适的檩条形式等。设计中应予以重视。

一、檩条的形式

檩条是横向受弯(通常是双向弯曲)构件,一般都设计成单跨简支檩条。常用的檩条有实腹式和轻钢桁架式两种。

1. 实腹式檩条

实腹式檩条通常采用普通槽钢、卷边薄壁 Z 形钢和卷边薄壁槽钢(后两者都属于轻型钢结构)(图7.15)。采用普通槽钢时,因其壁较厚,材料不能充分发挥作用,且用钢量较大。采用薄壁型钢时,用钢量较省。特别是卷边薄壁 Z 形钢檩条,屋面荷载作用线接近截面的弯曲中心,引起的扭矩比其他檩条小,受力更为合理,是目前较普遍采用的一种形式。实腹式檩条的常用跨度为 3~6m,截面高度与跨度、檩距及荷载大小等因素有关,一般取跨度的 1/35~1/50。实腹式檩条制作简单,运输和安装方便。

图 7.15　实腹式檩条

实腹式檩条通常将腹板垂直于屋面坡向设置,槽形和Z形檩条的上翼缘肢尖宜朝向屋脊方向。檩条的支座处应有足够的侧向约束,一般用两个C级螺栓连于预先焊在屋架上弦的短角钢(檩托)上(图7.16)。檩托角钢竖直肢的高度一般为檩条高度的3/4。

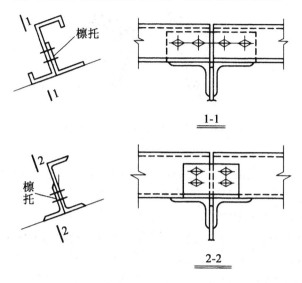

图7.16 檩条与屋架的连接

2. 轻钢桁架式檩条

轻钢桁架式檩条主要由圆钢和小角钢组成,分平面桁架式、T形桁架式和空间桁架式三种(图7.17)。

平面桁架式檩条的上弦采用小角钢或槽钢,下弦采用角钢或圆钢,腹杆用圆钢。这种檩条构造简单,受力明确,但侧向刚度较差,需在跨中设置拉条,还应防止下弦弯折点 A(图7.17(a))发生侧向位移。适用于屋面荷载或檩距较小的石棉瓦或平瓦屋面。

T形桁架式檩条的上弦是两个分开放置的小角钢,腹杆和下弦均采用圆钢。在上弦两角钢间宜设置斜缀条和直撑(图7.17(b)),组成桁架体系,以增加檩条的侧向刚度。为保证腹杆与上弦杆连接的刚度,直撑可采用角钢。为保证在受力过程中腹杆平面与上弦平面的相对位置,应沿檩条全长设置3~4道钢箍(图7.18),钢箍圆钢直径不宜小于10mm。这种檩条适用于上弦不设拉条,要求檩条上弦有较大侧向刚度而屋面荷载较小的情况。

空间桁架式檩条是由三个平面桁架组成的空间体系。其横截面是底边在屋面坡向的不等边倒三角形,三角形底边中点和下面顶点在同一竖直

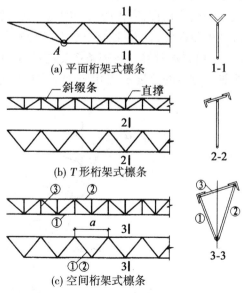

图7.17 轻钢桁架式檩条的形式

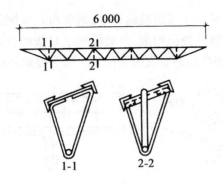

图 7.18 T形桁架式檩条的钢箍设置图

线上(图 7.17(c))。檩条上弦最好采用角钢,亦可采用圆钢,下弦和腹杆一般均采用圆钢。这种檩条的优点是结构合理,受力明确,整体刚度大,不需设拉条,安装方便,但制造较费工料。宜用于跨度较大(≥6m) 、荷载和檩距较大(≥1.5m)的情况中。

轻钢桁架式檩条的腹杆由一根或几根圆钢弯折而成,倾角一般为40°~60°。上、下弦节间长度通常取 400~800mm。桁架式檩条的截面高度一般取跨度的 1/12~1/20,T形桁架式和空间桁架式檩条的截面宽度取截面高度的 1/1.5~1/2.0。轻钢桁架式檩条因制造费工,近年来已很少采用。

二、实腹式檩条设计

腹板垂直于屋面坡向设置的檩条,在屋面荷载作用下将绕截面的两个主轴发生弯曲,如荷载作用线偏离截面的弯曲中心,还要产生扭转。但一般扭矩不大,且屋面和拉条(见本节(三))能起到一定的阻止檩条扭转的作用,故设计中可不考虑扭矩,仅按双向弯曲构件计算。普通型钢檩条,由于其翼缘和腹板厚度都较大,不必验算局部稳定性;对冷弯薄壁型钢檩条,这类小型受弯构件,应控制板件的宽厚比,使截面全部有效,故也不需验算局部稳定性。所以实腹式檩条设计,仅需计算强度、整体稳定及刚度。

(1)强度计算 将檩条承受的设计均布线荷载 q(方向与地面垂直),分解为沿檩条截面主轴 y 方向的分量 q_x 及沿主轴 x 方向的 q_y(图 7.19):

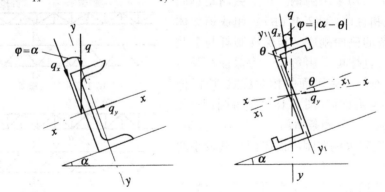

图 7.19 实腹式檩条的计算

$$q_x = q\cos\varphi, \qquad q_y = q\sin\varphi$$

式中：φ——q 与截面主轴 y 的夹角，对槽形截面 $\varphi = \alpha$（α 为屋面坡角）；对 Z 形截面 $\varphi = |\alpha - \theta|$；

$\quad\quad\theta$——主轴 x 与平行于屋面轴 x_1 的夹角。

q_x 使檩条绕 x 轴弯曲，q_y 使檩条绕 y 轴弯曲。

檩条一般不需计算剪应力及局部压应力，仅需按下式计算弯曲正应力：

普通型钢檩条：
$$\sigma = \frac{M_x}{\gamma_x W_{nx}} + \frac{M_y}{\gamma_y W_{ny}} \leqslant f \tag{7.1}$$

薄壁型钢檩条：
$$\sigma = \frac{M_x}{W_{efnx}} + \frac{M_y}{W_{efny}} \leqslant f \tag{7.2}$$

式中：M_x——绕 x 轴的弯矩设计值，按简支梁计算；

$\quad\quad M_y$——与 M_x 同一截面的绕 y 轴的弯矩设计值，无拉条时按简支梁计算；有拉条时拉条可作为檩条的侧向支承点，按连续梁计算（图 7.20）；

$\quad\quad W_{nx}、W_{ny}$——绕 x 轴和 y 轴的净截面模量（按同一角点且产生同号应力采用）；

$\quad\quad W_{efnx}、W_{efny}$——绕 x 轴和 y 轴的有效净截面模量（取法同 $W_{nx}、W_{ny}$），可由冷弯薄壁型钢结构技术规范 GB 50018—2002（下称薄钢规范）查得；

$\quad\quad\gamma_x、\gamma_y$——截面塑性发展系数，见表 5.1；

$\quad\quad l$——简支檩条跨度，即屋架间距。

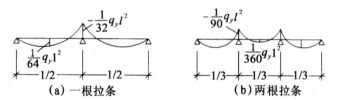

图 7.20 有拉条时的 M_y

（2）整体稳定计算　整体稳定按下式计算：

普通型钢檩条：
$$\frac{M_x}{\varphi_b W_x} + \frac{M_y}{\gamma_y W_y} \leqslant f \tag{7.3}$$

薄壁型钢檩条：
$$\frac{M_x}{\varphi_b W_{efx}} + \frac{M_y}{W_{efy}} \leqslant f \tag{7.4}$$

式中：$W_x、W_y$——绕 x 轴和 y 轴的毛截面模量；

$\quad\quad W_{efx}、W_{efy}$——绕 x 轴和 y 轴的有效截面模量，可由薄钢规范查得；

$\quad\quad\varphi_b$——只考虑 M_x 作用时檩条的整体稳定系数（薄壁型钢檩条应按薄钢规范的规定取用）。

经分析，下列情况不必验算整体稳定性：①设置拉条的檩条；②屋面坡度 $\leqslant 1/7$ 的普通型钢檩条。

（3）刚度计算　当设有拉条时，只需计算垂直于屋面坡向的最大挠度 $v_x(v_{x1})$；未设拉条时，则需计算竖向总挠度 $v = \sqrt{v_x^2 + v_y^2}$。应使 $v_x、v$ 不超过规范规定的容许值。

单跨槽钢檩条：
$$v_x = \frac{5}{384} \times \frac{q_{kx}l^4}{EI_x} \le [v_T] \tag{7.5a}$$

及
$$v \le [v_T] \tag{7.5b}$$

单跨薄壁 Z 形檩条：
$$v_{x1} = \frac{5}{384} \times \frac{q_{kx1}l^4}{EI_{x1}} = \frac{5}{384} \times \frac{q_k\cos\alpha l^4}{EI_{x1}} \le [v_T] \tag{7.6}$$

式中：q_k——檩条竖向线荷载标准值；

q_{kx}、q_{kx1}——垂直于屋面的线荷载标准值；

I_{x1}——薄壁 Z 形截面对平行于屋面的 x_1 轴的惯性矩；

$[v_T]$——永久荷载和可变荷载共同作用时的容许挠度，对无积灰的瓦楞铁、石棉瓦等屋面为 $l/150$；对压型钢板、有积灰的瓦楞铁、石棉瓦等屋面以及其他情况则为 $l/200$。

例题 7.1 某波形石棉瓦屋面，坡度为 1/2.5，檩条跨度为 6m，跨中有一根拉条，檩条水平间距为 0.742m，沿屋面斜距为 0.799m。屋面荷载标准值分别为：石棉瓦自重 0.2kN/m²，屋面均布活荷载 0.3kN/m²，雪荷载 0.35kN/m²。钢材 Q235AF。檩条采用普通热轧槽钢，试选择檩条截面。

解：（1）荷载计算　檩条设计中，对可变荷载除应考虑屋面均布活荷载、雪荷载外，尚应考虑检修集中荷载 0.8kN，但三者不同时参与荷载组合，而取其中的较大值。对实腹式檩条，可将检修集中荷载按 $2\times0.8/(al)$（kN/m²）换算成等效均布荷载，a 为檩条水平投影间距（m），l 为檩条跨度（m）。

本例检修集中荷载的等效均布荷载为 $2\times0.8/(0.742\times6)=0.359$（kN/m²），大于屋面均布活荷载及雪荷载，故可变荷载采用 0.359kN/m²。

参考已有设计资料，檩条采用 [8，自重标准值为 0.08kN/m，$I_x=101.3\text{cm}^4$，$W_x=25.3\text{cm}^3$，$W_{y,\max}=11.7\text{cm}^3$，$W_{y,\min}=5.8\text{cm}^3$，$f=215\text{N/mm}^2$。

檩条线荷载标准值为
$$q_k = 0.2\times0.799+0.08+0.359\times0.742 = 0.506(\text{kN/m})$$
$$q_{kx} = q_k\cos\alpha = 0.506\times\frac{2.5}{\sqrt{7.25}} = 0.47(\text{kN/m})$$

檩条线荷载设计值为

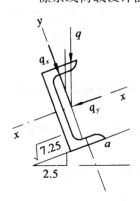

图 7.21　例题 7.1 图

$$q = 1.2\times(0.2\times0.799+0.08)+1.4\times0.359\times0.742 = 0.661(\text{kN/m})$$
$$q_x = q\cos\alpha = 0.661\times\frac{2.5}{\sqrt{7.25}} = 0.614(\text{kN/m})$$
$$q_y = q\sin\alpha = 0.661\times\frac{1}{\sqrt{7.25}} = 0.245(\text{kN/m})$$

（2）截面验算
①抗弯强度。最不利截面在跨中，且 a 点拉应力最大（图 7.21）。跨中截面内力为
$$M_x = \frac{q_xl^2}{8} = \frac{0.614\times6^2}{8} = 2.763(\text{kN}\cdot\text{m})$$

264

跨中设一根拉条,平面外为二跨连续梁

$$M_y = \frac{q_y l^2}{32} = \frac{0.245 \times 6^2}{32} = 0.276(\text{kN} \cdot \text{m})$$

a 点的拉应力:

$$\sigma = \frac{M_x}{\gamma_x W_{nx}} + \frac{M_y}{\gamma_y W_{ny}} = \frac{2.763 \times 10^6}{1.05 \times 25.3 \times 10^3} + \frac{0.276 \times 10^6}{1.2 \times 5.8 \times 10^3}$$

$$= 143.66(\text{N/mm}^2) < f$$

②刚度。仅需验算垂直于屋面方向的挠度。

$$v_x = \frac{5}{384} \times \frac{q_{kx} l^4}{EI_x} = \frac{5 \times 0.47 \times 6\,000^4}{384 \times 206 \times 10^3 \times 101.3 \times 10^4} = 38(\text{mm}) < [v_T] = \frac{l}{150}$$

选用[8 满足要求。

例题7.2 某屋面坡角为18.43°,檩条跨度为6m,1/3 跨度处各设一拉条,水平檩距1.5m。屋面材料在水平投影面上的自重(含檩条)标准值为0.45kN/m²,屋面均布活荷载及雪荷载标准值均为0.5kN/m²。选钢材 Q235AF,采用卷边薄壁 Z 形钢作檩条,试选择截面。

解: 参考已有设计资料,拟采用 Z160×70×20×3(腹板高160,翼缘宽70,卷边高20,壁厚3,单位 mm)作檩条(图 7.22)。由薄钢规范查得截面几何特征值:$W_{x1} = 61.33\text{cm}^3$,$W_{x2} = 45.01\text{cm}^3$,$W_{y1} = 12.39\text{cm}^3$,$W_{y2} = 12.58\text{cm}^3$,$I_{x1} = 373.64\text{cm}^4$,$\theta = 23.57°$,$\varphi = \theta - \alpha = 5.14°$。

(1)荷载计算

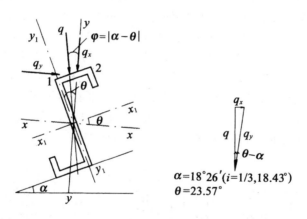

$\alpha = 18°26'(i = 1/3, 18.43°)$
$\theta = 23.57°$

图 7.22 例题 7.2 图

檩条线荷载标准值　$q_k = 0.45 \times 1.5 + 0.5 \times 1.5 = 1.425(\text{kN/m})$

檩条线荷载设计值　$q = 1.2 \times 0.45 \times 1.5 + 1.4 \times 0.5 \times 1.5 = 1.86(\text{kN/m})$

$$q_x = q\cos\varphi = 1.86 \times \cos 5.14° = 1.853(\text{kN/m})$$

$$q_y = q\sin\varphi = 1.86 \times \sin 5.14° = 0.167(\text{kN/m})$$

(2)截面验算

①抗弯强度。跨中截面受力最不利,其内力为

$$M_x = \frac{q_x l^2}{8} = \frac{1.853 \times 6^2}{8} = 8.339(\text{kN} \cdot \text{m})$$

设两根拉条,平面外为三跨连续梁:

$$M_y = \frac{q_y l^2}{360} = \frac{0.167 \times 6^2}{360} = 0.0167 (\text{kN} \cdot \text{m})$$

应同时验算截面上 1 点和 2 点的强度(由薄钢规范查得 $f = 205\text{N/mm}^2$):

$$\sigma_1 = \frac{M_x}{W_{x1}} + \frac{M_y}{W_{y1}} = \frac{8.339 \times 10^6}{61.33 \times 10^3} + \frac{0.0167 \times 10^6}{12.39 \times 10^3} = 137.32 (\text{N/mm}^2) < f$$

$$\sigma_2 = \frac{M_x}{W_{x2}} - \frac{M_y}{W_{y2}} = \frac{8.339 \times 10^6}{45.01 \times 10^3} - \frac{0.0167 \times 10^6}{12.58 \times 10^3} = 183.94 (\text{N/mm}^2) < f$$

以上是按 Z 形钢截面全部有效计算的,故应按薄钢规范检验是否满足截面全部有效的条件,本例题经验算确认,截面全部有效。

②刚度。垂直于屋面方向的挠度

$$v_{x1} = \frac{5}{384} \times \frac{q_k l^4 \cos\alpha}{E I_{x1}} = \frac{5 \times 1.425 \times 6000^4 \times \cos 18.43°}{384 \times 206 \times 10^3 \times 373.64 \times 10^4} = 29.64 (\text{mm}) < [v_T] = \frac{l}{200}$$

选用 Z160×70×20×3 满足要求。

三、檩条的拉结和构造

为了减小檩条的侧向变形和扭转,提高檩条的承载能力,除了侧向刚度较大的空间桁架式檩条和 T 形檩条之外,一般需在檩条之间设置拉条。通常在檩条跨度为 4~6m 时,设置一道拉条(图 7.23(a)、(c)),跨度大于 6m 时,设置两道拉条(图 7.23(b))。在对称的双坡屋盖中,两坡面的拉条可在屋脊处连成一体,使水平拉力得到平衡(图 7.23(a)、(e))。也可在脊檩处设置斜拉条和撑杆,将坡向拉力传至屋架上(图 7.23(b)、(c))。有天窗时,则应在天窗两侧檩条间设置斜拉条和撑杆(图 7.23(d))。当采用 Z 形檩条时,檩条的上翼缘在荷载作用下可能向屋脊方向弯曲,也可能向檐口方向弯曲,因此两个方向都必须拉紧,在檐口处也需设斜拉条和撑杆(图 7.23(e)、(f))。但当檐口处有承重天沟或圈梁时,可只设直拉条。槽形檩条在荷载作用下只向檐口方向弯曲,因而檐口不必设置斜拉条和撑杆(图 7.23(a)~(d))。

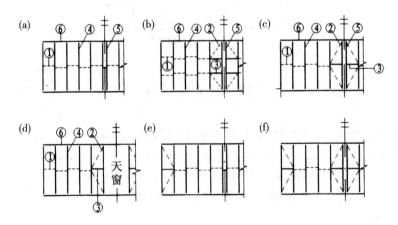

①拉条;②斜拉条;③撑杆;④檩条;⑤脊檩;⑥屋架
图 7.23 檩间拉条布置图

拉条通常用圆钢制成,直径根据荷载和檩距大小取 8~12mm。撑杆可采用角钢或钢管,其截面按压杆的容许长细比(200)确定。拉条、撑杆与檩条的连接构造如图 7.24 所示。拉条必须拉紧,以保证传递拉力。

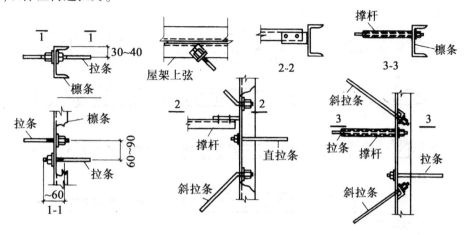

图 7.24 拉条、撑杆与檩条的连接

第四节 普通钢屋架设计

普通钢屋架一般由双角钢作杆件,借助于节点板用焊缝连接而成。所用角钢不应小于 L45×4,或 L56×36×4。这种结构受力性能好、取材容易、构造简单、施工方便,广泛应用于工业和民用房屋建筑的屋盖结构中。

一、屋架外形、腹杆布置及尺寸确定

1. 屋架外形选择

屋架的外形主要有三角形、梯形和平行弦三种。选择屋架外形时应考虑房屋用途、屋面坡度、与柱的连接方式以及运输和施工方便等因素。此外,若简支屋架的外形与均布荷载作用下的抛物线形弯矩图相一致,则用料更经济。因为屋架弦杆一般都采用一根通长的型钢制成,只有各节间弦杆内力较均匀时,材料才能充分发挥作用。当屋架外形与抛物线形弯矩图一致时,各节间弦杆的内力分布比较均匀,且腹杆内力也较小。

三角形屋架(图 7.25(a)~(d))用于屋面坡度较陡的有檩屋盖结构中。当屋面材料采用瓦楞铁、波形石棉瓦等时,坡度一般在 1/2.5~1/6。这种屋架因端部高度很小,与柱多做成铰接,故房屋的横向刚度较小。又因其外形与抛物线差别较大,使各节间弦杆内力很不均匀,支座处内力最大,跨中最小,弦杆截面不能充分利用。当屋面坡度不很陡时,支座处杆件夹角较小,使节点构造复杂,一般只宜用于中、小跨度的轻屋面结构。图 7.25(e)、(f)是将三角形屋架弦杆端节间上下移动一定距离而形成的折线式下弦,或折线式上弦及陡坡梯形屋架。这些屋架能减小支座处弦杆的内力,使弦杆内力稍趋均匀,同时又增大了支座处杆件的夹角,改善了节点构造,但在弦杆弯折处应有屋架平面外的支撑。

梯形屋架(图 7.25(g)~(1))适用于屋面坡度较平缓的屋盖结构。屋面多采用卷材防水,

267

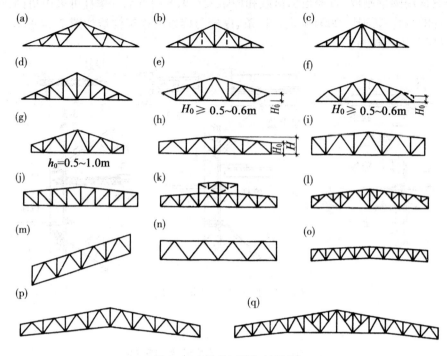

图 7.25　普通钢屋架的外形

坡度一般在 $1/12 \sim 1/8$；当采用压型钢板顺坡铺设屋面时，坡度可减缓到 $1/20$。梯形屋架的外形与抛物线形弯矩图比较接近，弦杆内力沿跨度分布比较均匀，用料较省。且其端部有一定高度，既可与柱铰接又可与柱刚接。因此广泛应用于工业厂房的屋盖结构中。

当屋架跨度较大（$\geqslant 30$m）时，为了减小屋架跨中高度，可将跨中部分上弦杆（天窗位置）做成水平杆（图 7.25(k)），也可将下弦做成折线形（图 7.25(p)、(q)），称为人字形屋架。不过图 7.25(p) 所示的屋架形式有较大的水平推力。

平行弦屋架（图 7.25(m)、(n)）可做成不同的坡度，既可与柱铰接亦可刚接。常用于单坡屋盖（图 7.25(m)），或用作托架（图 7.25(n)），支撑体系也属此类型。其特点是腹杆长度一致，节点构造统一，便于制造，但弦杆内力分布不均匀。近年来国内外在一些大跨度（$\geqslant 30$m）工业厂房中采用平行弦双坡屋架（图 7.25(o)，亦称为人字形屋架），由于其构造简单，制作方便，又可增加房屋净空，故效果较好。

2. 腹杆的布置和要求

腹杆布置应使屋架各杆件受力合理，用料省，节点构造简单，便于制造。通常要求短腹杆受压，长腹杆受拉，腹杆及节点数量都少，腹杆总长度小。杆件夹角宜在 $30° \sim 60°$ 之间，夹角过小会使节点构造困难。同时应尽量使弦杆承受节点荷载，以避免弦杆产生局部弯矩。

钢屋架常见的腹杆体系有人字式、单斜式和再分式。人字式体系（图 7.25(n)）的腹杆和节点数都最少，腹杆总长度也最小。为避免上弦承受节间荷载或减小受压弦杆的计算长度，可增设竖杆（图 7.25(e)~(h)），因此应用较广。单斜式体系（图 7.25(c)、(d)、(j)）的腹杆和节点数量均较多，且有的布置方式使斜腹杆受压（图 7.25(c)），有的虽使斜腹杆受拉，但斜腹杆与弦杆夹角过小（图 7.25(d)）。单斜式腹杆体系多用于下弦有吊天棚或有悬吊设备的情况。再分式体系(图7.25(1))的优点是可以减小屋架上弦的节间尺寸,使屋架只承受节点荷载,同时还能减小受压杆件的计算长度并能使大尺寸屋架的斜腹杆保持合适的夹角。虽然其腹杆和节点数量都较多,但仍是一种经常采用的腹杆形式。

三角形屋架采用人字式腹杆体系(图7.25(b)),因受压腹杆较长,可用于较小跨度(<18m)的情况。当下弦设有吊天棚或有悬吊设备时,应增设图中虚线所示的竖杆,或采用图7.25(d)所示形式。图7.25(a)所示称芬克式屋架,其腹杆数量虽多,但短杆受压长杆受拉,受力合理,且可分成两榀小桁架运输,是三角形屋架中应用最广泛的一种。

梯形和平行弦桁架(支撑桁架除外)通常采用人字式(图7.25(n))或人字式加竖杆(图7.25(h)、(k)、(m))的腹杆体系。当下弦有吊天棚或悬吊设备时亦可采用图7.25(j)的形式(图(j)中的斜腹杆受拉)。当屋架端部第一根斜杆(端斜杆)与上弦组成支承节点时(图7.25(j)、(i)),称为上承式;与下弦组成支承节点时(图7.25(k)~(o)),称为下承式。屋架与柱刚接,常采用下承式,与柱铰接时两种支承方式均可采用。

再分式腹杆体系常用于采用 1.5m×6m 大型钢筋混凝土屋面板的情况,将屋架上弦划分成长度为1.5m 的节间,以便屋架只承受节点荷载,避免上弦产生局部弯矩。有时可只在屋架跨中上弦内力较大处附近采用1.5m 节间的再分式腹杆,而在其他部位仍保持 3m 节间的人字式腹杆布置(图7.25(q))。此时因支座附近上弦杆的轴心力较小,使其承受局部弯矩有利于充分利用材料的承载潜力。

3. 屋架主要尺寸的确定

屋架的主要尺寸是指屋架的跨度 L、高度 H(包括梯形屋架的端部高度 H_0)(见图7.25)。

(1)跨度 L 屋架的跨度取决于房屋的柱网尺寸,而柱网尺寸是综合考虑房屋的工艺和使用要求、结构形式、经济效果等因素确定的。柱网纵向轴线之间的距离是屋架的跨度 L(即标志跨度),一般以 3m 为模数。屋架两端支座反力之间的距离称为**计算跨度 L_0**,用于屋架的内力分析。当屋架简支于钢筋混凝土柱或砖柱上且柱网采用封闭结合时,考虑屋架支座处需一定的构造尺寸,一般取 $L_0 = L - (300 \sim 400)\text{mm}$(图7.26(a));当屋架支承于钢筋混凝土柱上、柱网采用非封闭结合时,取 $L_0 = L$(图7.26(b))。当屋架与柱刚接且为封闭结合时,取 L_0 为 L 减去上柱宽度,非封闭结合时,取 L_0 为 L 减去两侧内移尺寸(图7.26(c))。

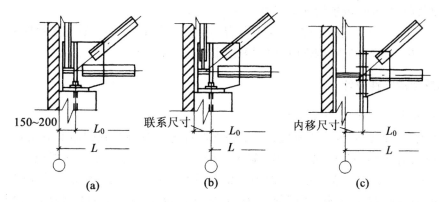

图 7.26 屋架的计算跨度

(2)高度 H 屋架高度 H 是指跨中最大高度。由经济条件(屋架杆件总重量最小)、刚度

269

条件(屋架最大挠度≤$L/500$)、运输界线(铁路运输界线为3.85m)及屋面坡度等因素来确定。有时建筑设计也可能对屋架高度提出某种限制。

一般情况下,设计屋架时,首先根据屋架的形式和设计经验确定屋架的端部高度H_0,然后按照屋面坡度i计算出跨中高度H:

$$H = H_0 + \frac{1}{2}Li \tag{7.7}$$

式中的梯形屋架端部高度H_0,当屋架与柱刚接时,取$(1/10 \sim 1/18)L$,常取1.8~2.5m;当屋架与柱铰接时,缓坡梯形屋架取1.8~2.1m,陡坡梯形屋架取0.5~1.0m。三角形屋架的端部高度H_0为零。

一般屋架高度可在下列范围内采用:

梯形和平行弦屋架:$\qquad H = \left(\frac{1}{10} \sim \frac{1}{8}\right)L$

三角形屋架:$\qquad H = \left(\frac{1}{6} \sim \frac{1}{4}\right)L$

屋架跨度大或屋面荷载小时取较小值,反之取较大值。

跨度较大的屋架,在荷载作用下将产生较大的挠度,有损建筑物的外观和影响正常使用。因此对两端铰支且跨度$L \geqslant 24$m的梯形屋架和跨度$L \geqslant 15$m的三角形屋架,当下弦无曲折时宜起拱。起拱高度一般为$L/500$。起拱的方法,一般是使下弦直线弯折而将整个屋架抬高(图7.27)。在分析屋架内力时,可不考虑起拱高度的影响。

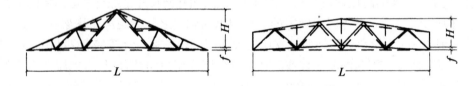

图7.27　钢屋架的起拱

当屋面荷载很轻时,可视情况不起拱。

跨度大于36m两端铰接支承的普通钢屋架,在竖向荷载作用下,如下弦弹性伸长对支承构件产生水平推力,设计支承构件时,应考虑其影响。

二、钢屋架的杆件设计

1. 屋架的荷载、荷载组合及汇集

作用在屋架上的荷载有永久荷载和可变荷载两部分。各种荷载的标准值及其分项系数、组合系数应按《建筑结构荷载规范》GB 50009—2001的规定采用。永久荷载包括屋面构造层(防水层、找平层、保温层、隔气层、屋面板及檩条等)、屋架及支撑、天窗和吊天棚等的自重。可变荷载包括屋面均布活荷载、风荷载、雪荷载、积灰荷载、悬挂吊车荷载及地震作用等。其中屋面均匀活荷载与雪荷载在设计中不同时,考虑取两者中的较大值。因为下雪时不会进行屋面检修等活动,即使检修也应扫雪。

当屋面坡度小于等于30°时,屋盖通常受风的吸力(对屋架有卸荷作用),只在坡度大于

30°或有天窗时,个别迎风面受风压力。对屋面永久荷载较大的屋盖结构(如采用钢筋混凝土大型屋面板时),风的影响很小,一般可不考虑。但对采用轻型屋面材料的屋盖结构,则应考虑风的吸力可能使屋架的拉杆变为压杆,以及产生支座负反力的屋架锚固问题。

屋架及支撑的自重在水平投影面上的标准值,可按下面的经验公式估算:

$$q = 0.12 + 0.011L(\text{kN/m}^2) \tag{7.8}$$

式中:L——屋架的标志跨度,以 m 计。

地震引起的作用应按建筑抗震设计规范 GB 50011—2001 的规定采用。

由于屋架中有的杆件并非在全跨永久荷载和全跨可变荷载同时作用下产生最不利内力,而是当某些可变荷载半跨作用时,杆力最大或由拉力变为压力,成为控制内力。因此,设计时应考虑屋架在施工阶段和使用阶段可能出现的各种荷载组合,以便找出每根杆件的最不利内力,并据此确定杆件的截面尺寸,一般应考虑以下三种荷载组合①:

(1)全跨永久荷载+全跨屋面活荷载或雪荷载(取二者中的较大值)+全跨积灰荷载;

(2)全跨永久荷载+半跨屋面活荷载(或雪荷载)+半跨积灰荷载;

(3)屋架及支撑自重+半跨屋面板自重+半跨屋面活荷载。

第三种组合属于施工阶段可能出现的荷载组合。

还应注意到上述的半跨荷载既可能作用在屋架的左半跨,也可能作用在屋架的右半跨。一般按第(1)种荷载组合即可确定上、下弦杆和靠近支座的腹杆的最不利内力,而在第(2)、(3)种组合下,跨中附近的斜腹杆可能产生最大内力或由拉杆变为压杆。如果在施工安装过程中,屋面板由屋架两端对称均匀地向跨中铺设,则可不考虑第(3)种荷载组合。

屋面荷载通过檩条或大型屋面板肋传给屋架上弦,可能有节间荷载。但为了计算屋架杆件的轴心力,暂将屋面荷载视为均布荷载汇集成屋架的节点荷载,并将永久荷载和可变荷载分别汇集,以有利于后续计算。汇集成的节点荷载按下式计算:

$$P_G = \gamma_G q_{GK} a \cdot s$$
$$P_Q = \gamma_Q q_{QK} a \cdot s$$

式中:P_G、P_Q——分别为永久荷载和可变荷载引起的节点集中力设计值;

γ_G、γ_Q——分别为永久荷载和可变荷载分项系数,前者取 1.2,后者取 1.4;

$q_{GK} = g_{GK}/\cos\alpha$,$g_{GK}$ 为沿屋面坡向(倾斜屋面上)单位面积范围内各永久荷载标准值之和;

q_{QK}——可能同时出现的各可变荷载标准值之和(荷载规范规定的活荷载、雪荷载及积灰荷载标准值都是按水平投影面考虑的);

α——屋面倾角,当 α 较小时,可近似取 $\cos\alpha = 1.0$;

a——屋架上弦节间的水平投影长度(见图 7.28);

s——屋架的间距(见图 7.28)。

对屋架及支撑自重,当下弦未设吊天棚时,可假定全部作用在上弦节点;当设有吊天棚时,可假定一半作用于上弦节点,另一半作用于下弦节点。

2. 杆件内力计算和内力组合

采用单角钢、双角钢、T 形截面的杆件组成的桁架,可不考虑次应力的影响。

屋架杆件的内力计算分两步进行。第一步计算屋架在节点荷载作用下各杆件的轴心力;

---

① 上述荷载组合中未考虑悬挂吊车荷载。

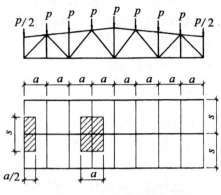

图 7.28　节点荷载汇集简图

第二步计算由节间荷载使弦杆产生的局部弯矩。

计算屋架杆件的轴心力时,采用了下列假定:①屋架所有杆件的轴线平直,且位于同一平面内各自汇交于节点中心;②节点中心为理想铰;③节点荷载位于屋架平面内且作用于节点中心。据此,屋架各杆件只产生轴心力,其数值可用图解法、数解法、查表法或电算算出。

上面对屋架的假定是将它理想化了。实际上屋架在节点处采用节点板用焊缝连接,因而具有一定的刚度,并非理想铰接,杆件除轴心力外还受弯矩作用。弯矩引起的截面应力称为次应力。另外,由于制造的原因,各杆件轴线不可能为理想的平直,也不可能理想地汇交于节点中心,等等。但分析表明,次应力对采用角钢杆件的普通钢屋架的承载力影响很小,设计时可以不考虑。由于制造原因产生的偏差应尽量予以避免或减小,只要这些偏差能满足施工验收规范的规定,在普通钢屋架设计中也可不予考虑。

用图解法或数解法分析屋架内力时,为便于内力组合,通常是先解算出屋架在单位节点荷载作用下的杆件轴力(称为杆力系数,某些屋架的杆力系数可在静力计算手册中查到),然后用实际的节点荷载分别与各杆件的杆力系数相乘,乘积便是相应杆件实际的轴心力值。

内力组合时,既需要在半跨单位荷载作用下的杆力系数,也需要在全跨单位荷载作用下的杆力系数。对于对称于跨中的屋架,只要解出在左半跨单位荷载作用下的杆力系数(图 7.29(a),图中仅标出少数杆件的杆力系数,负号表示压力 $|m|>|n|$)后,利用对称性,可直接得到在右半跨单位荷载作用下的杆力系数(图 7.29(b)),两者叠加,即得全跨单位荷载作用下的杆力系数(图 7.29(c))。

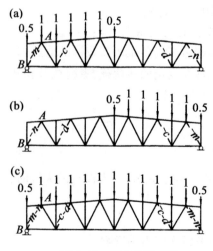

图 7.29　杆力系数求法

对称的屋架仅需对其半跨杆件进行内力组合,求出杆件的最不利杆力。现就"全跨永久荷载+全跨屋面活荷载"和"全跨永久荷载+半跨屋面活荷载"两种荷载组合,计算图 7.29 中端斜杆 AB 的最不利内力。设永久荷载和屋面荷载引起的节点荷载设计值分别为 P_G 和 P_Q,AB 杆在"全跨永久荷载+全跨屋面荷载"作用下的设计杆力 N_1 为(利用图 7.29(c))

$$N_1 = -(m+n)P_G - (m+n)P_Q$$

在"全跨永久荷载+半跨屋面活荷载"作用下,当活荷载作用于左半跨时,设计杆力 N_2 为(利用图 7.29(c)和(a))

$$N_2 = -(m+n)P_G - mP_Q$$

当活荷载作用于右半跨时,设计杆力 N_3 为(利用图 7.29(c)和(b))

$$N_3 = -(m+n)P_G - nP_Q$$

比较 N_1、N_2、N_3，显然 $|N_1|>|N_2|>|N_3|$。因此，N_1 就是在上述两种荷载组合情况下 AB 杆的最不利杆力。它使 AB 杆受压，并将决定其截面尺寸。利用上述寻找 AB 杆最不利杆力的原理，就可以求出在多种荷载组合的情况下，任一杆件的最不利内力。

当弦杆有节间荷载作用时，截面上既有轴心力也有局部弯矩。计算局部弯矩时，若考虑弦杆的连续性及支座的弹性位移，则较复杂。一般可近似地取：端节间正弯矩 $M_1 = 0.8M_0$，其他节间正弯矩和节点负弯矩 $M_2 = 0.6M_0$。M_0 是以相应节间长度为跨度的简支梁弯矩（图7.30）。

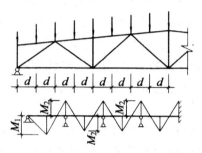

图 7.30 局部弯矩计算简图

3. 杆件的计算长度和容许长细比

图 7.31(a)所示为一屋架的简图及其部分杆件截面。由图可见，各杆件截面的主形心轴 x 均垂直于屋架平面，主形心轴 y 位于屋架平面内。当杆件在屋架平面内弯曲变形时（图7.31(a)中虚线所示），其截面将绕 x 轴转动，故将杆件在屋架平面内的计算长度用 l_{0x} 表示（x 为杆件弯曲时截面转动所绕轴的代号）。同理，杆件在屋架平面外的计算长度用 l_{0y} 表示（见图7.31(b)，图中虚线所示为上弦杆在屋架平面外弯曲屈曲的形式）。

（1）弦杆和单系腹杆的计算长度　单系腹杆是指仅上、下端与其他杆件相连接，中部不与任何杆件相连接的腹杆（图7.31(a)）。

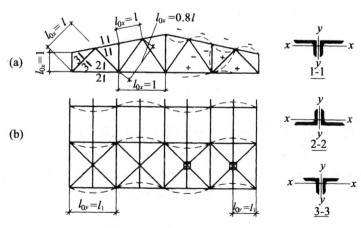

图 7.31 屋架杆件的计算长度

在理想的铰接屋架中,压杆在屋架平面内的计算长度 l_{0x} 应是节点中心之间的距离。但在实际屋架中,由于各杆件用焊缝与节点板相连接,当某一压杆屈曲,其端部要带动节点发生转动时,节点转动会受到同一节点板上其他杆件的阻碍。因此,压杆的端部是弹性嵌固的,其计算长度应小于节点为理想铰接的情况。阻碍节点转动的主要因素是拉杆。因为节点转动时必然迫使节点上的各杆件受弯,而拉杆的拉力则力图使拉杆变直阻止弯曲。所以,在压杆的端部汇交的拉杆数量越多,拉杆的线刚度越大,压杆的线刚度越小,压杆所受的节点约束就越大,其计算长度也就越小。压杆阻碍节点转动的能力是很小的,可以忽略,因为压杆在压力作用下也有屈曲受弯的趋势。根据上述原则即可确定各杆件在屋架平面内的计算长度。屋架的受压弦杆、支座竖杆和支座斜杆(图7.31(a)),两端节点上的压杆数量多,拉杆少,且杆件本身的线刚度又大,故所受的节点约束较弱,可偏于安全地视为两端铰接,计算长度取杆件的几何长度,即 $l_{0x}=l$(l 为杆件几何长度,亦即节点中心的间距)。对于其他腹杆,虽然在上弦节点处拉杆数量少,可视为铰接。但在下弦节点处拉杆数量多,且下弦杆线刚度大,约束能力较大,故取计算长度 $l_x=0.8l$。至于受拉弦杆,其所受节点的约束作用要比受压弦杆稍大,但为简化计算,取其计算长度与受压弦杆相同。

屋架弦杆在屋架平面外的计算长度 l_{0y} 取弦杆侧向支承点之间的距离 l_1,即 $l_{0y}=l_1$。对上弦杆,在有檩屋盖中,当檩条与上弦横向支撑的斜杆交叉点可靠连接时(图7.31(b)右部),l_1 取檩条的间距;否则 l_1 取上弦支撑的节间长度(图7.31(b)左部)。在无檩屋盖中,若能保证每块大型屋面板与屋架三点焊接,考虑到屋面板能起到支撑作用,l_1 可取两块大型屋面板的宽度,但不应大于3m。若不能保证每块屋面板与屋架有三点焊接,为安全计,l_1 仍取上弦支撑的节间长度。对下弦杆,l_1 应取纵向水平支撑与系杆或系杆与系杆之间的距离。所有的腹杆在屋架平面外的计算长度均取其几何长度,即 $l_{0y}=l$。这是因为节点板较薄,在垂直于屋架平面方向的刚度很小,当腹杆在屋架平面外屈曲时只起板铰的作用。

对双角钢组成的十字形截面杆件和单角钢杆件,其截面主轴不在屋架平面内(图7.32),有可能绕主轴中的弱轴 y_0 发生屈曲,屈曲平面与屋架平面斜交,故称为斜平面失稳。此时屋架的下弦节点板对其下端仍有一定的嵌固作用,因此,当这些杆件不是支座竖杆和支座斜杆时,计算长度取 $l_0=0.9l$。

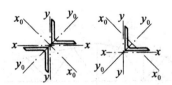

图 7.32 十字形截面和单角钢截面的主轴

《钢结构设计规范》GB 50017—2003 对屋架弦杆和单系腹杆的计算长度规定见表7.1。

(2)变内力杆件的计算长度 当受压弦杆的侧向支承点间距 l_1 为 2 倍弦杆节间长度(图7.33(a)),且两节间弦杆的内力 N_1 和 N_2 不相等时(设 $|N_1|>|N_2|$),仍用 N_1 验算弦杆在屋架平面外的稳定性,但若采用 l_1 作为计算长度,显然偏于保守。此时应按式(7.9)确定弦杆平面外的计算长度:

表 7.1   屋架弦杆和单系腹杆的计算长度 l_0

项　次	弯曲方向	弦杆	腹　杆	
			支座斜杆和支座竖杆	其他腹杆
1	在桁架平面内	l	l	$0.8l$
2	在桁架平面外	l_1	l	l
3	斜平面	—	l	$0.9l$

注:①l 为构件几何长度(节点中心间距),l_1 为桁架弦杆侧向支承点之间的距离。
　　②斜平面系指与桁架平面斜交的平面,适用于构件截面两主轴均不在桁架平面内的单角钢腹杆和双角钢十字形截面腹杆。
　　③无节点板的腹杆计算长度在任意平面内均取其等于几何长度。

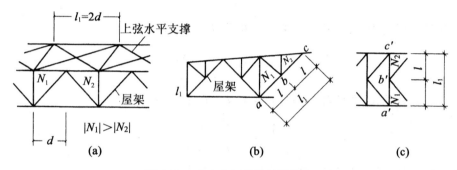

图 7.33　变内力杆件的计算长度

$$l_0 = l_1\left(0.75 + 0.25\frac{N_2}{N_1}\right) \tag{7.9}$$

当算得 $l_0 < 0.5l_1$ 时,取 $l_0 = 0.5l_1$。

式中:N_1——较大的压力,计算时取正值;

　　　N_2——较小的压力或拉力,计算时压力取正值,拉力取负值。

再分式腹杆体系的受压主斜杆 abc(图 7.33(b))和 K 形腹杆体系的竖杆 $a'b'c'$(图 7.33(c)),在屋架平面外的计算长度也应按公式(7.9)确定。在屋架平面内的计算长度则取节点中心间的距离。因为这种杆件的上段(即 bc 和 $b'c'$),一端与受压弦杆相连,另一端与其他腹杆相连,屋架平面内节点约束作用很小。受拉主斜杆在屋架平面外的计算长度仍取 l_1。

(3)交叉腹杆的计算长度　图 7.34 所示为交叉腹杆,斜杆的几何长度为 l。在交叉点处无论斜杆是否断开,两斜杆总是用螺栓或焊缝连接的。

在屋架平面内,认为斜杆在交叉点处及与弦杆的连接节点处均为铰接,故其计算长度取节点中心到交点间的距离,即 $l_{0x} = 0.5l$。

在屋架平面外,需考虑一根斜杆作为另一根斜杆的平面外支承点,因此斜杆的计算长度与

275

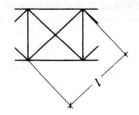

图 7.34 交叉腹杆的计算长度

其受力性质及在交叉点的连接构造有关。

A. 压杆

①相交另一杆受压,两杆截面相同并在交叉点均不中断时:

$$l_0 = l \sqrt{\frac{1}{2}\left(1 + \frac{N_0}{N}\right)} \qquad (7.10)$$

②相交另一杆受压,另一杆在交叉点中断但以节点板搭接时:

$$l_0 = l \sqrt{1 + \frac{\pi^2}{12} \cdot \frac{N_0}{N}} \qquad (7.11)$$

③相交另一杆受拉,两杆截面相同并在交叉点均不中断时:

$$l_0 = l \sqrt{\frac{1}{2}\left(1 - \frac{3}{4} \cdot \frac{N_0}{N}\right)} \geqslant 0.5l \qquad (7.12)$$

④相交另一杆受拉,此拉杆在交叉点中断但以节点板搭接时:

$$l_0 = l \sqrt{1 - \frac{3}{4} \cdot \frac{N_0}{N}} \geqslant 0.5l \qquad (7.13)$$

当此拉杆连续而压杆在交叉点中断但以节点板搭接,若 $N_0 \geqslant N$,或拉杆在桁架平面外的抗弯刚度 $EI_y \geqslant \frac{3N_0 l^2}{4\pi^2}\left(\frac{N}{N_0} - 1\right)$ 时,取 $l_0 = 0.5l$。

式中:l 见图 7.34;N 为所计算杆的内力;N_0 为相交另一杆的内力,均为绝对值;两杆均受压时,取 $N_0 \leqslant N$,两杆截面应相同。

B. 拉杆(应取 $l_0 = l$)

当确定交叉腹杆中单角钢杆件斜平面内的长细比时,计算长度应取节点中心至交叉点的距离。

(4)杆件的容许长细比   为避免屋架杆件因刚度不足在运输和安装过程中产生弯曲,使用期间在自重作用下产生明显挠度和在动力荷载作用下振幅过大,钢结构设计规范对屋架杆件规定了容许长细比。设计中应使各杆件的实际长细比不超过容许长细比,以保证杆件必要的刚度。容许长细比见表 7.2。

表7.2 **(a)受压构件的容许长细比**

项 次	构 件 名 称	容许长细比
1	柱、桁架和天窗架中的杆件	150
	柱的缀条、吊车梁或吊车桁架以下的柱间支撑	
2	支撑(吊车梁或吊车桁架以下的柱间支撑除外)	200
	用于减小受压构件长细比的杆件	

(b)受拉构件的容许长细比

项 次	构 件 名 称	承受静力荷载或间接承受动力荷载的结构		直接承受动力荷载的结构
		一般建筑结构	有重级工作制吊车的厂房	
1	桁架的杆件	350	250	250
2	吊车梁或吊车桁架以下的柱间支撑	300	200	—
3	其他拉杆、支撑、系杆等(张紧的圆钢除外)	400	350	—

注:①承受静力荷载的结构中,可只计算受拉杆件在竖向平面内的长细比。

②计算单角钢受压杆件的长细比时,应采用角钢的最小回转半径,但在计算单角钢交叉杆件平面外的长细比时,可采用与角钢肢边平行的轴的回转半径。

③桁架(包括空间桁架)的受压腹杆,当其内力等于或小于承载能力的50%时,容许长细比值可取为200。

④跨度等于或大于60m的桁架,其受压弦杆和端压杆的容许长细比值宜取100,其他压杆可取150(承受静力荷载或间接承受动力荷载)或120(直接承受动力荷载)。

4. 杆件的截面选择

(1)合理的截面形式   屋架杆件的截面形式,应保证杆件具有较大的承载能力、必要的刚度、用料经济和连接构造简便。用双角钢组成的T形和十字形截面(表7.3),壁薄且较为开展,外表面平整,易使杆件获得需要的刚度且便于连接构造。恰当地选用表7.3中第1、2、3项的截面形式,可以使压杆对截面两个主轴的稳定性接近或相等,即 $\varphi_x = \varphi_y$,有利于节约钢材。所以双角钢杆件在钢屋架中得到广泛的应用。

钢屋架中的杆件,除受节间荷载作用的上弦杆为压弯杆件外,其他杆件均是轴心受力构件。

对屋架的上弦杆,当无节间荷载时,在一般支撑情况下,常为 $l_{0y} = 2l_{0x}$,为获得 $\lambda_x = \lambda_y$ $\left($ 即 $\dfrac{l_{0x}}{i_x} = \dfrac{2l_{0x}}{i_y}\right)$,则必须有 $i_y/i_x = 2$。为此应采用表7.3中两不等边角钢以短边相连的T形截面,其 $i_y/i_x = 2 \sim 2.5$,与需要值2最接近,杆件更接近等稳定。

当上弦有节间荷载作用时,上弦杆将在屋架平面内受弯矩作用,为提高在屋架平面内的抗弯刚度,可采用两等边角钢组成的T形截面。当弯矩较大时,亦可采用两不等边角钢以长边相连的T形截面。

对梯形屋架的支座斜杆和支座竖杆,因 $l_{0x} = l_{0y}$,为获得 $\lambda_x = \lambda_y$,需要 $i_y/i_x = 1$(推导方法同

上),由表 7.3 可知,采用两不等边角钢以长边相连的 T 形截面,最接近于等稳定要求。

对其他腹杆,因 $l_{0y}=1.25l_{0x}$,为获得 $\lambda_x=\lambda_y$,需要 $i_y/i_x=1.25$,以采用表 7.3 中两等边角钢组成的 T 形截面最接近等稳定。

表 7.3 　　　　　　　　　　　　　　　钢屋架的杆件截面形式

项次	杆件截面组合方式	截面形式	回转半径的比值	应用部位
1	两不等边角钢短肢相连		$\dfrac{i_y}{i_x}\approx 2.0\sim 2.5$	上、下弦杆
2	两不等边角钢长肢相连		$\dfrac{i_y}{i_x}\approx 0.8\sim 1.0$	端斜杆、端竖杆、受较大弯矩作用的弦杆
3	两等边角钢相连		$\dfrac{i_y}{i_x}=1.3\sim 1.5$	腹杆、下弦杆,受节间荷载的上、下弦杆
4	两等边角钢组成的十字形截面		$\dfrac{i_y}{i_x}=1.0$	中部或端部竖杆(和垂直支撑相连处)
5	单角钢	节点板	—	轻钢屋架的腹杆或下弦杆
6	单角钢		—	轻钢屋架的腹杆或下弦杆
7	T 形钢		根据 $\lambda_x\approx\lambda_y$ 条件确定截面各部尺寸	上、下弦杆

连接垂直支撑的屋架中央竖杆和端竖杆(实际上也是垂直支撑的竖杆),常采用两等边角钢组成的十字形截面(表 7.3 第 4 项)。这种截面可避免在垂直支撑传力时竖杆受力的偏心,并便于屋架的吊装(吊装时无须区分正、反面,不会影响垂直支撑的安装)。

对受力很小的腹杆,可采用单角钢截面,如表 7.3 中第 5、6 项所示。采用第 5 项时因连接有偏心,强度设计值应予降低(见第四章第四节之三,轴压格构柱单角钢缀条计算);采用第 6 项时无偏心,但角钢端部需开槽插入节点板中,稍费工。

至于下弦杆,通常为轴心拉杆。因其在屋架平面外的计算长度 l_{0y} 往往很大,宜采用两不

278

等边角钢以矩边相连的 T 形截面。此时长肢水平放置,既有利于增加杆件在屋架平面外的刚度,亦便于设置下弦水平支撑。

双角钢组成的杆件,除两端焊于节点板两侧外,还应在中部相连肢之间设置垫板(图7.35),只有这样,两角钢在平面外方向才能整体共同受力。垫板厚度与节点板厚度相同,宽度一般取 $50\sim80\,mm$,长度:对 T 形截面应伸出角钢 $10\sim15\,mm$,对十字形截面从角钢肢尖缩进 $10\sim15\,mm$。垫板间距(l_d)对压杆 $\leqslant40i$,对拉杆 $\leqslant80i$。在 T 形截面中,i 为一个角钢对平行于垫板的形心轴(图 7.35(a)中 1-1 轴)的回转半径;在十字形截面中,i 为一个角钢的最小回转半径(图 7.35(b)中对 1-1 轴的 i)。十字形截面中垫板是一横一竖交替放置的。在压杆的平面外计算长度范围内,垫板数不得少于两个。

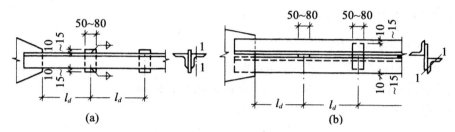

图 7.35 屋架杆件的垫板布置图

近年来有些工程的钢屋架杆件采用 T 形钢。T 形钢有轧制的(剖分 T 形钢),有用工字钢(包括 H 形钢)沿腹板纵向切割而成的(见附三表 3.6,表 7.3 第 7 项),也有用两块钢板焊接而成的。这种截面的杆件受力更合理,由于不存在双角钢之间的间隙,不用垫板,耐腐蚀性好,节点板用料也省。但焊接 T 形钢制造费工,焊后易产生翘曲变形,使用不广。随着剖分 T 形钢产量的增加,钢屋架杆件有用 T 形钢取代双角钢的趋势。

(2)节点板厚度的确定 在选定杆件截面的形状之后,需要确定节点板的厚度,以便计算截面平面外的回转半径。节点板内的应力分布比较复杂,普通钢屋架一般不用计算。节点板厚度可根据腹杆(梯形屋架)或弦杆(三角形屋架)的最大杆力按表 7.4 选用,但厚度不得小于 6mm。由于中间节点板受力比支座节点板小,所以厚度可减小 2mm。

表 7.4 屋架节点板厚度选用表

梯形屋架腹杆最大内力或三角形屋架弦杆最大内力(kN)	≤170	171~290	291~510	511~680	681~910	911~1290	1291~1770	1771~3090
中间节点板厚度(mm)	6	8	10	12	14	16	18	20
支座节点板厚度(mm)	8	10	12	14	16	18	20	22

(3)杆件截面选择

1)截面选择的一般要求 应尽量采用肢宽而薄的角钢,以增大截面的回转半径。角钢规格不宜小于 L45×4 或 L56×36×4。同一榀屋架中所用角钢规格不应超过 5~6 种,以方便订货和制造

279

工作。若初选的角钢规格过多,应将相近规格予以统一。同时应避免采用肢宽相同而厚度相差小于 2mm 的角钢,以免制造中混淆错用。跨度小于 24m 的屋架,上、下弦杆以采用等截面为宜,并按最大杆力选择截面。当跨度大于 24m 时,可根据内力变化在适当的节点处改变弦杆截面,但半跨只宜改变一次。为简化拼接构造,一般都保持角钢的厚度不变而改变肢宽。

2)截面选择步骤 屋架杆件除上、下弦杆可能是压弯和拉弯构件外,所有腹杆都是轴心受力构件。杆件截面选择可按下述方法进行。

①轴心受拉杆 截面选择时应考虑强度和刚度两个方面。

强度应满足:
$$\sigma = \frac{N}{A_n} \leq f \tag{7.14}$$

用式(7.14)求出需要的净截面面积
$$A_{ns} = \frac{N}{f} \tag{7.15}$$

式中:N——杆件的设计杆力;

f——钢材强度设计值,当采用单角钢单面连接时,应乘以折减系数 0.85。

由角钢规格表选用回转半径大、重量最轻且截面面积 $\geq A_{ns}$ 的角钢。

用所选角钢,按式(7.16)验算杆件的长细比:
$$\lambda_x \leq [\lambda] \quad \text{和} \quad \lambda_y \leq [\lambda] \tag{7.16}$$

在承受静力荷载的屋架中,拉杆可仅验算屋架平面内的长细比 λ_x。

当屋架下弦最大杆力节间有安装支撑的螺栓孔削弱截面时,按净截面强度确定下弦杆截面不够经济。此时可将栓孔设在节点板范围内并使最外的螺栓中心到节点板边缘的距离 $c \geq$ 100mm(必要时可加大节点板尺寸)(图 7.36)。这样处理后,可使部分下弦杆力经 c 范围内的焊缝先传给节点板,于是下弦可不考虑栓孔削弱,而按毛截面强度 $\left(\frac{N}{A} \leq f\right)$ 确定其需要的面积 $A_s = N/f$,并依此选取合适的角钢规格。

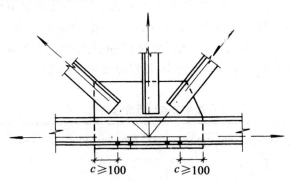

图 7.36 不需考虑下弦截面削弱的栓孔位置

②轴心受压杆 截面选择时应考虑强度、整体稳定及刚度三个方面。因截面尺寸常常由整体稳定控制,所以先按整体稳定要求确定截面。公式为
$$\frac{N}{\varphi A} \leq f \tag{7.17}$$

由于式(7.17)中 A、φ 都是未知数,故不能直接算出需要的截面面积。可先假定长细比 λ(一般可假定弦杆 $\lambda = 80 \sim 100$,腹杆 $\lambda = 100 \sim 120$),查出相应的 φ,代入式(7.17)求得需要的截面

面积 A_s,同时计算需要的回转半径 i_{xs}、i_{ys}。根据 A_s、i_{xs}、i_{ys},由角钢表中选择合适的角钢。如果没有同时满足 A_s、i_{xs}、i_{ys} 的角钢规格,说明假定的 λ 不恰当。此时可选用截面积稍大于需要值,回转半径稍小于需要值的角钢,反之亦可。再按所选角钢的 A、i_x、i_y 验算稳定性。不合适时再调整截面,一般反复一二次即可满足要求。有经验时,可直接假定角钢规格进行验算。

长细比验算式(7.16)应与整体稳定验算同时进行。当截面有削弱时还应按式(7.14)验算强度。应注意,双角钢组成的轴心受压杆,对对称轴(桁架平面外)的稳定承载力应按换算长细比计算。

对杆力较小的腹杆(包括支撑杆件),常由容许长细比控制截面。可直接根据需要的 $i_{xs} = l_{0x}/[\lambda]$,$i_{ys} = l_{0y}/[\lambda]$ 由角钢表选择角钢。

③拉弯和压弯杆件(下弦和上弦) 下弦和上弦有节间荷载时,分别是拉弯和压弯杆件。对这两种受力性质的杆件,通常是先假定截面,然后进行验算。

拉弯杆件一般仅需按式(7.16)验算长细比,按式(7.18)验算强度:

$$\frac{N}{A_n} \pm \frac{M_x}{\gamma_x W_{nx}} \leqslant f \qquad (7.18)$$

压弯杆件除应按式(7.18)和式(7.16)验算强度和长细比外,还应按下列公式验算整体稳定性。弯矩作用平面内的稳定性公式为

$$\frac{N}{\varphi_x A} + \frac{\beta_{mx} M_x}{\gamma_x W_{1x}\left(1 - 0.8\dfrac{N}{N'_{Ex}}\right)} \leqslant f \qquad (7.19)$$

及

$$\left| \frac{N}{A} - \frac{\beta_{mx} M_x}{\gamma_x W_{2x}\left(1 - 1.25\dfrac{N}{N'_{Ex}}\right)} \right| \leqslant f \qquad (7.20)$$

式中符号意义见第六章。

三、节点设计

普通钢屋架在杆件的交会处设置节点板,杆件一般焊在节点板上,组成屋架节点。作用在节点的集中荷载和交会于节点的各杆内力在节点板上实现平衡。所以节点设计的任务是:确定节点的构造,设计所需焊缝和决定节点板的形状及尺寸。

1. 节点设计的基本要求

在理论上,各杆件的重心线应与屋架的几何轴线重合,并交会于节点中心,以避免引起附加弯矩。但为了制造方便,焊接屋架通常取角钢肢背到屋架几何轴线的距离为 5mm 的倍数。如 L70×5,肢背到重心的距离为19.1mm,肢背到屋架几何轴线的距离则取20mm。由此而引起的传力偏心无须考虑。当弦杆截面有改变时,截面改变位置应设在节点处。为方便拼接和安放屋面构件,应使角钢肢背平齐,并取拼接两侧角钢重心线之间的中线作为屋架的几何轴线(图7.37(a))。这时如偏心 e 不超过较大杆件截面高度的5.0%,可以不考虑偏心的影响。否则,应将节点偏心弯矩按式(7.21)分配给交会于节点的各杆件(图7.37(b)):

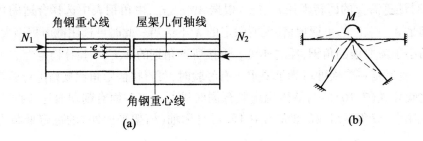

(a)　　　　　　　　　(b)

图 7.37　弦杆截面改变时轴线位置和节点弯矩分配

$$M_i = \frac{K_i}{\sum K_i} M \tag{7.21}$$

式中：　M——节点偏心弯矩，$M = (N_1 + N_2)e$；

　　　　M_i——分配给杆件 i 的弯矩；

　　　　K_i——杆件 i 的线刚度，$K_i = EI_i/l_i$；

　　　　$\sum K_i$——交会于节点的各杆件线刚度之和；

　　　　I_i、l_i——杆件 i 的惯性矩和长度。

节点上各杆件的端缘之间应留有空隙 a（图 7.38），以利拼装和施焊，且避免焊缝过分密集致使钢材局部变脆。在承受静力荷载时取 $a \geqslant 20\mathrm{mm}$，承受动力荷载时取 $a \geqslant 50\mathrm{mm}$，但也不宜过大，以免增大节点板尺寸和不利于节点的平面外刚度。相邻角焊缝焊趾间净距不应小于 $5\mathrm{mm}$。节点板通常伸出角钢肢背 $10\sim15\mathrm{mm}$，以便布置焊缝（图 7.38）。在有檩屋盖中，为便于在上弦节点安放檩条和檩托，可将节点板缩进角钢肢背，上弦与节点板采用塞焊缝连接（见后图 7.43（b））。节点板缩进角钢肢背的距离不宜小于 $0.5t + 2\mathrm{mm}$，也不宜大于 t，t 为节点板厚度。

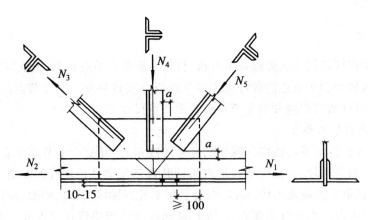

图 7.38　无节点荷载的下弦节点

角钢端部的切割一般应垂直于它的轴线（见图 7.39（a）），当角钢较宽为减小节点板尺寸时，允许切去一肢的部分（图 7.39（b）、（c）），但不允许将一肢完全切去而将另一肢伸出的斜切(图7.39(d))。因这种切割杆件截面削弱过大,且焊缝分布也不合理。

节点板的形状和尺寸主要取决于所连斜腹杆需要的焊缝长度。在满足焊缝布置的前提下,应力求尺寸紧凑,外形规整,如矩形、直角梯形、平行四边形等(图7.40)。一般至少有两条边平行,以便套裁,节约钢材和减小切割次数。节点板的外形应有利于均匀传力,其边缘与杆件边线间的夹角 α 不应小于 15°~20°,以便腹杆端部与弦杆之间有足够的节点板宽度(图7.41(a))。单斜杆与弦杆的连接还应避免连接焊缝的偏心受力。图7.41(b)所示连接在节点板左侧边缘应力可能过大,且焊缝偏心受力,是不正确的。

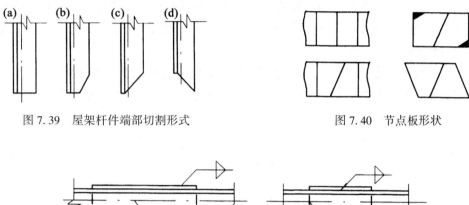

图7.39 屋架杆件端部切割形式　　　　　图7.40 节点板形状

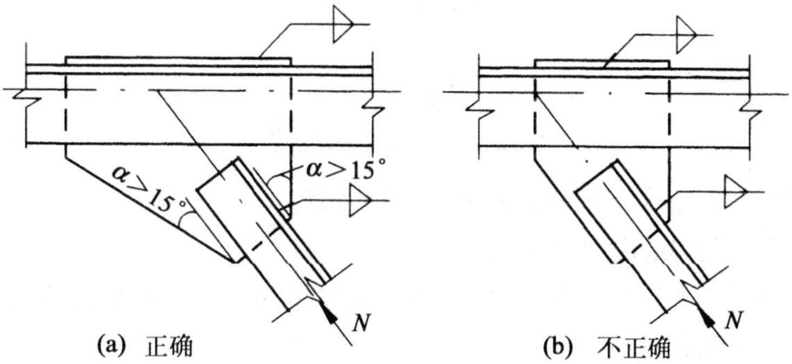

图7.41 节点板形状对受力的影响

直接支承大型屋面板的上弦角钢,伸出肢宽度不宜小于 80mm(屋架间距 6m)或 100mm(屋架间距大于 6m),否则应在支承处增设外伸的水平板(图7.42(b)),以保证屋面板支承长度。当支承处总集中荷载的设计值大于表7.5中的数值时,应对水平肢采用图7.42中的做法之一予以加强,以避免因水平肢过薄而产生局部弯曲。

表7.5　　　　　　　　　　　　弦杆不加强的最大节点荷载

角钢厚度:mm,钢材为		Q235	8	10	12	14	16
		Q345	7	8	10	12	14
支承处总集中荷载的设计值(kN)			25	40	55	75	100

2. 节点的计算和构造

节点设计时,先根据各腹杆的杆力计算其所需的焊缝长度,再依腹杆所需焊缝长度并结合构造要求及施工误差等确定节点板的形状和尺寸。这时,弦杆与节点板的焊缝长度已由节点

283

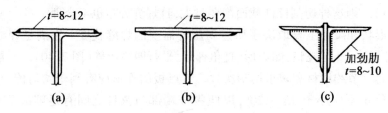

图 7.42　上弦角钢加强简图

板的尺寸给定。最后计算弦杆与节点板的焊脚尺寸和设计弦杆的拼接等。节点上的角焊缝尺寸也应满足第三章的构造要求。节点设计一般和屋架施工图的绘制结合进行。下面介绍几个典型节点的设计方法。

（1）一般节点　　一般节点是指在节点处弦杆连续直通且无集中荷载作用的节点（图 7.38）。当腹杆由双角钢组成并仅用侧焊缝与节点板连接时,腹杆每个角钢肢背和肢尖所需焊缝长度 l_1、l_2 为

$$l_1 = \frac{K_1 N_i}{2 \times 0.7 h_{f1} f_f^w} + 2h_f \tag{7.22}$$

$$l_2 = \frac{K_2 N_i}{2 \times 0.7 h_{f2} f_f^w} + 2h_f \tag{7.23}$$

式中:N_i——交会于节点的第 i 根腹杆的轴心力设计值;

K_1、K_2——角钢角焊缝内力分配系数;

h_{f1}、h_{f2}——分别为角钢肢背和肢尖的角焊缝焊脚尺寸。计算时应先设定,通常取等于或小于角钢壁厚。

设节点两侧弦杆杆力 $N_1 > N_2$,由于弦杆在节点处连续通过,故 N_2 与 N_1 中的相应部分在弦杆内直接平衡,仅杆力差 $\Delta N = N_1 - N_2$ 需经弦杆与节点板的焊缝传入节点板,在节点板上与腹板传来的内力平衡。因此,弦杆与节点板的焊缝仅承受 ΔN,按下式验算强度:

角钢肢背:
$$\tau_{f1} = \frac{K_1 \Delta N}{2 \times 0.7 h_{f1} l_{w1}} \leqslant f_f^w \tag{7.24}$$

角钢肢尖:
$$\tau_{f2} = \frac{K_2 \Delta N}{2 \times 0.7 h_{f2} l_{w2}} \leqslant f_f^w \tag{7.25}$$

式中:h_{f1}、h_{f2}——角钢肢背和肢尖的角焊缝焊脚尺寸,设计中常取相同值;

l_{w1}、l_{w2}——角钢肢背和肢尖的焊缝计算长度,取焊缝实际长度 l 减 $2h_f$;

l——焊缝的实际长度,可在施工图或节点大样图中,根据由腹杆焊缝长度确定的节点板形状按比例量出。

通常 ΔN 很小,焊缝中应力很低,按构造决定焊脚尺寸沿节点板满焊均能满足要求。

（2）有集中荷载的节点　　图 7.43(a)是无檩屋盖屋架的上弦节点,节点集中荷载 P 作用于上弦杆。由于上弦坡度很小,P 对上弦杆与节点板间角焊缝形心 O_1 的偏心 e 很小,计算中忽略此偏心,并假定 P 与上弦垂直。于是,上弦与节点板间的角焊缝承受相邻节间的杆力差

284

$\Delta N = N_1 - N_2$ 和 P 的作用。

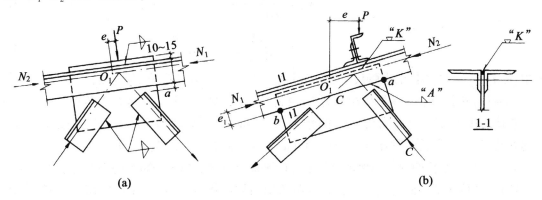

图 7.43 有集中荷载的上弦节点

在 ΔN 作用下,上弦每个角钢肢背与节点板间角焊缝所受的剪应力为

$$\tau_{\Delta N} = \frac{K_1 \Delta N}{2 \times 0.7 h_f l_w} \tag{7.26}$$

在 P 作用下,上弦与节点板间四条焊缝均匀受力,当角钢肢背与肢尖的 h_f 相同时,焊缝的应力为

$$\sigma_P = \frac{P}{4 \times 0.7 h_f l_w} \tag{7.27}$$

角钢肢背焊缝应满足下列强度条件:

$$\sqrt{\left(\frac{\sigma_P}{1.22}\right)^2 + \tau_{\Delta N}^2} \leqslant f_f^w \tag{7.28}$$

设计时先假定 h_f,然后按式(7.28)验算。l_w 是每条焊缝的计算长度,由节点板的轮廓尺寸决定。

当下弦节点处弦杆有集中荷载作用时,弦杆与节点板间的角焊缝也按上述公式计算。

图 7.43(b)是有檩屋盖屋架的上弦节点。因弦杆坡度较大,按理集中荷载 P 对焊缝形心 O_1 的偏心不应忽略。但考虑到角钢肢背与节点板间的塞焊缝质量不易保证,通常按下述近似方法验算焊缝强度:假定塞焊缝"K"只承受集中荷载 P,并产生均匀的应力,将塞焊缝视作两条角焊缝计算;角钢肢尖与节点板间的角焊缝"A"承受相邻节间的内力差 $\Delta N = N_1 - N_2$ 及由 ΔN 对焊缝"A"产生的偏心弯矩 $M = \Delta N \cdot e_1$(e_1 为焊缝"A"到弦杆轴线的距离)。焊缝"K"按式(7.29)验算强度:

$$\sigma_f = \frac{P}{2 \times 0.7 h_f' l_w} \leqslant f_f^w \tag{7.29}$$

式中:$h_f' = t/2$,t 是节点板厚度。l_w 是"K"焊缝计算长度。

焊缝"A"的两端 a 和 b 受力最大,应满足如下强度条件:

$$\sqrt{\left(\frac{\sigma_M}{1.22}\right)^2 + \tau_{\Delta N}^2} \leqslant f_f^w \tag{7.30}$$

285

$$\sigma_M = \frac{6M}{2 \times 0.7 h_f l_w^2} \tag{7.31}$$

$$\tau_{\Delta N} = \frac{\Delta N}{2 \times 0.7 h_f l_w} \tag{7.32}$$

式中:h_f、l_w——焊缝"A"的焊脚尺寸和计算长度。l_w 应为实际长度分别减去 $2h_f$。

(3)弦杆拼接节点 弦杆拼接分为工厂拼接和工地拼接两种。前者是因角钢长度不足在工厂制造的接头,常设在杆力较小的节间内(图 7.44(d));后者是为屋架分段运输在工地进行的安装接头,通常设在屋脊节点(图 7.44(a)、(b))和下弦中央节点(图 7.44(c))。

为传递断开弦杆的内力和保证拼接节点的平面外刚度,弦杆拼接应采用拼接角钢,其截面与弦杆相同(位于节间的拼接还应在弦杆两角钢间衬以垫板)。拼接角钢应切去肢背处的棱角,以便与弦杆贴紧。为便于施焊,还应将拼接角钢的竖直肢切去 $\Delta = t + h_f + 5\,\text{mm}$($t$ 为拼接角钢壁厚,h_f 为角焊缝焊脚尺寸,5mm 是为避开弦杆肢尖圆角的切割量)(图 7.44(e))。当角钢肢宽 $\geqslant 130\,\text{mm}$ 时,最好切成四个斜边,以便传力平顺(图 7.44(f))。由于切棱切肢引起的截面削弱(一般不超过原截面的 15%)可由节点板或垫板来补偿。屋脊节点的拼接角钢,一般采用热弯成型。当屋面坡度较陡且角钢肢较宽不易弯折时,宜将竖直肢切去一个 Δ 后热弯对焊。

工地拼接时(图 7.44(a)、(b)、(c)),屋架的中央节点板和竖杆均在工厂焊于左半跨,右半跨杆件与中央节点板、拼接角钢与弦杆的焊缝则在工地施焊(拼接角钢作单独零件运输)。右半跨跨中腹杆端部、拼接角钢及弦杆的相应位置均应设螺栓孔,以便屋架拼装时用安装螺栓

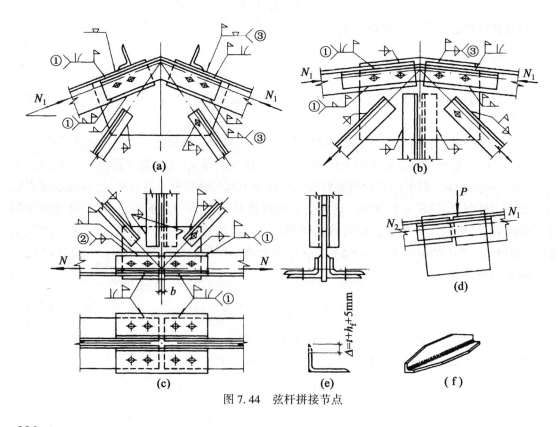

图 7.44 弦杆拼接节点

定位,并将杆件夹紧施焊。

拼接节点一侧拼接角钢与弦杆的焊缝①(图7.44)通常按被连弦杆的较大杆力 N_{max} 计算。考虑到肢背和肢尖焊缝与角钢形心接近等距离,故 N_{max} 由拼接角钢的四条焊缝均匀传递。于是每条焊缝所需的计算长度为

$$l_w = \frac{N_{max}}{4 \times 0.7h_f f_f^w} \tag{7.33}$$

由此可算得拼接角钢所需长度为

$$L = 2(l_w + 2h_f) + b \tag{7.34}$$

式中:b 为弦杆端头的间隙,下弦取 10~20mm,上弦取 30~50mm。考虑到拼接节点的刚度,拼接角钢的长度不应小于 400~600mm,跨度大的屋架取较大值。

对于下弦拼接节点,内力较大一侧弦杆与节点板间的焊缝②(图7.44(c)),应能传递相邻节间弦杆的内力差 $\Delta N = N_1 - N_2$ 和较大杆力的 15%(因拼接角钢截面约有 15%的削弱),故设计时取二者中的较大值计算。内力较小一侧弦杆与节点板间的焊缝并不传力,但仍依照传力一侧施焊。如果拼接角钢的截面削弱超过原截面的 15%,应取比受拉弦杆厚一级的角钢。

对于屋脊节点,拼接角钢的截面削弱不会影响节点的承载力,因为上弦杆截面是由稳定计算确定的。上弦杆与节点板间的连接焊缝,应取上弦内力与节点荷载的合力计算。在图7.44(b)的节点中,上弦杆与节点板间的连接焊缝③共 8 条,当肢背和肢尖的 h_f 相同时,每条焊缝的长度按下式计算:

$$l = \frac{P - 2N_1 \sin\alpha}{8 \times 0.7h_f f_f^w} + 2h_f \tag{7.35}$$

式中:α 是上弦与水平方向的夹角。当上弦肢背与节点板间采用塞焊缝时,考虑到塞焊缝的质量不易保证,宜将 f_f^w 乘以 0.8,以策安全。

(4)支座节点　屋架可以简支于钢筋混凝土柱和砖柱顶上,也可以与钢柱刚接组成刚架。这里仅介绍简支屋架支座节点的构造和计算,这种支座节点的设计与轴心受压柱脚基本相同。图7.45 和图7.46 所示为梯形和三角形简支屋架的支座节点,由节点板、加劲肋、支座底板及锚栓等组成。支座底板是为了扩大节点与混凝土柱顶的接触面积,以避免将比钢材强度低的混凝土压坏。底板通常采用方形或矩形,其形心即是屋架支座反力的作用点。加劲肋垂直于节点板放置,且厚度的中线应与支座反力作用线重合。加劲肋高度和厚度一般与节点板相同。但在三角形屋架中,加劲肋顶部应紧靠上弦杆水平肢并与之焊接(图7.46)。加劲肋的作用是加强底板的竖向刚度,使底板下压力分布均匀,并减小底板的弯矩,同时增加节点板的侧向刚度。为便于施焊,下弦杆和支座底板间的距离应不小于下弦角钢水平肢的宽度,也不小于130mm。锚栓预埋在钢筋混凝土柱中(或混凝土垫块中),其直径一般取 $d = 20~25$mm。为便于屋架吊装时调整位置,底板上锚栓孔直径应比锚栓直径大 1~1.5倍,且在外侧开口。待屋架就位并调整后,用孔径比锚栓直径大 1~2mm,厚度与底板相同的垫板套住锚栓并与底板焊牢,以固定屋架位置。锚栓孔可设在底板的两个外侧区格(图7.46),也可设在底板中线两侧加劲肋端部(图7.45)。

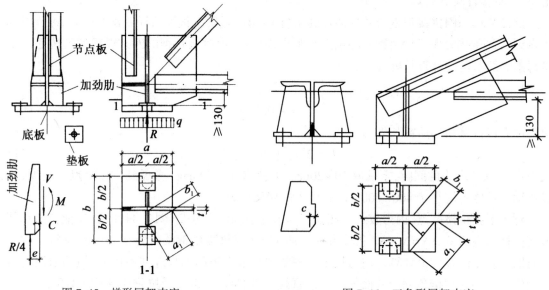

图 7.45　梯形屋架支座　　　　　　　　　　图 7.46　三角形屋架支座

支座节点的传力路线是:屋架交会于此节点各杆的内力通过杆端焊缝传给节点板,它们的水平分量在节点板上相互平衡,垂直分量的合力经节点板和加劲肋传给底板,再传给柱子。节点设计的步骤和方法如下:

底板计算

支座底板需要的净面积 A_n 按下式计算:

$$A_n \geqslant \frac{R}{f_c} \tag{7.36}$$

式中:R——屋架支座反力设计值;

　　　　f_c——混凝土轴心抗压强度设计值,由混凝土结构设计规范 GB 50010—2002 查得。

底板所需的面积 A 为

$$A = A_n + 锚栓孔面积 \tag{7.37}$$

方形底板的边长为 $a = \sqrt{A}$,矩形底板可假定一边长度,即可求得另一边长度。但通常按式(7.37)计算所得的 A 较小,底板长度和宽度主要由设置锚栓孔的构造要求确定,一般要求底板的短边尺寸不小于 200mm。

底板厚度 t 按式(7.38)计算:

$$t \geqslant \sqrt{\frac{6M}{f}} \tag{7.38}$$

式中:M——两相邻边支承板单位宽度的最大弯矩,按三边支承板计算,$M = \beta q a_1^2$;

　　　　β——系数,由第四章表 4.7 查得,与 b_1/a_1 有关(见图 7.45 和图 7.46);

　　　　a_1——两相邻边支承板的对角线长度(图 7.45 和图 7.46);

　　　　$q = R/A_n$(底板下压力的平均值)。

288

为使底板下压力分布较为均匀,底板的厚度不宜过小,普通钢屋架不小于14mm,轻钢屋架不小于12mm。

每块加劲肋与节点板的焊缝近似地按传递屋架支座反力 R 的四分之一计算,$R/4$ 的作用点到焊缝的距离为 e(图7.45)。因此焊缝承受剪力 $V = R/4$ 和弯矩 $M = Re/4$。焊缝的长度就是加劲肋的高度,假定 h_f 后按式(7.39)验算强度:

$$\sqrt{\left(\frac{\sigma_f}{1.22}\right)^2 + \tau_f^2} \leqslant f_f^w \tag{7.39}$$

式中: $\sigma_f = \dfrac{6M}{2 \times 0.7 h_f l_w^2}$, $\tau_f = \dfrac{V}{2 \times 0.7 h_f l_w}$。

同时应按悬臂梁验算加劲肋固定端截面的强度。

节点板、加劲肋与底板的水平焊缝可按均匀承受支座反力 R 计算。因节点板与底板的焊缝是连续的,为此加劲肋在与节点板接触边的下端需切角。所以在计算水平焊缝的计算长度时,除每条焊缝应减去 $2h_f$ 以考虑焊口影响外,对加劲肋的焊缝还应减去切角宽度 c 和节点板厚度 t。图7.46的6条水平焊缝的总计算长度 $\sum l_w$ 为

$$\sum l_w = 2a + 2(b - t - 2c) - 6 \times 2h_f \tag{7.40}$$

按式(7.41)计算水平焊缝的焊脚尺寸:

$$h_f \geqslant \frac{R}{0.7 \times 1.22 f_f^w \sum l_w} \tag{7.41}$$

四、节点板验算

(1)节点板在拉力 N_t 作用下的强度验算

图7.47中右侧腹杆受拉。由于连接并非真正铰接,产生的弯矩和剪力都很小,忽略不计。试验证明,在 N_t 作用下,当 N_t 很大,节点板又过薄时,节点板将沿折线 $Okcj$ 撕裂,应按式(7.42)验算强度:

$$\frac{N_t}{\sum \eta_i A_i} \leqslant f \tag{7.42a}$$

$$\eta_i = \frac{1}{\sqrt{1 + 2\cos^2 \alpha_i}} \tag{7.42b}$$

式中:A_i 是第 i 段破坏面的截面面积,$A_i = t l_i$;l_i 是第 i 破坏段的长度,即图中 l_1、l_2 和 $\overline{kC}$ 段;α_i 是第 i 段破坏线与拉力轴线的夹角;η_i 是第 i 段的折算应力系数;t 是节点板的厚度。

(2)节点板在压力 N_c 作用下的稳定验算

图7.47中左侧腹杆受压。当压杆端中点沿腹杆轴线方向至弦杆的净距离 c 过大时,节点板将被压屈。为了防止节点板压屈破坏,要求:

$$c/t \leqslant 15\sqrt{235/f_y} \tag{7.43a}$$

当节点中无竖杆,只有压杆和拉杆时,要求:

$$c/t \leqslant 10\sqrt{235/f_y} \qquad\qquad (7.43b)$$

不满足式(7.43)的要求时,应按规范规定进行稳定验算。

普通钢屋架均能满足上列要求,只在大跨度桁架时,按以上公式验算强度;当不满足式(7.43)的要求时,应按《钢结构设计规范》GB 50017—2003 附录 F 提供的公式验算节点板的稳定。

五、钢屋架施工图的绘制

屋架各杆件截面和腹杆所需焊缝尺寸确定后,即可绘制施工图。钢屋架的施工图包括屋架简图,屋架正面图,上、下弦平面图,必要的侧面图和剖面图,以及某些安装节点或特殊零件的详图(见插页图 7.58)。对称屋架可只画左半榀,但需将上、下弦中央拼接节点画完全,以便表明右半榀因工地拼接引起的少量差异(如安装螺栓,某些工地焊缝等),大型屋架应按运输单元绘制。施工图的绘制方法如下:

(1)屋架简图　在图纸左上角视图纸空隙大小用适当比例绘制屋架杆件轴线图,称为屋架简图,一半标出各杆件的轴线尺寸,一半标出各杆件的设计内力。当屋架需要起拱时,应标出起拱高度。

(2)屋架正面图及上、下弦平面图等的绘制　这些图占据主要图面,它们的杆件轴线长度一般均用1:20~1:30 的比例绘制,以免图幅过大。为突出杆件和节点的细部构造,杆件截面、节点板以及节点板范围内的所有尺寸都用扩大 1 倍的比例,即 1:10~1:15 的比例绘制(重要节点详图,比例还可大些)。现就正面图的绘制进行介绍。首先画出屋架所有杆件的轴线,在此基础上画出各杆的角钢(角钢肢背到轴线的距离 e_i 应调整为 5mm 的倍数)(图7.47),然后按下述方法确定各腹杆在节点处的杆端位置,见图 7.47。

在距下弦角钢肢尖和竖腹杆角钢两侧边各为 $a=20mm$ 处,分别作下弦和竖腹杆的平行线 bc、de、fg。直线 bc 与二斜腹杆角钢肢尖边线交于 b、c 两点,直线 de、fg 分别与二斜腹杆角钢肢

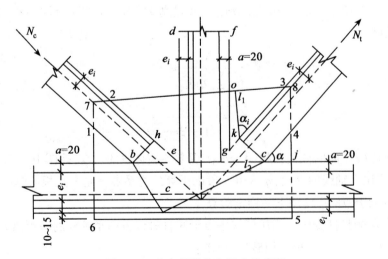

图 7.47　节点板形状和尺寸的确定

背边线交于 e、g 两点。显然,二斜腹杆应分别在 b、c 两点切断,因为这样可以保证各杆端缘之间空隙不小于 $a=20$mm。分别过 b、c 点作左、右斜腹杆的垂线,得线段 bh、ck,则线段 bh、ck 即左、右斜腹杆在节点处杆端的边线。由点 b、h、c、k 开始向上量出斜腹杆肢背、肢尖所需焊缝长度,分别得焊缝末端 1、2、3、4 点,过 1、4 点分别作下弦的垂线并伸出下弦角钢肢背 10~15mm,得 5、6 两点。再连接 5、6 两点和 2、3 两点,得线段 56 和 23。将线段 16 和 45 均向上延长与线段 23 的延长线分别交于 7、8 两点。于是四边形 5678 即是节点板的最小尺寸。节点板的 7、8 两点只要在斜腹杆的肢宽范围内即可,不必追求位于杆件轴线上,否则会增大节点板尺寸。竖腹杆与节点板间仅需很短焊缝就能满足传力要求,但需将竖腹杆延伸到距下弦肢尖为 $a=20$mm 处并与节点板满焊,以便利用其伸出肢加强节点的侧向刚度,而不应过早切断。

在图 7.47 中,因杆件轴线和节点板采用不同的比例绘制,所以在确定腹杆长度时,应取节点中心距离(用 1:20 比例量出或计算出)减去节点中心至杆端距离(用 1:10 比例量出)。垫板所需数量按节点中心间距计算,绘图时将其大致等间距布置在节点板之间。

图中要注明全部零件(角钢和板件)的编号、规格和尺寸,包括加工尺寸和定位尺寸,孔洞位置、孔洞和螺栓直径,焊缝尺寸以及对工厂加工和工地施工的要求。定位尺寸主要有:弦杆节点中心间距,轴线至角钢肢背的距离(不等边角钢应同时注明图面上的肢宽),节点中心到腹杆近端的距离,节点中心到节点板上、下、左、右边缘的距离。螺栓孔位置应从节点中心、轴线或角钢肢背起标注,钢板和角钢的斜切应按坐标尺寸标注。

按 1:10 比例绘制的节点所确定的各定位尺寸常有一定的误差,各零件按此定位尺寸下料、切割、加工、钻孔,安装时常会引起矛盾。因此在标注尺寸时,一般应根据用较大比例(1:5~1:1)绘制的节点图所量得的尺寸标注。简单的定位尺寸可由计算确定。

零件编号按主次、左右、上下、型钢或钢板以及零件用途等顺序进行。完全相同的零件给予相同的编号。否则,给予不同的编号。如两个零件的形状和尺寸完全相同,但开孔位置系镜面对称(弦杆常是这样),亦采用同一编号,但应在材料表中注明正、反字样,以示区别。此外,如果连接支撑和不连接支撑的屋架虽有不同,也可只画一张施工图。插页图 7.58 是按连接支撑的 GWJ-2 绘制的,对 GWJ-2 才有的螺栓孔和 GWJ-2、3 才有的零件,分别在图中孔和零件位置注明"仅 GWJ-2 有"和"仅 GWJ-2、3 有"字样。这样一张图表示三种不同编号的屋架。

(3)材料表 应列出屋架全部零件的编号、截面规格、长度、数量(正、反)及重量(单重、共重和合重),以配合详图进一步表明各零件的规格和尺寸,并为备料、零件加工和保管及统计技术指标等提供方便。

(4)说明 应包括选用钢材的牌号和保证项目、焊条型号、焊接方法和质量要求、图中未注明的焊缝和栓孔尺寸、油漆、运输要求以及其他图中不易表达或为简化图面而又宜于用文字说明的内容。

六、轻型钢屋架的形式

这里介绍的轻型钢屋架是指由圆钢和小角钢(小于 L45×4 或 L56×36×4)制成的屋架。它除具有普通钢结构的优点外,还具有取材方便,用料省,自重更轻(一般为普通钢结构的 70%~80%)的特点。但因其杆件截面小,组成的屋盖刚度较差,使用范围受到一定的限制,仅适用于跨度不超过18m且吊车(轻、中级工作制)起重量不大于5t的房屋和仓库,并宜采用瓦楞铁、压型钢板和波型石棉瓦等轻型屋面材料。

轻型钢屋架有三角形屋架、三铰拱屋架和梭形屋架。三角形和三铰拱屋架适用于屋面坡度较陡的有檩屋盖,常用波形石棉瓦、瓦楞铁、机瓦等屋面防水材料;梭形屋架适用于缓坡(一般为1/8~1/12)的无檩屋盖,用卷材防水。

三角形屋架最常用芬克式腹杆体系(图7.48(a)),其优点已在本节中述及。当厂房内设有桥式吊车时,应采用三角形屋架,且全部杆件采用角钢,适用跨度为9~18m。这种屋架的设计与普通钢屋架基本相同。

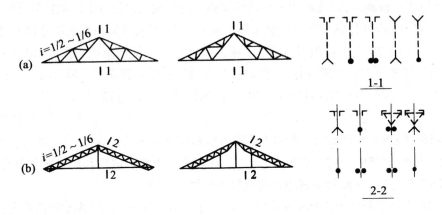

图7.48 圆钢小角钢三角形屋架和三铰拱屋架

三铰拱屋架由两根斜梁和一根水平拉杆组成(图7.48(b)),斜梁分为平面桁架式和空间桁架式两种。适用跨度为9~18m,间距4m左右。这种屋架杆件受力合理,经济效果好。一般采用圆钢和小角钢制成,取材方便,能小材大用。斜梁为压弯构件,当采用平面桁架时,其侧向刚度较差,平面外稳定性需由上弦支撑来保证,屋架的跨度和间距宜小些。空间桁架式斜梁的空间刚度大,并可简化屋盖支撑布置。斜梁截面高度宜取斜梁长度的1/12~1/18,一般取1/15左右,空间桁架式斜梁的截面宽度宜取高度的1/1.5~1/2.5,一般取1/2。满足上述尺寸要求的斜梁,可不计算整体稳定性。由于拱拉杆比较柔细,既不能承受压力又无法设置垂直支撑和下弦水平支撑,故屋盖的刚度较差,不宜用于有振动荷载及跨度较大(>18m)的工业厂房。

梭形屋架一般采用空间桁架式,截面呈三角形(图7.49)。上弦采用角钢,腹杆及下弦采用圆钢。跨度通常为9~15m,间距3~4.2m,跨中高度H为跨度的1/9~1/12,H=A+B,其中A由屋面坡度确定;B愈大,弦杆内力愈小,以取A=B比较合理。截面底边宽度一般为跨中高度的1/2~1/3。梭形屋架的空间刚度大,且因外形与简支梁在均布荷载作用下的弯矩图接近,因而弦杆各节间的内力分布较均匀。在屋架上弦杆直接铺设加气混凝土板或其他轻型屋面板。当采用钢筋混凝土槽形板作屋面板时,其上可铺设轻型保温材料的保温层。屋架间不需设置支撑,但腹杆中间应设矩形箍,以保证腹杆的稳定性。

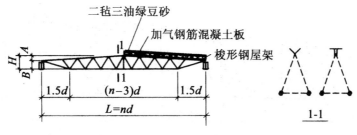

图 7.49　圆钢小角钢梭形钢屋架

例题 7.3　普通钢屋架设计

1. 设计资料

沈阳某厂金工车间,跨度 30m,长度 102m,屋架间距 6m。车间内设有两台 30/5t 中级工作制桥式吊车。屋面采用 1.5m×6m 预应力钢筋混凝土大型屋面板,10cm 厚水泥珍珠岩预制块保温层,卷材屋面,屋面坡度 1/10。屋架简支在钢筋混凝土柱上,上柱截面 400mm×400mm,混凝土选 C20。

2. 钢材和焊条选择

根据沈阳的冬季计算温度(-22℃)和荷载性质(静荷载)及连接方法(焊接),按设计规范要求,钢材选用 Q235B。焊条选用 E43 型,手工焊。

3. 屋架形式及尺寸

由于屋面采用预应力混凝土大型屋面板和卷材防水层($i = 1/10$),故采用缓坡梯形屋架。屋架的计算跨度为

$$L_0 = L - 300 = 30\ 000 - 300 = 29\ 700(\text{mm})$$

屋架在 30m 轴线处的端部高度取

$$H_0 = 1\ 990\text{mm}$$

跨中高度

$$H = H_0 + \frac{1}{2}iL = 1\ 990 + \frac{0.1 \times 30\ 000}{2} = 3\ 490(\text{mm})$$

屋架的高跨比

$$H/L = 3\ 490/30\ 000 = 1/8.6$$

在屋架常用高度范围内。

为使屋架上弦承受节点荷载,配合屋面板 1.5m 的宽度,腹杆体系大部分采用下弦节间长为 3m 的人字式,仅在跨中考虑到腹杆的适宜倾角,采用再分式。屋架跨中起拱 60mm ($L/500$),几何尺寸如图 7.50 所示。

4. 屋盖支撑布置

根据车间长度(102m>60m)、跨度及荷载情况,设置三道上、下弦横向水平支撑。因柱网采用封闭结合,为统一支撑规格,厂房两端的横向水平支撑设在第二柱间。在第一柱间的上弦平面设置刚性系杆保证安装时上弦杆的稳定,第一柱间下弦平面也设置刚性系杆以传递山墙风荷载。在设置横向水平支撑的柱间,于屋架跨中和两端各设一道垂直支撑。在屋脊节点及支座节点处沿厂房纵向设置通长的刚性系杆,下弦跨中节点处设置一道纵向通长的柔性系杆,

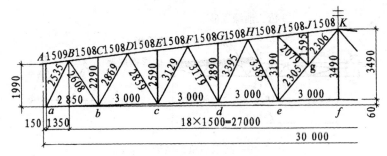

图 7.50　屋架几何尺寸

支撑布置见图 7.51。图中与横向水平支撑连接的屋架编号为 GWJ-2,山墙的端屋架编号为 GWJ-3,其他屋架编号均为 GWJ-1。

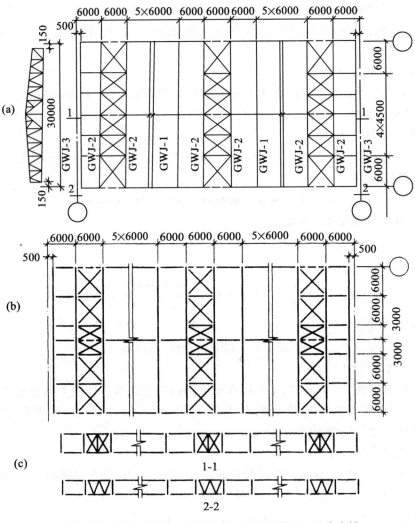

（a）上弦横向水平支撑;（b）下弦横向水平支撑;（c）垂直支撑

图 7.51　屋盖支撑布置图

294

5. 荷载和内力计算

(1)荷载计算　荷载计算及汇总见表7.6。

表7.6　　　　　　　　　　　　　　　　　荷载计算及汇总表

项次	荷载名称	计算式	标准值 kN/m²	设计值 kN/m²	备　注
1	防水层(三毡四油,上铺小石子)		0.4	0.48	沿屋面坡向分布
2	水泥砂浆找平层 (20mm 厚)	0.02×20	0.4	0.48	沿屋面坡向分布
3	水泥珍珠岩预制块 (100mm 厚)	0.1×1.0	0.1	0.12	沿屋面坡向分布
4	水泥砂浆找平层 (25mm 厚)	0.025×20	0.5	0.6	沿屋面坡向分布
5	预应力钢筋混凝土大型屋面板 (包括灌浆)		1.4	1.68	沿屋面坡向分布
6	钢屋架及支撑	0.12+0.011×30	0.45	0.54	沿水平面分布
	恒载总和		3.25	3.9	
7	屋面均匀活荷载		0.7	0.98	沿水平面分布,计算中 取二者中的较大值
8	雪荷载		0.4	0.56	
	可变荷载总和		0.7	0.98	取屋面均布活荷载

注:非轻型屋盖不考虑风荷载的作用。

计算屋架杆力时,应考虑如下三种荷载组合:

使用阶段"全跨恒荷载+全跨屋面均布活荷载"和"全跨恒荷载+半跨屋面均布活荷载"。应注意半跨屋面活荷载可能作用于左半跨,也可能作用于右半跨。恒荷载和活荷载引起的节点荷载设计值 $P_恒$ 及 $P_活$ 分别为

$$P_恒 = 3.9×1.5×6 = 35.1(kN)　　(3.9 取自表7.6)$$
$$P_活 = 0.98×1.5×6 = 8.82(kN)　　(0.98 取自表7.6)$$

施工阶段"屋架及支撑自重+半跨屋面板自重+半跨屋面活荷载"。这时只有屋架及支撑自重是分布于全跨的恒荷载,而屋面板自重及施工荷载(取屋面活荷载数值)既可能出现在左半跨,也可能出现在右半跨,取决于屋面板的安装顺序。当从屋架两端对称安装屋面板时,则不必考虑此种荷载组合。施工阶段恒荷载和活荷载引起的节点荷载设计值 $P'_恒$ 和 $P'_活$ 分别为

$$P'_恒 = 0.54×1.5×6 = 4.86(kN)$$
$$P'_活 = (1.68+0.98)×1.5×6 = 23.94(kN)$$

(2)内力计算　本例采用图解法计算了屋架在左半跨单位集中荷载作用下的杆力系数(图7.52),并列于表7.7中(具体方法参见结构力学)。根据算得的节点荷载和杆力系数,利用表7.7进行杆件的内力组合并求出各杆的最不利内力,计算过程和结果详见表7.7。

表 7.7　　　　　　　杆力组合表

杆件名称		杆力系数 P=1			内力值						计算杆力 kN	组合项目
		在左半跨①	在右半跨②	全跨③	使用阶段			施工阶段				
					$P_{恒}×③$ 全跨恒载④	$P_{活}×①$ 在左半跨⑤	$P_{活}×②$ 在右半跨⑥	$P'_{恒}×③$ 全跨恒载⑦	$P'_{活}×①$ 在左半跨⑧	$P'_{活}×②$ 在右半跨⑨		
	AB	0	0	0	0	0	0	0	0	0	0	
上弦	BD	−8.14	−3.15	−11.29	−396.28	−71.79	−27.78	−54.87	−194.87	−75.41	−495.85	④+⑤+⑥
	DF	−12.45	−5.73	−18.18	−638.12	−109.81	−50.54	−88.35	−298.05	−137.18	−798.47	④+⑤+⑥
	FH	−13.80	−7.68	−21.48	−753.95	−121.72	−67.74	−104.39	−330.37	−183.86	−943.41	④+⑤+⑥
	HI	−12.99	−9.27	−22.26	−781.33	−114.57	−81.76	−108.18	−310.98	−221.92	−977.66	④+⑤+⑥
	IK	−13.39	−9.27	−22.66	−795.37	−118.10	−81.76	−110.13	−320.56	−221.92	−995.23	④+⑤+⑥
下弦	ab	+4.43	+1.70	+6.13	+215.16	+39.07	+14.99	+29.79	+106.05	+40.70	+269.22	④+⑤+⑥
	bc	+10.68	+4.53	+15.21	+533.87	+94.20	+39.95	+73.92	+255.68	+108.45	+668.02	④+⑤+⑥
	cd	+13.36	+6.72	+20.08	+704.81	+117.84	+59.27	+97.59	+319.84	+160.88	+881.92	④+⑤+⑥
	de	+13.55	+8.49	+22.04	+773.60	+119.51	+74.88	+107.11	+324.39	+203.25	+967.99	④+⑤+⑥
	ef	+10.54	+10.54	+21.08	+739.91	+92.96	+92.96	+102.45	+252.33	+252.33	+925.83	④+⑤+⑥
斜腹杆	aB	−8.32	−2.95	−11.27	−395.58	−73.38	−26.02	−54.77	−199.18	−70.62	−494.98	④+⑤+⑥
	Bb	+6.39	+2.64	+9.03	+316.95	+56.36	+23.28	+43.89	+152.98	+63.20	+396.59	④+⑤+⑥
	bD	−4.99	−2.53	−7.52	−263.95	−44.01	−22.31	−36.55	−119.46	−60.57	−330.27	④+⑤+⑥
	Dc	+3.30	+2.23	+5.53	+194.10	+29.11	+19.67	+26.88	+79.00	+53.39	+242.88	④+⑤+⑥
	cF	−2.06	−2.16	−4.22	−148.12	−18.17	−19.05	−20.51	−49.32	−51.71	−185.34	④+⑤+⑥
	Fd	+0.77	+1.94	+2.71	+95.12	+6.79	+17.11	+13.17	+18.43	+46.44	+119.02	④+⑤+⑥
	dH	+0.39	−1.90	−1.51	−53.00	+3.44	−16.76	−7.34	+9.34	−45.49	−69.76 / +2.00	④+⑥ / ⑦+⑧
	He	−1.43	+1.71	+0.28	+9.83	−12.61	+15.08	+1.36	−34.23	+40.94	−32.87 / +42.30	⑦+⑧ / ⑦+⑨
	eg	+3.64	−2.02	+1.62	+56.86	+32.10	−17.82	+7.87	+87.14	−48.36	+95.01 / −40.49	⑦+⑧ / ⑦+⑨
	gK	+4.35	−2.02	+2.33	+81.78	+38.37	−17.82	$P'_{恒}$ +11.32	+104.14	−48.36	+120.15 / −37.04	④+⑤ / ⑦+⑨
	gI	+0.65	0	+0.65	+22.82	+5.73	0	+3.16	+15.56	0	+28.55	④+⑤
竖杆	Aa	−0.5	0	−0.5	−17.55	−4.41	0	−2.43	−11.97	0	−21.96	④+⑤
	cb、Ec、Gd、Jg	−1.0	0	−1.0	−35.10	−8.82	0	−4.86	−23.94	0	−43.92	④+⑤
	Ie	−1.5	0	−1.5	−52.65	−13.23	0	−7.29	−35.91	0	−65.88	④+⑤
	Kf	0	0	0	0	0	0	0	0	0	0	

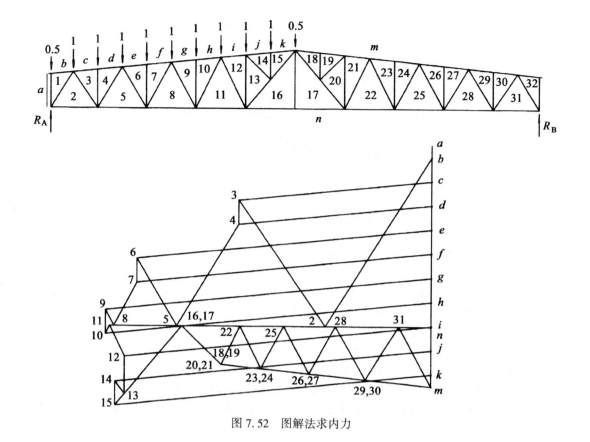

图 7.52 图解法求内力

6. 杆件截面选择

（1）上弦

整个上弦不改变截面,取上弦最大设计杆力(IK 杆)计算。$N = -995.23$kN,$l_{0x} = 150.8$cm,$l_{0y} = l_1 = 301.6$cm(按大型屋面板与屋架保证三点焊接考虑,取 l_1 为两块屋面板宽)。根据腹杆最大设计杆力 $N_{aB} = -494.98$kN,查表 7.4,取中间节点板厚度 $t = 10$mm,支座节点板厚度 $t = 12$mm。

先由非对称轴选择截面,假设 $\lambda = 60$,由附二表 2.2 查得 $\varphi = 0.807$(由双角钢组成的 T 形和十字形截面均属 b 类),需要的截面面积

$$A_s = \frac{N}{\varphi f} = \frac{995.23 \times 10^3}{0.807 \times 215} = 5\ 736 (\text{mm})^2 = 57.36 (\text{cm}^2)$$

一般角钢厚度≤15mm,属第 1 组,故取 $f = 215$N/mm^2。需要的回转半径为

$$i_{xs} = \frac{l_{0x}}{\lambda} = \frac{150.8}{60} = 2.51 (\text{cm})$$

$$i_{ys} = \frac{l_{0y}}{\lambda} = \frac{301.6}{60} = 5.03 (\text{cm})$$

上弦应采用两不等边角钢以短边相连组成的 T 形截面。根据需要的 A_s、i_{xs} 及 i_{ys} 查附三表 3.5,选用 2L180×110×10：$A = 56.75$cm^2,$i_x = 3.13$cm,$i_y = 8.62$cm(节点板厚 10mm),$[\lambda] = 150$。

验算 $\lambda_x = \dfrac{l_{0x}}{i_x} = \dfrac{150.8}{3.13} = 48 \leqslant [\lambda], \varphi_x = 0.865$

故 $\sigma_x = \dfrac{N}{\varphi_x A} = \dfrac{995.25 \times 10^3}{0.865 \times 5675} = 203(\text{N/mm}^2) < f = 215\text{N/mm}^2$

验算对称轴 y 的稳定承载力。

由式(4.34)，$b_1/t = 18/1 = 18 > 0.56 l_{0y}/b_1 = 0.56 \times 301.6/18 = 9.38$。

换算长细比 $\lambda_{yz} = 3.7 \dfrac{b_1}{t} \left(1 + \dfrac{l_{0y}^2 t^2}{52.7 b_1^4}\right) = 3.7 \times \dfrac{18}{1} \left(1 + \dfrac{301.6^2 \times 1^2}{52.7 \times 18^4}\right) = 65 < [\lambda] = 150$。

查附二表 2.2，$\varphi_y = 0.780$，故

$$\sigma_y = \dfrac{N}{\varphi_y A} = \dfrac{995.23 \times 10^3}{0.780 \times 5675} = 225(\text{N/mm}^2) \approx 1.05f$$

满足要求。

垫板每节间放置一块(满足 l_1 范围内不少于两块)，$l_d = 150.8/2 = 75.4\text{cm} < 40i(i \text{ 为 } 5.81\text{cm})$。

(2)下弦

下弦亦不改变截面，采用最大设计杆力(de 杆)计算，$N = 967.99\text{kN}$，$l_{0x} = 300\text{cm}$，$l_{0y} = 2\,970/2 = 1\,485(\text{cm})$，需要的净截面面积为

$$A_n = \dfrac{N}{f} = \dfrac{967.99 \times 10^3}{215} = 4\,502(\text{mm})^2 = 45.02(\text{cm})^2$$

选用 2L160×100×10(短肢相连)：$A = 50.63\text{cm}^2, i_x = 2.85\text{cm}, i_y = 7.69\text{cm}$。

验算：在节点设计时，将位于 de 杆连接支撑的螺栓孔包在节点板内，且使栓孔中心到节点板近端边缘距离不小于 100mm，故截面验算中不考虑栓孔对截面的削弱，按毛截面验算([λ] = 350)：

$$\sigma = \dfrac{N}{A} = \dfrac{967.99 \times 10^3}{50.63 \times 10^2} = 191(\text{N/mm}^2) < f$$

$$\lambda_x = \dfrac{l_{0x}}{i_x} = \dfrac{300}{2.85} = 105 < [\lambda]$$

$$\lambda_y = \dfrac{l_{0y}}{i_y} = \dfrac{1\,485}{7.69} = 193 < [\lambda]$$

满足要求。

垫板每节间放一块，$l_d = 150\text{cm} < 80i(i \text{ 为 } 5.14)$。

(3)端斜杆 aB

$N = -494.98\text{kN}, l_{0x} = 253.5\text{cm}, l_{0y} = 253.5\text{cm}$，选用 2L140×90×8(长边相连)：$A = 36.08\text{cm}^2$，$i_x = 4.5\text{cm}, i_y = 3.62\text{cm}, [\lambda] = 150$。

验算： $\lambda_x = \dfrac{l_{0x}}{i_x} = \dfrac{253.5}{4.5} = 56 < [\lambda]$

由式(4.33)，有 $b_2/t = 90/8 = 11.25 < 0.48 l_{0y}/b_2 = 0.48 \times 253.5/9 = 13.52, \lambda_y = \dfrac{253.5}{3.62} = 70$，

$$\lambda_{yz} = \lambda_y \left(1 + \dfrac{1.09 b_2^4}{l_{0y}^2 t^2}\right) = 70 \times \left(1 + \dfrac{1.09 \times 9^4}{253.5^2 \times 0.8^2}\right) = 80 < [\lambda], \varphi_y = 0.688,$$

$$\dfrac{N}{\varphi_y A} = \dfrac{494.98 \times 10^3}{0.688 \times 3\,608} = 199(\text{N/mm}^2) < f$$

满足要求。

设两块垫板，$l_d = 84.5\text{cm} < 40i$（$i$ 为 2.59cm）。

（4）斜腹杆 ek

此为再分式主斜杆，eg、gk 两段同时受压，$N_{eg} = -40.49\text{kN}$，$N_{gk} = -37.04\text{kN}$，其他情况两段杆均受拉，最大拉力为 $N_{eg} = 95.01\text{kN}$，$N_{gk} = 120.15\text{kN}$。按受压杆设计时，$l_{0x} = 230.6\text{cm}$，

$$l_{0y} = l_1\left(0.75 + 0.25\frac{N_2}{N_1}\right) = (230.5 + 230.6) \times \left(0.75 + 0.25 \times \frac{37.04}{40.49}\right) = 451.3(\text{cm})$$

选用 2L70×5，$A = 13.75\text{cm}^2$，$i_x = 2.16\text{cm}$，$i_y = 3.23\text{cm}$。

按压杆验算

$$\lambda_x = \frac{l_{0x}}{i_x} = \frac{230.6}{2.16} = 107 < [\lambda] = 150$$

对 y 轴：$b/t = 70/5 = 14 < 0.58 l_{0y}/b = 0.58 \times 451.3/7 = 37.4$。

$$\lambda_y = \frac{l_{0y}}{i_y} = \frac{451.3}{3.25} = 140$$

$$\lambda_{yz} = \lambda_y\left(1 + \frac{0.475b^4}{l_{0y}^2 t^2}\right) = 140 \times \left(1 + \frac{0.475 \times 7^4}{451.3^2 \times 0.5^2}\right) = 143 < [\lambda] = 150$$

查得 $\varphi_y = 0.333$

$$\frac{N}{\varphi_y A} = \frac{40.49 \times 10^3}{0.333 \times 13.75 \times 10^2} = 88(\text{N/mm}^2) < f$$

按拉杆验算

$$\sigma = \frac{N}{A_n} = \frac{120.15 \times 10^3}{13.75 \times 10^2} = 87(\text{N/mm}^2) < f$$

无论受压、受拉都能满足要求。虽然承载力富余较多，但截面不能再减小，否则 λ_y 将不能满足要求。

eg、gk 杆各放两块垫板，$l_d = 76.9\text{cm} < 40i$（$i$ 为 2.16cm）。

（5）竖杆 Ie

$N = -65.88\text{kN}$，$l_{0x} = 0.8l = 0.8 \times 319 = 255.2(\text{cm})$，$l_{0y} = 319\text{cm}$。选用 2L63×5，$A = 12.29\text{cm}^2$，$i_x = 1.94\text{cm}$，$i_y = 2.96\text{cm}$。

验算：$\lambda_x = \frac{l_{0x}}{i_x} = \frac{255.2}{1.94} = 132 < [\lambda]$

对 y 轴：$b/t = 63/5 = 12.6 < 0.58 l_{0y}/b = 0.58 \times 319/6.3 = 29.4$，$\lambda_y = \frac{l_{0y}}{i_y} = \frac{319}{2.96} = 108$，

$$\lambda_{yz} = \lambda_y\left(1 + \frac{0.475b^4}{l_{0y}^2 t^2}\right) = 108 \times \left(1 + \frac{0.475 \times 6.3^4}{319^2 \times 0.5^2}\right) = 111 < [\lambda]$$

根据 $\lambda_{max} = \lambda_x = 132$，查得 $\varphi_x = 0.378$：

$$\frac{N}{\varphi_x A} = \frac{65.88 \times 10^3}{0.378 \times 12.29 \times 10^2} = 142(\text{N/mm}^2) < f$$

满足要求。

设置三块垫板，$l_d = 79.8\text{cm} \approx 40i$（$i$ 为 1.94cm）。

（6）竖杆 Gd

$N=-43.92\text{kN}, l_{0x}=0.8l=0.8\times289=231.2(\text{cm}), l_{0y}=289\text{cm}$。因杆力很小,可按容许长细比$([\lambda]=150)$选择截面。需要的回转半径为:

$$i_{xs}=\frac{l_{0x}}{[\lambda]}=\frac{231.2}{150}=1.54(\text{cm})$$

$$i_{ys}=\frac{l_{0y}}{[\lambda]}=\frac{289}{150}=1.93(\text{cm})$$

按i_{xs}、i_{ys}查型钢表。选用2L50×5,$i_x=1.53\text{cm}\approx1.54\text{cm}, i_y=2.45\text{cm}>i_{ys}$,满足要求。

垫板放三块,虽然$l_d=289/4=72.3\text{cm}$略大于$40i=40\times1.53=61.2(\text{cm})$,但实际上节点板宽度较大,杆件的净长较小,可以够用。

其余各杆的截面选择见表7.8。需注意连接垂直支撑的中央竖杆采用十字形截面,其斜平面计算长度为$l_0=0.9l$,其他腹杆除Aa和Ba外,$l_{0x}=0.8l$。

表7.8 屋架杆件截面选择表

名称	杆件编号	内力 (kN)	计算长度(cm)		截面形式和规格	截面面积 (cm²)	回转半径 (cm)		长细比		容许长细比 [λ]	稳定系数 φ	计算应力 N/φA (N/mm²)
			l_{0x}	l_{0y}			i_x	i_y	λ_x	λ_y λ_{yz}			
上弦	IK	−995.23	150.8	301.6	⌐⌐ 180×110×10	56.75	3.13	8.63	48	65	150	0.780	225
下弦	de	+967.99	300	1485	⌐⌐ 160×100×10	50.63	2.85	7.69	105	193	350		191
斜腹杆	Ba	−494.98	253.5	253.5	⌐⌐ 140×90×8	36.08	4.50	3.62	56	80	150	0.688	199
	Bb	+396.59	208.6	260.8	⌐⌐ 90×6	21.27	2.79	4.05	75	64	350		187
	bD	−330.27	229.5	286.9	⌐⌐ 100×6	23.86	3.10	4.44	74	95	150	0.588	236
	Dc	+242.88	228.7	285.9	⌐⌐ 70×5	13.75	2.16	3.24	106	118	350		177
	cF	−185.34	250.3	312.9	⌐⌐ 90×6	21.27	2.79	4.05	90	107	150	0.511	170
	Fd	+119.02	249.5	311.9	⌐⌐ 50×5	9.61	1.53	2.45	163	127	350		124
	dH	−69.76	271.6	339.5	⌐⌐ 70×5	13.75	2.16	3.24	126	135	150	0.365	185
	He	−32.87 +42.3	270.8	338.5	⌐⌐ 63×5	12.29	1.94	2.96	140	144	150	0.325	83 34
	ek	+120.15 −40.49	230.6	451.3	⌐⌐ 70×5	13.75	2.16	3.23	107	143	150	0.333	90 88
	Ig	+28.55	166.3	207.9	⌐⌐ 50×5	9.61	1.53	2.45	109	85	350		30
竖杆	Aa	−21.96	200.5	200.5	⌐⌐ 50×5	9.61	1.53	2.45	131	112	150	0.383	60
	Cb	−43.92	183.2	229	⌐⌐ 50×5	9.61	1.53	2.45	120	123	150	0.421	109
	Ec	−43.92	207.2	259	⌐⌐ 50×5	9.61	1.53	2.45	135	136	150	0.365	125
	Gd	−43.92	231.2	289	⌐⌐ 50×5	9.61	1.53	2.45	151	148	150	0.304	150
	Ie	−65.88	255.2	319	⌐⌐ 63×5	12.29	1.94	2.96	132	111	150	0.378	142
	Jg	−43.92	127.6	159.5	⌐⌐ 50×5	9.61	1.53	2.45	83	95	150	0.888	77
	Kf	0	斜平面 $l_0=314.1$		⌐ 63×5	12.29	$i_{min}=2.45\text{cm}$		$\lambda_{max}=128$				

注:角钢规格共8种,显得多一些,也可将其中L63×5用L70×5代替,减为7种。

7. 节点设计

由前述施工图绘制可见,在确定节点板的形状和尺寸时,需要斜腹杆与节点板间连接焊缝的长度。为简洁起见,下面先算出各腹杆杆端需要的焊缝尺寸。其计算公式为:

角钢肢背所需焊缝长度 l_1 $l_1 = \dfrac{K_1 N}{2 \times 0.7 h_{f1} f_f^w} + 2h_f$

角钢肢尖所需焊缝长度 l_2 $l_2 = \dfrac{K_2 N}{2 \times 0.7 h_{f2} f_f^w} + 2h_f$

例如腹杆 aB,设计杆力 $N = 494.98$kN,设肢背与肢尖的焊脚尺寸各为 $h_{f1} = 8$mm, $h_{f2} = 6$mm。因 aB 杆系不等边,角钢以长肢相连,故 $K_1 = 0.65$, $K_2 = 0.35$。则

$$l_1 = \frac{0.65 \times 494.98 \times 10^3}{2 \times 0.7 \times 8 \times 160} + 2 \times 8 = 195(\text{mm})$$

$$l_2 = \frac{0.35 \times 494.98 \times 10^3}{2 \times 0.7 \times 6 \times 160} + 2 \times 6 = 141(\text{mm})$$

其他腹杆所需焊缝长度的计算这里不再赘述,计算结果列于表7.9。未列入表中的腹杆均因杆力很小,可按构造取 $h_f \geqslant 1.5\sqrt{t} = 1.5\sqrt{10} = 5$mm, $l_1 = l_2 = 8h_f + 10 = 8 \times 5 + 10 = 50(\text{mm})$。

表7.9   腹杆杆端焊缝尺寸

杆件名称	设计内力（kN）	肢背焊缝		肢尖焊缝	
		l_1(mm)	h_f(mm)	l_2(mm)	h_f(mm)
aB	−494.98	195	8	140	6
Bb	+396.59	170	8	120	5
bD	−330.27	180	6	100	5
Dc	+242.88	140	6	80	5
cF	−185.34	110	6	60	5
Fd	+119.02	80	5	50	5
dH	−69.76	60	5	50	5
gK	+120.15	90	5	50	5
Ie	−65.88	50	5	50	5
Cb、Ec Gd、Jg	−43.92	50	5	50	5
He	+42.30	50	5	50	5

注:斜腹杆 bD、Dc 和 cF 的肢背和肢尖的 h_f 宜统一取6mm,以便于施工。

（1）下弦节点"b"

按表7.9所列 Bb、bD 杆所需焊缝长度,按比例绘制节点详图,从而确定节点板的形状和尺寸(图7.53)。由图中量出下弦与节点板的焊缝长度为415mm,设焊脚尺寸 $h_f = 5$mm,焊缝承受节点左、右弦杆的内力差 $\Delta N = N_{bc} - N_{ab} = 668.02 - 269.22 = 398.8(\text{kN})$。验算肢背焊缝的强度:

$$\tau_f = \frac{K_1 \Delta N}{2 \times 0.7 h_f l_w} = \frac{0.75 \times 398.8 \times 10^3}{2 \times 0.7 \times 5 \times (415 - 2 \times 5)} = 106(\text{N/mm}^2) < f_f^w \quad (f_f^w \text{ 为 } 160\text{N/mm}^2)$$

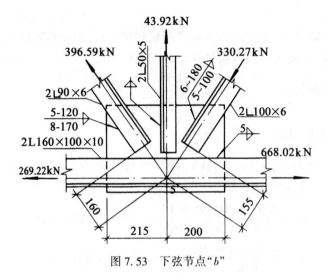

图 7.53　下弦节点 "*b*"

满足要求。肢尖的焊缝应力更小,定能满足要求。竖杆 *bC* 下端应伸至距下弦肢尖为 20mm处,并沿肢尖和肢背与节点板满焊。

(2)上弦节点 "*B*"

按表 7.9 所列腹杆 *Ba*、*bB* 所需焊缝长度,确定节点板形状和尺寸,如图 7.54 所示。量得上弦与节点板的焊缝长度为 425mm,设 $h_f = 5mm$,因节点板伸出上弦肢背 15mm,故由弦杆与节点板的四条焊缝共同承受节点集中荷载 $P = 35.1 + 8.82 = 43.92 (kN)$ 和弦杆内力差 $\Delta N = N_{BD} = 495.85kN$ 的共同作用。忽略 P 对焊缝的偏心并视其与上弦垂直,则上弦肢背的焊缝应力为

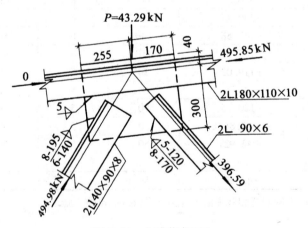

图 7.54　上弦节点 "*B*"

$$\sqrt{\left(\frac{P}{1.22 \times 4 \times 0.7 h_f l_w}\right)^2 + \left(\frac{K_1 \Delta N}{2 \times 0.7 h_f l_w}\right)^2}$$

$$= \sqrt{\left[\frac{43.92 \times 10^3}{1.22 \times 4 \times 0.7 \times 5 \times (425 - 2 \times 5)}\right]^2 + \left[\frac{0.75 \times 495.85 \times 10^3}{2 \times 0.7 \times 5 \times (425 - 2 \times 5)}\right]^2}$$

$$= 128 (N/mm^2) < f_f^w$$

满足要求。由于肢尖焊缝的 h_f 也为 5mm,故应力更小,定能满足要求,不必验算。

（3）下弦中央拼接节点"f"（图 7.55）

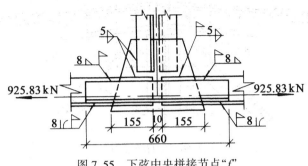

图 7.55　下弦中央拼接节点"f"

①拼接角钢计算。因节点两侧下弦杆力相等,故用一侧杆力 $N_{ef} = 925.83$kN 计算。拼接角钢采用与下弦相同的截面 2L160×100×10,设与下弦的焊缝的焊脚尺寸 $h_f = 8$mm,竖直肢应切去 $\Delta = t + h_f + 5$（mm）$= 10 + 8 + 5 = 23$（mm）,节点一侧与下弦的每条焊缝所需计算长度为

$$l_w = \frac{N_{ef}}{4 \times 0.7 h_f f_f^w} = \frac{925.83 \times 10^3}{4 \times 0.7 \times 8 \times 160} = 258(\text{mm})$$

拼接角钢需要的长度为

$$L = 2(l_w + 16) + 10 = 2 \times (258 + 16) + 10 = 558(\text{mm})$$

为保证拼接节点处的刚度取,$L = 660$mm。

②下弦与节点板的连接焊缝计算。下弦与节点板的连接焊缝按 $0.15 N_{ef}$ 计算。取焊脚尺寸 $h_f = 5$mm,节点一侧下弦肢背和肢尖每条焊缝所需长度 l_1、l_2 分别为

$$l_1 = \frac{K_1 \times 0.15 N_{ef}}{2 \times 0.7 h_f f_f^w} + 10 = \frac{0.75 \times 0.15 \times 925.83 \times 10^3}{2 \times 0.7 \times 5 \times 160} + 10 = 105(\text{mm})$$

$$l_2 = \frac{K_2 \times 0.15 N_{ef}}{2 \times 0.7 h_f f_f^w} + 10 = \frac{0.25 \times 0.15 \times 925.83 \times 10^3}{2 \times 0.7 \times 5 \times 160} + 10 = 45(\text{mm})$$

在图 7.55 中,节点板宽度是由连接竖杆的构造要求所决定的,从图中量得每条肢背焊缝长度为 155mm,每条肢尖焊缝长度为 120mm,满足要求。

（4）屋脊节点"K"（图 7.56）

①拼接角钢计算。拼接角钢采用与上弦相同的截面 2L180×110×10。设两者间的焊脚尺寸 $h_f = 8$mm,竖直肢应切去 $\Delta = t + h_f + 5$（mm）$= 10 + 8 + 5 = 23$（mm）。按上弦杆力 $N_{IK} = 995.23$kN 计算拼接角钢与上弦的焊缝,节点每侧每条焊缝需计算长度为

$$l_w = \frac{N_{IK}}{4 \times 0.7 h_f f_f^w} = \frac{995.23 \times 10^3}{4 \times 0.7 \times 8 \times 160} = 280(\text{mm})$$

拼接角钢所需长度

$$L = 2(l_w + 2h_f) + 20 = 2 \times (280 + 16) + 20 = 612(\text{mm})$$

为保证拼接节点处的刚度,取 $L = 700$mm。

②上弦与节点板间焊缝计算。上弦与节点板间在节点两侧共 8 条焊缝,共同承受节点荷载 P 与两侧上弦内力的合力。近似地取 $\sin\alpha = \tan\alpha = 0.1$,该合力的数值为

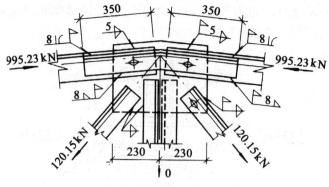

图7.56 屋脊节点"K"

$$2N\sin\alpha - P = 2 \times 995.23 \times 0.1 - 43.92 = 155.13(\text{kN})$$

设焊脚尺寸 $h_f = 5\text{mm}$，每条焊缝所需长度为

$$l = \frac{2N\sin\alpha - P}{8 \times 0.7h_f f_f^w} + 10 = \frac{155.13 \times 10^3}{8 \times 0.7 \times 5 \times 160} + 10 = 35(\text{mm})$$

由图7.56量得的焊缝长度为220mm，很富余。

（5）支座节点"a"（图7.57）

①底板计算。底板承受屋架的支座反力 $R = 10P = 439.2\text{kN}$，柱采用C20，混凝土的轴心抗压强度设计值 $f_c = 10\text{N/mm}^2$。底板需净面积 A_n 为

$$A_n = \frac{R}{f_c} = \frac{439.2 \times 10^3}{10} = 43\ 920(\text{mm}^2)$$

锚栓直径采用 $d = 25\text{mm}$，锚栓孔布置见图7.57，栓孔面积为

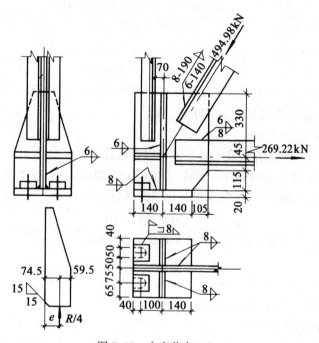

图7.57 支座节点"a"

$$\Delta A = 50 \times 40 \times 2 + \pi \times 25^2 = 5\ 963\ (\text{mm}^2)$$

底板需总面积为

$$A_s = A_n + \Delta A = 43\ 920 + 5\ 963 = 49\ 883\ (\text{mm}^2)$$

按构造要求底板面积取为 $A = 280 \times 280 = 78\ 400\ (\text{mm}^2) > A_s$，满足要求。

底板承受的实际均布反力

$$q = \frac{R}{A - \Delta A} = \frac{439.2 \times 10^3}{78\ 400 - 5\ 963} = 6.06\ (\text{N/mm}^2)\ < f_c$$

节点板和加劲肋将底板分成四块相同的两相邻边支承板,它们的对角线长度 a_1 及内角顶点到对角线的距离 b_1 分别为

$$a_1 = \sqrt{2 \times 140^2} = 198\ (\text{mm}),\quad b_1 = 0.5a_1 = 99\ (\text{mm})$$

$b_1/a_1 = 0.5$,由表 4.7 查得 $\beta = 0.058$,两相邻边支承板单位板宽的最大弯矩为

$$M = \beta q a_1^2 = 0.058 \times 6.06 \times 198^2 = 13\ 780\ (\text{N} \cdot \text{mm})$$

所需底板厚度为

$$t = \sqrt{\frac{6M}{f}} = \sqrt{\frac{6 \times 13\ 780}{215}} = 19.6\ (\text{mm}) \quad (\text{取 } t = 20\text{mm})$$

实取底板尺寸为 $-280 \times 280 \times 20$。

②加劲肋与节点板的焊缝计算。焊缝长度等于加劲肋高度,也等于节点板高度。由节点图 7.57 量得焊缝长度为 492mm,计算长度 $l_w = 492 - 12 - 15 = 465\ (\text{mm})$(设焊脚尺寸 $h_f = 6\text{mm}$),每块加劲肋近似地按承受 $R/4$ 计算,$R/4$ 作用点到焊缝的距离为 $e = (140 - 6 - 15)/2 + 15 = 74.5$ (mm)。则焊缝所受剪力 V 及弯矩 M 为

$$V = \frac{439.2}{4} = 109.8\ (\text{kN})$$

$$M = V \cdot e = 109.8 \times 74.5 = 8\ 180.1\ (\text{kN} \cdot \text{mm})$$

焊缝强度验算

$$\sqrt{\left(\frac{V}{2 \times 0.7 h_f l_w}\right)^2 + \left(\frac{6M}{1.22 \times 2 \times 0.7 h_f l_w^2}\right)^2}$$

$$= \sqrt{\left(\frac{109.8 \times 10^3}{2 \times 0.7 \times 6 \times 465}\right)^2 + \left(\frac{6 \times 8\ 180.1 \times 10^3}{1.22 \times 2 \times 0.7 \times 6 \times 465^2}\right)^2}$$

$$= 36\ (\text{N/mm}^2)\ < f_f^w$$

满足要求。

③加劲肋和节点板与底板的焊缝计算。上述零件与底板连接焊缝的总计算长度为(图 7.57,设 $h_f = 8\text{mm}$)

$$\sum l_w = 2 \times 280 + 2 \times (280 - 12 - 2 \times 15) - 4 \times 8 = 1\ 004\ (\text{mm})$$

所需焊脚尺寸为

$$h_f = \frac{R}{1.22 \times 0.7 f_f^w \sum l_w} = \frac{439.2 \times 10^3}{1.22 \times 0.7 \times 160 \times 1\ 004} = 3.2\ (\text{mm})$$

h_f 尚应满足角焊缝的构造要求:$h_{f,\min} = 1.5\sqrt{t} = 1.5 \times \sqrt{20} = 7\ (\text{mm})$,$h_{f,\max} = 1.2t = 1.2 \times 12 = 14.4$

（mm），实取 $h_f = 8mm$。

其他节点的计算不再一一叙述，详细构造见施工图 7.58。

（6）节点板计算

①节点板在受压腹杆的压力作用下的计算

所有无竖杆相连的节点板，受压腹杆杆端中点至弦杆的净距离 c 与节点板厚度 t 之比，均小于或等于 $10\sqrt{235/f_y}$。所有与竖杆相连的节点板，c/t 均小于或等于 $15\sqrt{235/f_y}$（参见图 7.53 至图 7.57），因而节点板的稳定均能保证。

②所有节点板在拉杆的拉力作用下，也都满足式（7.42）的要求，因而节点板的强度均能保证。

此外，节点板边缘与腹杆轴线间的夹角均大于 $15°$，斜腹杆与弦杆的夹角均在 $30° \sim 60°$ 之间，节点板的自由边长度与厚度之比均小于 $60\sqrt{235/f_y}$，都满足构造要求，节点板均安全可靠。

（7）本例的屋架施工图（详见图 7.58）

表 7.10 列出了零件尺寸和所需的长度。

表 7.10　　　　　　　　　　　**材　料　表**

构件编号	零件号	截　　面	长度（mm）	数量		重　量（kg）		
				正	反	每个	共计	合计
GWJ-2	1	∟180×110×10	15 070	2	2	335.6	1 342	
	2	∟160×100×10	14 810	2	2	294.3	1 177	
	3	∟50×5	1 830	4		6.9	28	
	4	∟140×90×8	2 195	4		31.1	124	
	5	∟90×6	2 310	4		19.3	77	
	6	∟50×5	2 090	4		7.9	32	
	7	∟100×6	2 565	4		24	96	
	8	∟70×5	2 590	4		14	56	
	9	∟50×5	3 790	4		14.3	57	
	10	∟90×6	2 825	4		23.6	94	
	11	∟50×5	2 870	4		10.8	43	
	12	∟50×5	2 690	4		10.2	41	
	13	∟70×5	3 095	4		16.7	67	
	14	∟63×5	3 135	4		15.1	60	
	15	∟63×5	2 990	4		14.4	58	
	16	∟50×5	1 890	4		7.1	29	
	17	∟50×5	1 395	4		5.3	21	
	18	∟70×5	4 240	2		22.9	46	
	19	∟70×5	4 240	1	1	22.9	46	
	20	∟63×5	3 285	2		15.8	32	

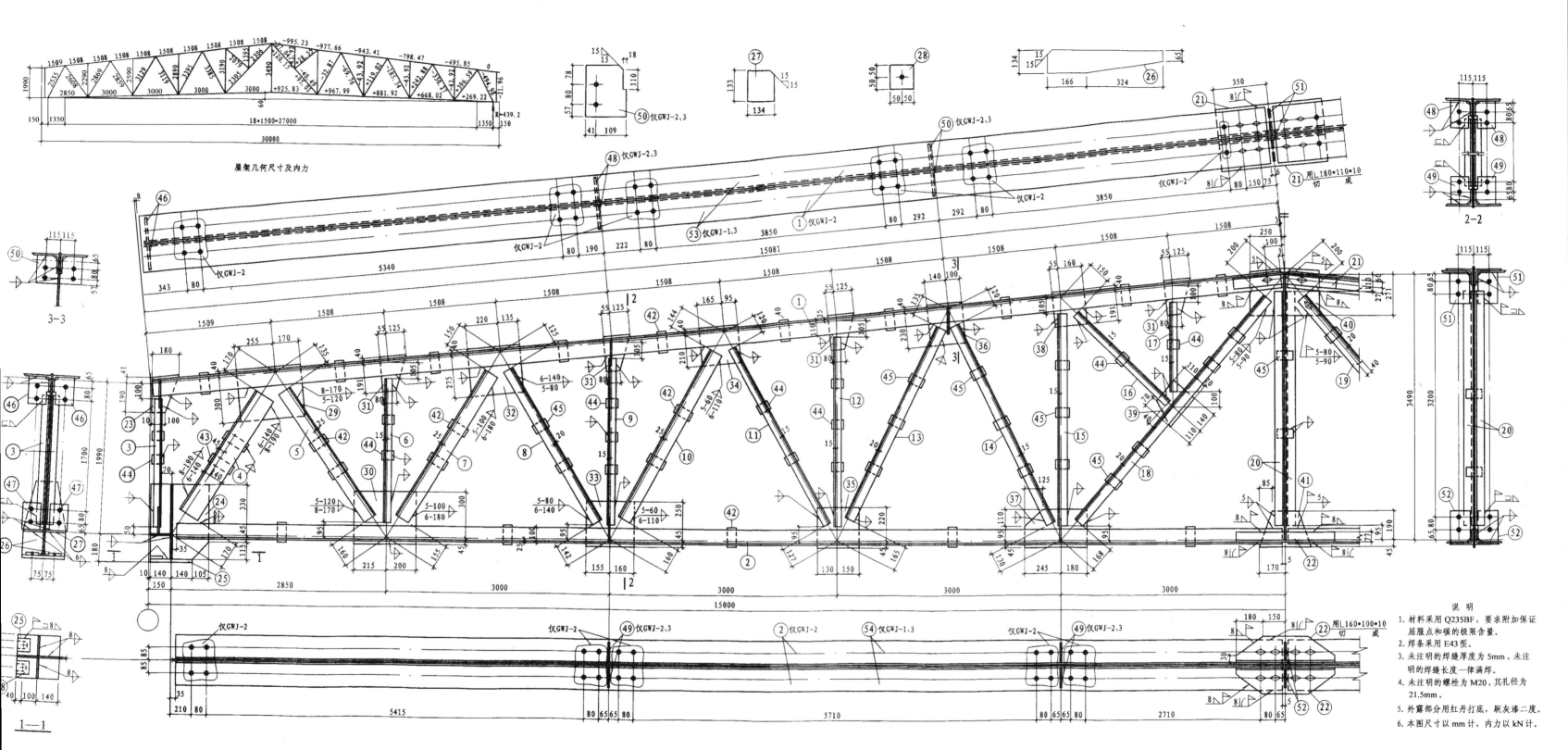

图 7.58 例题 7.3 屋架施工图

构件编号	零件号	截　　面	长度（mm）	数量 正	数量 反	重量（kg）每个	重量（kg）共计	合计
GWJ-2	21	∟180×110×10	700	2		15.6	31	3 986
	22	∟160×100×10	660	2		13.1	26	
	23	−180×10	250	2		3.5	7	
	24	−385×12	490	2		17.8	36	
	25	−280×20	280	2		12.3	25	
	26	−134×12	490	4		6.2	25	
	27	−134×12	133	4		1.7	7	
	28	−100×20	100	4		1.57	6	
	29	−340×10	425	2		11.3	23	
	30	−345×10	415	2		11.2	22	
	31	−180×10	235	8		3.3	27	
	32	−315×10	355	2		8.8	18	
	33	−295×10	315	2		7.3	15	
	34	−250×10	260	2		5.1	10	
	35	−265×10	280	2		5.8	12	
	36	−240×10	270	2		5.1	10	
	37	−250×10	425	2		8.3	17	
	38	−215×10	231	2		3.9	8	
	39	−180×10	250	2		3.5	7	
	40	−271×10	500	1		10.6	11	
	41	−235×10	340	1		6.3	6	
	42	−60×10	140	42		0.70	28	
	43	−60×10	170	4		0.8	3	
	44	−60×10	80	28		0.4	11	
	45	−60×10	106	34		0.5	17	
	46	−140×8	225	4		2	8	
	47	−135×8	195	4		1.7	7	
	48	−140×8	215	4		1.9	8	
	49	−140×8	210	8		1.8	15	
	50	−150×8	215	4		2	8	
	51	−130×8	205	2		1.7	3	
	52	−130×8	200	2		1.6	3	
GWJ-1	53	∟180×110×10	15 070	2	2	335.6	1 342	3 955
	54	∟160×100×10	14 810	2	2	294.3	1 177	
	3-47,51,52 与 GWJ-2 相同							
GWJ-3	3-52 与 GWJ-2 相同							3986
	53,54 与 GWJ-1 相同							

习　题　七

一、填空题

7.1　普通钢屋架杆件所用角钢不应小于(　　　　)或(　　　　)，否则属于(　　　　)。

7.2　能承受压力的系杆是(　　　　)系杆，只能承受拉力而不能承受压力的系杆是(　　　)系杆。

7.3　两角钢组成的杆件上的垫板间距，对拉杆不应大于(　　　　　)，对压杆不应大于(　　　　)。压杆的平面外计算长度范围内垫板数不得少于(　　　　)个。

7.4　当在屋架竖杆上直接设螺栓孔以连接垂直支撑时，竖杆截面除应满足受力要求外，还应满足设置栓孔的(　　　　)要求。

7.5　当屋架杆件用节点板连接时，弦杆与腹杆、腹杆与腹杆的端缘之间的间距，不宜小于(　　　　)。

7.6　由双角钢组成的十字形和T形截面轴心压杆，都属(　　　　)类截面，仅需(　　　　)即可使压杆对两主轴的稳定性相等。

二、选择题

7.7　两端简支且跨度(　　　)的三角形屋架，当下弦无曲折时宜起拱，起拱高度一般为跨度的1/500。

　　　　A. ≥15m　　　　B. ≥24m　　　　C. >15m　　　　D. >24m

7.8　屋架设计中，积灰荷载应与(　　　)同时考虑。

　　　　A. 屋面活荷载　　　B. 雪荷载　　　　C. 屋面活荷载和雪荷载两者中的较大值

　　　　D. 屋面活荷载和雪荷载

7.9　屋架中，双角钢十字形截面端竖杆的斜平面计算长度为(　　　)(设杆件几何长度为l)。

　　　　A. l　　　　　　B. $0.8l$　　　　　C. $0.9l$　　　　　D. $2l$

7.10　梯形屋架端斜杆最合理的截面形式是(　　　)。

　　　　A. 两不等边角钢长边相连的T形截面

　　　　B. 两不等边角钢短边相连的T形截面

　　　　C. 两等边角钢相连的T形截面

　　　　D. 两等边角钢相连的十字形截面

7.11　为避免屋架杆件在自重作用下产生过大的挠度，在动力荷载作用下产生剧烈振动，应使杆件的(　　　)。

　　　　A. $\lambda \leqslant [\lambda]$　　　　　　　　　　　B. $N/A_n \leqslant f$

　　　　C. $N/(\varphi A) \leqslant f$　　　　　　　　　D. $N/A_n \leqslant f$ 及 $N/(\varphi A) \leqslant f$

三、问答题

7.12　什么是有檩屋盖和无檩屋盖？它们各自的特点和适用范围如何？

7.13　屋盖支撑有几种？各怎样布置？各自的作用如何？支撑体系在屋盖结构中的作用

如何?

7.14 试述屋盖支撑杆件的截面选择。

7.15 设计实腹式檩条时应进行哪些验算?

7.16 三角形、梯形和平行弦屋架各适用于何种情况? 它们各有几种腹杆体系? 其优缺点如何?

7.17 试述确定屋架杆件计算长度的原则和计算长度的取值。

7.18 论述无节间荷载的上弦杆的合理截面形式。

附 录 I

附一 强度设计指标

表 1.1 钢材的强度设计值（N/mm²）

钢　材		抗拉、拉压和抗弯 f	抗剪 f_v	端面承压（刨平顶紧） f_{ce}
牌　号	厚度或直径（mm）			
Q235 钢	≤16	215	125	325
	>16~40	205	120	
	>40~60	200	115	
	>60~100	190	110	
Q345 钢	≤16	310	180	400
	>16~35	295	170	
	>35~50	265	155	
	>50~100	250	145	
Q390 钢	≤16	350	205	415
	>16~35	335	190	
	>35~50	315	180	
	>50~100	295	170	
Q420 钢	≤16	380	220	440
	>16~35	360	210	
	>35~50	340	195	
	>50~100	325	185	

注:表中厚度系指计算点的钢材厚度,对轴心受拉和轴心受压构件系指截面中较厚板件的厚度。

表 1.2 　　　　　　　　　　　　钢铸件的强度设计值(N/mm^2)

钢　　号	抗拉、抗压和抗弯 f	抗　剪 f_v	端面承压(刨平顶紧) f_{ce}
ZG200—400	155	90	260
ZG230—450	180	105	290
ZG270—500	210	120	325
ZG310—570	240	140	370

表 1.3 　　　　　　　　　　　　焊缝的强度设计值(N/mm^2)

焊接方法和焊条型号	构件钢材		对接焊缝				角焊缝
	牌　号	厚度或直径（mm）	抗压 f_c^w	焊缝质量为下列等级时,抗拉 f_t^w		抗剪 f_v^w	抗拉、抗压和抗剪 f_f^w
				一级、二级	三级		
自动焊、半自动焊和 E43 型焊条的手工焊	Q235 钢	≤16	215	215	185	125	160
		>16~40	205	205	175	120	
		>40~60	200	200	170	115	
		>60~100	190	190	160	110	
自动焊、半自动焊和 E50 型焊条的手工焊	Q345 钢	≤16	310	310	265	180	200
		>16~35	295	295	250	170	
		>35~50	265	265	225	155	
		>50~100	250	250	210	145	
自动焊、半自动焊和 E55 型焊条的手工焊	Q390 钢	≤16	350	350	300	205	220
		>16~35	335	335	285	190	
		>35~50	315	315	270	180	
		>50~100	295	295	250	170	
	Q420 钢	≤16	380	380	320	220	220
		>16~35	360	360	305	210	
		>35~50	340	340	290	195	
		>50~100	325	325	275	185	

注:①自动焊和半自动焊所采用的焊丝和焊剂,应保证其熔敷金属的力学性能不低于现行国家标准《埋弧焊用碳钢焊丝和焊剂》GB/T 5293 和《低合金钢埋弧焊用焊剂》GB/T 12470 中相关的规定。

②焊缝质量等级应符合现行国家标准《钢结构工程施工质量验收规范》GB 50205 的规定。其中厚度小于 8mm 钢材的对接焊缝,不应采用超声波探伤确定焊缝质量等级。

③对接焊缝在受压区的抗弯强度设计值取 f_c^w,在受拉区的抗弯强度设计值取 f_t^w。

④表中厚度系指计算点的钢材厚度,对轴心受拉和轴心受压构件系指截面中较厚板件的厚度。

表 1.4 螺栓连接的强度设计值(N/mm²)

螺栓的性能等级、锚栓和构件钢材的牌号		普通螺栓						锚栓	承压型连接高强度螺栓		
		C 级螺栓			A 级、B 级螺栓						
		抗拉 f_t^b	抗剪 f_v^b	承压 f_c^b	抗拉 f_t^b	抗剪 f_v^b	承压 f_c^b	抗拉 f_t^a	抗拉 f_t^b	抗剪 f_v^b	承压 f_c^b
普通螺栓	4.6 级、4.8 级	170	140	—	—	—	—	—	—	—	—
	5.6 级	—	—	—	210	190	—	—	—	—	—
	8.8 级	—	—	—	400	320	—	—	—	—	—
锚栓	Q235 钢	—	—	—	—	—	—	140	—	—	—
	Q345 钢	—	—	—	—	—	—	180	—	—	—
承压型连接高强度螺栓	8.8 级	—	—	—	—	—	—	—	400	250	—
	10.9 级	—	—	—	—	—	—	—	500	310	—
构件	Q235 钢	—	—	305	—	—	405	—	—	—	470
	Q345 钢	—	—	385	—	—	510	—	—	—	590
	Q390 钢	—	—	400	—	—	530	—	—	—	615
	Q420 钢	—	—	425	—	—	560	—	—	—	655

注:①A 级螺栓用于 $d \leqslant 24mm$ 和 $l \leqslant 10d$ 或 $l \leqslant 150mm$(按较小值)的螺栓;B 级螺栓用于 $d > 24mm$ 或 $l > 10d$ 或 $l > 150mm$(按较小值)的螺栓。d 为公称直径,l 为螺杆公称长度。

②A、B 级螺栓孔的精度和孔壁表面粗糙度,C 级螺栓孔的允许偏差和孔壁表面粗糙度,均应符合现行国家标准《钢结构工程施工质量验收规范》GB 50205 的要求。

表 1.5 铆钉连接的强度设计值(N/mm²)

铆钉钢号和构件钢材牌号		抗拉(钉头拉脱) f_t	抗剪 f_v		承压 f_c	
			Ⅰ 类孔	Ⅱ 类孔	Ⅰ 类孔	Ⅱ 类孔
铆钉	BL2 或 BL3	120	185	155	—	—
构件	Q235 钢	—	—	—	450	365
	Q345 钢	—	—	—	565	460
	Q390 钢	—	—	—	590	480

注:①属于下列情况者为 Ⅰ 类孔:

1)在装配好的构件上按设计孔径钻成的孔;

2)在单个零件和构件上按设计孔径分别用钻模钻成的孔;

3)在单个零件上先钻成或冲成较小的孔径,然后在装配好的构件上再扩钻至设计孔径的孔。

②在单个零件上一次冲成或不用钻模钻成设计孔径的孔属于 Ⅱ 类孔。

表 1.6　焊条规格 GB/T 5117—1995

焊条型号	药皮类型	焊接位置	电流种类
E43 系列-熔敷金属抗拉强度 ≥420MPa(43kgf/mm²)			
E4300	特殊型	平、立、仰、横	交流或直流正、反接
E4301	钛铁矿型		
E4303	钛钙型		
E4310	高纤维素钠型		直流反接
E4311	高纤维素钾型		交流或直流反接
E4312	高钛钠型	平、立、仰、横	交流或直流正接
E4313	高钛钾型		交流或直流正、反接
E4315	低氢钠型		直流反接
E4316	低氢钾型		交流或直流反接
E4320	氧化铁型	平	交流或直流正、反接
		平角焊	交流或直流正接
E4322		平	交流或直流正接
E4323	铁粉钛钙型	平、平角焊	交流或直流正、反接
E4324	铁粉钛型		
E4327	铁粉氧化铁型	平	交流或直流正、反接
		平角焊	交流或直流正接
E4328	铁粉低氢型	平、平角焊	交流或直流反接
E50 系列-熔敷金属抗拉强度 ≥490MPa(50kgf/mm²)			
E5001	钛铁矿型	平、立、仰、横	交流或直流正、反接
E5003	钛钙型		
E5010	高纤维素钠型		直流反接
E5011	高纤维素钾型		交流或直流反接
E5014	铁粉钛型		交流或直流正、反接
E5015	低氢钠型		直流反接
E5016	低氢钾型		交流或直流反接
E5018	铁粉低氢钾型		
E5018M	铁粉低氢型		直流反接
E5023	铁粉钛钙型	平、平角焊	交流或直流正、反接
E5024	铁粉钛型		交流或直流正、反接
E5027	铁粉氧化铁型	平、平角焊	交流或直流正接
E5028	铁粉低氢型		
E5048		平、仰、横、立向下	交流或直流反接

注:①焊接位置栏中文字含义:平——平焊、立——立焊、仰——仰焊、横——横焊、平角焊——水平角
　　焊、立向下——向下立焊。
　　②焊接位置栏中立和仰系指适用于立焊和仰焊的直径不大于 4.0mm 的 E5014、EXX15、EXX16、
　　E5018 和 E5018M 型焊条及直径不大于 5.0mm 的其他型号焊条。
　　③E4322 型焊条适宜单道焊。

表 1.7　疲劳计算时构件和连接分类

项次	简　图	说　明	类别
1		无连接处的主体金属 1. 轧制型钢 2. 钢板 (a)两边为轧制边或刨边 (b)两侧为自动、半自动切割边(切割质量标准应符合《钢结构工程施工及验收规范》GB50205)	1 1 2
2		横向对接焊缝附近的主体金属 1. 符合《钢结构工程施工及验收规范》的一级焊缝 2. 经加工磨平的一级焊缝	3 2
3		不同厚度(或宽度)横向对接焊缝附近的主体金属,焊缝加工成平滑过渡并符合二级焊缝标准	2
4		纵向对接焊缝附近的主体金属,焊缝符合二级焊缝标准	2
5		翼缘连接焊缝附近的主体金属 (1)翼缘板与腹板的连接焊缝 a. 自动焊,二级T形对接和角接组合焊缝 b. 自动焊,角焊缝,外观质量标准符合二级 c. 手工焊,角焊缝,外观质量标准符合二级 (2)双层翼缘板之间的连接焊缝 a. 自动焊,角焊缝,外观质量标准符合二级 b. 手工焊,角焊缝,外观质量标准符合二级	2 3 4 3 4
6		横向加劲肋端部附近的主体金属 1. 肋端不断弧(采用回焊) 2. 肋端断弧	4 5

项次	简 图	说 明	类别
7		梯形节点板对接焊缝焊于梁翼缘、腹板以及桁架构件处的主体金属,过渡处在焊后铲平、磨光、圆滑过渡,不得有焊接起弧、灭弧缺陷	5
8		矩形节点板焊接于构件翼缘或腹板处的主体金属, $l>150mm$	7
9		翼缘板中断处的主体金属(板端有正面焊缝)	7
10		向正面角焊缝过渡处的主体金属	6
11		两侧面角焊缝连接端部的主体金属	8
12		三面围焊的角焊缝端部主体金属	7
13		三面围焊或两侧面角焊缝连接的节点板主体金属(节点板计算宽度按应力扩散角 θ 等于 $30°$ 考虑)	7

项次	简 图	说 明	类别
14		K形坡口T形对接与角接组合焊缝处的主体金属,两板轴线偏离小于0.15t,焊缝为二级,焊趾角 $\alpha \le 45°$	5
15		十字接头角焊缝处的主体金属,两板轴线偏离小于0.15t	7
16	角焊缝	按有效截面确定的剪应力幅计算	8
17		铆钉连接处的主体金属	3
18		联系螺栓和虚孔处的主体金属	3
19		高强度螺栓摩擦型连接处的主体金属	2

注:①所有对接焊缝及T形对接和角接组合焊缝均需焊透。所有焊缝的外形尺寸均应符合现行标准《钢结构焊缝外形尺寸》JB 7949 的规定。

②角焊缝应符合《钢结构设计规范》GB 50017—2003 第8.2.7条和第8.2.8条的要求。

③项次 16 中的剪应力幅 $\Delta\tau = \tau_{max} - \tau_{min}$,其中 τ_{min} 的正负值为:与 τ_{max} 同方向时,取正值;与 τ_{max} 反方向时,取负值。

④第 17、18 项中的应力应以净截面面积计算,第 19 项应以毛截面面积计算。

附二 稳定系数

表 2.1　　　　　　　　a 类截面轴心受压构件的稳定系数 φ

$\lambda\sqrt{\dfrac{f_y}{235}}$	0	1	2	3	4	5	6	7	8	9
0	1.000	1.000	1.000	1.000	0.999	0.999	0.998	0.998	0.997	0.996
10	0.995	0.994	0.993	0.992	0.991	0.989	0.988	0.986	0.985	0.983
20	0.981	0.979	0.977	0.976	0.974	0.972	0.970	0.968	0.966	0.964
30	0.963	0.961	0.959	0.957	0.955	0.952	0.950	0.948	0.946	0.944
40	0.941	0.939	0.937	0.934	0.932	0.929	0.927	0.924	0.921	0.919
50	0.916	0.913	0.910	0.907	0.904	0.900	0.897	0.894	0.890	0.886
60	0.883	0.879	0.875	0.871	0.867	0.863	0.858	0.854	0.849	0.844
70	0.839	0.834	0.829	0.824	0.818	0.813	0.807	0.801	0.795	0.789
80	0.783	0.776	0.770	0.763	0.757	0.750	0.743	0.736	0.728	0.721
90	0.714	0.706	0.699	0.691	0.684	0.676	0.668	0.661	0.653	0.645
100	0.638	0.630	0.622	0.615	0.607	0.600	0.592	0.585	0.577	0.570
110	0.563	0.555	0.548	0.541	0.534	0.527	0.520	0.514	0.507	0.500
120	0.494	0.488	0.481	0.475	0.469	0.463	0.457	0.451	0.445	0.440
130	0.434	0.429	0.423	0.418	0.412	0.407	0.402	0.397	0.392	0.387
140	0.383	0.378	0.373	0.369	0.364	0.360	0.356	0.351	0.347	0.343
150	0.339	0.335	0.331	0.327	0.323	0.320	0.316	0.312	0.309	0.305
160	0.302	0.298	0.295	0.292	0.289	0.285	0.282	0.279	0.276	0.273
170	0.270	0.267	0.264	0.262	0.259	0.256	0.253	0.251	0.248	0.246
180	0.243	0.241	0.238	0.236	0.233	0.231	0.229	0.226	0.224	0.222
190	0.220	0.218	0.215	0.213	0.211	0.209	0.207	0.205	0.203	0.201
200	0.199	0.198	0.196	0.194	0.192	0.190	0.189	0.187	0.185	0.183
210	0.182	0.180	0.179	0.177	0.175	0.174	0.172	0.171	0.169	0.168
220	0.166	0.165	0.164	0.162	0.161	0.159	0.158	0.157	0.155	0.154
230	0.153	0.152	0.150	0.149	0.148	0.147	0.146	0.144	0.143	0.142
240	0.141	0.140	0.139	0.138	0.136	0.135	0.134	0.133	0.132	0.131
250	0.130	—	—	—	—	—	—	—	—	—

表 2. 2 　　　　　　　　　　　　**b 类截面轴心受压构件的稳定系数** φ

$\lambda\sqrt{\dfrac{f_y}{235}}$	0	1	2	3	4	5	6	7	8	9
0	1.000	1.000	1.000	0.999	0.999	0.998	0.997	0.996	0.995	0.994
10	0.992	0.991	0.989	0.987	0.985	0.983	0.981	0.978	0.976	0.973
20	0.970	0.967	0.963	0.960	0.957	0.953	0.950	0.946	0.943	0.939
30	0.936	0.932	0.929	0.925	0.922	0.918	0.914	0.910	0.906	0.903
40	0.899	0.895	0.891	0.887	0.882	0.878	0.874	0.870	0.865	0.861
50	0.856	0.852	0.847	0.842	0.838	0.833	0.828	0.823	0.818	0.813
60	0.807	0.802	0.797	0.791	0.786	0.780	0.774	0.769	0.763	0.757
70	0.751	0.745	0.739	0.732	0.726	0.720	0.714	0.707	0.701	0.694
80	0.688	0.681	0.675	0.668	0.661	0.655	0.648	0.641	0.635	0.628
90	0.621	0.614	0.608	0.601	0.594	0.588	0.581	0.575	0.568	0.561
100	0.555	0.549	0.542	0.536	0.529	0.523	0.517	0.511	0.505	0.499
110	0.493	0.487	0.481	0.475	0.470	0.464	0.458	0.453	0.447	0.442
120	0.437	0.432	0.426	0.421	0.416	0.411	0.406	0.402	0.397	0.392
130	0.387	0.383	0.378	0.374	0.370	0.365	0.361	0.357	0.353	0.349
140	0.345	0.341	0.337	0.333	0.329	0.326	0.322	0.318	0.315	0.311
150	0.308	0.304	0.301	0.298	0.295	0.291	0.288	0.285	0.282	0.279
160	0.276	0.273	0.270	0.267	0.265	0.262	0.259	0.256	0.254	0.251
170	0.249	0.246	0.244	0.241	0.239	0.236	0.234	0.232	0.229	0.227
180	0.225	0.223	0.220	0.218	0.216	0.214	0.212	0.210	0.208	0.206
190	0.204	0.202	0.200	0.198	0.197	0.195	0.193	0.191	0.190	0.188
200	0.186	0.184	0.183	0.181	0.180	0.178	0.176	0.175	0.173	0.172
210	0.170	0.169	0.167	0.166	0.165	0.163	0.162	0.160	0.159	0.158
220	0.156	0.155	0.154	0.153	0.151	0.150	0.149	0.148	0.146	0.145
230	0.144	0.143	0.142	0.141	0.140	0.138	0.137	0.136	0.135	0.134
240	0.133	0.132	0.131	0.130	0.129	0.128	0.127	0.126	0.125	0.124
250	0.123	—	—	—	—	—	—	—	—	—

表 2.3

c 类截面轴心受压构件的稳定系数 φ

$\lambda\sqrt{\dfrac{f_y}{235}}$	0	1	2	3	4	5	6	7	8	9
0	1.000	1.000	1.000	0.999	0.999	0.998	0.997	0.996	0.995	0.993
10	0.992	0.990	0.988	0.986	0.983	0.981	0.978	0.976	0.973	0.970
20	0.966	0.959	0.953	0.947	0.940	0.934	0.928	0.921	0.915	0.909
30	0.902	0.896	0.890	0.884	0.877	0.871	0.865	0.858	0.852	0.846
40	0.839	0.833	0.826	0.820	0.814	0.807	0.801	0.794	0.788	0.781
50	0.775	0.768	0.762	0.755	0.748	0.742	0.735	0.729	0.722	0.715
60	0.709	0.702	0.695	0.689	0.682	0.676	0.669	0.662	0.656	0.649
70	0.643	0.636	0.629	0.623	0.616	0.610	0.604	0.597	0.591	0.584
80	0.578	0.572	0.566	0.559	0.553	0.547	0.541	0.535	0.529	0.523
90	0.517	0.511	0.505	0.500	0.494	0.488	0.483	0.477	0.472	0.467
100	0.463	0.458	0.454	0.449	0.445	0.441	0.436	0.432	0.428	0.423
110	0.419	0.415	0.411	0.407	0.403	0.399	0.395	0.391	0.387	0.383
120	0.379	0.375	0.371	0.367	0.364	0.360	0.356	0.353	0.349	0.346
130	0.342	0.339	0.335	0.332	0.328	0.325	0.322	0.319	0.315	0.312
140	0.309	0.306	0.303	0.300	0.297	0.294	0.291	0.288	0.285	0.282
150	0.280	0.277	0.274	0.271	0.269	0.266	0.264	0.261	0.258	0.256
160	0.254	0.251	0.249	0.246	0.244	0.242	0.239	0.237	0.235	0.233
170	0.230	0.228	0.226	0.224	0.222	0.220	0.218	0.216	0.214	0.212
180	0.210	0.208	0.206	0.205	0.203	0.201	0.199	0.197	0.196	0.194
190	0.192	0.190	0.189	0.187	0.186	0.184	0.182	0.181	0.179	0.178
200	0.176	0.175	0.173	0.172	0.170	0.169	0.168	0.166	0.165	0.163
210	0.162	0.161	0.159	0.158	0.157	0.156	0.154	0.153	0.152	0.151
220	0.150	0.148	0.147	0.146	0.145	0.144	0.143	0.142	0.140	0.139
230	0.138	0.137	0.136	0.135	0.134	0.133	0.132	0.131	0.130	0.129
240	0.128	0.127	0.126	0.125	0.124	0.124	0.123	0.122	0.121	0.120
250	0.119	—	—	—	—	—	—	—	—	—

表 2.4   **d 类截面轴心受压构件的稳定系数** φ

$\lambda\sqrt{\dfrac{f_y}{235}}$	0	1	2	3	4	5	6	7	8	9
0	1.000	1.000	0.999	0.999	0.998	0.996	0.994	0.992	0.990	0.987
10	0.984	0.981	0.978	0.974	0.969	0.965	0.960	0.955	0.949	0.944
20	0.937	0.927	0.918	0.909	0.900	0.891	0.883	0.874	0.865	0.857
30	0.848	0.840	0.831	0.823	0.815	0.807	0.799	0.790	0.782	0.774
40	0.766	0.759	0.751	0.743	0.735	0.728	0.720	0.712	0.705	0.697
50	0.690	0.683	0.675	0.668	0.661	0.654	0.646	0.639	0.632	0.625
60	0.618	0.612	0.605	0.598	0.591	0.585	0.578	0.572	0.565	0.559
70	0.552	0.546	0.540	0.534	0.528	0.522	0.516	0.510	0.504	0.498
80	0.493	0.487	0.481	0.476	0.470	0.465	0.460	0.454	0.449	0.444
90	0.439	0.434	0.429	0.424	0.419	0.414	0.410	0.405	0.401	0.397
100	0.394	0.390	0.387	0.383	0.380	0.376	0.373	0.370	0.366	0.363
110	0.359	0.356	0.353	0.350	0.346	0.343	0.340	0.337	0.334	0.331
120	0.328	0.325	0.322	0.319	0.316	0.313	0.310	0.307	0.304	0.301
130	0.299	0.296	0.293	0.290	0.288	0.285	0.282	0.280	0.277	0.275
140	0.272	0.270	0.267	0.265	0.262	0.260	0.258	0.255	0.253	0.251
150	0.248	0.246	0.244	0.242	0.240	0.237	0.235	0.233	0.231	0.229
160	0.227	0.225	0.223	0.221	0.219	0.217	0.215	0.213	0.212	0.210
170	0.208	0.206	0.204	0.203	0.201	0.199	0.197	0.196	0.194	0.192
180	0.191	0.189	0.188	0.186	0.184	0.183	0.181	0.180	0.178	0.177
190	0.176	0.174	0.173	0.171	0.170	0.168	0.167	0.166	0.164	0.163
200	0.162	—	—	—	—	—	—	—	—	—

表 2.5 **H 形钢和等截面工字形简支梁的系数 β_b 值**

项次	侧向支承	荷载	$\xi=l_1t_1/b_1h$		$\xi \leqslant 2.0$	$\xi >2.0$	适用范围
1	跨中无侧向支承	均布荷载作用在	上翼缘		$0.69+0.13\xi$	0.95	对称截面及上翼缘加强的截面
2			下翼缘		$1.73-0.20\xi$	1.33	
3		集中荷载作用在	上翼缘		$0.73+0.18\xi$	1.09	
4			下翼缘		$2.23-0.28\xi$	1.67	
5	跨度中点有一个侧向支点	均布荷载作用在	上翼缘		1.15		对称截面、上翼缘加强及下翼缘加强的截面
6			下翼缘		1.40		
7		集中荷载作用在截面高度上任意处			1.75		
8	跨中有不少于两个等距侧向支点	任意荷载作用在	上翼缘		1.20		
9			下翼缘		1.40		
10	梁端有弯矩但跨中无荷载作用				$1.75-1.05(M_2/M_1)+0.3$ $(M_2/M_1)^2$ 但 $\leqslant 2.3$		

注:①l_1、t_1 和 b_1 分别是受压翼缘的自由长度、厚度和宽度。

②M_1 和 M_2——梁的端弯矩,使梁发生单曲率时二者取同号,产生双曲率时取异号,$|M_1| \geqslant |M_2|$。

③项次 3、4、7 指一个或少数几个集中荷载位于跨中附近,梁的弯矩图接近等腰三角形的情况;其他情况的集中荷载应按项次 1、2、5、6 的数值采用。

④项次 8、9 的 β_b,当集中荷载作用在侧向支承点处时,取 $\beta_b = 1.20$。

⑤荷载作用在上翼缘系指荷载作用点在翼缘表面,方向指向截面形心;荷载作用在下翼缘系指荷载作用点在翼缘表面,方向背向截面形心。

⑥对 $\alpha_b >0.8$ 的加强受压翼缘工字钢截面,下列情况的 β_b 值应乘以相应的系数:

项次 1,当 $\xi \leqslant 1.0$ 时,乘以 0.95;

项次 3,当 $\xi \leqslant 0.5$ 时,乘以 0.90;当 $0.5<\xi \leqslant 1.0$ 时,乘以 0.95。

表 2.6 **双轴对称工字形等截面(含 H 形钢)悬臂梁的系数 β_b 值**

项次	荷 载 形 式		$\xi = \dfrac{l_1t_1}{b_1h}$		
			$0.60 \leqslant \xi \leqslant 1.24$	$1.24<\xi \leqslant 1.96$	$1.96<\xi \leqslant 3.10$
1	自由端一个集中荷载作用在	上翼缘	$0.21+0.67\xi$	$0.72+0.26\xi$	$1.17+0.03\xi$
2		下翼缘	$2.94-0.65\xi$	$2.64-0.40\xi$	$2.15-0.15\xi$
3	均布荷载作用在上翼缘		$0.62+0.82\xi$	$1.25+0.31\xi$	$1.66+0.10\xi$

注:本表是按支承端为固定的情况确定的,当用于由邻跨延伸出来的伸臂梁时,应在构造上采取措施加强支承处的抗扭能力。

表2.7　　　　　轧制普通工字形钢简支梁的φ_b值

项次	荷载情况		工字钢型号 / 自由长度 l_1(m)	2	3	4	5	6	7	8	9	10
1	跨中无侧向支承点的梁	集中荷载作用于 上翼缘	10~20	2.0	1.30	0.99	0.80	0.68	0.58	0.53	0.48	0.43
			22~32	2.4	1.48	1.09	0.86	0.72	0.62	0.54	0.49	0.45
			36~63	2.8	1.60	1.07	0.83	0.68	0.56	0.50	0.45	0.40
2		集中荷载作用于 下翼缘	10~20	3.1	1.95	1.34	1.01	0.82	0.69	0.63	0.57	0.52
			22~40	5.5	2.80	1.84	1.37	1.07	0.86	0.73	0.64	0.56
			45~63	7.3	3.60	2.30	1.62	1.20	0.96	0.80	0.69	0.60
3		均布荷载作用于 上翼缘	10~20	1.7	1.12	0.84	0.68	0.57	0.50	0.45	0.41	0.37
			22~40	2.1	1.30	0.93	0.73	0.60	0.51	0.45	0.40	0.36
			45~63	2.6	1.45	0.97	0.73	0.59	0.50	0.44	0.38	0.35
4		均布荷载作用于 下翼缘	10~20	2.5	1.55	1.08	0.83	0.68	0.56	0.52	0.47	0.42
			22~40	4.0	2.20	1.45	1.10	0.85	0.70	0.60	0.52	0.46
			45~63	5.6	2.80	1.80	1.25	0.95	0.78	0.65	0.55	0.49
5	跨中有侧向支承点的梁(不论荷载作用点在截面高度上的位置)		10~20	2.2	1.39	1.01	0.79	0.66	0.57	0.52	0.47	0.42
			22~40	3.0	1.80	1.24	0.96	0.76	0.65	0.56	0.49	0.43
			45~63	4.0	2.20	1.38	1.01	0.80	0.66	0.56	0.49	0.43

注:①项次1、2中的集中荷载含义见表2.5的注。

②表中的φ_b值适用于Q235型钢。对其他型号的钢,表中数值应乘以235/f_y。

表2.8　　　均匀弯曲的受弯构件,当$\lambda_y \leqslant 120\sqrt{\dfrac{235}{f_y}}$时,

整体稳定系数φ_b的近似计算公式

截　面		近似公式	注
工字形、H形钢	双轴对称时	$\varphi_b = 1.07 - \dfrac{\lambda_y^2}{44\,000} \cdot \dfrac{f_y}{235}$	当$\varphi_b > 1.0$时,取1.0
	单轴对称时	$\varphi_b = 1.07 - \dfrac{W_x}{(2\alpha_b + 0.1)Ah} \cdot \dfrac{\lambda_y^2}{14\,000} \cdot \dfrac{f_y}{235}$	
T形	翼缘受压 双角钢组成	$\varphi_b = 1 - 0.0017\lambda_y\sqrt{\dfrac{f_y}{235}}$	
	翼缘受压 剖分T形两板组成	$\varphi_b = 1 - 0.0022\lambda_y\sqrt{\dfrac{f_y}{235}}$	
	翼缘受拉	$\varphi_b = 1 - 0.0005\lambda_y\sqrt{\dfrac{f_y}{235}}$	腹板宽厚比 $h_0/t_w \leqslant 18\sqrt{235/f_y}$

注:①算出$\varphi_b > 0.6$时,不需换算为φ_b',$\varphi_b > 1.0$时,取$\varphi_b = 1.0$。

②$\alpha_b = \dfrac{I_1}{I_1 + I_2}$,$I_1$和$I_2$分别是受压翼缘和受拉翼缘对y轴的惯性矩。

附三 型钢和螺栓规格

表 3.1

符号:h——高 度,b——翼缘宽度,
d——腹板厚度,t——翼缘平均厚度,
I——惯性矩,W——截面模量。

i——回转半径;
s——半截面的静力矩。

长度:型号 10~18,长 5~19m;
型号 20~63,长 6~19m。

普通工字形钢

型号	尺 寸 (mm)					截面积 (cm²)	重 量 (kg/m)	x-x				y-y		
	h	b	d	t	r			I_x (cm⁴)	W_x (cm³)	i_x (cm)	I_x/S_x (cm)	I_y (cm⁴)	W_y (cm³)	i_y (cm)
10	100	68	4.5	7.6	6.5	14.3	11.2	245	49	4.14	8.59	33	9.7	1.52
12.6	126	74	5.0	8.4	7.0	18.1	14.2	488	77	5.19	10.8	47	12.7	1.61
14	140	80	5.5	9.1	7.5	21.5	16.9	712	102	5.76	12.0	64	16.1	1.73
16	160	88	6.0	9.9	8.0	26.1	20.5	1 130	141	6.58	13.8	93	21.2	1.89
18	180	94	6.5	10.7	8.5	30.6	24.1	1 660	185	7.36	15.4	122	26.0	2.00
20 a	200	100	7.0	11.4	9.0	35.5	27.9	2 370	237	8.15	17.2	158	31.5	2.12
b	200	102	9.0	11.4	9.0	39.5	31.1	2 500	250	7.96	16.9	169	33.1	2.06
22 a	220	110	7.5	12.3	9.5	42.0	33.0	3 400	309	8.99	18.9	225	40.9	2.31
b	220	112	9.5	12.3	9.5	46.4	36.4	3 570	325	8.78	18.7	239	42.7	2.27
25 a	250	116	8.5	13.0	10.0	48.5	38.1	5 020	402	10.18	21.6	280	48.3	2.40
b	250	118	10.0	13.0	10.0	53.5	42.0	5 280	423	9.94	21.3	309	52.4	2.40
28 a	280	122	8.5	13.7	10.5	55.4	43.4	7 110	508	11.3	24.6	345	56.6	2.49
b	280	124	10.5	13.7	10.5	61.0	47.9	7 480	534	11.1	24.2	379	61.2	2.49
a	320	130	9.5	15.0	11.5	67.0	52.7	11 080	692	12.8	27.5	460	70.8	2.62
32 b	320	132	11.5	15.0	11.5	73.4	57.7	11 620	726	12.6	27.1	502	76.0	2.61
c	320	134	13.5	15.0	11.5	79.9	62.8	12 170	760	12.3	26.8	544	81.2	2.61

型号	尺寸 h (mm)	b	d	t	r	截面积 (cm²)	重量 (kg/m)	x-x Iₓ (cm⁴)	Wₓ (cm³)	iₓ (cm)	Iₓ/Sₓ (cm)	y-y Iᵧ (cm⁴)	Wᵧ (cm³)	iᵧ (cm)
36 a	360	136	10.0	15.8	12.0	76.3	59.9	15 760	875	14.4	30.7	552	81.2	2.69
36 b		138	12.0			83.5	65.6	16 530	919	14.1	30.3	582	84.3	2.64
36 c		140	14.0			90.7	71.2	17 310	962	13.8	29.9	612	87.4	2.60
40 a	400	142	10.5	16.5	12.5	86.1	67.6	21 720	1 090	15.9	34.1	660	93.2	2.77
40 b		144	12.5			94.1	73.8	22 780	1 140	15.6	33.6	692	96.2	2.71
40 c		146	14.5			102	80.1	23 850	1 190	15.2	33.2	727	99.6	2.65
45 a	450	150	11.5	18.0	13.5	102	80.4	32 240	1 430	17.7	38.6	855	114	2.89
45 b		152	13.5			111	87.4	33 760	1 500	17.4	38.0	894	118	2.84
45 c		154	15.5			120	94.5	35 280	1 570	17.1	37.6	938	122	2.79
50 a	500	158	12.0	20	14	119	93.6	46 470	1 860	19.7	42.8	1 120	142	3.07
50 b		160	14.0			129	101	48 560	1 940	19.4	42.4	1 170	146	3.01
50 c		162	16.0			139	109	50 640	2 080	19.0	41.8	1 220	151	2.96
56 a	560	166	12.5	21	14.5	135	106	65 590	2 342	22.0	47.7	1 370	165	3.18
56 b		168	14.5			146	115	68 510	2 447	21.6	47.2	1 487	174	3.16
56 c		170	16.5			158	124	71 440	2 551	21.3	46.7	1 558	183	3.16
63 a	630	176	13.0	22	15	155	122	93 920	2 981	24.6	54.2	1 701	193	3.31
63 b		178	15.0			167	131	98 080	3 164	24.2	53.5	1 812	204	3.29
63 c		180	17.0			180	141	102 250	3 298	23.8	52.9	1 925	214	3.27

表 3.2

普通槽钢

符号：同普通工字形钢

长度：型号 5~8,长 5~12m；

型号：10~18,长 5~19m；

型号：20~40,长 6~19m。

型号	尺寸 (mm)					截面积 (cm²)	重量 (kg/m)	x-x			y-y			y₁-y₁	z₀ (cm)
	h	b	d	t	r			I_x (cm⁴)	W_x (cm³)	i_x (cm)	I_y (cm⁴)	W_y (cm³)	i_y (cm)	I_{y1} (cm⁴)	
5	50	37	4.5	7.0	7.0	6.9	5.4	26	10.4	1.94	8.3	3.55	1.10	20.9	1.35
6.3	63	40	4.8	7.5	7.5	8.4	6.6	51	16.1	2.45	11.9	4.50	1.18	28.4	1.36
8	80	43	5.0	8.0	8.0	10.2	8.0	101	25.3	3.15	16.6	5.79	1.27	37.4	1.43
10	100	48	5.3	8.5	8.5	12.7	10.0	198	39.7	3.95	25.6	7.8	1.41	55	1.52
12.6	126	53	5.5	9.0	9.0	15.7	12.4	391	62.1	4.95	38.0	10.2	1.57	77	1.59
14 a	140	58	6.0	9.5	9.5	18.5	14.5	564	80.5	5.52	53.2	13.0	1.70	107	1.71
14 b		60	8.0			21.3	16.7	609	87.1	5.35	61.1	14.1	1.69	121	1.67
16 a	160	63	6.5	10.0	10.0	21.9	17.2	866	108	6.28	73.3	16.3	1.83	144	1.80
16 b		65	8.5			25.1	19.7	934	117	6.10	83.4	17.5	1.82	161	1.75
18 a	180	68	7.0	10.5	10.5	25.7	20.2	1 273	141	7.04	98.6	20.0	1.96	190	1.88
18 b		70	9.0			29.3	23.0	1 370	152	6.84	111	21.5	1.95	210	1.84
20 a	200	73	7.0	11.0	11.0	28.8	22.6	1 780	178	7.86	128	24.2	2.11	244	2.01
20 b		75	9.0			32.8	25.8	1 914	191	7.64	144	25.9	2.09	268	1.95
22 a	220	77	7.0	11.5	11.5	31.8	25.0	2 394	218	8.67	158	28.2	2.23	298	2.10
22 b		79	9.0			36.2	28.4	2 571	234	8.43	176	30.0	2.21	326	2.03
25 a	250	78	7.0	12.0	12.0	34.9	27.5	3 370	270	9.82	175	30.6	2.24	322	2.07
25 b		80	9.0			39.9	31.4	3 530	282	9.40	196	32.7	2.22	353	1.98
25 c		82	11.0			44.9	35.3	3 690	295	9.07	218	35.9	2.21	384	1.92

型号		尺 寸 (mm)					截面积 (cm²)	重 量 (kg/m)	x－x			y－y			y_1－y_1	z_0
	h	b	d	t	r				I_x (cm⁴)	W_x (cm³)	i_x (cm)	I_y (cm⁴)	W_y (cm³)	i_y (cm)	I_{y1} (cm⁴)	(cm)
28 a	280	82	7.5	12.5	12.5	40.0	31.4	4 765	340	10.9	218	35.7	2.33	388	2.10
28 b		84	9.5			45.6	35.8	5 130	366	10.6	242	37.9	2.30	428	2.02
28 c		86	11.5			51.2	40.2	5 496	393	10.3	268	40.3	2.29	463	1.95
32 a	320	88	8.0	14.0	14.0	48.7	38.2	7 598	475	12.5	305	46.5	2.50	552	2.24
32 b		90	10.0			55.1	43.2	8 144	509	12.1	336	49.2	2.47	593	2.16
32 c		92	12.0			61.5	48.3	8 690	543	11.9	374	52.6	2.47	643	2.09
36 a	360	96	9.0	16.0	16.0	60.9	47.8	11 870	660	14.0	455	63.5	2.73	818	2.44
36 b		98	11.0			68.1	53.4	12 650	703	13.6	497	66.8	2.70	880	2.37
36 c		100	13.0			75.3	59.1	13 430	746	13.4	536	70.0	2.67	948	2.34
40 a	400	100	10.5	18.0	18.0	75.0	58.9	17 580	879	15.3	592	78.8	2.81	1 068	2.94
40 b		102	12.5			83.0	65.2	18 640	932	15.0	640	82.5	2.78	1 136	2.44
40 c		104	14.5			91.0	71.5	19 710	986	14.7	688	86.2	2.75	1 221	2.42

表 3.3

热轧等边角钢截面特性表（YB166—65）

I——惯性矩，i——回转半径，

W——截面模量，$r_1 = \frac{1}{3}d_0$，

尺寸（mm）			截面面积 A（cm²）	重量（kg/m）	表面积（m²/m）	$x-x$				x_0-x_0			y_0-y_0			x_1-x_1	z_0（cm）
b	d	r				I_x（cm⁴）	i_x（cm）	$W_{x,min}$（cm³）	$W_{x,max}$（cm³）	I_{x0}（cm⁴）	i_{x0}（cm）	W_{x0}（cm³）	I_{y0}（cm⁴）	i_{y0}（cm）	W_{y0}（cm³）	I_{x1}（cm⁴）	
20	3	3.5	1.132	0.889	0.078	0.40	0.59	0.29	0.67	0.63	0.75	0.45	0.17	0.39	0.20	0.81	0.60
	4		1.459	1.145	0.077	0.50	0.58	0.36	0.78	0.78	0.73	0.55	0.22	0.38	0.24	1.09	0.64
25	3	3.5	1.432	1.124	0.098	0.82	0.76	0.46	1.12	1.29	0.95	0.73	0.34	0.49	0.33	1.57	0.73
	4		1.859	1.459	0.097	1.03	0.74	0.59	1.36	1.62	0.93	0.92	0.43	0.48	0.40	2.11	0.76
30	3	4.5	1.749	1.373	0.117	1.46	0.91	0.68	1.72	2.31	1.15	1.09	0.61	0.59	0.51	2.71	0.85
	4		2.276	1.787	0.117	1.84	0.90	0.87	2.07	2.92	1.13	1.37	0.77	0.58	0.62	3.63	0.89
36	3	4.5	2.109	1.656	0.141	2.58	1.11	0.99	2.58	4.09	1.39	1.61	1.07	0.71	0.76	4.68	1.00
	4		2.756	2.163	0.141	3.29	1.09	1.28	3.16	5.22	1.38	2.05	1.37	0.70	0.93	6.25	1.04
	5		3.382	2.655	0.141	3.95	1.08	1.56	3.69	6.24	1.36	2.45	1.65	0.70	1.09	7.84	1.07
40	3	5	2.359	1.852	0.157	3.59	1.23	1.23	3.29	5.69	1.55	2.01	1.49	0.79	0.96	6.41	1.09
	4		3.086	2.423	0.157	4.60	1.22	1.60	4.07	7.29	1.54	2.58	1.91	0.79	1.19	8.56	1.13
	5		3.792	2.977	0.156	5.53	1.21	1.96	4.73	8.76	1.52	3.10	2.30	0.78	1.39	10.74	1.17
45	3	5	2.659	2.083	0.177	5.17	1.39	1.58	4.24	8.20	1.76	2.58	2.14	0.90	1.24	9.12	1.22
	4		3.486	2.737	0.177	6.65	1.38	2.05	5.28	10.56	1.74	3.32	2.75	0.89	1.54	12.18	1.26
	5		4.292	3.369	0.176	8.04	1.37	2.51	6.18	12.74	1.72	4.00	3.33	0.88	1.81	15.25	1.30
	6		5.076	3.985	0.176	9.33	1.36	2.95	7.02	14.76	1.71	4.64	3.89	0.88	2.06	18.36	1.33

尺寸 (mm)			截面面积 A(cm²)	重量 (kg/m)	表面积 (m²/m)	$x-x$				x_0-x_0			y_0-y_0			x_1-x_1	z_0 (cm)
b	d	r				I_x (cm⁴)	i_x (cm)	$W_{x,min}$ (cm³)	$W_{x,max}$ (cm³)	I_{x0} (cm⁴)	i_{x0} (cm)	W_{x0} (cm³)	I_{y0} (cm⁴)	i_{y0} (cm)	W_{y0} (cm³)	I_{x1} (cm⁴)	
50	3	5.5	2.971	2.332	0.197	7.18	1.55	1.96	5.36	11.37	1.96	3.22	2.98	1.00	1.57	12.50	1.34
	4		3.897	3.059	0.197	9.26	1.54	2.56	6.71	14.69	1.94	4.16	3.82	0.99	1.96	16.69	1.38
	5		4.803	3.770	0.196	11.21	1.53	3.13	7.89	17.79	1.92	5.03	4.63	0.98	2.31	20.90	1.42
	6		5.688	4.465	0.196	13.05	1.51	3.68	8.94	20.68	1.91	5.85	5.42	0.98	2.63	25.14	1.46
56	3	6	3.343	2.624	0.221	10.19	1.75	2.48	6.89	16.14	2.20	4.08	4.24	1.13	2.02	17.56	1.48
	4		4.390	3.446	0.220	13.18	1.73	3.24	8.61	20.92	2.18	5.28	5.45	1.11	2.52	23.43	1.53
	5		5.415	4.251	0.220	16.02	1.72	3.97	10.20	25.42	2.17	6.42	6.61	1.10	2.98	29.33	1.57
	8		8.367	6.568	0.219	23.63	1.68	6.03	14.07	37.37	2.11	9.44	9.89	1.09	4.16	47.24	1.68
63	4	7	4.978	3.907	0.248	19.03	1.96	4.13	11.19	30.17	2.46	6.77	7.89	1.26	3.29	33.35	1.70
	5		6.143	4.822	0.248	23.17	1.94	5.08	13.32	36.77	2.45	8.25	9.57	1.25	3.90	41.73	1.74
	6		7.288	5.721	0.247	27.12	1.93	6.00	15.24	43.03	2.43	9.66	11.20	1.24	4.46	50.14	1.78
	8		9.515	7.469	0.247	34.45	1.90	7.75	18.63	54.56	2.39	12.25	14.33	1.23	5.47	67.11	1.85
	10		11.657	9.151	0.246	41.09	1.88	9.39	21.29	64.85	2.36	14.56	17.33	1.22	6.37	84.31	1.93
70	4	8	5.570	4.372	0.275	26.39	2.18	5.14	14.19	41.80	2.74	8.44	10.96	1.40	4.17	45.74	1.86
	5		6.875	5.397	0.275	32.21	2.16	6.32	16.86	51.08	2.73	10.32	13.34	1.39	4.95	57.21	1.91
	6		8.160	6.406	0.275	37.77	2.15	7.48	19.37	59.93	2.71	12.11	15.61	1.38	5.67	68.73	1.95
	7		9.424	7.398	0.275	43.09	2.14	8.59	21.65	68.35	2.69	13.81	17.82	1.38	6.34	80.29	1.99
	8		10.667	8.373	0.274	48.17	2.12	9.68	23.73	76.37	2.68	15.43	19.98	1.37	6.98	91.92	2.03
75	5	9	7.412	5.818	0.295	39.96	2.32	7.30	19.68	63.30	2.92	11.94	16.61	1.50	5.80	70.36	2.03
	6		8.797	6.905	0.294	46.91	2.31	8.63	22.66	74.38	2.91	14.02	19.43	1.49	6.65	84.55	2.07
	7		10.160	7.976	0.294	53.57	2.30	9.93	25.39	84.96	2.89	16.02	22.18	1.48	7.44	98.71	2.11
	8		11.503	9.030	0.294	59.96	2.28	11.20	27.90	95.07	2.87	17.93	24.86	1.47	8.19	112.97	2.15
	10		14.126	11.089	0.293	71.98	2.26	13.64	32.42	113.92	2.84	21.48	30.05	1.46	9.56	141.71	2.22

尺寸(mm)			截面面积 A(cm²)	重量 (kg/m)	表面积 (m²/m)	x−x				x0−x0			y0−y0			x1−x1	z0 (cm)
b	d	r				I_x (cm⁴)	i_x (cm)	$W_{x,min}$ (cm³)	$W_{x,max}$ (cm³)	I_{x0} (cm⁴)	i_{x0} (cm)	W_{x0} (cm³)	I_{y0} (cm⁴)	i_{y0} (cm)	W_{y0} (cm³)	I_{x1} (cm⁴)	
80	5	9	7.912	6.211	0.315	48.79	2.48	8.34	22.69	77.33	3.13	13.67	20.25	1.60	6.66	85.36	2.15
	6		9.397	7.376	0.314	57.35	2.47	9.87	26.19	90.98	3.11	16.08	23.72	1.59	7.65	102.50	2.19
	7		10.860	8.525	0.314	65.58	2.46	11.37	29.41	104.07	3.10	18.40	27.10	1.58	8.58	119.70	2.23
	8		12.303	9.658	0.314	73.50	2.44	12.83	32.37	116.60	3.08	20.61	30.39	1.57	9.46	136.97	2.27
	10		15.126	11.874	0.313	88.43	2.42	15.64	37.63	140.09	3.04	24.76	36.77	1.56	11.08	171.74	2.35
90	6	10	10.637	8.350	0.354	82.77	2.79	12.61	33.92	131.26	3.51	20.63	34.28	1.80	9.95	145.87	2.44
	7		12.301	9.656	0.354	94.83	2.78	14.54	38.24	150.47	3.50	23.64	39.18	1.78	11.19	170.30	2.48
	8		13.944	10.946	0.353	106.47	2.76	16.42	42.25	168.97	3.48	26.55	43.97	1.78	12.35	194.80	2.52
	10		17.167	13.476	0.353	128.58	2.74	20.07	49.64	203.90	3.45	32.04	53.26	1.76	14.52	244.07	2.59
	12		20.306	15.940	0.352	149.22	2.71	23.57	55.89	236.21	3.41	37.12	62.22	1.75	16.49	293.76	2.67
100	6	12	11.932	9.367	0.393	114.95	3.10	15.68	43.05	181.98	3.91	25.74	47.92	2.00	12.69	200.07	2.67
	7		13.796	10.830	0.393	131.86	3.09	18.10	48.66	208.98	3.89	29.55	54.74	1.99	14.26	233.54	2.71
	8		15.639	12.276	0.393	148.24	3.08	20.47	53.71	235.07	3.88	33.24	61.41	1.98	15.75	267.09	2.76
	10		19.261	15.120	0.392	179.51	3.05	25.06	63.21	284.68	3.84	40.26	74.35	1.96	18.54	334.48	2.84
	12		22.800	17.898	0.391	208.90	3.03	29.47	71.79	330.95	3.81	46.80	86.84	1.95	21.08	402.34	2.91
	14		26.256	20.611	0.391	236.53	3.00	33.73	79.11	374.06	3.77	52.90	98.99	1.94	23.44	470.75	2.99
	16		29.627	23.257	0.390	262.53	2.98	37.82	85.79	414.16	3.74	58.57	110.89	1.93	25.63	539.80	3.06
110	7	12	15.196	11.929	0.433	177.16	3.41	22.05	59.85	280.94	4.30	36.12	73.38	2.20	17.51	310.64	2.96
	8		17.239	13.532	0.433	199.46	3.40	24.95	66.27	316.49	4.28	40.69	82.42	2.19	19.39	355.21	3.01
	10		21.261	16.690	0.432	242.19	3.38	30.60	78.38	384.39	4.25	49.42	99.98	2.17	22.91	444.65	3.09
	12		25.200	19.782	0.431	282.55	3.35	36.05	89.41	448.17	4.22	57.62	116.93	2.15	26.15	534.60	3.16
	14		29.056	22.809	0.431	320.71	3.32	41.31	98.98	508.01	4.18	65.31	133.40	2.14	29.14	625.16	3.24

尺寸 (mm)			截面面积 A (cm²)	重量 (kg/m)	表面积 (m²/m)	x-x				x0-x0			y0-y0			x1-x1	z0 (cm)
b	d	r				I_x (cm⁴)	i_x (cm)	$W_{x,min}$ (cm³)	$W_{x,max}$ (cm³)	I_{x0} (cm⁴)	i_{x0} (cm)	W_{x0} (cm³)	I_{y0} (cm⁴)	i_{y0} (cm)	W_{y0} (cm³)	I_{x1} (cm⁴)	
125	8	14	19.750	15.504	0.492	297.03	3.88	32.52	88.14	470.89	4.88	53.28	123.16	2.50	25.86	521.01	3.37
	10		24.373	19.133	0.491	361.67	3.85	39.97	104.83	573.89	4.85	64.93	149.46	2.48	30.62	651.93	3.45
	12		28.912	22.696	0.491	423.16	3.83	47.17	119.83	671.44	4.82	75.96	174.88	2.46	35.03	783.42	3.53
	14		33.367	26.193	0.490	481.65	3.80	54.16	133.42	763.73	4.78	86.41	199.57	2.45	39.13	915.61	3.61
140	10	14	27.373	21.488	0.551	514.65	4.84	50.58	134.73	817.27	5.46	82.56	212.04	2.78	39.20	915.11	3.82
	12		32.512	25.522	0.551	603.68	4.31	59.80	154.79	958.79	5.43	96.85	248.57	2.77	45.02	1 099.28	3.90
	14		37.567	29.490	0.550	688.81	4.28	68.75	173.07	1093.56	5.40	110.47	284.06	2.75	50.45	1 284.22	3.98
	16		42.539	33.393	0.549	770.24	4.26	77.46	189.71	1221.81	5.36	123.42	318.67	2.74	55.55	1 470.07	4.06
160	10	16	31.502	24.729	0.630	779.53	4.98	66.70	180.87	1 237.30	6.27	109.36	321.76	3.20	52.76	1 365.33	4.31
	12		37.441	29.391	0.630	916.58	4.95	78.98	208.79	1 455.68	6.24	128.67	377.49	3.18	60.74	1 639.57	4.39
	14		43.296	33.987	0.629	1 048.36	4.92	90.95	234.53	1 665.02	6.20	147.17	431.70	3.16	68.24	1 914.68	4.47
	16		49.067	38.518	0.629	1 175.08	4.89	102.63	258.26	1 865.57	6.17	164.89	484.59	3.14	75.31	2 190.82	4.55
180	12	16	42.241	33.159	0.710	1 321.35	5.59	100.82	270.21	2 100.10	7.05	165.00	542.61	3.58	78.41	2 332.80	4.89
	14		48.896	38.383	0.709	1 514.48	5.57	116.25	304.72	2 407.42	7.02	189.15	621.53	3.57	88.38	2 723.48	4.97
	16		55.467	43.542	0.709	1 700.99	5.54	131.35	336.83	2 703.37	6.98	212.40	698.60	3.55	97.83	3 115.29	5.05
	18		61.955	48.635	0.708	1 881.12	5.51	146.11	366.69	2 988.24	6.94	234.78	774.01	3.53	106.79	3 508.42	5.13
200	14	18	54.642	42.894	0.788	2 103.55	6.20	144.70	385.27	3 343.26	7.82	236.40	863.83	3.98	111.82	3 734.10	5.46
	16		62.013	48.680	0.788	2 366.15	6.18	163.65	427.10	3 760.88	7.79	265.93	971.41	3.96	123.96	4 270.39	5.54
	18		69.301	54.401	0.787	2 620.64	6.15	182.22	466.31	4 164.54	7.75	294.48	1 076.74	3.94	135.52	4 808.13	5.62
	20		76.505	60.056	0.787	2 867.31	6.12	200.42	503.92	4 554.55	7.72	322.06	1 180.04	3.93	146.55	5 347.51	5.69
	24		90.661	71.168	0.785	3 338.20	6.07	235.78	568.69	5 294.97	7.64	374.41	1 381.43	3.90	167.22	6 431.99	5.84

表 3.4

热轧不等边角钢截面特性表（YB167—65）

I——惯性矩，　　　　i——回转半径，

W——截面模量；　　　$r_1 = \dfrac{1}{3}d_\circ$

尺寸（mm）				截面面积 A（cm²）	重量（kg/m）	表面积（m²/m）	x-x				y-y				x_1-x_1		y_1-y_1		u-u			
B	b	d	r				I_x（cm⁴）	i_x（cm）	$W_{x,\min}$（cm³）	$W_{x,\max}$（cm³）	I_y（cm⁴）	i_y（cm）	$W_{y,\min}$（cm³）	$W_{y,\max}$（cm³）	I_{x1}（cm⁴）	y_0（cm）	I_{y1}（cm⁴）	x_0（cm）	I_u（cm⁴）	i_u（cm）	W_u（cm³）	$\tan\theta$
25	16	3	3.5	1.162	0.912	0.080	0.70	0.78	0.43	0.81	0.22	0.44	0.19	0.52	1.56	0.86	0.43	0.42	0.14	0.34	0.16	0.392
		4		1.499	1.176	0.079	0.88	0.77	0.55	0.98	0.27	0.43	0.24	0.59	2.09	0.90	0.59	0.46	0.17	0.34	0.20	0.381
32	20	3	3.5	1.492	1.171	0.102	1.53	1.01	0.72	1.42	0.46	0.55	0.30	0.94	3.27	1.08	0.82	0.49	0.28	0.43	0.25	0.382
		4		1.939	1.522	0.101	1.93	1.00	0.93	1.72	0.57	0.54	0.39	1.08	4.37	1.12	1.12	0.53	0.35	0.42	0.32	0.374
40	25	3	4	1.890	1.484	0.127	3.08	1.28	1.15	2.33	0.93	0.70	0.49	1.58	6.39	1.32	1.59	0.59	0.56	0.54	0.40	0.386
		4		2.467	1.936	0.127	3.93	1.26	1.49	2.87	1.18	0.69	0.63	1.87	8.53	1.37	2.14	0.63	0.71	0.54	0.52	0.381

B	b	d	r	A(cm²)	重量(kg/m)	表面积(m²/m)	I_x(cm⁴)	i_x(cm)	$W_{x,min}$(cm³)	$W_{x,max}$(cm³)	I_y(cm⁴)	i_y(cm)	$W_{y,min}$(cm³)	$W_{y,max}$(cm³)	I_{x1}(cm⁴)	y_0(cm)	I_{y1}(cm⁴)	x_0(cm)	I_u(cm⁴)	i_u(cm)	W_u(cm³)	$\tan\theta$
45	28	3	5	2.149	1.687	0.143	4.45	1.44	1.47	3.03	1.34	0.79	0.62	2.09	9.10	1.47	2.23	0.64	0.80	0.61	0.51	0.383
		4	5	2.806	2.203	0.143	5.69	1.42	1.91	3.77	1.70	0.78	0.80	2.50	12.13	1.51	3.00	0.68	1.02	0.60	0.66	0.380
50	32	3	5.5	2.431	1.908	0.161	6.24	1.60	1.84	3.90	2.02	0.91	0.82	2.77	12.49	1.60	3.31	0.73	1.20	0.70	0.68	0.404
		4		3.177	2.494	0.160	8.02	1.59	2.39	4.86	2.58	0.90	1.06	2.35	16.65	1.65	4.45	0.77	1.53	0.69	0.87	0.402
56	36	3	6	2.743	2.153	0.181	8.88	1.80	2.32	4.99	2.92	1.03	1.05	3.65	17.54	1.78	4.70	0.80	1.73	0.79	0.87	0.408
		4		3.590	2.818	0.180	11.45	1.79	3.03	6.29	3.76	1.02	1.37	4.42	23.39	1.82	6.33	0.85	2.23	0.79	1.13	0.408
		5		4.415	3.466	0.180	13.86	1.77	3.71	7.41	4.49	1.01	1.65	5.10	29.25	1.87	7.94	0.88	2.67	0.78	1.36	0.404
63	40	4	7	4.058	3.185	0.202	16.49	2.02	3.87	8.08	5.23	1.14	1.70	5.68	33.30	2.04	8.63	0.92	3.12	0.88	1.40	0.398
		5		4.993	3.920	0.202	20.02	2.00	4.74	9.63	6.31	1.12	2.71	6.64	41.63	2.08	10.86	0.95	3.76	0.87	1.71	0.396
		6		5.908	4.638	0.201	23.36	1.96	5.59	11.02	7.29	1.11	2.43	7.36	49.98	2.12	13.12	0.99	4.34	0.86	1.99	0.393
		7		6.802	5.339	0.201	26.53	1.98	6.40	12.34	8.24	1.10	2.78	8.00	58.07	2.15	15.47	1.03	4.97	0.86	2.29	0.389
70	45	4	7.5	4.547	3.570	0.226	22.51	2.25	4.82	10.09	7.55	1.29	2.17	7.40	45.68	2.23	12.26	1.02	4.47	0.99	1.79	0.408
		5		5.609	4.403	0.225	27.95	2.23	5.92	12.26	9.13	1.28	2.65	8.61	57.10	2.28	15.39	1.06	5.40	0.98	2.19	0.407
		6		6.644	5.218	0.225	32.70	2.22	6.99	14.09	10.62	1.26	3.12	9.65	68.54	2.32	18.59	1.10	6.29	0.97	2.57	0.405
		7		7.657	6.011	0.225	37.22	2.20	8.03	15.77	12.01	1.25	3.57	10.63	79.99	2.36	21.84	1.13	7.16	0.97	2.94	0.402

尺寸(mm)				截面面积 A(cm²)	重量 (kg/m)	表面积 (m²/m)	x-x				y-y				x₁-x₁		y₁-y₁		u-u			
B	b	d	r				I_x (cm⁴)	i_x (cm)	$W_{x,min}$ (cm³)	$W_{x,max}$ (cm³)	I_y (cm⁴)	i_y (cm)	$W_{y,min}$ (cm³)	$W_{y,max}$ (cm³)	I_{x1} (cm⁴)	y_0 (cm)	I_{y1} (cm⁴)	x_0 (cm)	I_u (cm⁴)	i_u (cm)	W_u (cm³)	$\tan\theta$
75	50	5	8	6.125	4.808	0.245	35.09	2.39	6.87	14.62	12.61	1.43	3.30	10.78	70.23	2.40	21.04	1.17	7.32	1.10	2.72	0.436
		6		7.260	5.699	0.245	41.12	2.38	8.12	16.85	14.70	1.42	3.88	12.15	84.30	2.44	25.37	1.21	8.54	1.08	3.19	0.435
		8		9.467	7.431	0.244	52.39	2.35	10.52	20.79	18.53	1.40	4.99	14.36	112.50	2.52	34.23	1.29	10.87	1.07	4.10	0.429
		10		11.590	9.098	0.244	62.71	2.33	12.79	24.12	21.96	1.38	6.04	16.15	140.80	2.60	43.43	1.36	13.10	1.06	4.99	0.423
80	50	5	8	6.375	5.005	0.255	41.96	2.56	7.78	16.14	12.82	1.42	3.32	11.25	85.21	2.60	21.06	1.14	7.66	1.10	2.74	0.388
		6		7.560	5.935	0.255	49.21	2.55	9.20	18.57	14.95	1.41	3.91	12.67	102.20	2.65	25.41	1.18	8.94	1.09	3.23	0.386
		7		8.724	6.848	0.255	56.16	2.54	10.58	20.88	16.96	1.39	4.48	14.02	119.33	2.69	29.82	1.21	10.18	1.08	3.70	0.384
		8		9.867	7.745	0.254	62.83	2.52	11.92	23.01	18.85	1.38	5.03	15.08	136.41	2.73	34.32	1.25	11.38	1.07	4.16	0.381
90	56	5	9	7.212	5.661	0.287	60.45	2.90	9.92	20.77	18.32	1.59	4.21	14.66	121.32	2.91	29.53	1.25	10.98	1.23	3.49	0.385
		6		8.557	6.717	0.286	71.03	2.88	11.74	24.08	21.42	1.58	4.96	16.60	145.59	2.95	35.58	1.29	12.82	1.22	4.10	0.384
		7		9.880	7.756	0.286	81.22	2.87	13.53	27.07	24.36	1.57	5.70	18.32	169.87	3.00	41.71	1.33	14.60	1.22	4.70	0.383
		8		11.183	8.779	0.286	91.03	2.85	15.27	29.94	27.15	1.56	6.41	19.96	194.17	3.04	47.93	1.36	16.34	1.21	5.29	0.380
100	63	6	10	9.617	7.550	0.320	99.06	3.21	14.64	30.57	30.94	1.79	6.35	21.61	199.71	3.24	50.50	1.43	18.42	1.38	5.25	0.394
		7		11.111	8.722	0.320	113.45	3.20	16.88	34.59	35.26	1.78	7.29	23.99	233.00	3.28	59.14	1.47	21.00	1.38	6.02	0.393
		8		12.584	9.878	0.319	127.37	3.18	19.08	38.36	39.39	1.77	8.21	26.26	266.32	3.32	67.88	1.50	23.50	1.37	6.78	0.391
		9		15.467	12.142	0.319	153.81	3.15	23.32	45.24	47.12	1.75	9.98	29.82	333.06	3.40	85.73	1.58	28.33	1.35	8.24	0.387
100	80	6	10	10.637	8.350	0.354	107.04	3.17	15.19	36.28	61.24	2.40	10.16	31.09	199.83	2.95	102.68	1.97	31.65	1.72	8.37	0.627
		7		12.301	9.656	0.354	122.73	3.16	17.52	40.91	70.08	2.39	11.71	34.87	233.20	3.00	119.98	2.01	36.17	1.72	9.60	0.626
		8		13.944	10.946	0.353	137.92	3.15	19.81	45.37	78.58	2.37	13.21	38.33	266.61	3.04	137.37	2.05	40.58	1.71	10.80	0.625
		10		17.167	13.476	0.353	166.87	3.12	24.24	53.48	94.65	2.35	16.12	44.44	333.63	3.12	172.48	2.13	49.10	1.69	13.12	0.622
110	70	6	10	10.637	8.350	0.354	133.37	3.54	17.85	37.78	42.92	2.01	7.90	27.34	265.78	3.53	69.08	1.57	25.36	1.54	6.53	0.403
		7		12.301	9.656	0.354	153.00	3.53	20.60	42.86	49.01	2.00	9.09	30.44	310.07	3.57	80.83	1.61	28.96	1.53	7.50	0.402
		8		13.944	10.946	0.353	172.04	3.51	23.30	47.52	54.87	1.98	10.25	33.25	354.39	3.62	92.70	1.65	32.45	1.53	8.45	0.401
		10		17.167	13.476	0.353	208.39	3.48	28.54	56.32	65.88	1.96	12.48	38.30	443.13	3.70	116.83	1.72	39.20	1.51	10.29	0.397

B	b	d	r	A (cm²)	重量 (kg/m)	表面积 (m²/m)	Ix (cm⁴)	ix (cm)	Wx,min (cm³)	Wx,max (cm³)	Iy (cm⁴)	iy (cm)	Wy,min (cm³)	Wy,max (cm³)	Ix1 (cm⁴)	y0 (cm)	Iy1 (cm⁴)	x0 (cm)	Iu (cm⁴)	iu (cm)	Wu (cm³)	tan θ
125	80	7	11	14.096	11.066	0.403	227.98	4.02	26.86	56.85	74.42	2.30	12.01	41.34	454.99	4.01	120.32	1.80	43.81	1.76	9.92	0.408
		8		15.989	12.551	0.403	256.77	4.01	30.41	63.24	83.49	2.28	13.56	45.38	519.99	4.06	137.85	1.84	49.15	1.75	11.18	0.407
		10		19.712	15.474	0.402	312.04	3.98	37.33	75.37	100.67	2.26	16.56	52.43	650.09	4.14	173.40	1.92	59.45	1.74	13.64	0.404
		12		23.351	18.330	0.402	364.41	3.95	44.01	86.35	116.67	2.24	19.43	58.34	780.39	4.22	209.67	2.00	69.35	1.72	16.01	0.400
140	90	8	12	18.039	14.160	0.453	365.64	4.50	38.48	81.25	120.69	2.59	17.34	59.16	730.53	4.50	195.79	2.04	70.83	1.98	14.31	0.411
		10		22.261	17.475	0.452	445.50	4.47	47.31	97.27	146.03	2.56	21.22	68.88	913.20	4.58	245.92	2.12	85.82	1.96	17.48	0.409
		12		26.400	20.724	0.451	521.59	4.44	55.87	111.93	169.79	2.54	24.95	77.53	1096.09	4.66	296.89	2.19	100.21	1.95	20.54	0.406
		14		30.456	23.908	0.451	594.10	4.42	64.18	125.34	192.10	2.51	28.54	84.63	1279.26	4.74	348.82	2.27	114.13	1.94	23.52	0.403
160	100	10	13	25.315	19.872	0.512	668.69	5.14	62.13	127.61	205.03	2.85	26.56	89.93	1362.89	5.24	336.59	2.28	121.74	2.19	21.92	0.390
		12		30.054	23.592	0.511	784.91	5.11	73.49	147.54	239.06	2.82	31.28	101.30	1635.56	5.32	405.94	2.36	142.33	2.17	25.79	0.388
		14		34.709	27.247	0.510	896.30	5.08	84.56	165.98	271.20	2.80	35.83	111.60	1908.50	5.40	476.42	2.43	162.23	2.16	29.56	0.385
		16		39.281	30.835	0.510	1003.04	5.05	95.33	183.04	301.60	2.77	40.24	120.16	2181.79	5.48	548.22	2.51	182.57	2.16	33.44	0.382
180	110	10	14	28.373	22.273	0.571	956.25	5.81	78.96	162.35	278.11	3.13	32.49	113.98	1940.40	5.89	447.22	2.44	166.50	2.42	26.88	0.376
		12		33.712	26.464	0.571	1124.72	5.78	93.53	188.08	325.03	3.10	38.32	128.98	2328.38	5.98	538.94	2.52	194.87	2.40	31.66	0.374
		14		38.967	30.589	0.570	1286.91	5.75	107.76	212.36	369.55	3.08	43.97	142.68	2716.60	6.06	631.95	2.59	222.30	2.39	36.32	0.372
		16		44.139	34.649	0.569	1443.05	5.72	121.64	235.02	411.85	3.05	49.44	154.25	3105.15	6.14	726.46	2.67	248.94	2.37	40.87	0.369
200	125	12	14	37.912	29.761	0.640	1570.90	6.44	116.73	240.20	483.16	3.57	49.99	170.73	3193.84	6.54	787.74	2.83	285.79	2.75	41.23	0.392
		14		43.867	34.436	0.640	1800.97	6.41	134.65	272.05	550.83	3.54	57.44	189.29	3726.17	6.62	922.47	2.91	326.58	2.73	47.34	0.392
		16		49.739	39.045	0.639	2023.35	6.38	152.18	302.00	615.44	3.52	64.69	205.83	4258.86	6.70	1058.86	2.99	366.21	2.71	53.32	0.388
		18		55.526	43.588	0.639	2238.30	6.35	169.33	330.13	677.19	3.49	71.74	221.30	4792.00	6.78	1197.13	3.06	404.83	2.70	59.18	0.385

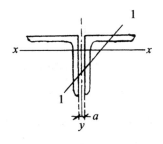

i_1 ——单个角钢的最小回转半径,

A ——两个角钢的截面面积之和。

⌐⌐ (mm)		A (cm²)	i_1 (cm)	$x-x$		对 $y-y$ 轴的惯性矩 I_y (cm⁴) 和回转半径 i_y (cm),当 a (mm) 为:									
				I_x (cm⁴)	i_x (cm)	6		8		10		12		14	
						I_y	i_y	I_y	i_y	I_y	i_y	I_y	i_y	I_y	i_y
50×	3	5.94	1.00	14.4	1.55	30.4	2.26	31.8	2.33	34.4	2.41	36.8	2.49	38.9	2.56
	4	7.79	0.99	18.5	1.54	40.3	2.28	43.0	2.35	45.9	2.43	48.9	2.51	52.1	2.59
	5	9.61	0.98	22.4	1.53	50.7	2.30	54.1	2.38	57.7	2.45	61.5	2.53	65.4	2.61
	6	11.38	0.98	26.1	1.52	61.3	2.32	65.5	2.40	69.7	2.48	74.3	2.56	79.1	2.64
56×	3	6.7	1.13	20.4	1.75	42.0	2.50	44.0	2.56	46.5	2.64	49.2	2.72	52.1	2.79
	4	8.8	1.11	26.4	1.73	55.4	2.51	58.7	2.59	62.1	2.66	65.8	2.74	69.6	2.82
	5	10.83	1.10	32.0	1.72	69.6	2.54	73.8	2.61	78.1	2.69	82.7	2.77	87.5	2.84
	8	16.73	1.09	47.3	1.68	112.8	2.60	119.6	2.68	126.8	2.75	134.3	2.84	141.9	2.91
63×	4	9.96	1.26	38.1	1.96	76.9	2.79	81.0	2.86	85.3	2.93	89.7	3.01	94.4	3.08
	5	12.3	1.25	46.3	1.94	96.7	2.81	102.0	2.88	107.0	2.96	113.0	3.03	119.0	3.11
	6	14.58	1.24	54.2	1.93	117.0	2.83	123.0	2.91	129.0	2.98	136.0	3.06	143.0	3.14
	8	19.03	1.23	68.9	1.90	156.7	2.87	165.1	2.94	173.9	3.02	183.1	3.11	192.4	3.18
70×	4	11.14	1.40	52.8	2.18	104.7	3.06	109.6	3.14	115.0	3.21	120.3	3.28	126.8	3.36
	5	13.75	1.39	64.4	2.16	131.0	3.09	137.0	3.16	143.0	3.23	150.0	3.31	157.0	3.39
	6	16.32	1.38	75.5	2.15	158.0	3.11	165.0	3.18	173.0	3.26	181.0	3.33	189.0	3.41
	8	21.33	1.37	96.3	2.12	212.0	3.15	222.0	3.23	233.0	3.30	244.0	3.38	255.0	3.46
75×	5	14.73	1.50	79.9	2.33	159.0	3.30	166.0	3.37	173.0	3.45	181.0	3.52	189.0	3.60
	6	17.6	1.49	93.9	2.31	191.0	3.30	199.0	3.38	208.0	3.46	218.0	3.52	227.0	3.61
	7	20.32	1.48	107.1	2.30	224.0	3.32	234.0	3.39	244.0	3.48	255.0	3.54	266.0	3.62
	8	23.0	1.47	120.0	2.28	258.0	3.35	270.0	3.42	281.0	3.49	294.0	3.57	307.0	3.65
80×	6	18.8	1.59	114.7	2.47	230.0	3.50	239.0	3.57	249.0	3.65	260.0	3.72	270.0	3.80
	7	21.7	1.58	131.2	2.46	269.0	3.52	281.0	3.60	292.0	3.67	304.0	3.75	317.0	3.82
	8	24.6	1.57	147.0	2.44	309.0	3.55	322.0	3.62	335.0	3.69	349.0	3.77	364.0	3.85

⌐⌐ (mm)		A (cm²)	i_1 (cm)	$x-x$		对 $y-y$ 轴的惯性矩 I_y (cm⁴) 和回转半径 i_y (cm), 当 a (mm) 为:									
				I_x (cm⁴)	i_x (cm)	6		8		10		12		14	
						I_y	i_y	I_y	i_y	I_y	i_y	I_y	i_y	I_y	i_y
90×	6	21.27	1.80	165.5	2.79	322.0	3.90	333.0	3.97	346.0	4.05	358.0	4.13	371.0	4.20
	8	27.9	1.78	213.0	2.76	432.0	3.94	448.0	4.01	465.0	4.09	482.0	4.16	499.0	4.24
	10	34.3	1.76	257.2	2.74	543.1	3.98	564.2	4.05	584.2	4.12	606.0	4.19	628.0	4.27
100×	6	23.9	2.00	230.0	3.10	439.9	4.28	454.5	4.36	469.9	4.44	484.0	4.50	500.0	4.57
	8	31.3	1.98	296.5	3.08	585.0	4.33	604.0	4.40	624.0	4.47	645.0	4.55	666.0	4.62
	10	38.5	1.96	359.0	3.05	736.0	4.37	760.0	4.45	786.0	4.52	812.0	4.59	838.0	4.67
	12	45.6	1.95	417.8	3.03	889.0	4.41	918.0	4.49	949.0	4.56	981.0	4.64	1 010	4.71
	14	52.5	1.94	473.0	3.00	1 043	4.45	1 079	4.53	1 115	4.60	1 152	4.68	1 190	4.76
110×	8	34.5	2.19	398.9	3.40	771.0	4.75	794.0	4.82	818.0	4.88	842.0	4.95	867.0	5.02
	10	42.5	2.17	484.4	3.38	972.0	4.78	1 000	4.85	1 031	4.92	1 062	5.00	1 094	5.08
	12	50.4	2.15	565.1	3.35	1 168	4.81	1 202	4.88	1 240	4.96	1 287	5.03	1 317	5.12
125×	8	39.5	2.50	594.1	3.88	1 120	5.32	1 150	5.39	1 181	5.46	1 210	5.53	1 240	5.61
	10	48.75	2.48	723.3	3.85	1 400	5.37	1 440	5.44	1 480	5.51	1 520	5.58	1 560	5.66
	12	57.8	2.46	846.3	3.83	1 690	5.41	1 740	5.48	1 780	5.55	1 830	5.63	1 880	5.70
	14	66.7	2.45	963.3	3.80	1 980	5.45	2 040	5.52	2 090	5.60	2 150	5.67	2 200	5.74
140×	10	54.75	2.78	1 029	4.34	1 950	5.98	2 000	6.05	2 050	6.12	2 090	6.19	2 140	6.26
	12	65.0	2.76	1 207	4.31	2 350	6.02	2 410	6.09	2 460	6.16	2 520	6.23	2 580	6.30
	14	75.1	2.75	1378	4.28	2 758	6.05	2 825	6.14	2 890	6.20	2 957	6.27	3 020	6.34
160×	10	63.0	3.20	1 559	4.98	2 880	6.77	2 940	6.84	3 000	6.91	3 060	6.98	3 130	7.05
	12	74.9	3.18	1 833	4.95	3 470	6.81	3 540	6.88	3 620	6.95	3 690	7.02	3 770	7.09
	14	86.6	3.16	2 097	4.92	4 070	6.85	4 150	6.92	4 230	6.99	4 320	7.07	4 410	7.14
	16	98.1	3.14	2 350	4.89	4 660	6.89	4 760	6.96	4 860	7.03	4 960	7.11	5 060	7.18
180×	12	84.5	3.58	2 643	5.59	4 910	7.63	5 000	7.69	5 090	7.76	5 180	7.83	5 270	7.90
	14	97.8	3.56	3 029	5.56	5 749	7.66	5 849	7.72	6 051	7.80	6 059	7.88	6 169	7.95
	16	110.9	3.55	3 402	5.54	6 582	7.70	6 702	7.78	6 822	7.84	6 942	7.90	7 072	7.97
200×	14	109.3	3.98	4 207	6.20	7 810	8.45	7 940	8.52	8 070	8.59	8 200	8.66	8 330	8.73
	16	124.0	3.96	4 732	6.18	8 950	8.47	9 100	8.53	9 250	8.60	9 400	8.67	9 550	8.74
	18	138.6	3.94	5 241	6.15	10 101	8.54	10 270	8.60	10 431	8.67	10 601	8.74	10 781	8.81
	20	153.0	3.93	5 735	6.12	11 250	8.57	11 430	8.64	11 620	8.71	11 810	8.78	12 010	8.85

表 3.5(b)

i_1——单个角钢的最小回转半径；

A——两个角钢的截面面积之和。

不等角钢短边相连

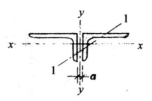

⌐⌐ (mm)		A (cm²)	i_1 (cm)	$x-x$ I_x (cm⁴)	i_x (cm)	对 $y-y$ 轴的惯性矩 I_y (cm⁴) 和回转半径 i_y (cm)，当 a (mm) 为：									
						6		8		10		12		14	
						I_y	i_y	I_y	i_y	I_y	i_y	I_y	i_y	I_y	i_y
63×40×	4	8.12	0.88	10.46	1.14	76.4	3.08	80.3	3.15	84.3	3.23	88.4	3.31	92.8	3.40
	5	9.99	0.87	12.62	1.12	96.0	3.10	101	3.18	106	3.26	111	3.34	116	3.42
	6	11.82	0.86	14.58	1.11	116	3.13	121	3.21	128	3.29	134	3.37	140	3.45
70×45×	4	9.09	0.98	15.10	1.29	106	3.40	110	3.48	115	3.56	120	3.62	125	3.70
	5	11.22	0.98	18.26	1.28	130	3.42	136	3.50	142	3.58	148	3.63	155	3.72
	6	13.29	0.98	21.24	1.26	166	3.43	163	3.52	171	3.60	178	3.66	186	3.74
75×50×	5	12.25	1.10	25.22	1.44	168	3.61	165	3.67	172	3.76	179	3.83	187	3.91
	6	14.52	1.08	29.40	1.42	191	3.63	199	3.70	207	3.78	216	3.86	225	3.94
	8	18.93	1.07	37.06	1.40	255	3.67	266	3.76	277	3.83	289	3.91	302	4.00
80×50×	5	12.75	1.10	25.64	1.42	190	3.86	197	3.94	205	4.02	213	4.09	221	4.17
	6	15.12	1.08	29.90	1.41	228	3.89	238	3.97	247	4.04	256	4.12	266	4.20
	8	19.73	1.07	37.70	1.38	307	3.95	319	4.03	331	4.10	344	4.18	358	4.27
90×56×	5	14.42	1.23	36.64	1.59	269	4.32	280	4.40	288	4.47	298	4.54	309	4.62
	6	17.11	1.23	42.84	1.58	321	4.34	332	4.43	344	4.50	356	4.58	368	4.66
	8	22.37	1.21	54.30	1.56	430	4.39	445	4.46	461	4.54	477	4.62	494	4.70
100×63×	6	19.23	1.38	61.88	1.79	435	4.76	448	4.84	463	4.91	477	4.99	462	5.07
	8	25.17	1.37	78.78	1.77	583	4.82	601	4.89	620	4.97	640	5.06	659	5.12
	10	30.93	1.35	94.24	1.74	731	4.86	755	4.94	779	5.02	803	5.10	828	5.17
100×80×	6	21.27	1.72	122.5	2.40	439	4.54	453	4.62	467	4.68	482	4.77	497	4.85
	8	27.89	1.71	157.2	2.37	587	4.58	606	4.66	626	4.73	646	4.82	666	4.88
	10	34.33	1.69	189.3	2.35	735	4.62	759	4.70	784	4.77	809	4.86	834	4.92
110×70×	6	21.27	1.54	85.84	2.01	579	5.20	595	5.28	612	5.36	629	5.43	647	5.51
	8	27.89	1.53	109.7	1.98	769	5.25	791	5.33	814	5.41	837	5.48	860	5.56
	10	34.33	1.51	131.8	1.96	967	5.31	994	5.38	1 022	5.48	1 051	5.54	1 082	5.62
125×80×	8	31.98	1.75	167.0	2.28	1 110	5.91	1 140	5.98	1 170	6.06	1 200	6.13	1 230	6.21
	10	39.42	1.74	201.4	2.26	1 400	5.96	1 143	6.03	1 470	6.11	1 510	6.19	1 540	6.26
	12	46.70	1.72	233.3	2.24	1 680	6.00	1 730	6.08	1 770	6.16	1 810	6.23	1 860	6.31
140×90×	8	36.08	1.98	241.4	2.59	1 550	6.57	1 590	6.64	1 620	6.72	1 660	6.79	1 700	6.87
	10	44.52	1.96	292.1	2.56	1 950	6.62	1 990	6.69	2 040	6.77	2 080	6.84	2 130	6.92
	12	52.80	1.95	339.6	2.54	2 343	6.67	2 398	6.73	2 453	6.82	2 508	6.88	2 561	6.96
160×100×	10	50.63	2.19	410.1	2.85	2 880	7.55	2 940	7.62	2 990	7.69	3 050	7.77	3 110	7.84
	12	60.11	2.17	478.1	2.82	3 460	7.59	3 530	7.67	3 600	7.74	3 670	7.82	3 740	7.89
	14	69.42	2.16	542.4	2.80	4 050	7.64	4 130	7.71	4 210	7.79	4 290	7.86	4 380	7.94
180×110×	10	56.75	2.42	566	3.13	4 070	8.47	4 140	8.55	4 210	8.62	4 280	8.69	4 350	8.77
	12	67.42	2.40	660	3.10	4 890	8.52	4 980	8.60	5 060	8.67	5 150	8.74	5 240	8.82
	14	77.93	2.39	739	3.08	5 724	8.56	5 824	8.64	5 924	8.72	6 024	8.80	6 134	8.86
200×125×	12	75.82	2.74	966	3.57	6 680	9.39	6 780	9.46	6 890	9.53	6 990	9.61	7 100	9.68
	14	87.73	2.73	1 102	3.54	7 800	9.43	7 920	9.51	8 050	9.58	8 170	9.65	8 300	9.73
	16	99.48	2.71	1 231	3.52	8 930	9.47	9 070	9.55	9 220	9.62	9 360	9.70	9 510	9.77
	18	111.1	2.70	1 354	3.49	10 047	9.50	10 197	9.58	10 357	9.66	10 527	9.74	10 697	9.82

表3.5(c)

i_1——单个角钢的最小回转半径，

A——两个角钢的截面面积之和。

不等边角钢长边相连

∃∃ (mm)		A (cm²)	i_1 (cm)	x - x		对 $y - y$ 轴的惯性矩 I_y（cm⁴）和回转半径 i_y（cm），当 a（mm）为：									
				I_x (cm⁴)	i_x (cm)	6		8		10		12		14	
						I_y	i_y	I_y	i_y	I_y	i_y	I_y	i_y	I_y	i_y
63×40×	4	8.12	0.88	33.0	2.02	22.1	1.66	24.1	1.73	26.3	1.81	28.7	1.89	31.2	1.97
	5	9.99	0.87	40.0	2.00	28.0	1.68	30.6	1.75	33.4	1.83	36.4	1.91	39.6	1.99
	6	11.82	0.86	46.7	1.96	34.2	1.70	37.3	1.78	40.7	1.86	44.4	1.94	48.2	2.02
70×45×	4	9.09	0.98	46.3	2.26	30.9	1.84	33.4	1.92	36.1	1.99	38.9	2.07	42.0	2.16
	5	11.22	0.98	55.9	2.23	38.8	1.86	41.7	1.93	45.1	2.01	48.6	2.09	52.5	2.18
	6	13.29	0.98	65.1	2.21	46.8	1.88	50.8	1.95	54.8	2.03	59.1	2.12	63.8	2.19
75×50×	5	12.25	1.10	69.7	2.39	51.4	2.05	55.1	2.13	59.0	2.20	63.2	2.28	67.7	2.36
	6	14.52	1.08	82.2	2.38	62.3	2.07	66.8	2.15	71.5	2.22	76.8	2.30	82.1	2.38
	8	18.93	1.07	105	2.35	84.8	2.12	91.1	2.20	97.5	2.27	105	2.36	112	2.44
80×50×	5	12.75	1.10	83.9	2.56	51.2	2.01	55.0	2.08	59.0	2.16	63.2	2.23	67.8	2.31
	6	15.12	1.08	99.0	2.56	61.0	2.03	66.5	2.10	71.4	2.18	76.6	2.25	82.1	2.33
	8	19.73	1.07	126	2.52	85.1	2.08	91.4	2.16	98.0	2.23	105	2.31	113	2.39
90×56×	5	14.42	1.23	121	2.90	71.2	2.22	75.8	2.30	80.8	2.36	85.9	2.43	91.4	2.52
	6	17.11	1.23	142	2.88	85.1	2.23	90.7	2.31	96.6	2.38	103	2.45	109	2.53
	8	22.73	1.21	182	2.85	116	2.28	123	2.36	131	2.43	140	2.50	149	2.58
100×63×	6	19.23	1.38	198	3.21	118	2.48	124	2.55	132	2.62	139	2.69	147	2.77
	8	25.17	1.37	255	3.18	160	2.52	169	2.59	179	2.67	189	2.74	200	2.82
	10	30.93	1.35	308	3.15	203	2.56	215	2.64	228	2.71	241	2.79	255	2.87
100×80×	6	21.27	1.72	214	3.17	232	3.30	242	3.38	252	3.44	263	3.52	274	3.60
	8	27.89	1.71	276	3.14	311	3.34	325	3.43	338	3.48	353	3.57	368	3.63
	10	34.33	1.69	334	3.12	391	3.37	409	3.46	426	3.52	445	3.61	464	3.68
110×70×	6	21.27	1.54	267	3.54	160	2.74	168	2.81	177	2.88	188	2.97	195	3.02
	8	27.89	1.53	344	3.51	214	2.77	225	2.84	237	2.92	249	2.99	262	3.07
	10	34.33	1.51	417	3.48	272	2.82	286	2.90	301	2.96	316	3.04	333	3.12
125×80×	8	31.98	1.75	514	4.01	311	3.12	325	3.19	340	3.26	355	3.34	371	3.41
	10	39.42	1.74	624	3.98	394	3.16	412	3.23	431	3.31	450	3.38	470	3.46
	12	46.70	1.72	729	3.95	480	3.20	501	3.28	524	3.35	548	3.43	573	3.50
140×90×	8	36.08	1.98	731	4.50	436	3.48	453	3.55	471	3.62	489	3.69	509	3.76
	10	44.52	1.96	891	4.47	551	3.52	572	3.59	595	3.66	619	3.73	644	3.80
	12	52.80	1.95	1 043	4.44	667	3.56	694	3.62	722	3.70	751	3.77	782	3.84
160×100×	10	50.63	2.19	1 337	5.14	743	3.83	769	3.90	797	3.97	825	4.04	855	4.11
	12	60.11	2.17	1 570	5.11	900	3.87	933	3.94	967	4.01	1 000	4.08	1 040	4.16
	14	69.42	2.16	1 793	5.08	1 060	3.91	1 100	3.98	1 140	4.05	1 180	4.12	1 220	4.20
180×110×	10	56.75	2.42	1 912	5.80	975	4.15	1 010	4.22	1 040	4.28	1 070	4.35	1 110	4.42
	12	67.42	2.40	2 249	5.78	1 180	4.19	1 220	4.26	1 260	4.32	1 300	4.39	1 340	4.47
	14	77.93	2.39	2 574	5.75	1 389	4.23	1 434	4.31	1 484	4.37	1 532	4.44	1 580	4.51
200×125×	12	75.82	2.74	3 142	6.44	1 700	4.74	1 750	4.81	1 800	4.88	1 850	4.95	1 910	5.02
	14	87.73	2.73	3 602	6.41	2 000	4.78	2 060	4.86	2 120	4.92	2 180	4.99	2 240	5.06
	16	99.48	2.71	4 067	6.38	2 310	4.82	2 370	4.89	2 440	4.96	2 510	5.03	2 590	5.10
	18	111.1	2.70	4 477	6.35	2 604	4.86	2 672	4.92	2 762	5.00	2 839	5.07	2 922	5.14

表 3.6(a)

热轧 H 形钢和剖分 T 形钢(GB/T 11263—1998)

宽、中、窄翼缘 H 形钢截面尺寸、截面面积、理论重量和截面特性

类型	型号(高度×宽度)(mm)	截面尺寸(mm)				截面面积(cm²)	理论重量(kg/m)	截面特性参数					
								惯性矩(cm⁴)		惯性半径(cm)		截面模数(cm³)	
		$H \times B$	t_1	t_2	r			I_x	I_y	i_x	i_y	W_x	W_y
HW	100×100	100×100	6	8	10	21.90	17.2	383	134	4.18	2.47	76.5	26.7
	125×125	125×125	6.5	9	10	30.31	23.8	847	294	5.29	3.11	136	47.0
	150×150	150×150	7	10	13	40.55	31.9	1 660	564	6.39	3.73	221	75.1
	175×175	175×175	7.5	11	13	51.43	40.3	2 900	984	7.50	4.37	331	112
	200×200	200×200	8	12	16	64.28	50.5	4 770	1 600	8.61	4.99	477	160
		#200×204	12	12	16	72.28	56.7	5 030	1 700	8.35	4.85	503	167
	250×250	250×250	9	14	16	92.18	72.4	10 800	3 650	10.8	6.29	867	292
		#250×255	14	14	16	104.7	82.2	11 500	3 880	10.5	6.09	919	304
	300×300	#294×302	12	12	20	108.3	85.0	17 000	5 520	12.5	7.14	1 160	365
		300×300	10	15	20	120.4	94.5	20 500	6 760	13.1	7.49	1 370	450
		300×305	15	15	20	135.4	106	21 600	7 100	12.6	7.24	1 440	466
	350×350	#344×348	10	16	20	146.0	115	33 300	11 200	15.1	8.78	1 940	6 46
		350×350	12	19	20	173.9	137	40 300	13 600	15.2	8.84	2 300	776
	400×400	#388×402	15	15	24	179.2	141	49 200	16 300	16.6	9.52	2 540	8 09
		#394×398	11	18	24	187.6	147	56 400	18 900	17.3	10.0	2 860	951
		400×400	13	21	24	219.5	172	66 900	22 400	17.5	10.1	3 340	1 120
		#400×408	21	21	24	251.5	197	71 100	23 800	16.8	9.73	3 560	1 170
		#414×405	18	28	24	296.2	233	93 000	31 000	17.7	10.2	4 490	1 530
		#428×407	20	35	24	361.4	284	119 000	39 400	18.2	10.4	5 580	1 930
		*458×417	30	50	24	529.3	415	187 000	60 500	18.8	10.7	8 180	2 900
		*498×432	45	70	24	770.8	605	298 000	94 400	19.7	11.1	12 000	4 370
HM	150×100	148×100	6	9	13	27.25	21.4	1 040	151	6.17	2.35	140	30.2
	200×150	194×150	6	9	16	39.76	31.2	2 740	508	8.30	3.57	283	67.7
	250×175	244×175	7	11	16	56.24	44.1	6 120	985	10.4	4.18	502	113
	300×200	294×200	8	12	20	73.03	57.3	11 400	1 600	12.5	4.69	779	160
	350×250	340×250	9	14	20	101.5	79.7	21 700	3 650	14.6	6.00	1 280	292
	400×300	390×300	10	16	24	136.7	107	38 900	7 210	16.9	7.26	2 000	481
	450×300	440×300	11	18	24	157.4	124	56 100	8 110	18.9	7.18	2 550	541
	500×300	482×300	11	15	28	146.4	115	60 800	6 770	20.4	6.80	2 520	451
		488×300	11	18	28	164.4	129	71 400	8 120	20.8	7.03	2 930	541
	600×300	582×300	12	17	28	174.5	137	103 000	7 670	24.3	6.63	3 530	511
		588×300	12	20	28	192.5	151	118 000	9 020	24.8	6.85	4 020	601
		#594×302	14	23	28	222.4	175	137 000	10 600	24.9	6.90	4 620	701

339

类型	型号 (高度×宽度) (mm)	截面尺寸 (mm)				截面 面积 (cm²)	理论 重量 (kg/m)	截面特性参数					
								惯性矩 (cm⁴)		惯性半径 (cm)		截面模数 (cm³)	
		$H \times B$	t_1	t_2	r			I_x	I_y	i_x	i_y	W_x	W_y
HN	100×50	100×50	5	7	10	12.16	9.54	192	14.9	3.98	1.11	38.5	5.96
	125×60	125×60	6	8	10	17.01	13.3	417	29.3	4.95	1.31	66.8	9.75
	150×75	150×75	5	7	10	18.16	14.3	679	49.6	6.12	1.65	90.6	13.2
	175×90	175×90	5	8	10	23.21	18.2	1 220	97.6	7.26	2.05	140	21.7
	200×100	198×99	4.5	7	13	23.59	18.5	1 610	114	8.27	2.20	163	23.0
		200×100	5.5	8	13	27.57	21.7	1 880	134	8.25	2.21	188	26.8
	250×125	248×124	5	8	13	32.89	25.8	3 560	255	10.4	2.78	287	41.1
		250×125	6	9	13	37.87	29.7	4 080	294	10.4	2.79	326	47.0
	300×150	298×149	5.5	8	16	41.55	32.6	6 460	443	12.4	3.26	433	59.4
		300×150	6.5	9	16	47.53	37.3	7 350	508	12.4	3.27	490	67.7
	350×175	346×174	6	9	16	53.19	41.8	11 200	792	14.5	3.86	649	91.0
		350×175	7	11	16	63.66	50.0	13 700	985	14.7	3.93	782	113
	#400×150	#400×150	8	13	16	71.12	55.8	18 800	734	16.3	3.21	942	97.9
	400×200	396×199	7	11	16	72.16	56.7	20 000	1 450	16.7	4.48	1 010	145
		400×200	8	13	16	84.12	66.0	23 700	1 740	16.8	4.54	1 190	174
	#450×150	#450×150	9	14	20	83.41	65.5	27 100	793	18.0	3.08	1 200	106
	450×200	446×199	8	12	20	84.95	66.7	29 000	1 580	18.5	4.31	1 300	159
		450×200	9	14	20	97.41	76.5	33 700	1 870	18.6	4.38	1 500	187
	#500×150	#500×150	10	16	20	98.23	77.1	38 500	907	19.8	3.04	1 540	121
	500×200	496×199	9	14	20	101.3	79.5	41 900	1 840	20.3	4.27	1 690	185
		500×200	10	16	20	114.2	89.6	47 800	2 140	20.5	4.33	1 910	214
		#506×201	11	19	20	131.3	103	56 500	2 580	20.8	4.43	2 230	257
	600×200	596×199	10	15	24	121.2	95.1	69 300	1 980	23.9	4.04	2 330	199
		600×200	11	17	24	135.2	106	78 200	2 280	24.1	4.11	2 610	228
		#606×201	12	20	24	153.3	120	91 000	2 720	24.4	4.21	3 000	271
	700×300	#692×300	13	20	28	211.5	166	172 000	9 020	28.6	6.53	4 980	602
		700×300	13	24	28	235.5	185	201 000	10 800	29.3	6.78	5 760	722
	*800×300	*792×300	14	22	28	243.4	191	254 000	9 930	32.3	6.39	6 400	662
		*800×300	14	26	28	267.4	210	292 000	11 700	33.0	6.62	7 290	782
	*900×300	*890×299	15	23	28	270.9	213	345 000	10 300	35.7	6.16	7 760	688
		*900×300	16	28	28	309.8	243	411 000	12 600	36.4	6.39	9 140	843
		*912×302	18	34	28	364.0	286	498 000	15 700	37.0	6.56	10 900	1 040

注:
① "#"表示的规格为非常用规格。
② "＊"表示的规格，目前国内尚未生产。
③ 型号属同一范围的产品，其内侧尺寸高度是一致的。
④ 截面面积计算公式为"$t_1(H-2t_2)+2Bt_2+0.858r^2$"。

表 3.6(b)　　　　**剖分 T 形钢截面尺寸、截面面积、理论重量和截面特性**

类别	型号（高度×宽度）（mm）	截面尺寸（mm）					截面面积（cm²）	理论重量（kg/m）	惯性矩（cm⁴）		惯性半径（cm）		截面模量（cm³）		重心（cm）	对应H形钢系列
		h	B	t_1	t_2	r			I_x	I_y	i_x	i_y	W_x	W_y	C_x	
TW	50×100	50	100	6	8	10	10.95	8.56	16.1	66.9	1.21	2.47	4.03	13.4	1.00	100×100
	62.5×125	62.5	125	6.5	9	10	15.16	11.9	35.0	147	1.52	3.11	6.91	23.5	1.19	125×125
	75×150	75	150	7	10	13	20.28	15.9	66.4	282	1.81	3.73	10.8	37.6	1.37	150×150
	87.5×175	87.5	175	7.5	11	13	25.71	20.2	115	492	2.11	4.37	15.9	56.2	1.55	175×175
	100×200	100	200	8	12	16	32.14	25.2	185	801	2.40	4.99	22.3	80.1	1.73	200×200
		#100	204	12	12	16	36.14	28.3	256	851	2.66	4.85	32.4	83.5	2.09	
	125×250	125	250	9	14	16	46.09	36.2	412	1 820	2.99	6.29	39.5	146	2.08	250×250
		#125	255	14	14	16	52.34	41.1	589	1 940	3.36	6.09	59.4	152	2.58	
	150×300	#147	302	12	12	20	54.16	42.5	858	2 760	3.98	7.14	72.3	183	2.83	300×300
		150	300	10	15	20	60.22	47.3	798	3 380	3.64	7.49	63.7	225	2.47	
		150	305	15	15	20	67.72	53.1	1 110	3 550	4.05	7.24	92.5	233	3.02	
	175×350	#172	348	10	16	20	73.00	57.3	1 230	5 620	4.11	8.78	84.7	323	2.67	350×350
		175	350	12	19	20	86.94	68.2	1 520	6 790	4.18	8.84	104	388	2.86	
	200×400	#194	402	15	15	24	89.62	70.3	2 480	8 130	5.26	9.52	158	405	3.69	400×400
		#197	398	11	18	24	93.80	73.6	2 050	9 460	4.67	10.0	123	476	3.01	
		200	400	13	21	24	109.7	86.1	2 480	1 1200	4.75	10.1	147	560	3.21	
		#200	408	21	21	24	125.7	98.7	3 650	11 900	5.39	9.73	229	584	4.07	
		#207	405	18	28	24	148.1	116	3 620	15 500	4.95	10.2	213	766	3.68	
		#214	407	20	35	24	180.7	142	4 380	19 700	4.92	10.4	250	967	3.90	
TM	74×100	74	100	6	9	13	13.63	10.7	51.7	75.4	1.95	2.35	8.80	15.1	1.55	150×100
	97×150	97	150	6	9	16	19.88	15.6	125	254	2.50	3.57	15.8	33.9	1.78	200×150
	122×175	122	175	7	11	16	28.12	22.1	289	492	3.20	4.18	29.1	56.3	2.27	250×175
	147×200	147	200	8	12	20	36.52	28.7	572	802	3.96	4.69	48.2	80.2	2.82	300×200
	170×250	170	250	9	14	20	50.76	39.9	1 020	1 830	4.48	6.00	73.1	146	3.09	350×250
	200×300	195	300	10	16	24	68.37	53.7	1 730	3 600	5.03	7.26	108	240	3.40	400×300
	220×300	220	300	11	18	24	78.69	61.8	2 680	4 060	5.84	7.18	150	270	4.05	450×300
	250×300	241	300	11	15	28	73.23	57.5	3 420	3 380	6.83	6.80	178	226	4.90	500×300
		244	300	11	18	28	82.23	64.5	3 620	4 060	6.64	7.03	184	271	4.65	
	300×300	291	300	12	17	28	87.25	68.5	6 360	3 830	8.54	6.63	280	256	6.39	600×300
		294	300	12	20	28	96.25	75.5	6 710	4 510	8.35	6.85	288	301	6.08	
		#297	302	14	23	28	111.2	87.3	7 920	5 290	8.44	6.90	339	351	6.33	

类别	型号（高度×宽度）（mm）	截面尺寸（mm）					截面面积（cm²）	理论重量（kg/m）	截面特性参数							对应H形钢系列
									惯性矩（cm⁴）		惯性半径（cm）		截面模数（cm³）		重心（cm）	型号
		h	B	t_1	t_2	r			I_x	I_y	i_x	i_y	W_x	W_y	C_x	
TN	50×50	50	50	5	7	10	6.079	4.79	11.9	7.45	1.40	1.11	3.18	2.98	1.27	100×50
	62.5×60	62.5	60	6	8	10	8.499	6.67	27.5	14.6	1.80	1.31	5.96	4.88	1.63	125×60
	75×75	75	75	5	7	10	9.079	7.14	42.7	24.8	2.17	1.65	7.46	6.61	1.78	150×75
	87.5×90	87.5	90	5	8	10	11.60	9.11	70.7	48.8	2.47	2.05	10.4	10.8	1.92	175×90
	100×100	99	99	4.5	7	13	11.80	9.26	94.0	56.9	2.82	2.20	12.1	11.5	2.13	200×100
		100	100	5.5	8	13	13.79	10.8	115	67.1	2.88	2.21	14.8	13.4	2.27	
	125×125	124	124	5	8	13	16.45	12.9	208	128	3.56	2.78	21.3	20.6	2.62	250×125
		125	125	6	9	13	18.94	14.8	249	147	3.62	2.79	25.6	23.5	2.78	
	150×150	149	149	5.5	8	16	20.77	16.3	395	221	4.36	3.26	33.8	29.7	3.22	300×150
		150	150	6.5	9	16	23.76	18.7	465	254	4.42	3.27	40.0	33.9	3.38	
	175×175	173	174	6	9	16	26.60	20.9	681	396	5.06	3.86	50.0	45.5	3.68	350×175
		175	175	7	11	16	31.83	25.0	816	492	5.06	3.93	59.3	56.3	3.74	
	200×200	198	199	7	11	16	36.08	28.3	1 190	724	5.76	4.48	76.4	72.7	4.17	400×200
		200	200	8	13	16	42.06	33.0	1 400	868	5.76	4.54	88.6	86.8	4.23	
	225×200	223	199	8	12	20	42.54	33.4	1 880	790	6.65	4.31	109	79.4	5.07	450×200
		225	200	9	14	20	48.71	38.2	2 160	936	6.66	4.38	124	93.6	5.13	
	250×200	248	199	9	14	20	50.64	39.7	2 840	922	7.49	4.27	150	92.7	5.90	500×200
		250	200	10	16	20	57.12	44.8	3 210	1 070	7.50	4.33	169	107	5.96	
		#253	201	11	19	20	65.65	51.5	3 670	1 290	7.48	4.43	190	128	5.95	
	300×200	298	199	10	15	24	60.62	47.6	5 200	991	9.27	4.04	236	100	7.76	500×200
		300	200	11	17	24	67.60	53.1	5 820	1 140	9.28	4.11	262	114	7.81	
		#303	201	12	20	24	76.63	60.1	6 580	1 360	9.26	4.21	292	135	7.76	

注:"#"表示的规格为非常用规格。

表 3.7 　　　　　　　　　　　　　普通螺栓的有效面积

螺栓公称直径 d （mm）	螺　距 p （mm）	螺栓有效直径 d_e （mm）	螺栓有效面积 A_e （mm^2）
16	2	14. 123 6	156. 7
18	2. 5	15. 654 5	192. 5
20	2. 5	17. 654 5	244. 8
22	2. 5	19. 654 5	303. 4
24	3	21. 185 4	352. 5
27	3	24. 185 4	459. 4
30	3. 5	26. 716 3	560. 6
33	3. 5	29. 716 3	693. 6
36	4	32. 247 2	816. 7
39	4	35. 247 2	975. 8
42	4. 5	37. 778 1	1 121
45	4. 5	40. 778 1	1 306
48	5	43. 309 0	1 473
52	5	47. 309 0	1 758
56	5. 5	50. 839 9	2 030
60	5. 5	54. 839 9	2 362
64	6	58. 370 8	2 676
68	6	62. 370 8	3 055
72	6	66. 370 8	3 460
76	6	70. 370 8	3 889
80	6	74. 370 8	4 344
85	6	79. 370 8	4 948
90	6	84. 370 8	5 591
95	6	89. 370 8	6 273
100	6	94. 370 8	6 995

注:表中的螺栓有效面积 A_0 值系按下式算得：

$$A_e = \frac{\pi}{4}\left(d - \frac{13}{24}\sqrt{3}p\right)^2$$

表3.8 角钢上螺栓或铆钉线距表(mm)

单行排列	角钢肢宽	40	45	50	56	63	70	75	80	90	100	110	125
	线距 e	25	25	30	30	35	40	40	45	50	55	60	70
	钉孔最大直径	12	13	14	15.5	17.5	20	21.5	21.5	23.5	23.5	26	26

双行错列	角钢肢宽	125	140	160	180	200	双行并列	角钢肢宽		160	180	200
	e_1	55	60	70	70	80		e_1		60	70	80
	e_2	90	100	120	140	160		e_2		130	140	160
	钉孔最大直径	23.5	23.5	26	26	26		钉孔最大直径		23.5	23.5	29

表3.9 工字形钢和槽钢腹板上的螺栓规距(也适用于铆钉)

工字形钢型号	12	14	16	18	20	22	25	28	32	36	40	45	50	56	63
线距 c_{min}	40	45	45	45	50	50	55	60	60	65	70	75	75	75	75
槽钢型号	12	14	16	18	20	22	25	28	32	36	40				
线距 c_{min}	40	45	50	50	55	55	55	60	65	70	75				

表3.10 工字形钢和槽钢翼缘上的螺栓规距(也适用于铆钉)

工字形钢型号	12	14	16	18	20	22	25	28	32	36	40	45	50	56	63
线距 a_{min}	40	40	50	55	60	65	65	70	75	80	80	85	90	95	95
槽钢型号	12	14	16	18	20	22	25	28	32	36	40				
线距 a_{min}	30	35	35	40	40	45	45	45	50	56	60				

附四　截面回转半径的近似值

$i_x = 0.30h$ $i_y = 0.90b$ $i_z = 0.195h$	$i_x = 0.40h$ $i_y = 0.21b$	$i_x = 0.38h$ $i_y = 0.60b$	$i_x = 0.41h$ $i_y = 0.22b$
$i_x = 0.32h$ $i_y = 0.28b$ $i_z = 0.18\dfrac{h+b}{2}$	$i_x = 0.45h$ $i_y = 0.235b$	$i_x = 0.38h$ $i_y = 0.44b$	$i_x = 0.32h$ $i_y = 0.49b$
$i_x = 0.30h$ $i_y = 0.215b$	$i_x = 0.44h$ $i_y = 0.28b$	$i_x = 0.32h$ $i_y = 0.58b$	$i_x = 0.29h$ $i_y = 0.50b$
$i_x = 0.32h$ $i_y = 0.20b$	$i_x = 0.43h$ $i_y = 0.432b$	$i_x = 0.32h$ $i_y = 0.40b$	$i_x = 0.29h$ $i_y = 0.45b$
$i_x = 0.28h$ $i_y = 0.24b$	$i_x = 0.39h$ $i_y = 0.20b$	$i_x = 0.38h$ $i_y = 0.21b$	$i_x = 0.29h$ $i_y = 0.29b$
$i_x = 0.30h$ $i_y = 0.17b$	$i_x = 0.42h$ $i_y = 0.22b$	$i_x = 0.44h$ $i_y = 0.32b$	$i_x = 0.39h$ $i_y = 0.53b$
$i_x = 0.28h$ $i_y = 0.21b$	$i_x = 0.43h$ $i_y = 0.24b$	$i_x = 0.44h$ $i_y = 0.38b$	$i = 0.25d$
$i_x = 0.21h$ $i_y = 0.21b$ $i_z = 0.185h$	$i_x = 0.365h$ $i_y = 0.275b$	$i_x = 0.37h$ $i_y = 0.54b$	$i = 0.35\dfrac{d+I}{2}$
$i_x = 0.21h$ $i_y = 0.21b$	$i_x = 0.35h$ $i_y = 0.56b$	$i_x = 0.37h$ $i_y = 0.45b$	
$i_x = 0.45h$ $i_y = 0.24b$	$i_x = 0.39h$ $i_y = 0.29b$	$i_x = 0.40h$ $i_y = 0.24b$	

钢结构自学考试大纲

（含考核目标）

全国高等教育自学考试指导委员会　制订

出 版 前 言

为了适应社会主义现代化建设事业对培养人才的需要，我国在 20 世纪 80 年代初建立了高等教育自学考试制度；经过 20 多年的发展，高等教育自学考试已成为我国高等教育基本制度之一。高等教育自学考试是个人自学、社会助学和国家考试相结合的一种高等教育形式，是我国高等教育体系的一个重要组成部分。实行高等教育自学考试制度，是落实宪法规定的"鼓励自学成才"的重要措施，是提高中华民族思想道德和科学文化素质的需要，也是造就和选拔人才的一种途径。应考者通过规定的专业考试课程并经思想品德鉴定达到毕业要求的，可以获得毕业证书，国家承认学历，并按照规定享有与普通高等学校毕业生同等的有关待遇。

从 20 世纪 80 年代初期开始，各省、自治区、直辖市先后成立了高等教育自学考试委员会，开展了高等教育自学考试工作，多年来为国家培养造就了大批专门人才。为科学、合理地制定高等教育自学考试标准，提高教育质量，全国高等教育自学考试指导委员会（以下简称"全国考委"）组织各方面的专家对高等教育自学考试专业设置进行了调整，统一了专业设置标准。全国考委陆续制定了 200 多个专业考试计划。在此基础上，各专业委员会按照专业考试计划的要求，从造就和选拔人才的需要出发，编写了相应专业的课程自学考试大纲，进一步规定了课程学习和考试的内容与范围，以有利于社会助学，使个人自学要求明确，考试标准规范化、具体化。

全国考委按照国务院发布的《高等教育自学考试暂行条例》的规定，根据教育测量学的要求，对高等教育自学考试课程的自学考试大纲进行了探索、研究与建设。目前，为更好地贯彻十六大和全国考委五届二次会议精神，以"三个代表"重要思想为指导，全国考委办公室及其各个专业委员会在 2003 年开始较大幅度地对新一轮的课程自学考试大纲组织修订或重编。

全国考委土木水利矿业交通环境类专业委员会在课程自学考试大纲建设过程中结合高等教育自学考试工作的实践，参照全日制普通高等学校相关课程的教学基本要求，并力图体现自学考试的特点，组织制定了《钢结构自学考试大纲》，现经教育部批准，颁发施行。

《钢结构自学考试大纲》是该课程编写教材和自学辅导书的依据，也是个人自学、社会助学和国家考试的依据，各地教育部门、考试机构应认真贯彻执行。

全国高等教育自学考试指导委员会

2004 年 8 月

目　　录

Ⅰ 课程性质与设置目的要求

钢结构课程是全国高等教育自学考试土木建筑类建筑工程专业的专业课,是为培养和检测自学应考者在建筑钢结构方面的基本理论知识和应用设计能力而设置的一门课程。

钢结构是在工程力学和建筑材料等课程的基础上,进行学习和掌握应用的专业课,因而在学习本课程前,应学好工程力学(主要是其中的材料力学部分第二篇)以及建筑材料(主要是其中的钢材部分)。由于这种结构具有轻质高强以及塑性和韧性好等突出的优点,除应用于高层建筑、大跨度建筑和重型工程结构外,近年来,随着我国钢产量的迅速增长,改革开放后建设事业的发展需求,钢结构还在各种工业与民用建筑中得到广泛的发展和应用,更显出学习本课程的重要性,因而是从事土木建筑的工程技术人员应很好学习和掌握应用的专业课。

通过对本课程的学习,可获得很多有关建筑结构的概念、计算方法和设计技能,这些知识和技能具有普遍意义,有助于培养分析问题和解决问题的能力,以及处理技术问题的能力和素质,也为自学应考者很好地完成毕业设计或毕业论文奠定基础。

自学本课程后,自学应考者应了解钢结构的特点及其在我国的合理应用范围和发展。深刻理解钢材的基本性能,梁、柱和屋架等基本构件及其连接的工作性能,掌握这些方面的基本知识、基本理论、设计方法和构造原则。能根据钢结构的整体布置,正确使用钢结构设计规范,进行基本构件的设计。

在工程实践中,经常遇到的主要问题是:钢材材质的合理选用,构件的稳定问题以及节点的合理构造。自学应考者在学习过程中,对上述三方面的内容应给予重视。

II 课程内容与考核目标

第一章 概　述

一、学习目的和要求

通过本章的学习,要求了解钢结构在我国的发展概况及其在建筑工程中的地位。了解钢结构的特点,理解由其特点决定的合理应用范围。深刻理解钢结构采用的极限状态设计方法,了解钢结构的发展方向。钢结构发展方向应在全部课程学完后,再进行学习。

二、课 程 内 容

第一节　钢结构在我国的发展概况

(一)钢结构的发展和应用简史以及当前发展概况
(二)钢结构的发展与社会生产发展的关系

第二节　钢结构的特点和合理应用范围

(一)轻质高强材料的概念
钢材是容重最大的建筑材料,但强度比其他材料高得多,因而钢结构的自重小,属轻质高强。

(二)匀质等向体的概念
工程力学研究的对象是匀质等向体,钢材的组织构造最为接近,因而表现出塑性和韧性好的特点。在外力的作用下,钢结构的实际内力和计算结果符合得最好。

(三)焊接性能的概念
钢材具有良好的焊接性能,适用于多种焊接连接形式。

(四)工厂化的概念
钢结构制造的工厂化,既保证了制造和安装质量,又加快了施工速度。

(五)钢材抗腐蚀和抗火性能差
这是钢结构的不足之处,增加了工程造价和维修费用,近年来有很大改进,并在不断研究解决之中。

（六）钢结构的合理应用范围

钢结构的合理应用范围是根据钢结构本身的特点确定的应用范围。总的来说,钢结构适用于高、大、重型及轻型结构。

第三节　钢结构的设计方法

（一）结构可靠度设计的概念

结构可靠性包括安全性、适用性和耐久性。用概率论的方法来分析和确定各种变量,以与失效概率相对应的可靠指标来衡量结构的可靠性。

（二）近似概率极限状态设计法

根据结构或构件能否满足预定功能的要求来确定它们的极限状态。

钢结构采用的是近似概率极限状态设计法。为了适应工程设计者的习惯,转化为分项系数设计法。

两种极限状态:承载能力极限状态和正常使用极限状态。前者包括强度设计(含疲劳强度)和稳定设计,后者包括变形计算和长细比限制。

第四节　钢结构的发展(建议本课程学完后,再进行学习)

（一）高效能钢材的概念

高效能钢材的主要内容是:采用各种措施,提高钢材的有效承载力,从而达到节约钢材的目的。

（二）近似概率极限状态设计法的进一步完善,以及各类稳定问题的深入研究

（三）当前国内钢结构的发展

主要发展的领域是:高层钢结构,大跨空间钢结构,轻型钢结构,预应力钢结构和钢-混凝土组合结构。

三、考核知识点

（一）钢结构在我国的发展

（二）钢结构的特点和合理应用范围

（三）近似概率极限状态设计法

四、考核要求

（一）钢结构在我国的发展

1. 识记钢结构在我国发展的几个阶段及其与社会生产发展的关系。

2. 识记当前钢结构在我国发展的态势。

（二）钢结构的特点和合理应用范围

1. 领会匀质等向体的重要意义。

2. 领会轻质高强的含义。

3. 领会钢结构的特点,及根据充分发挥其特点的原则确定它的合理应用范围。

(三)近似概率极限状态设计法

1. 领会结构可靠性的内容,用可靠指标来衡量结构可靠性的方法。

2. 领会钢结构采用的以概率理论为基础、用应力计算公式表达的近似概率极限状态设计方法和设计表达式。

3. 领会结构和构件的两种极限状态。承载能力极限状态和正常使用极限状态。

4. 领会极限状态设计法中几个系数的意义:材料抗力分项系数,荷载效应分项系数,荷载组合系数和结构重要性系数。

5. 领会钢结构设计中承载能力极限状态包括的强度(包含疲劳强度)和稳定极限,正常使用极限状态包括的变形和长细比限制的意义。领会两种极限状态中荷载组合的计算。

6. 领会承载能力极限状态中,结构、构件和连接的抗力及各种作用荷载产生的荷载效应之间的关系。

7. 领会标准值和设计值的区别及其应用。

第二章 结构钢材及其性能

一、学习目的和要求

钢材性能是钢结构课程的基本知识部分。通过本章学习,要求深刻理解结构钢材一次拉伸时的力学性能,各种力学指标的意义和用途,复杂应力状态下的屈服条件,以及冲击韧性指标的意义。理解反复循环荷载作用下钢材的疲劳强度,掌握设计规范中的疲劳强度的计算方法。

深刻理解钢材脆性破坏的原因和危险后果,以及设计中采用合理构造、减少应力集中、防止脆性破坏的措施。

了解钢材种类和规格,理解如何正确选用钢材。

二、课 程 内 容

第一节 结构钢材一次拉伸时的力学性能

(一)结构钢材一次拉伸的应力应变全过程

钢材一次拉伸直至破坏属于静力荷载作用。历经弹性、弹塑性、塑性(屈服)和强化等四个阶段。

(二)塑性破坏的概念

结构钢材的塑性阶段(屈服)终了时的应变为 2%~3%,达到抗拉强度而拉断时的最大应变可达 20%~30%。破坏时变形很大,且十分明显,称为塑性破坏。

(三)理想弹性塑性体的概念

弹性阶段钢材的应力和应变成正比,呈完全弹性工作。弹塑性阶段钢材的应力和应变为非线性关系,但此阶段范围不大。钢材进入塑性阶段屈服后,应力保持不变而应变可自由发展到 2%~3%。

工程设计中,为了避免产生过大的变形,取钢材的屈服强度作为钢材强度的标准值。

为了力学计算方便,假设钢材应力应变关系为理想弹性塑性体,而忽略弹塑性阶段和强化阶段。

第二节 结构钢材的力学性能指标

(一)静力荷载作用下的力学性能指标

1. 由 $\sigma\text{-}\varepsilon$ 关系曲线,可得弹性模量 E、屈服应力(屈服强度)f_y、抗拉强度 f_u 和伸长率 δ。

2. 强度设计以 f_y 为极限状态的钢材强度标准值。

3. 冷弯性能是考察钢材是否具有良好塑性变形能力和冶金质量的综合指标。

4. Z 向收缩率是考察厚钢板用于受垂直于厚度方向拉力作用时,是否具有良好的抗分层撕裂的能力。

5. 钢材双向或三向同时受外力作用时,应按能量强度理论来确定其折算应力,作为进入塑性工作状态的屈服极限。

(二)钢材的韧性指标

钢材的冲击韧性表示钢材抵抗冲击荷载的能力,也是衡量受动力荷载作用下钢材抵抗脆性破坏的能力。是用于直接受动力荷载作用的构件选用钢材的主要指标。我国规定以 V 形缺口试件破坏时所消耗的功作为冲击韧性指标。

(三)钢材的疲劳强度

构件和连接中,钢材在连续反复循环荷载作用下,在受拉区可能发生疲劳破坏。应力集中越严重,疲劳强度就越低。疲劳强度是按容许应力幅方法计算的,计算应力幅值应不超过容许应力幅。

(四)钢材的化学成分(特别是碳、硫、磷)和轧制工艺对钢材的工作性能有很大影响,影响了应力应变关系,也影响钢材的力学性能指标和钢材的焊接性能。

第三节　结构钢材的脆性破坏

(一)钢材脆性破坏的概念

脆性破坏的特征是:破坏是突发性的,应变极小,大多情况下局部应力很高,危险性很大,应予以重视,尽可能使之不发生脆性破坏。

(二)冶金缺陷的影响

钢材的冶金缺陷主要包括某些化学元素的偏析,或具有非金属杂质,以及轧制后产生裂纹和分层等,这些缺陷都会使钢材的塑性、冲击韧性、冷弯性能、抗层间撕裂以及焊接性能等性能变坏。沸腾钢的冶金缺陷常大于镇静钢。

(三)构造不恰当的影响——应力集中

结构和构件及其连接和节点,当构造设计不恰当时,将在局部位置产生应力集中。应力集中引起同号应力场,导致钢材脆性破坏。

(四)温度影响

当温度由常温降到零下温度时,钢材的脆性增大,可能引起脆性断裂,发生低温冷脆。升温时,钢材的屈服点下降,发生高温软化,达到 600℃ 时,屈服点趋于零。

(五)钢材的硬化

有时效硬化和冷作硬化两种。前者是由钢材内部组织变化引起的,后者是由应力超过弹性极限后卸载再受载引起的,虽然屈服点提高了,但损失了钢材的塑性变形能力,增加了钢材的脆性。

第四节　钢材种类和规格

(一)结构用碳素结构钢和低合金高强度结构钢

我国目前推荐采用的碳素结构钢有 Q235,低合金高强度结构钢有 Q345、Q390 和 Q420 共四种钢材。Q235 钢又分沸腾钢、半镇静钢、镇静钢和特殊镇静钢。每种牌号钢按质量分为四种或五种等级,根据使用要求选用。

此外,还有耐火耐候建筑用钢以及预应力结构应用的高强度钢丝等。

(二)钢材的选用和规格

钢材的正确选用和合理使用,关系到结构的安全、使用寿命和经济。应根据使用要求、工作性质和使用条件等,全面考虑,合理选择钢种、牌号、质量等级、性能保证项目和规格。

三、考核知识点

(一)结构钢材一次拉伸时的力学性能
(二)钢材的静力力学性能指标
(三)钢材的韧性指标
(四)钢材的疲劳强度
(五)结构钢材的塑性破坏和脆性破坏
(六)钢材的牌号、规格和合理选用

四、考　核　要　求

(一)结构钢材一次拉伸时的力学性能

要求领会下列内容:

1. 全过程曲线的四个阶段——弹性、弹塑性、塑性和强化阶段。

2. 应力达到屈服应力时,进入塑性阶段,应力保持不变,应变可自由增加,达到 2%~3%,钢材暂时失去承载力,但并未破坏。

3. 塑性阶段结束后,钢材恢复承载力,直至应力达到抗拉强度时,钢材断裂破坏,最大应变为 20%~30%。

4. 钢材一次拉伸的全过程产生很大变形直至破坏称为塑性破坏。

(二)钢材的静力力学性能指标

1. 识记化学成分和钢材轧制工艺对工作性能及力学指标的影响。

2. 领会钢材以屈服点为强度设计指标的根据。

3. 领会钢材的弹性模量达 $E = 2.06 \times 10^5 \, \text{N/mm}^2$,因此弹性工作时变形很小。

4. 领会弹塑性阶段的范围不大,塑性阶段变形又很大,因而结构钢材很接近于理想弹性-塑性体。为了简化力学分析和计算,可假设钢材为理想弹性-塑性体,以屈服点为强度设计指标。

5. 领会抗层状撕裂指标用于厚钢材,又在垂直于厚度方向受拉的情况。

6. 领会采用能量强度理论确定三向应力状态下的屈服条件及简单应用计算公式。

(三)钢材的韧性指标

1. 识记冲击韧性试验方法。

2. 领会冲击韧性的意义,能在选用钢材时正确地提出冲击韧性指标的要求。

3. 领会钢材高温软化和低温脆性的概念。

(四)钢材的疲劳强度

1. 识记循环荷载的种类。

2. 领会在反复荷载作用下构件和连接中受拉区钢材的疲劳破坏。

3. 能简单应用常幅疲劳和变幅疲劳(吊车梁)的计算方法。

(五)结构钢材的塑性破坏和脆性破坏

1. 领会钢材的两种可能破坏形式,两者的区别和后果。

2. 领会应力集中现象,产生的原因和后果,以及设计中应采取的合理构造措施。

3. 领会冶金缺陷和温度变化可能引起钢材脆性破坏的现象。

4. 领会时效硬化和冷作硬化的现象和原因。

(六)钢材的牌号、规格和合理选用

1. 识记建筑结构中采用的钢材牌号和用途。

2. 识记各种钢材的规格和特性。

3. 领会如何根据使用要求、使用条件、受力状况等合理地选用钢材。

第三章　钢结构的连接

一、学习目的和要求

连接是组合钢构件和组成钢结构的重要环节,是本课程的基本知识和基本技能。

通过本章学习,要求了解钢结构采用的焊接连接和螺栓(铆钉)连接两种常用的连接方法及其特点。深刻理解对接焊缝及角焊缝的工作性能。熟练掌握各种内力作用下,连接的构造、传力过程和计算方法。理解钢管连接焊缝的计算。了解焊缝缺陷对其承载力的影响及焊缝质量等级和质量检验等级。理解焊接应力和焊接变形的种类、产生原因及其影响,以及减小和消除的方法。深刻理解普通螺栓的工作性能和破坏形式,熟练掌握螺栓连接在传递各种内力时,连接的构造、传力过程和计算方法。理解螺栓排列方式和构造要求。深刻理解高强度螺栓的工作性能,熟练掌握高强度螺栓连接传递内力时,连接的构造、传力过程和计算方法。理解焊接连接和螺栓连接的疲劳强度,提高疲劳强度的措施,掌握疲劳验算方法。

二、课　程　内　容

第一节　钢结构连接的种类和特点

(一)钢结构的连接方法

钢结构采用的连接方法目前有焊接和螺栓连接(铆钉)两种,后者包括普通螺栓和高强度螺栓。

(二)焊接连接的特点

1. 构造简单,对构件无截面削弱,可焊接成任何形状,节约钢材。

2. 常用的电弧焊的基本原理和设备。

3. 焊条的种类和用途。

4. 焊缝的方位和要求。

5. 焊缝符号和标注方法。

6. 焊缝的缺陷。

7. 焊缝质量等级和焊缝质量检验等级。

(三)螺栓连接的特点

1. 普通螺栓连接施工简便,常用做安装固定件,也可用于传递拉力。

2. 高强度螺栓分承压型连接和摩擦型连接两种,前者和普通螺栓连接的工作类似,可用来传递剪力。高强度螺栓摩擦型连接依靠连接件间的高摩擦力传力,具有连接紧密,节点整体性好,耐疲劳,施工简便及可拆卸等优点。

第二节　对接焊缝及其连接

（一）对接焊缝的形式和构造要求

（二）采用对接焊缝的连接

1. 采用对接焊缝的连接有对接连接和丁字连接两种。

2. 对接连接传递轴心力或弯矩，及同时传递轴心力、弯矩和剪力时的传力过程分析和计算。

3. 丁字连接传递轴心力和弯矩，及同时传递几种内力时的传力过程分析和计算。

第三节　角焊缝及其连接

（一）角焊缝的形式和构造要求

1. 角焊缝分直角角焊缝和斜角角焊缝，还有部分熔透的坡口焊缝也相当于角焊缝的工作。

2. 角焊缝的构造要求。

（二）采用角焊缝的连接

1. 采用角焊缝的连接有对接连接、搭接连接和丁字连接。

2. 角焊缝连接的基本计算公式。

3. 对接连接的工作和计算。

4. 搭接连接的工作和计算。

5. 丁字连接的角焊缝在轴心力、弯矩和剪力共同作用下的计算。

（三）部分熔透的对接和角接组合焊缝的构造要求和计算。

第四节　焊接应力和焊接变形

（一）焊接应力和焊接变形的种类、产生的原因和特点

（二）焊接应力和焊接变形对结构构件工作的影响，减小和消除焊接应力和焊接变形的措施

第五节　普通螺栓连接

（一）普通螺栓

1. 普通螺栓的等级（4.6级、4.8级、5.6级和8.8级以及C级和A级、B级）、排列和构造。

2. 普通螺栓传递剪力时的工作性能、破坏形式和承载力计算。

3. 普通螺栓传递拉力时的工作性能和承载力计算。

（二）普通螺栓连接

1. 螺栓受剪传递轴心力、扭矩，或同时传递剪力、扭矩和轴心力的连接的构造、内力分析

和计算。

2. 螺栓受拉传递弯矩,或同时传递弯矩和剪力的连接的构造、内力分析和计算。

第六节　高强度螺栓连接

（一）高强度螺栓连接的工作性能和特点

高强度螺栓预拉力和抗滑移系数。

（二）高强度螺栓连接的计算

1. 高强度螺栓摩擦型连接和高强度螺栓承压型连接。

2. 受剪连接中,传递轴力和扭矩时的计算。

3. 受拉连接中,传递轴力和弯矩时的计算。

第七节　连接的疲劳计算

（一）连接在循环荷载作用下发生疲劳破坏的原因

（二）连接疲劳强度的验算

三、考核知识点

（一）钢结构连接的种类和特点

（二）对接焊缝及其连接

（三）角焊缝及其连接

（四）组合焊缝及其连接

（五）焊接应力和焊接变形

（六）普通螺栓连接和高强度螺栓连接

（七）连接的疲劳验算

四、考 核 要 求

（一）钢结构连接的种类和特点

1. 识记钢结构常采用的两种连接方法——焊接和螺栓连接,它们的优缺点和用途。

2. 识记电弧焊的基本原理和设备,焊条种类和选用,焊缝的方位和要求,焊缝符号和标注方法,以及焊缝缺陷和国家规定的质量检验标准。

3. 领会焊缝质量等级和质量检验等级的要求。

4. 识记普通螺栓和高强度螺栓的优缺点和用途。

（二）对接焊缝及其连接

1. 领会对接焊缝的构造和工作性能。

2. 领会对接连接和丁字连接的构造,能综合应用传递各种内力时的传力过程分析和焊缝的计算公式。

（三）角焊缝及其连接

1. 领会角焊缝的形式、工作性能和构造要求，包括直角角焊缝、斜角角焊缝和部分熔透的坡口焊缝。

2. 领会采用角焊缝的对接连接、搭接连接和丁字连接的工作性能和构造要求。

3. 能综合应用上述各种连接在各种内力作用下的内力传递过程分析，以及连接的计算。

4. 简单应用部分熔透的对接与角接组合焊缝连接和钢管连接的构造和计算。

5. 领会焊缝质量等级和焊缝质量检验等级的要求。

（四）焊接应力和焊接变形

领会焊接应力和焊接变形的种类、产生原因及影响，以及减小和消除的措施。

（五）普通螺栓连接和高强度螺栓连接

1. 领会螺栓的排列和构造要求。

2. 领会普通螺栓连接传递剪力和拉力时的工作性能和破坏形式。

3. 综合应用普通螺栓连接在传递各种内力时，传力过程的分析和计算方法。

4. 领会高强度螺栓连接的工作性能，能综合应用高强度螺栓连接在受剪、受拉以及同时受剪和受拉的连接中，力的传递过程和内力分析以及计算。

（六）连接的疲劳验算

1. 领会各种连接在循环荷载作用下疲劳破坏的原因，提高连接疲劳强度的措施。

2. 能简单应用容许应力幅对连接进行疲劳验算的方法。

第四章 轴心受力构件

一、学习目的和要求

　　轴心受力构件包括轴心受拉和轴心受压,是钢结构的基本构件之一,广泛用于工作平台、支撑柱子和各种桁架及网架结构中。

　　通过本章学习,要求理解轴心受力构件的特点、截面形式和应用范围。深刻理解轴心受拉构件的强度承载力极限和容许长细比的规定。深刻理解轴心受压构件的稳定承载力极限和容许长细比的规定。深刻理解等稳定的概念。熟练掌握轴心受压构件(包括实腹式和格构式构件)的设计方法和规范的有关规定。理解实腹式轴心受压构件局部稳定的概念,掌握规范中关于局部稳定的规定。掌握柱头和柱脚的构造和设计。

二、课 程 内 容

第一节 轴心受力构件的特点和截面形式

　　(一)轴心受力构件的用途和截面形式
　　(二)轴心受力构件的极限状态
　　1. 承载能力极限状态包括强度(含疲劳强度)和稳定承载力。
　　2. 正常使用极限状态,用容许长细比控制。

第二节 轴心受拉构件

　　(一)轴心受拉构件的强度计算
　　(二)轴心受拉构件的容许长细比

第三节 实腹式轴心受压构件

　　(一)轴心受压构件的强度承载力和容许长细比
　　(二)实腹式轴心受压构件的整体稳定
　　1. 轴心受压构件的弯曲屈曲、扭转屈曲和弯扭屈曲状态,产生屈曲的原因。
　　2. 轴心受压构件弯曲屈曲临界应力的确定和采用的基本假定。
　　3. 初始几何缺陷和残余应力对临界应力的影响。
　　4. 设计规范规定的轴心受压构件弯曲屈曲和弯扭屈曲临界应力的确定、稳定系数及其应用。
　　5. 轴心受压构件的截面选择。

(三)实腹式轴心受压构件的局部稳定

1. 薄板稳定的基本概念。

2. 腹板和翼缘板临界应力的确定。

3. 局部稳定与构件整体稳定等稳定的概念。

4. 设计规范对组成轴心受压构件的板件宽厚比的规定。

第四节　格构式轴心受压构件

(一)格构式轴心受压构件的整体稳定

1. 格构式轴心受压构件的截面形式。

2. 缀条式轴心受压构件对虚轴的换算长细比。

3. 缀板式轴心受压构件对虚轴的换算长细比。

(二)格构式轴心受压柱的截面选择

1. 格构式轴心受压柱设计中的等稳定原则。

2. 缀材设计和横膈板的设置。

第五节　柱头和柱脚

(一)柱头设计

1. 常用的柱头形式和构造。

2. 传力过程分析和组成部件的计算。

(二)柱脚设计

1. 常用的柱脚形式和构造。

2. 传力过程分析和组成部件的计算。

三、考核知识点

(一)轴心受力构件的极限状态

(二)轴心受拉构件设计

(三)实腹式轴心受压构件的整体稳定

(四)实腹式轴心受压构件的局部稳定

(五)格构式轴心受压构件的整体稳定

(六)等稳定设计概念

(七)格构式轴心受压构件设计

(八)柱头和柱脚

四、考核要求

(一)轴心受力构件的极限状态

1. 领会轴心受力构件的特点、截面形式和用途,以及计算长度的计算。

2. 领会轴心受力构件极限状态设计的内容,承载能力极限状态包括强度(含疲劳强度)和稳定,正常使用极限状态用容许长细比来控制。

(二)轴心受拉构件设计

1. 能简单应用轴心受拉构件强度承载力的计算方法。

2. 领会容许长细比限制的意义。

(三)实腹式轴心受压构件的整体稳定

1. 领会轴心受压构件失稳形态、临界应力的确定和采用的基本假定。

2. 领会初始几何缺陷和残余应力对构件稳定承载力的影响。

3. 领会设计规范对轴压构件稳定系数的规定。

4. 综合应用实腹式轴心受压构件的截面选择步骤和方法。

(四)实腹式轴心受压构件的局部稳定

1. 领会四边支承板在正应力作用下屈曲的概念,临界应力公式的意义及其简单应用。

2. 领会实腹式轴心受压构件的腹板和翼缘板屈曲的概念,临界应力公式的意义及其简单应用。

3. 领会设计规范对轴心受压构件的腹板和翼缘板宽厚比的规定。

(五)格构式轴心受压构件的整体稳定

1. 领会格构式轴心受压柱的截面形式和缀材体系。

2. 领会格构式柱对虚轴的换算长细比。

3. 综合应用换算长细比的计算公式。

(六)等稳定设计概念

1. 领会轴心受压柱两个主轴方向临界应力相等的等稳定设计。

2. 领会轴心受压构件组成板件局部稳定临界应力和构件整体稳定临界应力相等的等稳定概念。

(七)格构式轴心受压构件设计

1. 简单应用截面的选择方法。

2. 简单应用缀条和缀板的设计,以及隔板的设置。

(八)柱头和柱脚

1. 领会柱头和柱脚常用的构造形式。

2. 领会柱头和柱脚传力过程的分析。

3. 简单应用柱头和柱脚设计的计算方法和过程。

第五章 受弯构件

一、学习目的和要求

受弯构件是钢结构的基本构件之一,广泛用于各种结构中,如设备平台结构、楼盖结构、框架横梁和吊车梁等。

通过本章学习,要求了解梁格布置。深刻理解受弯构件的工作性能和两种极限状态。理解整体稳定的基本概念。熟练掌握规范规定的有关整体稳定的验算方法和提高稳定的措施。理解梁的组成、板件局部稳定的基本概念和腹板屈曲后强度的概念。掌握规范中的有关规定和验算方法。熟练掌握型钢梁的设计和工字截面焊接梁的设计。理解梁的拼接、支座和主次梁连接的构造,并掌握其设计方法。

二、课 程 内 容

第一节 梁的种类和梁格布置

(一)梁的种类

有冷弯轻型截面梁、热轧型钢梁和组合截面梁等,根据跨度大小和荷载大小等选用。

(二)梁格布置

由纵横交错的主、次梁组成平面结构体系,可分简式梁格、普通式梁格和复式梁格。

第二节 梁的强度与刚度的计算

(一)承载能力极限状态

1. 梁截面的抗弯强度和抗剪强度,以及局部承压处的抗压强度(含梁的疲劳强度)。

2. 梁的整体稳定和组成板件的局部稳定。

(二)正常使用极限状态

通常用最大挠度控制梁的正常使用极限状态。

(三)梁的强度计算

1. 对称截面梁在主轴平面内受弯时的工作性能。

2. 梁受弯时的正应力和剪应力的计算。

3. 集中荷载作用于梁的上翼缘时,腹板边缘局部压应力的计算。

(四)梁的刚度计算

第三节　梁的整体稳定

(一)受弯构件整体稳定的概念

1. 夹支座简支梁整体丧失稳定破坏的状态。

2. 梁整体失稳的原因。

(二)整体稳定的临界应力与验算

1. 求解整体稳定临界荷载时采用的基本假定。

2. 夹支座简支梁在纯弯曲、均布荷载和集中荷载作用下的临界弯矩的确定。

3. 影响临界弯矩的因素和提高整体稳定承载力的措施。

4. 设计规范对梁整体稳定验算的规定:整体稳定系数的计算及其简化验算方法。

第四节　梁的局部稳定和加劲肋设计

(一)梁腹板局部稳定的概念

(二)受压翼缘板的局部稳定和宽厚比限值

(三)梁腹板局部稳定的计算和加劲肋设计

1. 四边简支板在弯曲应力作用下的屈曲。

2. 四边简支板在剪应力作用下的屈曲。

3. 四边简支板在横向压应力作用下的屈曲。

4. 几种应力共同作用下腹板的屈曲和临界状态相关方程。

5. 设计规范规定的保证腹板稳定的设计方法。

(四)加劲肋的构造和截面尺寸的要求

1. 加劲肋的构造要求。

2. 梁端构造和支座反力的传递过程。

3. 支承加劲肋设计。

第五节　梁腹板的屈曲后强度

(一)腹板受剪的屈曲后强度

(二)腹板受弯屈曲后梁的极限弯矩

(三)组合梁腹板考虑屈曲后强度的计算

第六节　型钢梁设计

(一)单向弯曲型钢梁的截面选择和挠度验算

(二)双向弯曲型钢梁的截面选择和挠度验算

第七节　焊接梁设计

（一）截面选择

1. 梁高、腹板高度和厚度的确定。

2. 翼缘板宽度和厚度的确定。

3. 截面强度和挠度的验算。

（二）翼缘焊缝的计算

（三）翼缘变截面的确定和计算

第八节　梁的拼接、支座和主、次梁的连接

（一）梁的拼接

工厂拼接和工地拼接。

（二）梁的支座

平板支座、弧形支座和辊轴支座。

（三）主梁与次梁的连接

叠接和平接。

三、考核知识点

（一）梁的种类和梁格布置

（二）梁的承载能力和正常使用极限状态

（三）梁的强度计算

（四）梁的整体稳定

（五）梁的局部稳定

（六）梁腹板的屈曲后强度

（七）型钢梁设计

（八）焊接梁设计

（九）梁的拼接、支座和主次梁连接

四、考　核　要　求

（一）梁的种类和梁格布置

1. 识记梁截面的种类和用途。

2. 识记简式、普通式和复式梁格布置方法。

（二）梁的承载能力和正常使用极限状态

1. 领会梁的承载能力极限状态,包括强度(含疲劳强度)和稳定:强度有抗弯强度、抗剪强度、局部抗压强度;稳定包括整体稳定和局部稳定。

2. 领会梁的正常使用极限状态,即梁的刚度要求。能简单应用梁的挠度计算方法。

(三)梁的强度计算

1. 领会梁受弯时的工作性能。

2. 综合应用弯曲正应力、剪应力和局部压应力的计算方法。

(四)梁的整体稳定

1. 领会梁整体稳定的基本概念。

2. 领会影响梁整体稳定的各种因素,提高梁整体稳定承载力的具体措施。

3. 综合应用梁整体稳定的验算方法,及设计规范对各项计算的规定。

(五)梁的局部稳定

1. 领会梁的腹板和受压翼缘板局部稳定的基本概念。

2. 领会腹板在几种应力共同作用下临界状态的相关方程。

3. 简单应用设计规范对受压翼缘板宽厚比的规定,以保证其局部稳定。

4. 简单应用设计规范规定的保证腹板的局部稳定的计算和加劲肋的布置方法。

5. 简单应用加劲肋的设计方法。

6. 简单应用梁端构造、传力过程分析及支承加劲肋的设计。

(六)梁腹板的屈曲后强度

1. 领会梁腹板在剪应力作用下具有屈曲后强度的原因及屈曲后增加剪力值的计算。

2. 领会梁腹板在弯应力作用下具有屈曲后强度的原因及利用屈曲后强度时,梁的极限弯矩的计算。

3. 领会腹板在弯、剪应力共同作用下,腹板考虑屈曲后强度的计算。

(七)型钢梁设计

综合应用型钢梁截面选择和挠度的计算过程和方法。

(八)焊接梁设计

1. 综合应用焊接梁的截面选择方法。

2. 简单应用焊接梁翼缘焊缝的计算,翼缘截面的改变,腹板加劲肋设计,梁端构造和梁端加劲肋设计。

(九)梁的拼接、支座和主次梁连接

1. 领会梁的拼接、支座和主次梁连接的构造和要求。

2. 简单应用梁的拼接、支座和主次梁连接的计算。

第六章 拉弯和压弯构件

一、学习目的和要求

拉弯和压弯构件也是钢结构的基本构件,广泛用于各种结构中,如框架柱和有集中荷载作用于节间的桁架弦杆等。

通过本章的学习,要求了解构件截面形式和特点。理解拉弯和压弯构件的强度极限状态。熟练掌握实腹式压弯构件在弯矩作用平面内、外的整体稳定的验算,以及腹板和受压翼缘板局部稳定的验算和规定。熟练掌握格构式压弯构件的整体稳定和单肢稳定的验算,以及缀材的计算。掌握压弯构件柱脚的构造和设计。

二、课 程 内 容

第一节 拉弯、压弯构件的截面形式和特点

(一)截面形式
有对称截面和不对称截面,有实腹式截面和格构式截面。
(二)特点
1. 实腹式拉弯和压弯构件,无论强度和稳定,极限状态时都考虑截面发展塑性。
2. 格构式拉弯和压弯构件,无论强度和稳定,极限状态时都不考虑截面发展塑性。
3. 拉弯和压弯构件的正常使用极限状态用容许长细比来控制。

第二节 拉弯、压弯构件的强度和刚度计算

(一)拉弯、压弯构件的破坏形式
(二)拉弯、压弯构件的强度和刚度计算
1. 轴心压力和弯矩的相关关系。
2. 构件的容许长细比。
3. 设计规范规定的强度计算相关公式。

第三节 实腹式压弯构件的整体稳定

(一)弯矩作用平面内的稳定
1. 弯矩作用平面内的稳定属第二类稳定(极值点稳定),只有曲杆稳定平衡状态,荷载达极值时为临界状态。
2. 临界状态屈曲时,构件截面可能为弹性工作,但大多数情况下截面发展塑性。

3. 设计规范给出了临界状态稳定承载力验算的相关公式,考虑了部分截面发展塑性。

(二)弯矩作用平面外的稳定

1. 构件在弯矩作用平面外以弯扭屈曲状态丧失稳定。

2. 设计规范采用偏于安全的线性相关公式验算构件的稳定承载力。

(三)压弯构件的计算长度

第四节　压弯构件的局部稳定

(一)腹板的局部稳定

1. 腹板为四边支承板,受非均匀正应力和均布的剪应力共同作用。

2. 设计规范采用的保证腹板局部稳定的方法是:令腹板的临界应力等于钢材屈服点并适当考虑塑性发展,从而导出腹板的高厚比限值,或考虑屈曲后强度按腹板的有效截面进行计算。

(二)翼缘板的局部稳定是由临界应力等于钢材屈服点的条件导出宽厚比限值。

第五节　格构式压弯构件的计算

(一)整体稳定承载力的验算

1. 弯矩在垂直于实轴的平面内作用时,和实腹式构件相同。

2. 弯矩在垂直于虚轴的平面内作用时,采用相关公式验算稳定承载力,但不考虑截面发展塑性。

3. 不必验算在弯矩作用平面外的整体稳定,应按设计规范的规定,验算最大受压分肢的稳定承载力。

(二)缀材计算

计算方法和轴心受压构件的缀材相同,但剪力设计值应取假想剪力和实际剪力中的较大值。

第六节　压弯构件的柱脚设计

(一)实腹式柱的刚接柱脚——整体式柱脚

1. 典型柱脚的构造。

2. 柱脚设计要点:底板尺寸的确定,焊缝的计算,螺栓计算。

(二)格构式柱的刚接柱脚

1. 内力不大、柱肢间距也不大时,采用整体式柱柱脚,计算同实腹式柱柱脚。

2. 内力较大、柱肢间距也较大时,采用分离式柱柱脚,计算同轴心受压柱柱脚。

三、考核知识点

(一)拉弯和压弯构件的截面形式和特点

（二）拉弯和压弯构件强度的计算

（三）压弯构件的整体稳定和局部稳定

（四）格构式压弯构件的计算

（五）压弯构件的柱脚设计

四、考 核 要 求

（一）拉弯和压弯构件的截面形式和特点

1. 识记构件的合理截面形式和用途。

2. 识记拉弯和压弯构件的应用范围。

3. 领会拉弯和压弯构件的工作性能、破坏形式，能简单应用两种极限状态的计算方法。

（二）拉弯和压弯构件强度的计算

简单应用设计规范规定的相关公式，进行构件强度的验算。

（三）压弯构件的整体稳定和局部稳定

1. 领会第二类稳定和第一类稳定的区别。

2. 简单应用设计规范对实腹式压弯构件弯矩作用平面内、外整体稳定的验算。

3. 简单应用实腹式压弯构件腹板和受压翼缘板宽厚比的规定。

4. 简单应用设计规范对格构式压弯构件在弯矩作用平面内整体稳定的验算和最大受压肢稳定的验算。

（四）格构式压弯构件的计算

1. 简单应用格构式压弯构件的截面选择步骤和计算公式。

2. 简单应用格构式压弯构件缀材的设计。

（五）压弯构件的柱脚设计

1. 领会典型整体式柱脚的构造、传力过程分析和简单应用其计算方法。

2. 领会典型分离式柱脚的构造、传力过程分析和简单应用其计算方法。

第七章 屋 盖 结 构

一、学习目的和要求

屋盖结构是工业与民用建筑中最常见的结构,也是采用钢结构较为普遍的结构。

通过本章的学习,要求对屋盖结构的整体构造和组成有全面的了解,对支撑体系在结构中的作用和重要性有一定的理解。运用以前各章学习到的基本理论、基本知识和基本计算技能,掌握檩条和普通钢屋架的设计,达到能绘制施工图的目的。

二、课 程 内 容

第一节 屋盖结构组成的种类、特点和用途

(一)钢屋盖结构的组成分类

分无檩屋盖结构体系和有檩屋盖结构体系两类。

(二)特点和用途

1. 无檩屋盖结构体系刚度大,整体性好,但自重大,用钢量较多。

2. 有檩屋盖结构体系刚度较小,整体性较差,但自重较小,用钢量较省。

根据使用要求选用无檩屋盖结构体系或有檩屋盖结构体系。

第二节 屋盖结构的支撑体系

(一)屋盖支撑的种类、构成和作用

1. 屋盖支撑体系由上弦横向水平支撑、下弦横向水平支撑、下弦纵向水平支撑、垂直支撑和系杆组成。

2. 支撑的作用是:保证屋盖的整体性和整体刚度,为屋架弦杆提供侧向支承点,保证其平面外的稳定,承受并传递水平荷载及保证结构安装时的稳定和方便。

(二)屋盖支撑的布置

1. 上、下弦横向水平支撑布置在上、下弦平面内,和相邻两屋架的弦杆组成平行弦桁架。

2. 下弦纵向水平支撑布置在下弦端部节间,把所有屋架下弦端节间连接起来,只在必要时才设置。

3. 垂直支撑布置在相邻两屋架的竖杆平面内,把此两屋架连成稳定的整体。根据屋架跨度的大小,确定两屋架间垂直支撑的个数,由一个到三个。

4. 上述上、下弦支撑和垂直支撑设在同一处两屋架之间,组成稳定的几何不变空间结构体系。其他屋架的稳定性依靠系杆和这些稳定的空间结构相连,形成整体。

(三)支撑的计算与构造

1. 有十字交叉式、V形和W形。

2. V形和W形支撑的杆件以及刚性系杆按压杆设计,十字交叉杆和柔性系杆按拉杆设计。支撑的计算长度和按容许长细比选择截面。

第三节 檩 条

(一)檩条的形式

1. 实腹式檩条。

常用普通槽钢和冷弯薄壁型钢。

2. 轻钢桁架式檩条。

有平面桁架式和空间桁架式。

(二)檩条设计

实腹式檩条。为双向受弯构件。按设计规范规定的相关公式验算截面强度和稳定,并计算挠度。

(三)檩条的拉结和构造

第四节 普通钢屋架设计

(一)钢屋架形式、腹杆布置及尺寸确定

1. 屋架形式选择。

2. 腹杆的布置和要求。

3. 屋架主要尺寸的确定。

(二)钢屋架的杆件设计

1. 荷载汇集。

2. 杆件内力的计算和内力组合。

3. 杆件的计算长度和合理的截面形式。

4. 杆件的容许长细比。

5. 杆件的截面选择。

(三)节点设计

1. 节点的构造要求。

2. 典型节点计算。

(四)钢屋架施工图的绘制

三、考核知识点

(一)屋盖结构组成的种类、特点和用途

(二)屋盖结构的支撑体系

(三)檩条

(四)普通钢屋架

376

四、考 核 要 求

(一)屋盖结构组成的种类、特点和用途

1. 识记钢屋盖的组成。

2. 识记无檩屋盖结构体系和有檩屋盖结构体系的组成、特点和用途。

3. 识记屋盖结构的重要性及选材要求。

(二)屋盖结构的支撑体系

1. 识记钢屋盖结构中支撑的种类及其作用。

2. 领会钢屋盖结构中各种支撑的布置及其重要性,各种支撑组合成整体后的作用。

3. 简单应用各种支撑的结构形式和截面选择方法。

(三)檩条

1. 领会实腹式和轻钢桁架式檩条的各种形式、特点和用途。

2. 简单应用实腹式檩条的构造和计算,以及其拉结的构造、要求和计算。

(四)普通钢屋架

1. 领会屋架形式选择的原则,各种形式屋架的特点和应用,以及腹杆的布置要求。

2. 领会屋架主要尺寸确定的方法和原则要求。

3. 领会屋架杆件计算长度的确定原则,以及合理截面形式的确定。

4. 领会屋架杆件容许长细比的规定。

5. 简单应用荷载汇集方法,领会屋盖荷载的特点。

6. 简单应用钢屋架施工图绘制的方法和要求。

7. 综合应用屋架杆件内力的计算及最不利的内力组合方法。

8. 综合应用屋架杆件的截面选择步骤和方法。

9. 综合应用节点的构造要求和典型节点的设计方法。

课程作业任务书

焊接钢屋架设计

一、设计资料

1. 北方地区一金工车间。长 102m，跨度 27m，柱距 6m。采用无檩屋盖结构体系，梯形钢屋架，1.5m×6m 预应力钢筋混凝土大型屋面板，膨胀珍珠岩制品保温层（容重4kN/m³，所需保温层厚度由当地计算温度确定），卷材屋面，屋面坡度 $i = 1/10$。

2. 南方地区某车间。长 90m，跨度 18m，采用有檩屋盖结构体系，三角形屋架，屋面采用压型钢板，不保暖，屋面坡度 $i = 1/3$。

任选一题。

屋架均简支于钢筋混凝土柱上，混凝土标号为 C20，建造地点自行决定。

屋架所受荷载，包括恒载和使用活载及风、雪荷载等，都应根据荷载规范采用。

二、设计内容和要求

（一）确定计算跨度、节间划分和腹杆形式，选择钢材和焊条。

（二）布置屋盖支撑，说明各种支撑布置的必要性和作用，并按比例绘出支撑布置图。

（三）可用图解法或查手册等方法求半跨单位荷载作用下的杆力系数。

（四）荷载汇集。

（五）杆力组合（列表）。

（六）选择杆件截面（列表汇总）。

（七）节点设计。

（八）施工图的绘制与否，根据具体情况，自行选择。若不绘施工图，应按比例绘出三个节点图，包括：屋脊节点，跨中下弦节点和支座节点。

III 有关说明与实施要求

一、关于认知能力层次的说明

本大纲中关于认知能力要求分四个层次,即识记、领会、简单应用和综合应用。

识记:要求考生能够识别和记忆课程中规定的有关知识点的主要内容,并能够根据考核的要求,作出正确的表述、选择和判断,如结构或构造特点、应用范围、名词和定义等。

例如:识记化学成分和轧制工艺对钢材工作性能及力学指标的影响,要求能回答有哪些影响,不要求进一步解释这些影响是为什么。又如识记钢结构常采用的连接方法,电弧焊的基本原理,梁截面的种类和梁格布置的方法,拉弯和压弯构件的合理截面形式和用途,及屋盖的组成等。这些都只要求能正确解释其内容,不要求进一步论述。

领会:要求考生能够领悟和理解课程中规定的有关知识点的内涵与外延,熟悉其内容要求和它们之间的区别与联系,并能够根据考核的不同要求,作出正确的解释、说明和论述。

例如:领会结构钢材一次拉伸时的力学性能,考生不但要能画出应力应变关系全部曲线,而且要解释各个工作阶段的过程和钢材破坏的性质等。又如领会实腹式轴心受压构件的整体稳定,考生不但要理解整体稳定临界力确定的方法和计算公式,而且要理解推导临界力计算公式时采用的基本假定,以及如何根据临界力计算公式确定和理解提高构件整体稳定承载力的方法。

简单应用:要求考生能够运用课程中规定的少量知识点,分析和解决一般应用问题。如简单的计算、简单绘图、分析和论证等。

例如:对轴心受拉构件、格构式压弯构件的截面选择步骤的计算公式,对钢屋架施工图的绘制方法和要求等都只要求能简单应用。

综合应用:要求考生能够运用课程中规定的多个知识点,分析和解决较复杂的应用问题,如计算、绘图、简单设计、分析和论证等。

例如:综合应用实腹式轴心受压构件截面的选择方法,要求考生根据已掌握的稳定和等稳定的概念和原则,以及长细比的规定,全面分析考虑后,才能选出合理的构件截面。又如综合应用梁的整体稳定的验算方法及设计规范对各项计算的规定,要求考生能运用学到的实腹梁整体稳定的基本概念,整体稳定系数计算公式中各系数的意义,以及保证和提高整体稳定的方法。

二、学习教材与主要参考书

自学教材:《钢结构》,全国高等教育自学考试指导委员会组编,钟善桐主编,武汉大学出版社2005年版。

主要参考书:现行钢结构设计规范(GB 50017—2003)。

三、自学方法指导

1. 仔细阅读各章的学习目的和要求。

2. 先把教材粗读一遍。

3. 阅读了解本章内容的重点和难点。

4. 遇到与以前学习过的工程力学和建筑材料有关的课程内容,必要时应先进行复习。

5. 精读教材内容。

6. 完成本章习题。在完成习题的过程中,可结合自己掌握的程度,重读教材中的有关内容。

各章中的重点和难点如下。

第一章 概　　述

重点:1. 钢结构的合理应用范围和发展。

在了解钢结构具有的特点的基础上,理解其合理应用范围以及当前和未来的发展。

2. 钢结构采用的近似概率极限状态设计法。

要求深刻理解采用应力计算公式表达的近似概率极限状态设计方法和设计公式。理解钢结构设计中承载能力极限状态和正常使用极限状态包括的内容和意义。

第二章 结构钢材及其性能

重点:1. 结构钢材一次拉伸时的力学性能。

通过对一次拉伸的 $\sigma\text{-}\varepsilon$ 全过程曲线的学习和理解,要求建立理想弹性塑性体的概念,及钢材塑性破坏的概念。

2. 结构钢材静力和动力性能指标。

包括:屈服点 f_y、抗拉强度 f_u、弹性模量 E、冷弯 $180°$ 要求、Z 向收缩率及冲击韧性 A_{kv}。

3. 应用能量强度理论计算钢材的折算应力。

包括:钢材的剪切屈服强度和剪切模量的确定。建立同号应力场导致钢材脆性,异号应力场钢材显示塑性的概念。

4. 应力集中。

应力集中现象是钢结构中普遍存在的问题。它将导致构件和结构的脆性破坏,尤其在节点中更为突出,是钢结构设计中应予以重视的重要问题。

5. 钢材的合理选用。

在了解和掌握各种钢材的性能和结构构件使用要求的基础上,能进行材料的选用。

难点:本章的学习难点是钢材的疲劳问题,但只要求了解什么是钢材的疲劳,为什么会发生疲劳破坏,以及会验算构件和连接的疲劳强度。

第三章　钢结构的连接

重点：1. 对接焊缝和角焊缝的受力性能。

要求对焊缝的构造和工作性能有较深刻的理解和认识。

2. 采用对接焊缝的对接连接和丁字连接，和采用角焊缝的对接、搭接和丁字连接，以及部分熔透的组合焊缝连接。

要求掌握构造、传力过程分析和强度承载力计算。

3. 普通螺栓受剪和受拉的工作性能，螺栓群传递轴心力、扭矩和弯矩时的构造、传力过程分析和强度承载力的计算。

4. 高强度螺栓摩擦型和承压型连接的工作特点和计算。

5. 焊缝连接和螺栓连接的疲劳计算。

难点：焊接应力与焊接变形。

要求理解焊接应力与焊接变形产生的原因，有哪几种焊接应力与变形，它们对构件工作的影响。了解减小和消除焊接应力与变形的措施。

第四章　轴心受力构件

重点：1. 实腹式和格构式轴心受压构件的整体稳定。

要求深刻理解轴心受压构件整体稳定临界应力公式的来源，采用的基本假定，理论公式的意义。设计规范对稳定承载力计算的规定，掌握规范规定的轴压构件稳定计算；包括实腹式和格构式构件、格构式柱的缀材计算。

2. 实腹式轴心受压构件腹板和翼缘板宽厚比的规定。

3. 等稳定设计概念。

轴心受压构件绕两个主轴的等稳定和局部稳定与整体稳定的等稳定。

4. 典型柱头和柱脚的构造，传力过程分析和计算。

难点：轴心受压构件的整体稳定和局部稳定。

要求深刻理解稳定的基本概念、基本假设、临界状态，及设计规范对稳定问题的规定及计算方法。

第五章　受弯构件

重点：1. 受弯构件的强度。包括抗弯强度、抗剪强度和局部承压时的抗压强度。

2. 梁的整体稳定。

基本假定，影响整体稳定诸因素，提高稳定承载力的措施，验算稳定的方法。

3. 腹板和受压翼缘板的局部稳定。

基本概念。腹板在几种应力共同作用下的临界状态。规范规定保证腹板局部稳定的设计方法，加劲肋的设计，保证受压翼缘局部稳定的宽厚比的规定。

4. 腹板屈曲后强度的基本概念。

5. 型钢梁截面选择。

6. 焊接梁设计的全过程,包括梁端构造和挠度计算。

难点:梁的整体稳定和腹板及受压翼缘板的局部稳定。

要求深刻理解基本概念和假设,及设计中保证稳定的方法和计算。

第六章　拉弯和压弯构件

重点:1. 拉弯和压弯构件的强度计算。

规范规定的强度计算公式及其应用。

2. 实腹式压弯构件截面选择和弯矩作用平面内、外稳定承载力的验算,腹板和受压翼缘板的宽厚比的规定。

3. 格构式压弯构件的截面选择,稳定承载力的验算。

4. 实腹式压弯构件的整体式柱脚设计。

难点:实腹式压弯构件在弯矩作用平面内、外的稳定问题。框架柱的计算长度。

第七章　屋盖结构

重点:1. 屋盖结构组成和支撑体系的构造和作用。

要求建立由屋架、支撑等构件组成的整体结构体系的概念。

2. 檩条的形式和设计。

包括实腹式檩条和格构式檩条。

3. 普通钢屋架设计。

屋架形式和主要尺寸的确定,荷载汇集,杆力计算和内力组合,杆件计算长度和合理的截面形式,典型节点设计。

四、对社会助学的要求

建议助学单位根据各章的学习目的和要求,以及各章的重点和难点组织教学。教学过程中注意讲解和提问相结合,启发和引导自学者独立思考。按期完成各章的习题。每章学习结束时,根据考核知识点和考核要求检查参加自学者掌握的程度,并作必要的复习和总结。

学习时数分配(供助学单位参考)
学习时数分配表

章　次	名　　称	计划时数	自 学 时 数		
			阅　读	作　业	合　计
一	概　述	3	1	2	3
二	结构钢材及其性能	9	9	9	18
三	钢结构的连接	14	16	30	46

章 次	名 称	计划时数	自 学 时 数		
			阅 读	作 业	合 计
四	轴心受力构件	12	12	25	37
五	受弯构件	13	13	25	38
六	拉弯和压弯构件	9	9	17	26
七	屋盖结构	12	12	102	114
合 计		72	72	210	282

本课程为 4+1 学分,学习课程时数为 4×18＝72 学时,1 学分为课程作业时间。

五、关于命题和考试的若干规定

1. 课程结束后以笔试的形式进行考试,考试时间为 150 分钟,考试时准携带简易计算器,以及小三角板一副。

2. 本大纲各章规定的内容都属于考核内容,考试命题应根据各章规定的知识点和考核要求出题,覆盖各章,同时要突出各章中的重点内容。

3. 试题中不同能力层次要求的比例大致为:识记占 20%,领会占 30%,简单应用占 35%,综合应用占 15%。试题难易程度大致为:易 20%,较易 30%,较难 30%,难 20%。

不同能力层次要求的识记、领会、简单应用和综合应用中,命题时都会有难易之分,如试题牵涉到的深度和广度都反映出难易程度,应掌握分寸。

4. 本课程的试题题型有问答题、单项选择题、填空题和计算题等四种。

附录 参考样题

一、问答题

1. 钢结构设计中要求满足哪几种极限状态？极限状态的定义是什么？每种极限状态又包括哪些内容？

2. 实腹梁腹板在纯剪应力、纯弯曲应力和局部压应力分别作用下，丧失稳定的屈曲波形各如何？绘草图说明。设置加劲肋可以提高它们的稳定承载力，对这三种受力情况，加劲肋如何设置？

二、单项选择题（在每小题列出的四个备选项中只有一个是符合题目要求的，请将其代码填写在题后的括号内）

1. 钢材的强度标准值是：　　　　　　　　　　　　　　　　　　　　[　　　]
   - A. 最大抗拉强度 f_u
   - B. 屈服点 f_y
   - C. 比例极限 f_p
   - D. 弹性极限 f_e

2. 在抗剪连接中，高强度螺栓摩擦型连接承载力决定于：　　　　　　[　　　]
   - A. 连接板材的强度　　　　　　C. 螺栓的预拉力
   - B. 高强度螺栓的长　　　　　　D. 连接板材的厚度

三、填空题

1. 偏心受压构件的经济合理截面形式是：1. _____；2. _____。

2. 刚性系杆能承受_____，都用于屋盖支撑体系中 1. _____和 2. _____（设置位置）。柔性系杆能承受_____，都用于_____（设置位置）。

四、计算题

1. 有一工字形截面的牛腿，翼缘板 $-20×200$，腹板 $10×280$，Q235 钢材，和一钢柱焊连。牛腿上的作用力 $F=300kN$，距与柱相连的焊缝处的偏心距为 220mm。（1）和柱子用角焊缝焊接，设计焊缝的焊脚尺寸 h_f；（2）和柱子用对接焊缝焊接，焊缝质量为二级检验标准，验算焊缝强度；（3）验算牛腿的强度。焊条采用 E4311。

2. 设计一简支焊接工字形梁，$L=6m$，采用 Q235 钢材，受三分点处两个集中力作用，各为 225kN。设计梁的截面，计算翼缘焊缝，并确定横向加劲肋的尺寸和间距。

后　记

　　《钢结构自学考试大纲》是根据全国高等教育自学考试指导委员会土木水利矿业交通环境类专业委员会修订的建筑工程专业考试计划的要求及全国高等教育自学考试指导委员会五届二次会议精神编写的。

　　《钢结构自学考试大纲》提出初稿后，由土木水利矿业交通环境类专业委员会副主任兼秘书长邹超英教授组织专家在哈尔滨工业大学召开了审稿会，并根据审稿意见做了认真修改。嗣后，由土木水利矿业交通环境类专业委员会主任、哈尔滨工业大学沈世钊院士、哈尔滨工业大学邹超英教授进行通审、定稿。

　　《钢结构自学考试大纲》适合建筑工程专业使用，由哈尔滨工业大学钟善桐教授负责重新编写。哈尔滨工业大学张耀春教授担任主审，并主持了审稿会。参加本大纲审稿并提出修改意见的有清华大学石永久教授、苏州科技学院顾强教授。

　　对参加本大纲编写、审稿的同志以及在审稿会期间给予支持的学校表示感谢。

全国高等教育自学考试指导委员会
土木水利矿业交通环境类专业委员会
2004 年 8 月